内容提要

本教材突出"专业与职业岗位对接，专业课程内容与职业标准对接，教学过程与生产过程对接，专业学习与素质教育对接"等，并体现时代性、综合性、融合性、新颖性、创新性等特色。全书包括植物生长与发育、植物生长环境和植物发生的病虫害三大模块，由12个项目、28个任务组成。按照模块—项目—任务进行编写。每一项目包括项目任务、项目内容、信息链接、知识拓展、观察思考等栏目。每一任务按任务目标、知识学习、技能训练和问题处理等环节编写，实现工学结合的"零距离"对接。

本教材适用于中等职业学校种植、园艺、园林、现代农艺等专业，也可以作为乡镇干部现代农业知识培训和新型农民培训用书。

中等职业教育农业部规划教材

种植基础

宋志伟　主编

中国农业出版社

主　　编 宋志伟

副主编 陈申宽　杨净云　张翠翠

编　　者（按姓名笔画排序）

　　　　　刘莉颖　杨净云　宋志伟

　　　　　张翠翠　陆奇英　陈申宽

　　　　　黄卫华　黄家念

审　　稿 程亚樵

前言

本教材是根据《教育部中等职业教育改革创新行动计划（2010—2012）》等文件精神，在中国农业出版社的精心组织下编写的。主要作为中等职业学校现代农艺技术专业学生使用的教材。本教材在编写过程中体现以下特色：

一是教材编写体现时代性。教材编写体现最新职业教育教学改革精神，突出"专业与产业、职业岗位对接，专业课程内容与职业标准对接，教学过程与生产过程对接"等，具有时代特征和职业教育特色。

二是教材知识体现融合性。本教材以基础知识"必需"、基本理论"够用"、基本技术"会用"为原则，对过去的"植物生产与环境"和"植物保护技术"等课程内容进行了有机融合。删去有关陈旧、繁琐复杂的内容，打破知识与技能分开编写，实现"理实一体、教学做一体"，使教材知识体现简练、实用，适应现代中等职业教育教学需要。

三是教材内容体现新颖性。本教材充分反映当前植物与植物生理、土壤肥料、农业气象、植物保护技术等领域的新知识、新技术、新成果，体现了中等职业教育教学改革成果。通过设置"信息链接"栏目将每项目所涉及的新知识体现出来，拓展学生视野。

四是教材体例体现创新性。本教材以适应工学结合项目教学需要为目的，按照"模块—项目—任务"进行编写。每一项目包括项目任务、项目内容、信息链接、知识拓展、观察思考价等栏目。每一任务按任务目标、知识学习、技能训练和问题处理等体例编写。这些改革较传统该类教材有重大突破。

本教材分为植物生长与发育、植物生长环境、植物发生的病虫害三大模块，由12个项目、28个任务组成。本教材由宋志伟任主编（编写模块三项目三），陈申宽（编写模块三项目一、项目二）、杨净云（编写模块二项目三）、张翠翠（编写模块一项目一，模块二项目四、项目五）担任副主编。参加编写的人员还有陆奇英（编写模块二项目六）、刘莉颖（编写模块一项目二、项目三）、黄卫华（编写模块二项目一）、黄家念（编写模块二项目二）。陈申宽、张翠翠、陆奇英老师参加了全书统稿，最后由宋志伟进行修订统稿。本书承蒙河南农业职业学院程亚樵教授审稿，并提出了宝贵意见。在编写过程中，得到河南农业职业学院、内蒙古扎兰屯农牧学校、云南农业职业技术学院、安徽阜阳农业学校、广西百色农业学校、江苏省海门中等职业学校、广西钦州农业学校等单位大力支持，在此一并表示感谢。

本教材在编写体例和内容组织上较传统的《植物生产与环境》、《植物保护技术》等教材有较大改变。由于编者水平有限，加之编写时间仓促，错误和疏漏之处在所难免，恳请各学校师生批评指正，以便今后修改完善。

编　者
2012 年 6 月

目录

前言

模块一　植物生长与发育 ... 1

项目一　植物细胞与组织 ... 2
　　任务一　植物的细胞 ... 2
　　任务二　植物的组织 ... 12

项目二　植物的器官 ... 21
　　任务一　植物的营养器官 ... 21
　　任务二　植物的生殖器官 ... 34

项目三　植物生长发育 ... 48
　　任务一　植物生长发育规律 ... 48
　　任务二　植物的新陈代谢 ... 55
　　任务三　植物生长激素与调节剂 ... 60

模块二　植物生长环境 ... 68

项目一　植物生长的土壤环境 ... 69
　　任务一　土壤的基本组成 ... 69
　　任务二　土壤的基本性质 ... 79
　　任务三　植物生长的土壤管理 ... 88

项目二　植物生长的营养条件 ... 97
　　任务一　植物营养原理 ... 97
　　任务二　植物生长的化学肥料 ... 105
　　任务三　植物生长的有机肥料 ... 116
　　任务四　测土配方施肥技术 ... 126

项目三　植物生长的水分环境 ... 139
　　任务一　植物生长的水分条件 ... 139
　　任务二　植物生长的水分调控 ... 147

项目四　植物生长的温度环境 ... 156
　　任务一　植物生长的温度条件 ... 156
　　任务二　植物生长的温度调控 ... 163

项目五　植物生长的光照环境 ... 169

任务一　植物生长的光照条件 …………………………………………………… 169
　　任务二　植物生长的光照调控 …………………………………………………… 173
项目六　植物生长的气候环境 ……………………………………………………………… 178
　　任务一　植物生长的气候条件 …………………………………………………… 178
　　任务二　农业气象灾害及防御 …………………………………………………… 187

模块三　植物发生的病虫害 …………………………………………………………… 196

项目一　植物生长的病害 …………………………………………………………………… 197
　　任务一　植物病害及病原物 ……………………………………………………… 197
　　任务二　植物病害的诊断与预测 ………………………………………………… 209
项目二　植物生长的虫害 …………………………………………………………………… 220
　　任务一　昆虫形态特征及虫态 …………………………………………………… 220
　　任务二　植物昆虫主要目科的识别 ……………………………………………… 233
项目三　植物病虫害的综合防治 …………………………………………………………… 247
　　任务一　农药合理施用技术 ……………………………………………………… 247
　　任务二　植物病虫害的综合防治 ………………………………………………… 261

主要参考文献 …………………………………………………………………………… 267

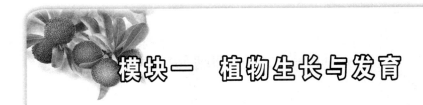

模块一 植物生长与发育

◆ 模块提示

基本知识：1. 植物细胞的形状、大小、基本结构及繁殖方式。
2. 植物组织的类型、基本结构及组织系统。
3. 植物根、茎、叶等营养器官的形态、结构及变态类型。
4. 植物花、果实、种子的形态、结构及发育特点。
5. 植物的生长发育及基本规律与种子的萌发。
6. 植物的光合作用与呼吸作用的意义、基本过程及相互关系。
7. 植物激素及植物生长调节剂性质及作用。

基本技能：1. 显微镜结构的认识及使用。
2. 植物细胞的基本结构的观察识别。
3. 植物根、茎、叶等营养器官的形态及结构的观察识别。
4. 植物花、果实、种子等生殖器官的形态及结构的观察识别。
5. 种子生活力的快速测定。
6. 植物光合作用与呼吸作用的调控及生产应用。
7. 植物生长调节剂的应用。

项目一 植物细胞与组织

▲ 项目任务

了解植物细胞的形状与大小；熟悉植物细胞的基本结构及特点；认识植物细胞的繁殖方式；认识植物的分生组织与成熟组织的特点及功能；了解植物的复合组织及组织系统；掌握显微镜的使用方法，能够识别植物的各种细胞结构与组织结构。

任务一 植物的细胞

【任务目标】

知识目标：1. 了解植物细胞的形状和大小及细胞的物质组成。
2. 熟悉植物细胞的基本结构、常见细胞器的结构与功能。
3. 认识植物细胞的无丝分裂、有丝分裂和减数分裂等繁殖方式。

能力目标：1. 能识别显微镜的各个部件及作用，掌握显微镜的使用方法。
2. 能借助显微镜观察植物细胞的基本结构，并能进行生物绘图。

【知识学习】

植物细胞是植物体结构和执行功能的基本单位。植物的生长、发育都是植物细胞不断地进行生命活动的结果。细胞可分为原核细胞和真核细胞。原核细胞有细胞结构，但没有典型的细胞核；真核细胞具有被膜包围的细胞核和多种细胞器。支原体、立克次氏体、衣原体、细菌、放线菌与蓝细菌由原核细胞构成，属原核生物；其他的动、植物体均由真核细胞组成，属真核生物。

1. 植物细胞的概况

（1）植物细胞的形状。植物细胞的形状是多种多样的（图1-1-1），有球形或近球形，如单细胞的衣藻；有多面体形，如根尖和茎尖的生长点细胞；有长筒状，如疏导水分、无机盐和同化产物的导管和筛管；有长纺锤形，如起支持作用的纤维细胞；此外还有长柱形、星形等不规则形状。

（2）植物细胞的大小。植物细胞一般都很小，要用显微镜才能看到。不同种类的细胞大小差异悬殊。植物细胞中，种子植物的分生组织细胞直径为5～25μm；分化成熟的细胞直径为15～

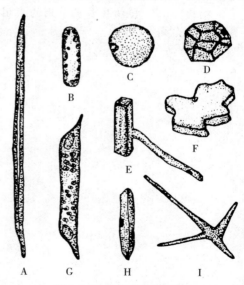

图1-1-1 植物细胞的形状
A. 长纺锤形 B. 长柱形 C. 球形
D. 多面体形 E. 细管形 F. 不规则形
G. 长筒形 H. 长梭形 I. 星形

$65\mu m$；也有少数大型的细胞，肉眼可见，如西瓜成熟的果肉细胞，直径达 1 mm，苎麻茎的纤维细胞长可达 550 mm。绝大多数的细胞体积都很小。体积小，表面积大，有利于植物细胞和外界进行物质、能量、信息的迅速交换，对细胞生活具有特殊意义。

（3）细胞的物质组成。构成细胞的生命物质称为原生质，它是细胞结构和生命活动的物质基础。它具有极其复杂而又多种多样的化学组成与结构。组成原生质的化合物可分为无机物和有机物两类。无机物主要是水（占全重10%～90%）、无机盐、气体（二氧化碳和氧气等）及许多离子态的元素等。有机物主要有蛋白质、核酸、脂类、糖类和极微量的生理活性物质等。

原生质具有液体的某些性质，如有很大的表面张力；有一定弹性和黏性；具有胶体性质，如带电性和亲水性、吸附作用、凝胶作用、吸水作用等；原生质的核仁、染色体、核糖体具有液晶态特性，与生命活动密切相关。

2. 植物细胞的基本结构 虽然植物细胞的形状、大小有很大差异，但一般都有相同的基本结构，包括细胞壁、细胞膜、细胞质和细胞核等部分（图 1-1-2），其中细胞膜、细胞质和细胞核总称为原生质体。

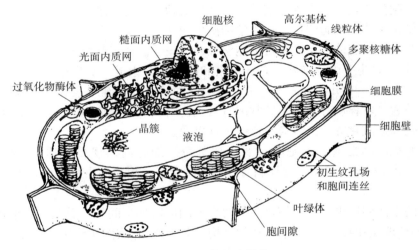

图 1-1-2 植物细胞结构

（1）细胞膜。细胞膜又称质膜，是细胞表面的膜。细胞膜主要由脂类物质和蛋白质组成，此外还有少量的糖类以及微量的核酸、金属离子和水。细胞膜厚 7.5～10 nm，横断面上呈现"暗—明—暗"三条平行带，内外两层暗带由蛋白质分子和脂类分子层的亲水头所组成，各厚 2.5 nm，中间明带为脂类双分子层疏水层，厚约 3.5 nm，这种由 3 层结构组成为一个单位的膜，称为单位膜。关于单位膜中各种组成成分的结合方式常用"膜的流动镶嵌模型"（图 1-1-3）来解释。

真核生物有一个复杂的膜系统，除表面细胞膜外，还有多种功能各不相同的膜结构，如核膜和各种细胞器的膜，这些膜统称为生物膜。

细胞膜的重要特性之一就是半透性或选择性透性，即能有选择性地允许某些物质通过扩散、渗透和主动运输等方式进出细胞，从而保障细胞代谢正常进行。细胞膜在物质运输、细胞分化、激素作用、代谢调控、免疫反应、细胞通信等过程中有重要作用。

细胞膜具有胞饮作用、吞噬作用和胞吐作用，即细胞膜能向细胞内凹陷，吞食外围的液体或固体小颗粒。吞食液体的过程称为胞饮作用，吞食固体的过程称为吞噬作用，细胞膜还参与胞内物质向胞外排出称为胞吐作用。

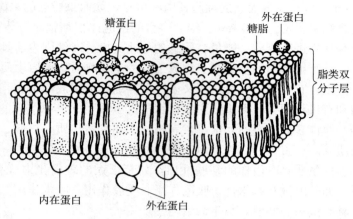

图 1-1-3　膜的流动镶嵌模型

（张宪省．2003．植物学）

(2) 细胞壁。细胞壁是植物细胞所特有的结构，也是区别动植物细胞的显著特征。它包围在细胞膜的外面，具有较坚韧而复杂的结构，无生命。它能保护原生质体，减少蒸腾，防止微生物入侵和机械损伤等；支持和巩固细胞的形状；参与植物组织的吸收、运输和分泌等方面的生理活动；在细胞生长调控、细胞识别等重要生理活动中也有一定作用。

细胞壁结构大体分为胞间层、初生壁和次生壁 3 个层次（图 1-1-4）。胞间层是相邻两个细胞初生壁之间所共有的一层，也是细胞壁最外的一层。初生壁位于胞间层两侧，较薄，厚 $1 \sim 3 \mu m$，有弹性，主要由纤维素、半纤维素和果胶质等组成。次生壁位于细胞膜与初生壁之间，厚 $5 \sim 10 \mu m$，可明显分为外、中、内层，主要成分为纤维素和半纤维素，此外还含有大量的木质素、木栓质等。次生壁常因有其他物质填入，使细胞壁的性质发生角质化、木栓化、木质化和矿质化等，以适应一定的生理机能。

(3) 细胞核。细胞核是细胞的重要组成部分。细胞内的遗传物质——脱氧核糖核酸（DNA）几乎全部存在于核内，它控制着蛋白质的合成，细胞的生长发育，细胞核是细胞的控制中心。

在细胞的生活周期中，细胞核存在着两个不同的时期：间期和分裂期。间期细胞核多为卵圆形或球形，埋藏在细胞质中。细胞核的结构可分为核膜、核仁和核质三部分（图 1-1-5）。

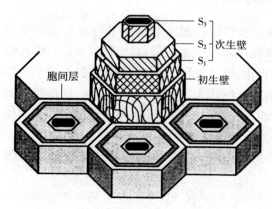

图 1-1-4　细胞壁结构模型

（张宪省．2003．植物学）

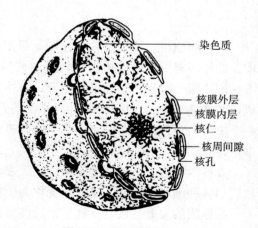

图 1-1-5　细胞核立体结构

核膜又称核被膜，为双层膜，每层膜厚 7～8 nm。两膜间 10～50 nm 的空隙称为核周间隙或核周腔。双层膜上有许多小孔称为核孔，核孔是核糖核酸（RNA）和核糖体亚基进入细胞的通道。作为细胞质和细胞核之间的界膜，对稳定细胞核的形状和化学成分起着一定作用；还可调节细胞质和细胞核之间的物质交换。

核仁是细胞核内非常明显的结核，为折光性很强的球状体，无膜包被，由颗粒成分、纤维状成分、无定形基质、核仁染色质和核仁液泡组成，常有一个或几个核仁。已知核仁的功能是合成核糖体核糖核酸（rRNA）。

核仁以外、核膜以内的物质是核质，由染色质和核液组成。经适当药剂处理后，核内易着色的部分是染色质，它是由大量的脱氧核糖核酸（DNA）、组蛋白、少量的核糖核酸（RNA）和非组蛋白组成的复杂物质。不易着色的部分是核液，它是充满核内空隙的无定形基质，染色质悬浮在其中。

间期细胞核的主要功能是贮存和复制脱氧核糖核酸（DNA）；合成并向细胞转运核糖核酸（RNA）；形成细胞质的核糖体亚单位；控制植物体的遗传性状，通过指导和控制蛋白质的合成而调节控制细胞的发育。

（4）细胞质。细胞膜以内、细胞核以外的原生质统称为细胞质。细胞质包括胞基质和细胞器。细胞器是细胞质中分化出来的、具有特定结构和功能的亚细胞单位；胞基质是细胞器外围没有特化成一定结构的细胞质部分。

胞基质又称基质、透明质等。各种细胞器和细胞核都包埋于胞基质中。胞基质的化学成分有水、无机盐、溶于水的气体、糖类、氨基酸、核苷酸等小分子物质，也含有蛋白质、核糖核酸等一些生物大分子。胞基质不仅是细胞器之间物质运输和信息传递的介质，也是细胞代谢的重要场所。胞基质还不断为各类细胞器行使功能提供必需的营养和原料，并使各种细胞器及细胞核之间保持着密切关系。

细胞质的胞基质内具有一定形态、结构和功能的小单位，称为细胞器。在光学显微镜下可以看到液泡、质体和线粒体等细胞器，在电子显微镜下可以看到内质网、核糖体、高尔基体、溶酶体、圆球体、微粒体和微管等细胞器（表 1-1-1）。

表 1-1-1　植物细胞器的结构与功能

细胞器	结　构	功　能
质体	绿色植物特有的一种细胞器，通常呈颗粒状分布在胞基质里。质体具有双层膜。成熟质体分为白色体、叶绿体和有色体 3 种	叶绿体是植物进行光合作用的场所，被称为"养料加工厂"和"能量转换站"
线粒体	呈颗粒状或短杆状，由内外两层膜包裹的囊状细胞器	主要功能是进行呼吸作用，被称为细胞能量的"动力站"
内质网	由单层膜构成的网状管道系统。内质网可和核膜的外层相连，并延伸到细胞边缘与细胞膜相连，也可通过胞间连丝和相邻细胞的内质网相连，构成复杂的网状管道系统	合成、包装与运输代谢产物；作为某些物质的集中、暂时贮藏的场所；是许多细胞器的来源；可能与细胞壁分化有关
高尔基体	由一叠扁囊组成，扁囊由平滑的单层膜围成，从囊的边缘可分离出许多小泡——高尔基小泡	物质集运；生物大分子的装配；参与细胞壁的形成；分泌物质；参与溶酶体与液泡的形成

(续)

细胞器	结构	功能
液泡	单层膜围成的细胞器,由液泡膜与细胞液组成。细胞液为成分复杂的混合液体,使细胞具有酸、甜、涩、苦等味道。中央液泡的形成,标志着细胞已发育成熟	与细胞吸水有关,使细胞保持一定的形态;贮藏各种养料和生命活动产物;参与分子物质更新中的降解活动;赋予细胞不同的颜色
溶酶体	由单层膜围成的泡状结构,内含60多种水解酶。溶酶体的形状多样	主要功能是消化作用
圆球体	又称油体,是单层膜围成的球形小体,内含脂肪酶、水解酶以及蛋白质颗粒	合成脂肪;贮藏油脂
微体	由单层膜包围的细胞器,膜内含有过氧化物酶、乙醛酸循环酶,呈球状或哑铃形	过氧化物酶体与光呼吸有密切关系;乙醛酸循环体与脂肪代谢关系密切
核糖体	分布在糙面质网表面或游离于胞基质中,是非膜系统细胞器,为球形或长圆形小颗粒	合成蛋白质的主要场所,称为"生命活动的基本粒子"
微管	中空长管状纤维结构,主要由微管蛋白组装而成	保持细胞形态;影响细胞运动;对染色体的转移起作用;在细胞壁建成时,控制纤维素微纤丝的排列方向

3. 细胞的繁殖 植物的生长是依靠自身细胞的繁殖和细胞体积的增大而实现的。细胞繁殖的方式有3种:

(1) 无丝分裂。又称直接分裂。分裂时,核仁先分裂为两部分,接着细胞核拉长,中间凹陷,最后缢断为两个新核,同时细胞质也分裂为两部分,并在中间产生新的细胞器,形成两个新细胞。无丝分裂过程比较简单,消耗能量少,分裂速度快。由于分裂过程中无纺锤丝出现,故称无丝分裂。植物不定根、不定芽的产生,竹笋、小麦节间的伸长,胚乳的发育和愈伤组织的形成等都是无丝分裂的结果。

(2) 有丝分裂。又称间接分裂,是植物营养细胞最普遍的一种分裂方式。植物的根尖、茎尖以及形成层细胞,都以这种方式进行繁殖。由于分裂过程中有纺锤丝出现,故称有丝分裂。

有丝分裂过程比较复杂,一般包括两个过程:分裂间期和分裂期。有时为叙述方便,人为地将它划分为间期、前期、中期、后期和末期(表1-1-2、图1-1-6)。

表1-1-2 有丝分裂各期特点

时期		主要特征
分裂间期		细胞生长,体积增大;DNA分子复制;有关蛋白质合成
分裂期	前期	两极发出纺锤丝,形成纺锤体;染色质变为染色体,散布在纺锤体中央;核膜、核仁消失
	中期	染色体的着丝点两侧连有纺锤丝;染色体的着丝点排列在赤道板上;染色体高度螺旋化,形态固定,数目清晰
	后期	着丝点分裂,形成两套完全相同的染色体;纺锤丝收缩,两套染色体分别移向细胞两极;细胞中的染色体数目加倍
	末期	染色体变为染色质,纺锤体消失;核膜、核仁重新形成;赤道板位置形成细胞板,并扩展为细胞壁,形成两个子细胞

(3) 减数分裂。又称成熟分裂,它是有丝分裂的一种特殊的形式。减数分裂的过程与

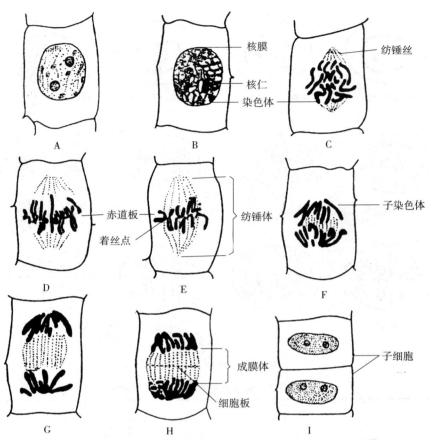

图 1-1-6　洋葱根尖细胞的有丝分裂
A. 间期　B、C. 前期　D、E. 中期　F、G. 后期　H、I. 末期

有丝分裂基本相似。所不同的是，减数分裂包括连续两次的分裂，但染色体只复制一次，这样，一个母细胞经过减数分裂可以形成 4 个子细胞，每个子细胞染色体数目只有母细胞的一半，因此，这种分裂叫做减数分裂（表 1-1-3、图 1-1-7）。

表 1-1-3　减数分裂各期特点

时　　期		主要特征
分裂间期		细胞体积增大；染色体复制
第一次分裂	前期	同源染色体联会、形成四分体；四分体中非姐妹染色单体交叉互换
	中期	四分体排列在赤道板上；着丝点一侧连有纺锤丝
	后期	同源染色体分离，非同源染色体自由组合
	末期	染色体数目减半；DNA 数目减半
第二次分裂	前期 中期 后期 末期	除没有同源染色体外，其余细胞特征与有丝分裂相同

减数分裂与有丝分裂有许多共同之处，但也有显著差别（表 1-1-4、图 1-1-8）。

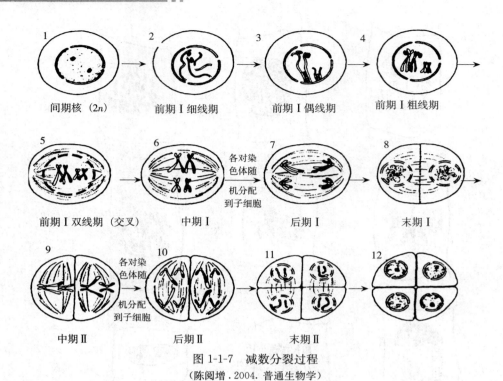

图 1-1-7 减数分裂过程

(陈阅增.2004.普通生物学)

表 1-1-4 减数分裂与有丝分裂的比较

		有丝分裂	减数分裂	
			减数第一次分裂	减数第二次分裂
发生部位		各组织器官	动物:精巢、卵巢;植物:花药、胚囊	
发生时期		从受精卵开始	性成熟后开始	
分裂起始细胞		体细胞	原始的生殖细胞	
子细胞	数目	2个	4个	
	类型	体细胞	配子	
	染色体数	与亲代细胞相同	比亲代细胞减半	
	染色体组成	完全相同	不一定相同	
细胞分裂次数		一次	两次	
染色体复制次数		一次	一次	
细胞周期		有	无	
同源染色体	有无	有	有	无
	有无联会行为	无	有联会、四分体,同源染色体分离,非同源染色体自由组合	无
中期赤道板位置的变化		着丝点排在赤道板上,两侧连纺锤丝	四分体排在赤道板上,一侧连纺锤丝	着丝点排在赤道板上,两侧连纺锤丝
后期着丝点变化及其染色单体行为		着丝点一分为二,染色单体变成子染色体,两者分离	着丝点不分裂,同源染色体分离	着丝点一分为二,染色单体变成子染色体,两者分离
联系		减数分裂是一种特殊方式的有丝分裂		

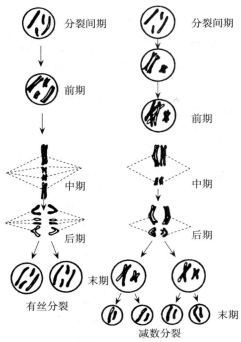

图 1-1-8 减数分裂与有丝分裂的比较

【技能训练】

1. 显微镜结构的认识与使用

（1）训练准备。准备显微镜、载玻片。

（2）操作规程。根据显微镜实物，对照图 1-1-9 结构示意图，认识显微镜的各个部位，并熟悉显微镜的使用方法（表 1-1-5）。

表 1-1-5 显微镜结构的认识与使用

工作环节	操作规程	质量要求
认识显微镜	（1）认识显微镜的机械部分：镜座、镜柱、镜臂、镜筒、转换器、载物台、准焦螺旋等 （2）认识显微镜的光学部分：反光镜、光圈盘或集光器、物镜及转换器、目镜、调节轮等	了解显微镜部件的作用
显微镜的使用	（1）取镜与安放。安放显微镜要选择临窗或光线充足的地方。桌面要清洁、平稳，使用时先从镜箱中取出显微镜。右手握镜臂，左手托镜座，轻放桌上，镜筒向前，镜臂向后，然后安放目镜和物镜 （2）对光。扭转转换器，使低倍镜正对通光口，打开聚光器上的光圈，然后左眼对准目镜注视，右眼睁开，用手翻转反光镜，对向光源，光强时用平面镜，光较弱时用凹面镜。这时从目镜中可以看到一个明亮的圆形视野，只要视野中光亮程度适中，光就对好了 （3）放片。把玻片标本放在载物台上，使盖玻片朝上并将观察的部位居中，用压片夹压住玻片 （4）低倍物镜的使用。转动粗调节轮，同时要从侧面看着物镜下降，再用左眼接近目镜进行观察，并转动粗调节轮，使镜筒缓慢上	（1）取镜后要检查各部分是否完好，用纱布擦拭镜身机械部分。用擦镜纸或绸布擦拭控光学部分，不可随意用手指擦拭镜头，以免影响观察效果 （2）对光时要同时用手调节反光镜和集光器（或光圈盘孔），使视野内亮度适宜 （3）转动粗调节轮不能碰触盖玻片

(续)

工作环节	操作规程	质量要求
显微镜的使用	升,直至看到物像(显微镜下的物像是倒像),再转动细调节轮,使物像到最清楚为止 (5)高倍镜的使用。首先应用低倍镜按步骤找到观察的材料,并将要放大的部分移至视野的中央,然后转换高倍接物镜便可粗略看到映像,再转动细调节轮,直到物像清晰为止 (6)还镜。盖上绸布或纱布,把镜放回箱内	(4)使用完毕,须把显微镜擦干净,各部分转回原处,并使两个物镜跨于透光孔的两侧,再下降镜筒,使物镜接触到载物台为止
显微镜的保养	(1)接目镜与接物镜部分不要用手指或粗布揩擦,一定要用擦镜纸轻轻擦拭 (2)镜头上如沾有树胶或油类物质,可用擦镜纸蘸上少许无水乙醇或二甲苯擦拭干净,再换用干净的擦镜纸擦拭一遍	显微镜各部零件不要随便拆开,也不要随意在显微镜之间调换镜头或其他附件

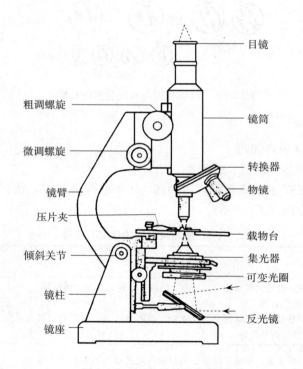

图 1-1-9 显微镜结构示意图

2. 植物细胞基本结构的观察

(1)训练准备。选择洋葱表皮、番茄或西瓜果肉;准备显微镜、载玻片、盖玻片、镊子、滴管、培养皿、刀片、剪刀、解剖针、吸水纸、蒸馏水、碘—碘化钾染液等。

(2)操作规程。根据学校实际情况,选择相应样本,制作临时装片,观察细胞的基本结构,并进行生物绘图训练(表 1-1-6)。

模块一 植物生长与发育

表 1-1-6 植物细胞基本结构的观察

工作环节	操作规程	质量要求
制作临时装片	（1）擦载玻片和盖玻片。方法是用左手拇指和食指夹住盖玻片的边缘，右手将纱布折成两层，并使其接触盖玻片的上、下两面，然后用右手拇指与食指相对移动纱布，均匀用力轻轻地擦拭。擦载玻片也用这种方法 （2）用滴管吸取清水，在洁净的载玻片中央滴一小滴，以加盖玻片后没有水溢出为宜。用镊子将洋葱鳞叶或其他植物的叶表皮撕下，剪成 3～5 mm² 的小片，平整置于载玻片的水滴中（注意表皮外面应朝上） （3）盖盖玻片。用镊子轻轻夹取盖玻片，先使盖玻片的一边与水滴边缘接触，再慢慢放下，以免产生气泡。若水过多，材料和盖玻片易浮动，则可用吸水纸从盖玻片的一边吸去	（1）盖玻片很薄，擦拭时应特别小心。若盖（载）玻片太脏，可先用纱布蘸些水或无水乙醇进行擦拭。再用干净纱布擦净，放在洁净的玻璃皿中备用 （2）如果盖玻片内有很多小气泡，可从盖玻片一侧浸入许清水，将气泡驱除，即可进行观察 （3）为更清楚地观察细胞，装片时可在载玻片上滴一滴碘液，将表皮放入碘液中，进行镜检
观察洋葱表皮细胞的构造	（1）将装好的临时装片，置显微镜下，先用低倍镜观察洋葱表皮细胞的形态和排列情况：细胞呈长方形，排列整齐，紧密 （2）从盖玻片的一边加上一滴碘—碘化钾染液，同时用吸水纸从盖玻片的另一侧将多余的染液吸出 （3）细胞染色后，在低倍镜下，选择一个比较清楚的区域，把它移至视野中央，再转换高倍镜仔细观察一个典型植物细胞的构造：细胞壁、细胞质、细胞核等 ①细胞壁。洋葱表皮每个细胞周围有明显界限，被碘—碘化钾染液染成淡黄色，即为细胞壁 ②细胞核。在细胞质中可看到，有一个圆形或卵圆形的球状体，被碘—碘化钾染液染成黄褐色，即为细胞核。细胞核内有一至多个染色较淡且明亮的小球，即为核仁 ③细胞质。细胞核以外，紧贴细胞壁内侧的无色透明的胶状物，即为细胞质，碘—碘化钾染色后，呈淡黄色，但比细胞壁还要浅一些 ④液泡。为细胞内充满细胞液的腔穴，在成熟细胞里，可见一个或几个透明的大液泡，位于细胞中央 （4）生物绘图。使用显微镜观察标本时，要求双眼睁开，左眼看镜，右眼描图	（1）细胞壁。细胞壁由于是无色透明的结构，所以观察时细胞上面与下面的平壁不易看见，而只能看到侧壁 （2）细胞核。幼嫩细胞，核居中央；成熟细胞，核偏于细胞的侧壁，多呈半球形或纺锤形 （3）细胞质。在较老的细胞中，细胞质是一薄层紧贴细胞壁，在细胞质中还可以看到许多小颗粒，是线粒体、白色体等 （4）液泡。观察液泡应注意在细胞角隅处观察，把光线适当调暗，反复旋转细调节器，能区分出细胞质与液泡间的界面
果肉离散细胞的观察	（1）用解剖针挑取少许成熟的番茄或西瓜果肉，制成临时装片，置低倍镜下观察，可以看到圆形或卵圆形的离散细胞，与洋葱表皮细胞形状和排列形式皆不相同 （2）在高倍镜下观察一个离散细胞，可清楚地看到细胞壁、细胞核、细胞质和液泡，其基本结构与洋葱表皮细胞相同	比较番茄或西瓜果肉细胞与洋葱表皮细胞不同之处

【问题处理】

生物绘图时，应注意：

（1）应注意科学性。要求认真观察标本和切片，正确理解细胞各组成部分特征，在绘图时保证形态、结构的准确性。

（2）图的大小及其在纸上分布的位置要适当。一般画在靠近绘图纸中央稍偏左方，并向右方引出注明各部分名称的线条。各引出线条要整齐平列，各部名称写在线条右边。

（3）勾画图形轮廓。用削尖的 2H 绘图铅笔，轻轻勾画出图形的轮廓，确认无误时，再画出线条。线条要光滑清晰,粗细均匀,接头无痕迹。

(4) 图的阴暗及颜色的深浅应用细点表示。点要圆而整齐,大小均匀,疏密变化灵活,富于立体感。不要点成小撇或采用涂抹的方法。

(5) 图形要美观。整个图形要保持准确、整齐、美观,图注一律用铅笔正楷书写。图的名称及放大倍数一般写在图的下方。

任务二 植物的组织

【任务目标】

知识目标:1. 认识分生组织的特点及类型。
　　　　　2. 熟悉5种成熟组织的特点及作用。
　　　　　3. 了解复合组织和组织系统等基本知识。
能力目标:1. 借助显微镜能识别各种分生组织的结构。
　　　　　2. 借助显微镜能识别成熟组织的结构特点。

【知识学习】

植物的各种器官都是由许多组织组成的。植物组织是指在个体发育中,具有相同来源的同一类型或不同类型的细胞群组成的结构和功能单位,可分为分生组织和成熟组织两大类。

1. 分生组织 分生组织位于植物体的生长部位,是指具有持续分裂能力的细胞群。其特征是:细胞代谢活跃,有旺盛的分裂能力;细胞体积小,排列紧密,无细胞间隙;细胞壁薄,不特化;细胞质浓厚,无大液泡分化;细胞核较大并位于细胞中央。根据在植物体中的分布位置,可分为3种(图1-1-10)。

(1) 顶端分生组织。位于根与茎的主轴和侧枝的顶端,其分裂活动可使根、茎不断伸长,并在茎上形成分枝和叶,也形成花和花序。其细胞小,近于等直径,具有薄壁,细胞核位于中央并占有较大体积,液泡小而分散,细胞质丰富,细胞内通常缺少后含物。

(2) 侧生分生组织。位于根与茎的周围,靠近器官边缘,与所在的器官的长轴平行排列。包括维管形成层和木栓形成层。维管形成层的活动能使根和茎不断增粗,增强植物的机械支持能力;木栓形成层的活动产生周皮,可替代表皮,起保护作用。其细胞呈长棱形,原生质体高度液泡化,细胞质不浓厚。

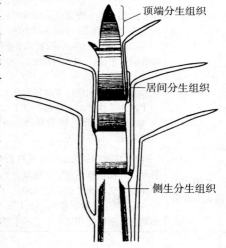

图1-1-10 茎纵切(示分生组织的部位)

(3) 居间分生组织。位于已分化成熟的组织区域间的分生组织称为居间分生组织。常见于禾本科植物的节间基部,其细胞核大、细胞质浓;主要进行横分裂,使器官沿纵轴方向细胞数目增加;细胞持续活动时间较短,分裂一段时间后,所有细胞完全分化为成熟组织。

2. 成熟组织 成熟组织是由分生组织分裂产生的细胞,经过分化、生长而形成的具有特定形态结构和稳定的生理功能的植物组织。按其功能可分为营养组织、保护组织、机械组织、输导组织和分泌组织。

(1) 营养组织。又称薄壁组织或基本组织，普遍存在于植物体各个部位（图1-1-11）。其特点是：细胞体积较大，排列疏松，有明显的胞间隙；细胞壁薄，由纤维素组成；细胞质内含叶绿体或质体，有大的液泡；分化程度低，极易转化为次生分生组织。营养组织具有不同的功能，可分为吸收组织（根尖的薄壁组织，可吸收水和无机盐）、同化组织（叶内的薄壁组织，能进行光合作用）、贮藏组织（种子、块茎等，可贮藏养分）和通气组织（水生的根、茎或叶细胞，细胞间隙发达，充满空气）。

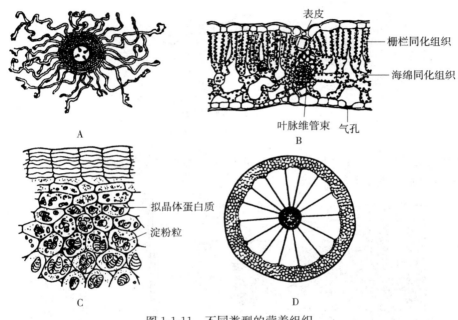

图1-1-11　不同类型的营养组织
A. 吸收组织　B. 同化组织　C. 贮藏组织　D. 通气组织

(2) 保护组织。保护组织是覆盖于植物体表起保护作用的组织，位于植物体茎、叶表面。具有保护内部组织，防止体内水分过度散失，避免虫、菌侵害和机械损伤等作用。按来源可分为初生保护组织（表皮）和次生保护组织（周皮）。

表皮覆盖于植物的外表，由一层细胞组成，细胞排列紧密，无间隙，不含叶绿体，液泡较大，其细胞壁上有角质层，有的被一层蜡质，表皮上常分布有表皮毛、腺毛和气孔器。

周皮是木栓形成层和由它向外、向内分裂产生的木栓层、栓内层的合称，无细胞间隙，细胞成熟高度木栓化，具有不透水、隔热、绝缘、耐腐蚀等特性。

(3) 机械组织。机械组织是对植物起主要支持作用的组织，具有很强的抗压、抗张和抗弯曲的能力。广泛分布于根、茎、叶柄等处，有时也存在于果实中。在植物体内起支持和巩固作用，其细胞特点是有一定程度加厚的细胞壁。可分为厚角组织和厚壁组织两种。

厚角组织是生活的细胞，常含叶绿体，其细胞壁在角隅处加厚，存在于幼茎和叶柄内，既可进行光合作用，又具支持的功能（图1-1-12）。

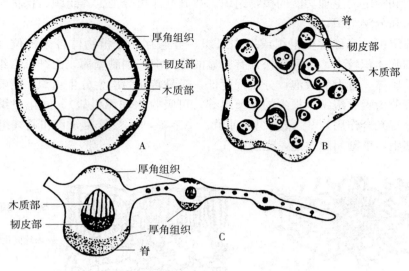

图 1-1-12 厚角组织
A. 木本茎（椴树属） B. 草本茎（南瓜属） C. 叶柄

厚壁组织是没有原生质体的死细胞，细胞壁均等加厚，细胞腔很小。可分为纤维（图 1-1-13）和石细胞（图 1-1-14）。

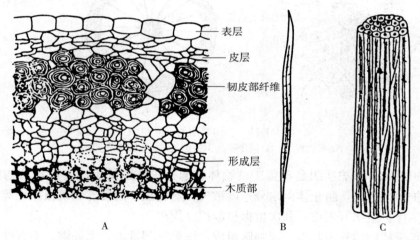

图 1-1-13 纤 维
A. 亚麻茎横切面（示韧皮部纤维） B. 一个纤维细胞 C. 纤维束

（4）输导组织。输导组织是植物体中担负物质长途运输的主要组织，常和机械组织在一起组成束状，上下贯穿在植物体各个器官中。根据其结构和功能的不同，可分两类：一类是导管和管胞（图 1-1-15）；另一类是筛管和伴胞（图 1-1-16）。

导管和管胞的主要功能是疏导水分和无机盐。导管是由许多导管分子上下相连而成，导管分子的细胞壁增厚并木质化，发育成熟后为死细胞，形成了环纹导管、螺纹导管、梯纹导管、孔纹导管等。管胞是由一个狭长的细胞构成，两端狭长，细胞壁增厚并木质化，原生质体消失，为死细胞。

筛管和伴胞的主要功能是输导有机物。筛管是由一些上下相连的管状活细胞（筛管分

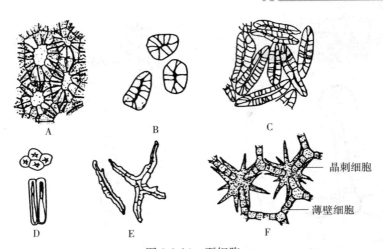

图 1-1-14 石细胞
A. 核桃果皮内 B. 梨果肉中 C. 椰子内果皮 D. 菜豆种皮 E. 山茶叶柄中 F. 萍蓬草叶柄中

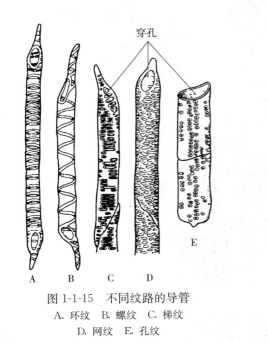

图 1-1-15 不同纹路的导管
A. 环纹 B. 螺纹 C. 梯纹
D. 网纹 E. 孔纹

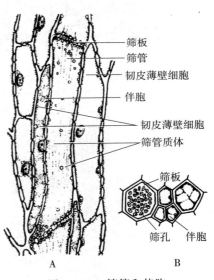

图 1-1-16 筛管和伴胞
A. 纵切面 B. 横切面

子）组成，为活细胞，但核消失，许多细胞器退化，细胞之间的横壁常形成筛板，上有许多筛孔。伴胞是活细胞，具有浓厚的细胞质、明显的细胞核和丰富的细胞器，与筛管相邻的侧壁之间有细胞间丝贯通。

（5）分泌组织。植物体的分泌组织可产生一些特殊物质，如蜜汁、黏液、挥发油、树脂、乳汁等。分泌组织可分为外分泌组织和内分泌组织两大类。

外分泌组织位于植物器官的外表，其分泌物直接分泌到体外，常见的有腺毛、腺鳞和蜜腺（图 1-1-17）。

内分泌组织埋藏在植物的营养组织内，分泌物存在于围合的细胞间隙中，常见的有分泌细胞、分泌腔、分泌道和乳汁管（图 1-1-18）。

种植基础

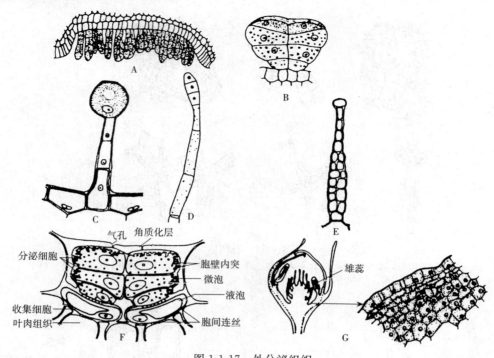

图 1-1-17 外分泌组织
A. 棉叶的蜜腺 B. 薄荷的腺鳞 C. 天葵茎腺毛 D. 烟草的腺毛
E. 麻属花的花蜜分泌毛 F. 柽柳的盐腺 G. 草莓的花蜜腺

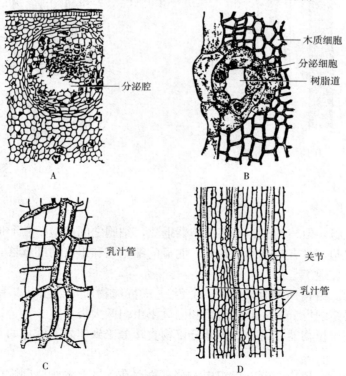

图 1-1-18 内分泌组织
A. 柑橘果皮分泌腔 B. 松树树脂道 C. 蒲公英乳汁管 D. 大蒜叶有节乳汁管

3. 复合组织和组织系统 植物组织根据细胞构成可分为简单组织和复合组织。前者如分生组织、薄壁组织；后者如表皮、周皮、木质部、韧皮部、维管束等。

木质部包括管胞、导管、木薄壁细胞、木纤维；韧皮部包括筛管、伴胞、韧皮薄壁细胞、韧皮纤维。木质部和韧皮部又合称维管组织，木质部和韧皮部经常再进一步紧密结合在一起，形成束状的维管束（图 1-1-19）。维管束具疏导、支持等作用。它贯穿在根、茎、叶、花、果实等器官中，形成一个复杂的维管束系统。双子叶植物、裸子植物的维管束为无限维管束，有形成层；单子叶植物的维管束则为有限维管束，无形成层。

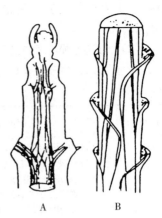

图 1-1-19　茎维管束系统
A. 双子叶植物　B. 单子叶植物

植物的每一个器官都由一定种类的组织构成。具有不同功能的器官中，组织的类型不同，排列方式也不同。然而植物体为一个有机整体，各个器官在内部结构上必然具有连续性和统一性，因而植物学上引入组织系统这一概念。植物主要有 3 种组织系统：皮组织系统（包括表皮和周皮）、维管组织系统（包括木质部和韧皮部）、基本系统（包括各类薄壁组织、厚角组织和厚壁组织）。

【技能训练】

1. 植物分生组织的观察

（1）训练准备。准备洋葱根尖纵切片、水稻茎尖切片、椴树茎横切片等材料；显微镜、镊子、解剖针等用具。

（2）操作规程。先熟悉显微镜的使用要领，然后根据各学校实际情况，进行植物分生组织观察（表 1-1-7）。

表 1-1-7　植物分生组织的观察

工作环节	操作规程	质量要求
熟悉显微镜的使用	认识显微镜的各个部件，进行取镜、对光、放片、低倍物镜的使用、高倍镜的使用、还镜等显微镜使用环节	熟悉显微镜部件的作用及其使用方法
顶端分生组织的观察	取洋葱根尖纵切片和水稻茎尖切片，在显微镜下观察根生长点的细胞，注意根尖（或茎尖）分生组织细胞的特点	可以观察到顶端分生组织的细胞排列紧密，无细胞间隙，细胞壁薄，细胞质丰富，细胞核大并位于细胞的中央
侧生分生组织观察	取椴树茎横切片置显微镜下观察木栓形成层和维管形成层的位置，分析各自的结构和特点	（1）在维管束中可见有几层染色较浅的扁平细胞，排列整齐，细胞壁很薄，就是维管形成层 （2）在茎的外方有几层扁平形细胞，排列紧密整齐，常被染成棕红色，就是木栓层。木栓层内有一层形状相似的细胞，着色较浅而细胞核明显，就是木栓形成层

2. 植物成熟组织的观察

（1）训练准备。准备小麦根尖压片、马铃薯块茎切片、棉叶横切片、水稻老根横切片、薄荷茎横切片、椴树茎横切片、南瓜茎纵切片、南瓜茎横切片、梨果肉压片、松树枝条、蚕豆叶、小麦叶等材料；显微镜、镊子、解剖针、双面刀片、载玻片、盖玻片、蒸馏水、滴管等用具。

（2）先熟悉显微镜的使用要领，然后根据各学校实际情况，进行植物营养组织、机械组织、输导组织、保护组织等植物成熟组织的观察（表1-1-8）。

表1-1-8 植物成熟组织的观察

工作环节	操作规程	质量要求
营养组织的观察	（1）吸收组织观察。取小麦根尖压片置显微镜下观察根毛的形态和结构特点 （2）贮藏组织观察。取马铃薯块茎切片置显微镜下观察淀粉贮藏细胞的结构特点 （3）同化组织的观察。取棉叶横切片置显微镜下观察上下表皮之间的栅栏组织和功能特点 （4）通气组织的观察。取水稻老根横切片置显微镜下观察	（1）可见小麦根尖的吸收组织细胞壁较薄，细胞核常在先端 （2）可见马铃薯细胞中贮藏许多淀粉粒，并注意细胞的形状、排列及细胞壁厚薄等特征 （3）可见棉叶细胞内含许多叶绿体，注意观察细胞的排列、细胞间隙及细胞中叶绿体的分布情况 （4）可见水稻老根薄壁组织中有许多大型的细胞间隙，即气腔
机械组织的观察	（1）厚角组织的观察。取薄荷茎横切片置显微镜下观察厚角组织。注意在表皮下方是否有细胞壁角隅处加厚的细胞存在 （2）厚壁组织的观察。取椴树茎横切片置显微镜下观察厚壁组织 （3）石细胞的观察。取梨果肉石细胞压片观察，将梨的果肉切一薄片，注意聚集成团的石细胞团	（1）薄荷茎横切片在4个角的紧靠表皮以内的数层细胞没有细胞间隙，细胞壁在三四个细胞相邻的角上加厚，这些角隅处加厚的细胞群即厚角组织 （2）椴树茎横切片中可以看到在韧皮部的外侧，有成束的纤维细胞，细胞狭长、两端尖、细胞壁厚 （3）注意聚集成团的石细胞团，每团之中有许多石细胞，石细胞被染成红色，而果肉细胞不起变化，这是细胞壁木质化的显著标志，在石细胞的厚壁上还可以看到沟纹
输导组织的观察	（1）管胞的观察。切取少许松树枝条。用组织离析法进行处理，用镊子选取少量材料，放在载玻片上用解剖针挑散，加一滴番红染色加盖玻片，在盖玻片一边滴加清水，在相对的一边用滤纸条吸水，洗去浮色，用纱布将装片擦干以后，置显微镜下观察 （2）导管的观察。取南瓜茎纵切片观察5种不同类型的导管 （3）筛管的观察。取南瓜茎横切片在低倍镜下观察，首先分清维管束中的木质部和韧皮部，筛管在韧皮部	（1）可以看到许多两端尖的长形细胞，这就是管胞，在每个管胞上可以看到许多圈圈，每个大圈中套有小圈，这便是具缘纹孔 （2）导管是被子植物主要输水组织，根据其木质化增厚情况不同，可分为环纹导管、螺纹导管、梯纹导管、网纹导管和孔纹导管 （3）注意南瓜茎为双韧维管束。其内外韧皮部，选择一个较清楚的筛管进行观察，两筛管细胞间有筛板，筛板有许多小孔叫做筛孔。相连两细胞的原生质通过筛孔彼此相连，形成联络索。筛管侧面有一薄壁细胞相连，即为伴胞
保护组织的观察	（1）双子叶植物表皮观察。撕取蚕豆叶下表皮一小块，置载玻片上用水合氯醛透化，放在显微镜下观察，可以看到：表皮细胞、气孔器、表皮毛等。观察气孔是张开的还是关闭的，注意观察保卫细胞与表皮细胞的颜色有何不同，其内有无叶绿体 （2）禾本科植物叶表皮观察。取小麦叶表皮制片观察，仔细观察比较双子叶植物叶和单子叶植物叶的表皮细胞和气孔器的形态结构特征有何异同 （3）周皮和皮孔观察。取椴树茎横切片置显微镜下观察其周皮和皮孔	（1）表皮细胞结合紧密，没有细胞间隙。细胞壁边缘呈波纹状互相嵌合，细胞核位于细胞壁边缘，细胞质无色透明，不含叶绿体。在表皮细胞间，可见到一些半月形的细胞，成对配置，为保卫细胞，两保卫细胞凹面相对，内壁较厚，外壁较薄，两细胞之间的胞间隙为气孔。烟草叶表皮细胞上有单细胞表皮毛，长而尖，也有腺毛，腺毛较短，顶端膨大 （2）小麦叶表皮细胞形状较规则，成行排列，包括相间排列的长短两种细胞，不含叶绿体，气孔器由两个哑铃形的保卫细胞和两个副卫细胞组成，排列成行 （3）椴树茎的木栓层有些地方已破裂向外突起，裂口中有薄壁细胞填充，这就是皮孔。木栓层、木栓形成层、栓内层三者合称周皮

【问题处理】

（1）根据观察结果，要求绘双子叶植物叶气孔器结构图和5种不同类型的导管结构图，并加注文字说明。

（2）根据观察的材料，比较单子叶植物与双子叶植物叶表皮在形态结构上的异同点。根据观察比较管胞与导管的异同，回答为什么说导管是更进化的运水机构。

（3）机械组织有哪些种类？在植物体内分布有何规律？

【信息链接】

植物组织培养新技术——光独立营养培养法

近几年，我国对种苗的需求量大大增加，仅仅靠目前传统的育苗方法远不能满足日益增长的需要，种苗生产逐渐开始了专业化、产业化的生产。20世纪80年代中期，我国引进穴盘育苗技术，目前穴盘育苗是实生种苗生产产业化最有效的方法。21世纪开始，对于无性繁殖苗木，则多采用组织培养的育苗方法。组培苗可大量生产具有优良遗传性状，而且不被病原菌污染的种苗，但目前由于组培苗的生产成本较高，除利用于价值较高的园艺作物外，普及率还不是很高。

为解决以上问题，日本千叶大学古在丰树教授的研究小组进行了光独立营养培养法（无糖培养法）的开发和研究。光独立营养培养法主要引进了以下新技术：

1. 去除培养基中的糖，导入大型培养容器 去除了培养基中的糖后，减少了污染机会，使大型培养容器得以导入。大型培养器内的二氧化碳、相对湿度、气流速度等环境因子可以比较容易地进行调节。另外，使用大型培养容器还可以减少人工操作的工作量，为实现自动化、机械化操作提供条件。大型培养容器还可以利用蛭石、成型岩棉等多孔性支持材料作为培养基，装入穴盘放在大型培养器内。

2. 调节培养容器内的二氧化碳浓度 实验证明，在光照期间培养容器内的二氧化碳浓度如果接近大气中的二氧化碳浓度（$350\mu L/L$），即使培养基中不加糖，绿色植物也能正常生长。与在弱光下有糖培养基上培养的植物相比在强光下施用二氧化碳的无糖培养基上培养的植物叶片大而且厚，呈浓绿色，如果给予适当的光合作用条件，其培养植物的净光合速率可提高数倍。这样就没有必要在培养基中放糖类，而且大多情况下也没有必要添加维生素和氨基酸，从而可以降低成本。还有报道证明，如果提高培养期间培养器内的二氧化碳浓度不仅可以促进培养植物的生长，还可以提高培养植物从容器内移出后的成活率。

3. 调节培养容器内的相对湿度 通过换气，降低培养器内的相对湿度，可提高气孔开闭机能，可明显减少生理及形态异常的培养植株，保证移栽后的正常生长。

4. 提高光照度 光照度、光质、光照射方向以及明暗周期，都会对培养植物的光合作用及生长、形态产生影响。在提高培养容器内二氧化碳浓度的前提下，提高光照度，培养植物的净光合速率也将随之增大。

经光独立营养培养法（无糖培养法）培养出来的植株具有以下优点：生长速度快，生长发育均匀；减少了因高湿、弱光等引起的生理及形态的异常；可以简化或省略驯化过程；减少了因污染引起的植物损失；光合成和发根得以促进，可减少生根植物生长调节剂的使用。

【知识拓展】

如果同学们想了解更多的知识，可以通过下面渠道进行学习：

1. 阅读杂志

(1)《中国植物学》。

(2)《植物》。

(3)《植物研究》。

2. 浏览网站

(1) 上海生命科学研究院植物生理生态研究所（http://www.sippe.ac.cn/）。

(2) 中国科学院植物研究所（http://www.ibcas.ac.cn/）。

(3) 浴花谷花卉网（http://www.yuhuagu.com/）。

(4) 中国公众科技网（http://database.cpst.net.cn/）。

3. 通过本校图书馆借阅有关植物学方面的书籍

【观察思考】

(1) 借助植物细胞有关挂图、图片，快速说出细胞的基本结构各部位名称，常见的细胞器有哪些？其功能是什么？

(2) 在老师指导下，分组讨论，列表比较植物细胞 3 种繁殖方式的异同点（表 1-1-9）。

表 1-1-9　细胞 3 种繁殖方式的比较

分裂方式	相同点	不同点
无丝分裂		
有丝分裂		
减数分裂		

(3) 在老师指导下，分组讨论，列表比较各种成熟组织的细胞形态特征、功能和在植物体中的分布等方面的异同（表 1-1-10）。

表 1-1-10　植物各种成熟组织的比较

成熟组织	类型	特点	功能	在植物体中分布
营养组织				
保护组织				
机械组织				
输导组织				
分泌组织				

(4) 借助显微镜观察植物细胞和组织的基本结构，绘出细胞壁、细胞质、细胞核的示意图。

(5) 双子叶植物和单子叶植物的表皮结构有何区别？输导组织和机械组织有哪些种类？

项目二　植物的器官

▲ 项目任务

熟悉植物根、茎、叶等营养器官的基本形态与功能；了解根、茎、叶等营养器官的基本结构；能够区分根、茎、叶等营养器官的类型；并能识别不同营养器官的常见变态类型。了解植物花、果实、种子的发育特点；熟悉植物花、果实、种子等生殖器官的基本形态与类型。

任务一　植物的营养器官

【任务目标】

知识目标：1. 掌握植物根、茎、叶等营养器官的基本形态和类型；认识常见营养器官的变态。
2. 熟悉双子叶植物和单子叶植物的根、茎、叶等营养器官的基本构造及区别。

能力目标：1. 能够识别植物根系类型和根的常见变态，借助显微镜能认识根尖结构，区别单子叶植物和双子叶植物根的结构异同。
2. 能够识别植物茎的基本形态、各种芽的类型、茎的生长习性、茎的常见变态，借助显微镜区别单子叶植物和双子叶植物茎的结构异同。
3. 能够识别植物叶的形态、单叶和复叶、叶脉和叶序、叶的变态，借助显微镜观察单子叶植物和双子叶植物叶的结构异同。

【知识学习】

在植物体中，由多种组织组成，具有一定形态特征和特定生理功能，并易于区分的部分，称为器官。植物是由许多器官组成的，其中根、茎、叶是植物的营养器官，花、果实、种子是植物的生殖器官。

1. 植物的根　根是植物在长期适应陆地生活过程中形成的器官，是植物的地下部分。根的主要生理功能有支持与固定作用、吸收作用、输导作用、合成与转化作用、分泌作用、贮藏和繁殖作用等。

（1）植物根的形态。种子萌发时，胚根先突破种皮向地生长，便形成根。根据其发生部位可分为主根、侧根、不定根。由种子里的胚根生长发育而成的根称为主根。侧根是主根产生的各级大小分枝。主根和侧根又称为定根。从茎、叶、老根或胚轴长出的根称为不定根。

一株植物所有根的总体称为根系。根系常有一定的形态，按其形态的不同可分为直根系和须根系两大类（图1-2-1）。直根系的主根发达，一般垂直向地生长，而主根上生出的各级侧根则细小。绝大多数双子叶植物和裸子植物的根系为直根系，如棉花、油菜、大豆、番茄、桃、苹果、梨、柑橘、松、柏等。须根系的主根不发达或早期停止生长，由茎的基部生出的不定根组成。单子叶植物的根属于须根系，如水稻、小麦、玉米、竹、棕榈、葱、蒜、百合等。直根系植物的根常分布在较深土层中，属深根性；须根系往往分布在较浅的土层中，属浅根性。

（2）植物的根尖。根尖是指从根的顶端到着生根毛的部分，它是根的生命活动中最活跃的部分，是根进行吸收、合成、分泌等作用的主要部位。根的伸长、根系的形成以及根内组织的分化也都是在根尖进行的。根尖的结构可分为根冠、分生区、伸长区和根毛区4个部分（图1-2-2）。根冠在外层，保护根尖；分生区位于根冠的上方，是分生新细胞的区域；伸长区是根伸长的主要部分，细胞逐渐停止分裂，纵向迅速伸长；根毛区（成熟区）是吸收能力最强的部位，根毛区以上根的部分起着固着和运输功能，扩大吸收面积，根毛的寿命几天到几周不等。

图 1-2-1　植物的根系

（3）双子叶植物根的结构。双子叶植物根的结构有初生结构和次生结构。

在根尖的根毛区已分化形成各种成熟组织，这些成熟组织是由顶端分生组织细胞分裂产生的细胞经生长分化形成的结构，称为根的初生结构，由外向内依次为表皮、皮层和中柱（图1-2-3）。表皮是根最外面的一层细胞，从横切面上观察，细胞为砖形，排列整齐紧密，无胞间隙，外切向壁上具有薄的角质膜，有些表皮细胞特化形成根毛。表皮之内中柱之外的多层薄壁细胞构成皮层，细胞较大并高度液泡化，排列疏松有明显的胞间隙，有内皮层和外

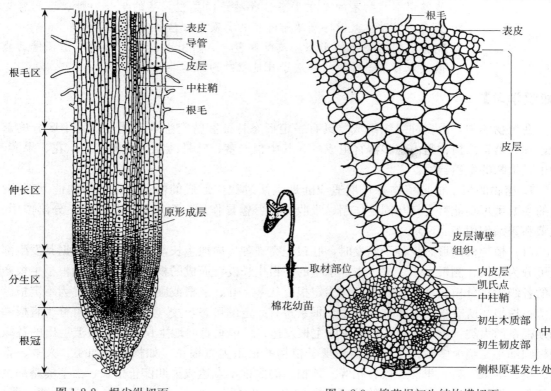

图 1-2-2　根尖纵切面　　　　　图 1-2-3　棉花根初生结构横切面

皮层之分。内皮层以内的部分称为中柱，包括中柱鞘和维管束，有些植物的中柱还有髓。

多数双子叶植物的根在初生结构形成后，由于形成层和木栓形成层的发生和活动，使根得以增粗，由它们所形成的结构称为次生结构。根的次生结构形成后，从外到内依次为：周皮（木栓层、木栓形成层和栓内层）、皮层（有或无）、韧皮部（初生韧皮部、次生韧皮部）、形成层、木质部（次生木质部、初生木质部）和射线等部分（图1-2-4）。

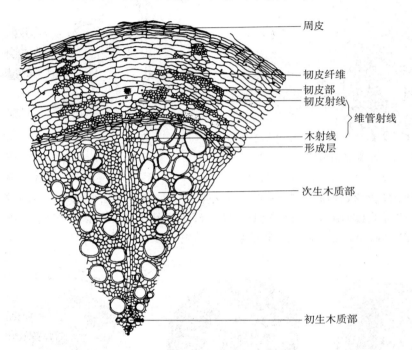

图1-2-4 棉花老根的次生结构
（周云龙，1999）

（4）单子叶植物根的结构。禾本科植物为单子叶植物，其根的基本结构也可分为表皮、皮层、中柱3个部分，但各部分有其特点，特别是不产生维管形成层和木栓形成层，不能进行次生生长（图1-2-5）。禾本科植物根的表皮是根的最外一层细胞，寿命较短，当根毛枯死后，往往解体而脱落。禾本科植物根的皮层中靠近表皮的三至数层细胞为外皮层，内皮层在发育后期细胞壁呈五面加厚，只有外切向壁不加厚。中柱最外的一层薄壁细胞组成中柱鞘，为侧根发生之处。

（5）植物的侧根。侧根起源于中柱鞘，后形成侧根原基，并逐渐分化为生长点和根冠，最后穿过母根的皮层和表皮成为侧根。侧根伸出母根后，各种组织相继分化成熟，侧根维管组织也与母根的维管组织连接起来。扩大了根的吸收面积，增强了整个根系的吸收和固着能力。农业增产措施上的移植、假植、中耕、施肥等均能促进侧根的发生。

（6）根瘤与菌根。通常所讲的根瘤，主要是指由根瘤细菌等侵入宿主根部后形成的瘤状共生结构。根瘤菌最大特点是具有固氮作用（图1-2-6）。

植物的根与土壤中的真菌结合而形成的共生体，称为菌根。根据菌丝在根中生长分布的部位不同，可将菌根分为外生菌根和内生菌根。外生菌根的真菌菌丝大部分包被在植物幼根

种 植 基 础

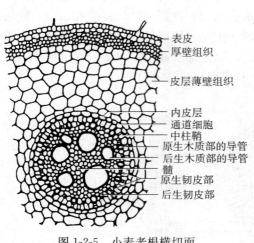

图 1-2-5 小麦老根横切面

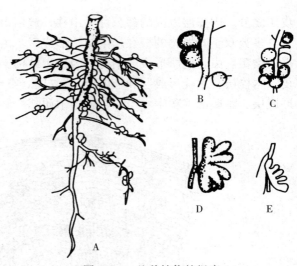

图 1-2-6 几种植物的根瘤
A、B. 大豆 C. 菜豆 D. 豌豆 E. 紫云英

的表面,形成白色丝状物覆盖层(图 1-2-7 左、中),如马尾松、云杉、山毛榉等木本植物的根。内生菌根的真菌菌丝通过细胞壁大部分侵入到幼根皮层的活细胞内,呈盘旋状态(图 1-2-7 右)。如柑橘、核桃、葡萄、李及兰科等植物的根。

图 1-2-7 外生菌根(左和中)和内生菌根(右)

2. 植物的茎　茎是植物体地上部分联系根和叶的营养器官,少数植物的茎生于地下。茎的主要生理功能有输导作用、支持作用、贮藏和繁殖作用。

(1)植物茎的形态。通常将带有叶和芽的茎称为枝条。植物地上部分具有主茎和侧枝,茎有节、节间、叶腋和枝条等(图 1-2-8)。茎上着生叶的部位称为节,相邻两节之间的部分称节间,叶片与枝条之间的夹角称为叶腋。茎的顶端和叶腋处着生芽,分别称为顶芽和腋芽(侧芽)。植株生长过程中,根据枝条延伸生长的强弱,可将枝条分为长枝和短枝。一般果树上的长枝是营养生长的枝条;短枝是开花结实的枝条,又称花枝或果枝。

芽实际上是未发育的枝或花和花序的原始体。根据芽在茎、枝条上着生的位置、结构和生理状态不同,将植物的芽分为定芽和不定芽;叶芽、花芽和混合芽;鳞芽和裸芽;活动芽和休眠芽等。

(2)茎的生长习性。茎的生长方式有 4 种(图 1-2-9),即直立茎(如红杉)、缠绕茎(如菜豆、忍冬)、攀缘茎(如丝瓜、黄瓜、地锦、旱金莲)和匍匐茎(如甘薯、草莓)。

(3)分枝与分蘖。分枝是植物生长时普遍存在的现象。主干的伸长、侧枝的形成,是顶

模块一　植物生长与发育

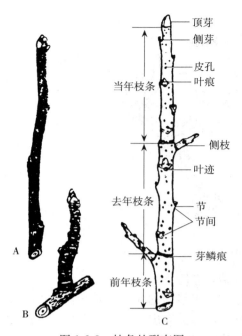
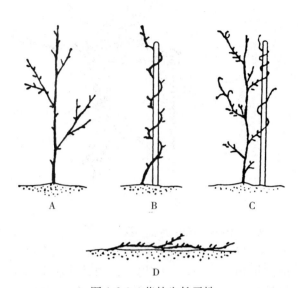

图 1-2-8　枝条的形态图
A. 苹果长枝　B. 苹果短枝　C. 核桃枝条

图 1-2-9　茎的生长习性
A. 直立茎　B. 缠绕茎　C. 攀缘茎　D. 匍匐茎

芽和腋芽分别发育的结果。侧枝和主干一样，还可继续产生侧枝，并且有一定的规律性。种子植物的分枝方式，一般有单轴分枝、合轴分枝和假二叉分枝 3 种类型（图 1-2-10）。

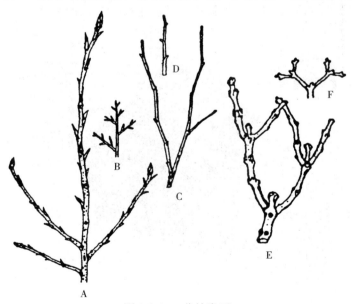

图 1-2-10　分枝类型
A、B. 单轴分枝　C、D. 合轴分枝　E、F. 假二叉分枝

分蘖是指植株的分枝主要集中于主茎基部的一种分枝方式。其特点是主茎基部的节较密集，节上生出许多不定根，分枝的长短和粗细相近，呈丛生状态。典型的分蘖常见于禾本科

作物，如水稻、小麦等的分枝方式（图1-2-11）。

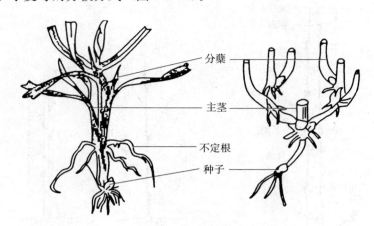

图1-2-11 小麦分蘖示意图

（4）植物茎的结构。双子叶植物和单子叶植物茎的结构有所不同。

①双子叶植物茎的结构。双子叶植物幼茎的顶端分生组织经细胞分裂，伸长和分化所形成的结构，称为初生结构。把幼嫩的茎作一横切，自外向内分为表皮、皮层和中柱（也称维管柱）三部分（图1-2-12）。表皮是幼茎最外面的一层细胞，在横切面上表皮细胞为长方形，排列紧密，没有间隙，细胞外壁较厚形成角质层，表皮有气孔。皮层位于表皮内方，主要由薄壁组织所组成，细胞排列疏松，有明显的胞间隙，靠近表皮的几层细胞常分化为厚角组织。中柱是皮层以内的部分，多数双子叶植物的中柱包括维管束、髓和髓射线三部分。维管束是由初生木质部、束内形成层和初生韧皮部共同组成的分离的束状结构。

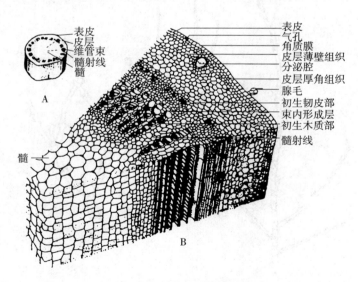

图1-2-12 棉花幼茎立体结构
A. 简图 B. 部分结构详图

双子叶植物茎的初生构造形成后不久，内部便出现形成层和木栓形成层，由于它们的细胞分裂、生长和分化，便产生次生结构（图1-2-13）。双子叶植物茎的次生结构自外向内依次是：周皮（木栓层、木栓形成层、栓内层）、皮层（有或无）、初生韧皮部、次生韧皮部、形成层、次生木质部、初生木质部、髓等。

②单子叶植物茎的结构。单子叶植物主要是禾本科植物，如小麦、玉米、水稻等，它们的茎在形态上有明显的节和节间，其内部构造（图1-2-14）有以下特点：禾本科植物的茎多数没有次生构造；表皮细胞常硅质化，有的还有蜡质覆盖，如甘蔗、高粱等；禾本科植物茎的皮层和中柱之间无明显的界线，维管束分散排列于茎内，每个维管束由韧皮部和木质部组成，没有形成层。

3. 植物的叶 叶是绿色植物重要的营养器官，它起源于茎尖生长锥周围的叶原基。它的主要功能是进行光合作用、蒸腾作用和气体交换。有些植物的叶还有贮藏营养物质和繁殖的功能。

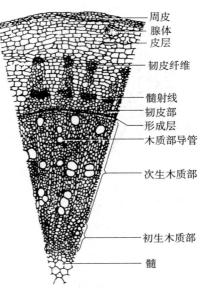

图1-2-13 棉花老茎横切面

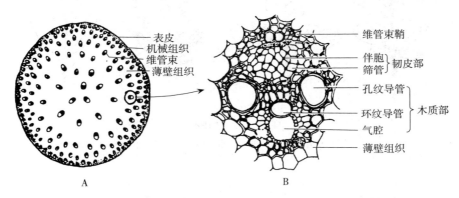

图1-2-14 玉米茎横切面
A. 横切面图解　B. 一个维管束的放大

（1）叶的组成。植物的叶一般由叶片、叶柄和托叶三部分组成（图1-2-15）。具有叶片、叶柄和托叶三部分的叶为完全叶，如梨、桃的叶；有些叶只有一个或两个部分的称为不完全叶，如茶、白菜的叶。禾本科植物的叶有些不同，其叶是由叶片和叶鞘组成，并有叶舌和叶耳（图1-2-16）。

（2）叶的形态。叶有单叶和复叶之分。只生一片叶的称单叶，生有两片以上的叶称复叶。复叶根据小叶排列方式可分为4种类型：羽状复叶、三出复叶、掌状复叶和单身复叶（图1-2-17）。

叶脉的分布规律为脉序，脉序主要有平行脉、网状脉和叉状脉3种类型（图1-2-18）。平行脉各叶脉平行排列，其中各脉由基部平行直达叶尖，如水稻、小麦等单子叶植物；网状脉具有明显的主脉，并向两侧发出许多侧脉，侧脉又分出许多侧脉组成网状，如桃、棉花等；叉状脉是各脉作二叉分枝，如银杏等。

叶在茎上按一定规律排列的方式称叶序。叶序基本上有4种类型：互生、对生、轮生和

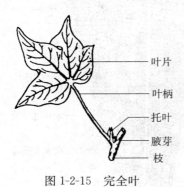

图 1-2-15 完全叶

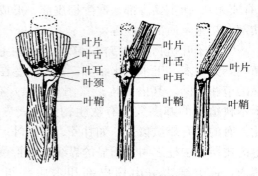

图 1-2-16 禾本科植物的叶

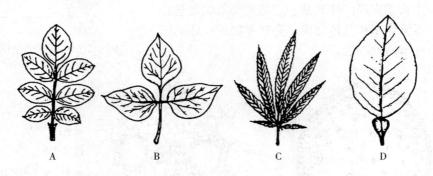

图 1-2-17 复叶类型
A. 羽状复叶　B. 三出复叶　C. 掌状复叶　D. 单身复叶

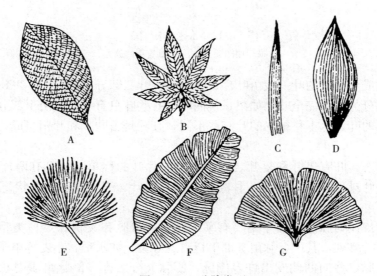

图 1-2-18 叶脉类型
A. 羽状网脉　B. 掌状网脉　C~F. 平行脉　G. 叉状脉

簇生（图 1-2-19）。互生叶是每节上只生一叶，交互而生，如白杨、法国梧桐等；对生叶是每节上生两片叶，相对排列，如女贞、石竹等；轮生叶是每节上生三片叶或三片叶以上，作辐射排列，如夹竹桃、百合等。簇生叶是从同一基部长出多片单叶，如铁角蕨、吉祥草等。

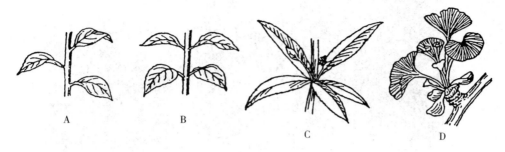

图 1-2-19　叶序类型
A. 互生叶序　B. 对生叶序　C. 轮生叶序　D. 簇生叶序

（3）叶的结构。单子叶植物和双子叶植物叶片的结构是不相同的。

①双子叶植物叶片的结构。双子叶植物的叶由表皮、叶肉和叶脉三部分组成（图 1-2-20）。表皮覆盖于叶片的上下表面，叶表皮由一层排列紧密、无细胞间隙的活细胞组成。叶肉位于上下表皮层之间，由许多薄壁细胞组成，细胞内富含叶绿体，有栅栏组织和海绵组织之分。叶脉是叶片中的维管束，包括木质部、韧皮部和形成层三部分。

②禾本科植物叶片的结构。禾本科植物叶片也分为表皮、叶肉和叶脉三部分（图 1-2-21）。表皮细胞在正面观察时呈长方形，外壁角质化并含有硅质，故叶比较坚硬而直立。禾本科植物的叶肉没有栅栏组织和海绵组织的分化，为等面叶。叶脉由木质部、韧皮部和维管束鞘组成，木质部在上，韧皮部在下，维管束内无形成层，在维管束外面有维管束鞘包围，叶脉平行地分布在叶肉中。

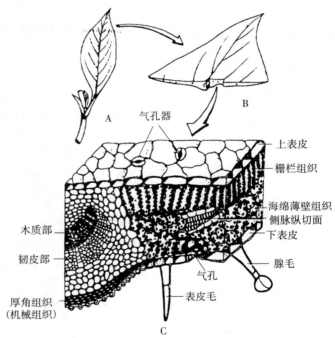

图 1-2-20　双子叶植物叶的解剖结构
A. 着生在枝条上的叶（虚线示切割部位）
B. 割下叶尖放大图（近中肋处）
C. 近中肋部分叶片解剖结构

4. 营养器官的变态　植物的营养器官（根、茎和叶）由于长期适应周围环境的结果，使器官在形态结构和生理功能上发生着显著变异，这种变异属于该种植物的遗传特性，这种现象称为器官的变态（表 1-2-1）。

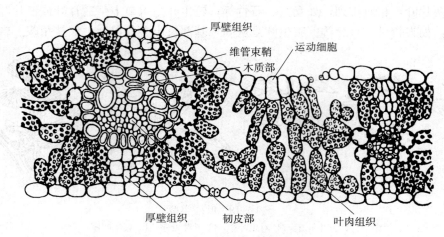

图 1-2-21 小麦叶横切面

表 1-2-1 营养器官的变态

营养器官		变态	来源
根	贮藏根	肉质根	它的上部由胚轴发育而成,这部分没有侧根发生,下部为主根基部发育而成（萝卜）
		块根	由植物的侧根或不定根发育而成,内部贮藏大量营养物质（甘薯）
	气生根	支持根	在近地面的茎节上生出许多不定根,向下深入土中（玉米）
		攀援根	茎上产生能使茎向上生长的不定根（常春藤）
		呼吸根	从地下向地上生长,伸出地表面的不定根（水松）
		寄生根	也称吸器。茎上产生伸入寄主体内吸收水分和营养物质的不定根（菟丝子）
茎	地上茎变态	茎刺	由幼枝变态而形成的长形刺状物,茎刺位于叶腋,由腋芽发育而来（皂荚）
		茎卷须	许多攀援植物的茎细长柔软,不能直立,变成卷须,其上不生叶（葡萄）
		叶状茎	茎化成绿色叶状体,叶完全退化（膜化）或不发达,而由叶状茎代替叶片进行光合作用（文竹）
		肉质茎	茎肥厚多汁,常为绿色,不仅可以贮藏水分和养料,还可以进行光合作用（仙人掌）
		小鳞茎	蒜的花间,常生小球体,具肥厚的小鳞片,也称珠芽（大蒜）
		小块茎	有些植物的腋芽常形成小块茎,形态与块茎相似;也有的植物叶柄上的不定芽也形成小块茎（秋海棠）
茎	地下茎变态	根状茎	生于地下,与茎相似,但具有明显的节和节间,在节部有芽和退化的叶,顶端有顶芽（莲藕）
		块茎	为短粗的肉质地下茎,形状不规则（马铃薯）
		鳞茎	由许多肥厚的肉质鳞叶包围的扁平或圆盘状的地下茎（洋葱）
		球茎	是肥而短的地下茎,节和节间明显,节上有退化的鳞片状叶和腋芽,基部可发生不定根（荸荠）

（续）

营养器官	变态	来源
叶	鳞叶	叶的功能特化或退化成鳞片状称为鳞叶（洋葱）
	苞叶	生在花下的变态叶；位于花序基部的苞片总体为总苞（玉米和菊科植物）
	叶卷须	由复叶顶端的小叶变成（豌豆）；由托叶转变而成（菝葜）
	叶刺	叶刺由叶或叶的部分（托叶）变成的刺（仙人掌，洋槐）
	捕虫叶	有些植物具有通用捕食小虫的变态叶（猪笼草）

【技能训练】

1. 植物根的形态及结构观察

（1）训练准备。准备葱根、小麦根、桔梗根、萝卜根、胡萝卜根、甘薯块根、玉米根、石斛兰或吊兰、菟丝子、桑寄生、常春藤或凌霄、浮萍、大豆或花生根、马尾松根表皮、葡萄及兰科植物的根等新鲜标本。

（2）操作规程。选择当地种植农作物、蔬菜、果树、花卉等地块，观察植物的根及其生长情况，并准备不同类型的根标本，如果没有新鲜标本，也可选取本校制作好的样本或图片，进行以下操作（表1-2-2）。

表 1-2-2　植物根的形态及结构观察

工作环节	操作规程	质量要求
制作根徒手切片	（1）将植物根切成 0.5cm 见方，1～2cm 长的长方条 （2）取上述一个长方条用左手的拇指和食指拿着，使长方条上端露出 1～2mm 高，并以无名指顶住材料。用右手拿着刀片的一端 （3）把材料上端和刀刃先蘸些水，并使材料成直立方向，刀片成水平方向，自外向内把材料上端切去少许，使切口成光滑的断面，并在切口蘸水，接着按同法把材料切成极薄的薄片（越薄越好）	（1）切时要用臂力，不要用腕力及指力，刀片切割方向由左前方向右后方拉切；拉切的速度宜较快，不要中途停顿 （2）把切下的切片用小镊子或解剖针拨入表面皿的清水中，切时材料的切面经常蘸水，起润滑作用 （3）如需染色，可把薄片放入盛有染色液的表面皿内，染色约 1min，轻轻取出放入另一盛清水的表面皿内漂洗，之后，即可装片观察。也可以在载片上直接染色，即先把薄片放在载玻片上，滴一滴染色液。约 1min，倾去染色液，再滴几滴清水，稍微摇动，再把清水倾去，然后再滴一滴清水，盖上盖玻片，便可镜检
观察根尖及根的初生结构	（1）观察根尖及其分区：选择生长良好而直的玉米幼根，用刀片截取端部 1cm，放在载玻片上（片下垫一黑纸）用放大镜观察它的外形和分区。再取玉米根尖纵切片，在显微镜下观察，由根尖处向上分：根冠、分生区、伸长区和根毛区 （2）观察双子叶植物根的初生结构：取蚕豆根的根毛区横切片（或用新鲜蚕豆幼根做徒手切片，制成临时切片），先在低倍镜下区分出表皮、皮层和中柱三部分。再转高倍镜下由外到内观察，识别各种组织。皮层（外皮层和内皮层）；中柱［中柱鞘、维管束（初生木质部、初生韧皮部）和髓］ （3）观察单子叶植物根的初生结构：取玉米根尖纵切片（或用新鲜玉米根尖制作徒手切片，加一滴番红溶液），先在低倍镜下区分出表皮、皮层和中柱三部分。再转高倍镜下由外到内观察，识别各种组织	（1）根冠在外层，保护根尖；分生区位于根冠的上方，细胞分裂，数目增加；伸长区紧靠分生区之上，细胞伸长；根毛区在伸长区的上方，生长停止，分化开始，产生根毛 （2）双子叶植物根的初生结构：表皮在根的最外层；皮层是表皮以内由数层排列疏松的薄壁细胞组成，占横切面的大部分。紧靠表皮的为外皮层，皮层最内排列较整齐的一层细胞为内皮层。紧靠内皮层的一层薄壁细胞为中柱鞘。初生木质部呈辐射状排列；初生韧皮部位于两个初生木质部之间的外侧 （3）单子叶植物根初生结构：多数单子叶植物根中有髓，而多数双子叶植物根中被木质部占满，故无髓。观察比较与双子叶植物根初生结构的区别

(续)

工作环节	操作规程	质量要求
根系的观察	观察桔梗的根系,区别主根、侧根和不定根。观察葱、麦冬的根系有无主根,其根系是怎样形成的?有何特点	了解直根系与须根系的区别,主根、侧根与不定根的区别
根的变态观察	仔细观察萝卜根、胡萝卜根、甘薯块根、玉米根、石斛兰或吊兰、菟丝子、桑寄生、常春藤或凌霄、浮萍等样本,哪些属于肉质直根、块根、支持根、攀缘根、呼吸根、寄生根	根的变态有贮藏根、气生根两种,要求能进一步正确归类

2. 植物茎的形态及结构观察

(1) 训练准备。准备荠菜茎、忍冬茎、葡萄与苹果枝条、银杏枝条、悬铃木或刺槐芽、甘薯或蒲公英的根芽、榆树的枝芽、苹果或梨的芽、向日葵茎、黄瓜或葡萄茎、常春藤茎、猪殃殃茎、地锦茎、草莓或甘薯茎、山楂茎、天门冬茎、大蒜鳞茎、竹或芦苇、马铃薯、洋葱、荸荠等新鲜标本。

(2) 操作规程。选择当地种植农作物、蔬菜、果树、花卉等地块,观察植物的茎及生长情况,并准备不同类型的茎标本,如果没有新鲜标本,也可选取本校制作好的样本或图片,进行以下操作(表1-2-3)。

3. 植物叶的形态及结构观察

(1) 训练准备。梨树或桃树叶、白菜叶、小麦或水稻叶、月季或刺槐叶、苜蓿或橡胶树叶、七叶树叶、棉花叶、银杏叶、悬铃木或白杨树叶、女贞或石竹叶、夹竹桃或百合叶、吉祥草叶、洋葱、玉米叶、洋槐树叶、豌豆叶、猪笼草叶等新鲜标本。

表1-2-3 植物茎的形态及结构观察

工作环节	操作规程	质量要求
制作茎徒手切片	(1) 将植物茎切成0.5cm见方,1~2cm长的长方条 (2) 取上述一个长方条用左手的拇指和食指拿着,使长方条上端露出1~2mm高,并以无名指顶住材料。用右手拿着刀片的一端 (3) 把材料上端和刀刃先蘸些水,并使材料成直立方向,刀片成水平方向,自外向内把材料上端切去少许,使切口成光滑的断面,并在切口蘸水,接着按同法把材料切成极薄的薄片(越薄越好)	见表1-2-2中制作根徒手切片的质量要求
观察茎的初生结构	(1) 观察双子叶植物茎初生结构:取向日葵(或棉花)幼茎作一横切片(或制片)置于显微镜下观察,可见下列各部分:表皮、皮层和中柱(维管束、髓和髓射线)三部分 (2) 观察单子叶植物茎初生结构:取玉米茎做一横切面(或制片)置于显微镜下观察,可见表皮、厚角组织和薄壁组织、维管束三部分	(1) 双子叶植物茎初生结构:表皮是茎最外面的一层细胞。皮层位于表皮以内,中柱以外。中柱是皮层以内所有部分的总称。维管束多呈束状,在横切面上许多维管束排成一环,每个维管束都是由初生韧皮部、束内形成层和初生木质部组成。髓位于中心,髓射线是位于两个维管束之间的薄壁细胞 (2) 单子叶植物茎的初生结构:表皮在最外层,细胞排列紧密;在靠近表皮处,有1~3层的厚壁细胞,里面是薄壁组织;在薄壁组织中,有许多散生的维管束

（续）

工作环节	操作规程	质量要求
植物茎的形态观察	（1）茎的形态观察：观察荠菜、忍冬、葡萄的茎，能明确主茎和侧枝、节、节间、叶腋和枝条。观察苹果和银杏的枝条，能明确营养枝和果枝 （2）芽的观察：观察悬铃木或刺槐芽、甘薯或蒲公英的根芽，明确定芽与不定芽类型。观察悬铃木芽和黄瓜或棉花的芽，明确鳞芽和裸芽类型。观察榆树的枝芽、苹果或梨的芽，明确枝芽、花芽和混合芽的类型 （3）茎的生长习性观察：观察向日葵茎、黄瓜或葡萄茎、常春藤茎、猪殃殃茎、爬山虎茎、草莓或甘薯茎等，说明哪些是直立茎、缠绕茎、攀缘茎和匍匐茎 （4）分枝和分蘖的观察：现场观察松树或杨树、番茄或桃树、石竹或丁香等，能明确其分枝的方式。取进入分蘖期的小麦植株，观察其分蘖情况	（1）在老师的引导下，能正确说出茎的各个部位 （2）能正确区分各种类型的芽的特点 （3）注意观察攀缘茎的卷须、气生根、叶柄、钩刺、吸盘等式 （4）分枝有单轴分枝、合轴分枝和假二叉分枝等类型
茎的变态观察	观察山楂茎、天门冬茎、大蒜鳞茎、竹或芦苇、马铃薯、洋葱、荸荠等植物，能说明茎的各种变态：茎刺、茎卷须、叶状茎、鳞茎、根状茎、块茎、球茎等	茎的变态有地上茎变态和地下茎变态，能正确区分

（2）操作规程。选择当地种植农作物、蔬菜、果树、花卉等地块，观察植物的叶及生长情况，并准备不同类型的叶标本，如果没有新鲜标本，也可选取本校制作好的样本或图片，进行以下操作（表1-2-4）。

表1-2-4　植物叶的形态及结构观察

工作环节	操作规程	质量要求
制作叶徒手切片	（1）将植物叶片切成0.5cm宽的窄条，夹在胡萝卜（或萝卜或马铃薯）等长方条的切口内 （2）取上述一个长方条用左手的拇指和食指拿着，使长方条上端露出1~2mm高，并以无名指顶住材料。用右手拿着刀片的一端 （3）把材料上端和刀刃先蘸些水，并使材料成直立方向，刀片成水平方向，自外向内把材料上端切去少许，使切口成光滑的断面，并在切口蘸水，接着按同样的方法把材料切成极薄的薄片（越薄越好）	见表1-2-2中制作根徒手切片的质量要求
观察叶的解剖结构	（1）观察双子叶植物叶片的结构：将棉花叶横切制片（或用新鲜的叶做徒手切片），置于显微镜下观察，可看到表皮、叶肉和叶脉三部分 （2）观察单子叶植物叶片的结构：用水稻叶横切片（或做徒手切片），在显微镜下观察，可看到表皮、叶肉和叶脉三部分。注意与双子叶植物叶片的结构比较	（1）表皮由上下表皮之分，下表皮有较多的气孔器。叶肉分栅栏组织和海绵组织。叶脉由木质部（在上）和韧皮部（在下）组成，在中脉上可看到形成层 （2）单子叶植物叶片结构：上下表皮中气孔器差不多；叶肉栅栏组织和海绵组织分化不明显；主叶脉内无形成层

(续)

工作环节	操作规程	质量要求
植物叶的形态观察	（1）叶的形态观察：观察梨树或桃树的叶、白菜的叶、小麦或水稻的叶，说出叶柄、托叶和叶片，叶鞘、叶舌、叶耳等部位，并知道哪些是完全叶和不完全叶 （2）复叶的观察：观察月季或刺槐、苜蓿或橡胶树、七叶树等植物的叶，区别各种复叶的类型特点 （3）叶脉的观察：观察桃树或棉花、水稻或小麦、银杏等植物的叶脉，区分网状脉、平行脉和叉状脉的区别 （4）叶序的观察：观察悬铃木或白杨树、女贞或石竹、夹竹桃或百合、吉祥草等植物的叶序，明确互生、对生、轮生和簇生等不同叶序的区别	（1）观察双子叶植物和单子叶植物叶的区别 （2）观察单叶和复叶的区别 （3）能在老师指导下，正确区分叶脉和叶序的类型
叶的变态观察	观察洋葱、玉米苞、洋槐、豌豆、猪笼草等植物的变态叶，能区分不同的变态叶类型	能说出各种变态叶的名称

【问题处理】

（1）从正规渠道购买观察结构用的装片，符合生物制片的要求，避免因为装片不合格造成观察结果的偏差。

（2）观察材料的收集要在教师指导下进行，具有典型性和代表性。一次不能完成的，可以分次完成。

（3）要区分地下茎与变态根。首先要有实物，可观察藕、姜、荸荠、芋头、洋葱、芦苇、马铃薯等植物的根。按照茎的特征去寻找这些植物茎是否分节，是否有顶芽、侧芽从而确定它们是生长在地下的茎；而变态根，如萝卜、甘薯既没有节，也没有侧芽，更没有顶芽。

任务二 植物的生殖器官

【任务目标】

知识目标：1. 了解花的组成，认识双子叶植物与单子叶植物花的区别，熟悉花序的类型，了解花的发育、开花、传粉与受精。
2. 熟悉果实的类型，了解果实的发育，区别真果与假果的结构异同。
3. 了解种子的发育，熟悉种子结构与类型，认识果实和种子的传播。

能力目标：1. 能够识别花的形态、花序的类型，区分双子叶植物与单子叶植物花。
2. 能熟练区分真果与假果，认识常见果实的不同类型。
3. 能够识别种子的不同类型。

【知识学习】

被子植物在经历一定时期的营养生长后，进入生殖生长，在植株的一定部位形成花芽，然后开花、传粉、受精，发育形成果实和种子。花、果实和种子与植物的有性生殖有关，称为生殖器官。

1. 植物的花

(1) 花的组成。花是被子植物所特有的有性生殖器官，由花芽发育而成。一朵典型的花由花梗（或花柄）、花托、花萼、花冠、雄蕊、雌蕊等部分所组成。构成花萼、花冠、雄蕊群、雌蕊群的组成单位分别是萼片、花瓣、雄蕊和心皮，它们均为变态叶（图1-2-22）。通常把具有花萼、花冠、雄蕊和雌蕊的花称为完全花。如果缺少其中任何一部分或几部分则称为不完全花。

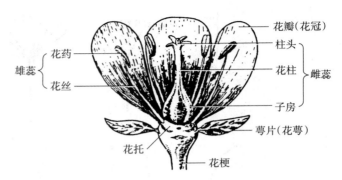

图1-2-22 花的组成

花梗是着生花的小枝，其顶端膨大的部分称为花托；花萼是萼片的总称，位于花的最外面，形似叶，通常呈绿色；花冠位于花萼的内面，由花瓣组成；雄蕊群位于花冠之内，每枚雄蕊由花药和花丝两部分组成；雌蕊位于花的中央，是由心皮卷合发育而成。

(2) 禾本科植物的花。禾本科植物的花被变态为浆片，因此无花萼和花冠，花由2枚浆片、3或6枚雄蕊和1枚雌蕊组成；花及其外围的内稃和外稃组成小花；1至多朵小花、2枚颖片和它们着生的短轴（小穗轴）组成小穗。禾本科植物即以小穗为单位组成各种花序（图1-2-23）。

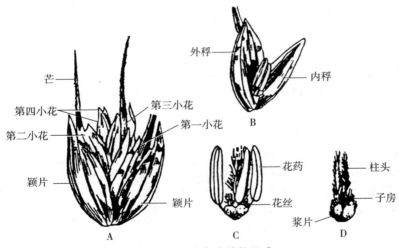

图1-2-23 小麦小穗的组成
A. 小穗　B. 小花　C. 剥去内稃、外稃的小花　D. 雌蕊和浆片

(3) 花序。花在花轴上排列的情况称为花序。根据花轴长短、分枝与否、有无花梗及开花顺序，将花序可分为无限花序和有限花序。

无限花序的开花顺序是花轴基部的花先开，渐及上部，花轴顶端可继续生长、延伸；若花轴很短，则由边缘向中央依次开花。无限花序的类型有总状花序（如白菜、萝卜的花序）、伞房花序（如梨、苹果的花序）、穗状花序（如车前、马鞭草花序）、伞形花序（如葱、樱桃的花序）、葇荑花序（如杨、柳的花序）、圆锥花序（玉米雄花、水稻的花序）、头状花序

（如向日葵、三叶草的花序）和隐头花序（如无花果、榕树的花序）（图1-2-24）。

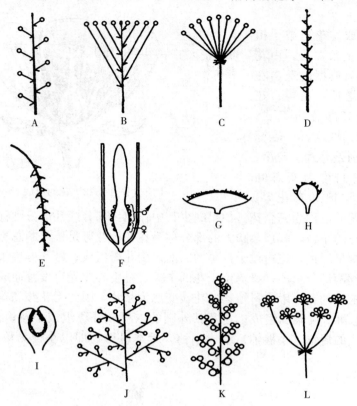

图1-2-24 无限花序
A. 总状花序　B. 伞房花序　C. 伞形花序　D. 穗状花序　E. 葇荑花序　F. 肉穗花序
G、H. 头状花序　I. 隐头花序　J. 圆锥花序　K. 复穗状花序　L. 复伞形花序

有限花序的开花顺序与无限花序相反，是顶端或中心的花先开，然后由上向下或由内向外逐渐开放。有限花序又称聚伞类花序。其类型有单歧聚伞花序（如萱草、附地菜）、二歧聚伞花序（如冬青、卫矛）和多歧聚伞花序（如泽漆）（图1-2-25）。

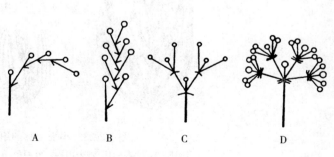

图1-2-25 有限花序
A、B. 单歧聚伞花序　C. 二歧聚伞花序　D. 多歧聚伞花

（4）花的发育。花的发育包括雄蕊的发育和雌蕊的发育。

①雄蕊的发育。雄蕊由变态叶形成，并分化为花丝和花药。雄蕊原基形成后，经过顶端生长和局部有限的边缘生长，原基迅速伸长，顶端膨大分化发育成花药，基部伸长形成花丝。通常花丝呈细长的丝状，和花药的界线清楚。开花时，花丝以居间生长（是居间分生组织经过细胞分裂、生长和分化而形成成熟结构的生长过程）的方式迅速伸

长，将花药送出花外，以利于花粉散播。花药是雄蕊的重要部分，通常有4个花粉囊，分成左右两半，中间由药隔相连，药隔中央有维管束，与花丝维管束相通。花粉囊是产生花粉粒的场所，花粉粒成熟时，花药壁开裂，花粉粒由花粉囊内散出进行传粉（图1-2-26）。

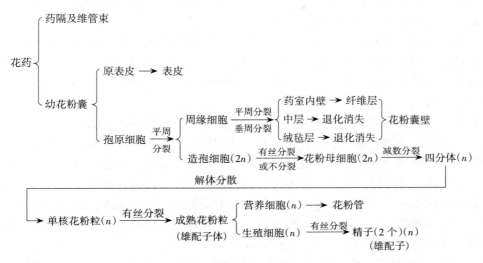

图1-2-26 花药结构及花粉粒的发育

②雌蕊的发育。雌蕊由花芽中的雌蕊原基发育而来，发育成熟的雌蕊由柱头、花柱和子房三部分组成。但重要的部分是子房，因子房内有胚珠，胚珠中产生胚囊，在成熟的胚囊中产生卵细胞。柱头是雌蕊顶端膨大的部分，可接受花粉，成熟的柱头能分泌黏液，易于黏着花粉粒和刺激花粉粒的萌发。花柱是柱头下伸长的部分，是花粉粒萌发后花粉管进入子房的通道。雌蕊基部肥大的部分是子房，子房内分一至数室，每室含有一个或几个胚珠。受精后子房发育成果实，子房壁发育为果皮，胚珠发育成种子（图1-2-27）。

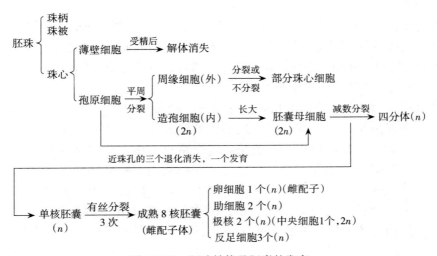

图1-2-27 胚珠结构及胚囊的发育

(5) 开花、传粉和受精。

①开花。当花粉粒和胚囊成熟后或其中之一成熟，花被展开，雌雄蕊暴露出来的现象称为开花。开花是被子植物生活史上的一个重要阶段。不同植物的开花年龄常有差别，一二年生植物生长几个月后就开花，一生只开一次花。多年生植物要到一定年龄才开花，如桃树需3～5年，桦树需10～12年，一旦开花后，每年到一定时候就开花直到枯死为止。也有少数多年生植物（如竹类），一生只开花一次。

一株植物从第一朵花开放到最后一朵花开完所经历的时间称为开花期。各种植物的开花期长短不同，一般小麦3～6d，梨、苹果6～12d，油菜20～40d。掌握植物的开花习性，既有利于在栽培上及时采取相应措施，以提高产量和质量，也有助于适时进行人工有性杂交，创造新品种类型。

②传粉。植物开花后，花药破裂，成熟的花粉粒传到雌蕊柱头上的过程称为传粉。传粉是有性生殖过程的重要环节，有自花传粉和异花传粉两种方式。成熟的花粉粒落在同朵花柱头上的传粉现象称为自花传粉。自花传粉的植物有小麦、水稻、豆类和桃等。植物学上把不同朵花之间的传粉称为异花传粉。异花传粉的植物有玉米、瓜类、油菜、梨、苹果等。异花传粉主要依靠昆虫和风，因而有风媒花植物和虫媒花植物之分，虫媒花植物如油菜、柑橘、瓜类等，风媒花植物有玉米、板栗、核桃等。由于长期自然选择和演化的结果，不少植物的花在结构和生理上形成了许多避免自花传粉而适应异花传粉的性状，如单性花（玉米、瓜类、菠菜等）、雌雄异熟、雌雄异株、雌雄异位和自花不孕等。根据植物的传粉规律，农业生产上可通过人工辅助授粉等措施，弥补授粉不足，大幅度提高作物产量和品质。也可利用自花传粉培养自交系，配制杂交种，具有显著增产效益。

③受精。雌雄配子（即卵和精子）相互融合的过程称为受精。被子植物的卵细胞位于子房内胚珠的胚囊中，而精子在花粉粒中，因此，精子必须依靠花粉粒在柱头上萌发形成花粉管向下传送，经过花柱进入胚囊后，受精才有可能进行。

花粉粒的萌发：经过传粉，落到柱头上的花粉粒首先与柱头相互识别，如果二者亲和，则花粉粒可得到柱头的滋养并从周围吸水，代谢活动加强，体积增大，花粉内壁由萌发孔突出伸长为花粉管。

花粉管的伸长：花粉粒萌发后，花粉管穿过柱头和花柱进入胚珠的胚囊内。一般情况下，一个柱头上有很多花粉粒萌发，形成很多花粉管，但只有一个花粉管最先进入胚囊内。在花粉管伸长的同时，花粉粒中营养核和生殖核移到管的最前端。当花粉管到达胚囊中，营养核逐渐解体消失，生殖核分裂成两个精子。

双受精过程：到达胚囊中的花粉管，管的顶端膨大破裂，管内的精子和内含物散出。其中一个精子和卵细胞结合形成合子，以后发育成胚；另一个精子和中央细胞结合，以后发育成胚乳。这种受精现象称为双受精。双受精过程中，首先是精子与卵细胞的无壁区接触，接触处的细胞膜随即融合，精核进入卵细胞内，精卵两核膜接触、融合，核质相融，两核的核仁融合为一个大核仁，完成精卵融合，形成一个具有二倍体的合子，将来发育为胚。另一个精子与中央细胞的极核或次生核的融合过程与精卵融合过程相似，形成具有三倍体初生胚乳核，将来发育成胚乳。双受精作用是被子植物有性生殖所特有的现象。

④无融合生殖及多胚现象。正常情况下，种子的胚是经过卵细胞和精子结合后形成

的，但在有些植物里，不经过精卵融合也能形成胚，这种现象称无融合生殖。无融合生殖可以是卵细胞不经过受精直接发育成胚，如蒲公英等。或是由助细胞、反足细胞等发育成胚，如葱、含羞草、鸢尾等。还有的是由珠心或珠被细胞直接发育成胚，如柑橘类等。

无融合生殖往往形成多胚现象，即一个种子里有两个以上的胚。多胚中常有一个是受精卵发育而成的合子胚，其他则是通过助细胞、反足细胞、珠心等形成的不定胚。

2. 植物的果实　果实是指被子植物的花，经传粉、受精后，由雌蕊或花的其他部分参与发育形成的具有果皮和种子的器官。

（1）果实的类型。被子植物的果实大体分为三类：单果、聚合果和聚花果（表1-2-5）。一朵花中仅有一枚雌蕊所形成的果实称为单果，分为肉果和干果。聚合果是由一朵花中的离生单雌蕊发育而成的果实，许多小果聚生在花托上。有些植物的果实是由整个花序发育而成的称为聚花果，又称复果。

表1-2-5　果实的类型与特点

果实类型		食用部分	实　例	果　皮
肉果	核果	中果皮	芒果、桃、李	中果皮肉质或纤维状；内果皮由石细胞组成，为坚硬的核
		外、中果皮	橄榄、枣	
		假种皮	荔枝、龙眼	
		胚乳	椰子	
	浆果	中、内果皮	柿、猕猴桃	肉质多汁
		内果皮和胎座	香蕉	
		肥大的果序轴	拐枣	
		主要来自胎座	番茄	
	柑果	内果皮	柑橘、柚、柠檬	外果皮革质，中果皮疏松，具维管束，内果皮膜质
	瓠果	果皮	南瓜、冬瓜	由子房壁和花托共同发育而来
		果皮和胎座	黄瓜	
		中、内果皮	甜瓜、香瓜	
		主要由胎座发育而成	西瓜	
	梨果	由花萼筒和心皮部分愈合后发育而成	苹果、梨、枇杷、山楂	由萼筒与子房壁发育而来
干果	瘦果	种子	向日葵	果皮坚硬，易与种皮分离
	坚果	子叶	莲、菱、板栗	果较大，外果皮坚硬木质
	颖果	胚乳	水稻、小麦、玉米	薄，与种皮愈合
	荚果	种子（子叶为主）	大豆、花生	沿背缝线开裂
	蓇葖果	果皮	八角、牡丹、木兰	沿腹缝线或背缝线开裂
	角果	种子	油菜、甘蓝、芥菜	从腹缝线合生处像中央生出
	蒴果	根茎或子叶等	香椿、萝卜、白菜	沿腹缝线或背缝线开裂
	分果	根茎或子叶	胡萝卜、芹菜	由两个或两个以上心皮组成的复雌蕊的子房发育围成
聚花果		花序轴	菠萝、无花果科	源于整个花序
		花萼和花序轴	桑	源于整个花序
聚合果		由花托肥大变成	悬钩子、草莓	离生雌蕊共同发育而来

(2) 果实的发育。被子植物经开花、传粉和受精后，花的各部分随之发生显著变化（图1-2-28）。花萼、花冠枯萎或宿存，柱头和花柱枯萎，仅子房连同其中的胚珠生长膨大，发育成果实。

(3) 果实的结构。果实由果皮和包含在果皮内的种子组成。果皮可分成三层，即内果皮、中果皮和外果皮。多数植物的果实，仅由子房发育而成，这种果实称为真果（图1-2-29）；但有些植物的果实，除子房外，尚有花托、花萼或花序轴等参与形成，这种果实称为假果（图1-2-30）。

(4) 单性结实。被子植物在正常情况下，受精以后结实。但也有些植物，不经过受精，其子房也能发育成果实，此现象称为单性结实。单性结实必然会产生无籽果实，但并不是所有的无籽果实都是单性结实的产物，有些植物在正常传粉、受精后，胚珠在形成种子的过程中受到阻碍，也可以产生无籽果实。

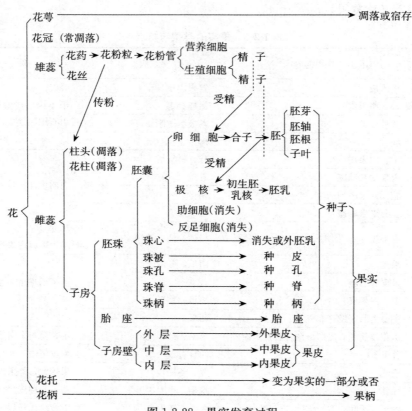

图1-2-28 果实发育过程

3. 植物的种子

(1) 种子的发育。被子植物的花经过传粉、受精之后，胚珠逐渐发育成种子，即包括胚、胚乳和种皮三部分，它们分别由合子、初生胚乳核和珠被发育而来。

胚的发育从合子开始。受精后的合子通常要经过一段休眠期才开始发育，如水稻4～6h，小麦16～18h，棉花2～3d，苹果为5～6d，茶树长达5～6个月。胚的发育早期，胚体成球形，这时单子叶植物和双子叶植物没有明显区别。双子叶植物的胚具有子叶、胚芽、胚轴和胚根；单子叶植物的胚发育时，生长点偏向胚的一侧，因而形成一片子叶。

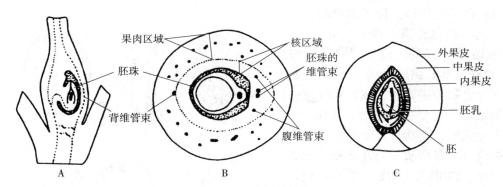

图 1-2-29 真果的结构
A. 梅的子房纵切面 B. 梅的果实横切面 C. 桃的果实纵切面

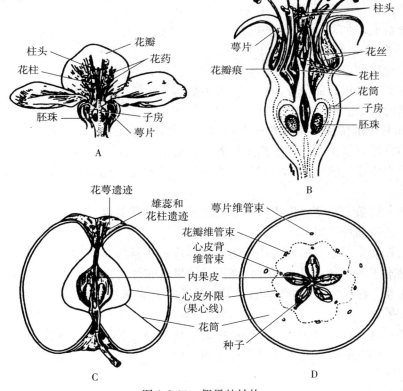

图 1-2-30 假果的结构
A. 花的纵切 B. 发育中的果实纵切面 C. 果实纵切面 D. 果实横切面

被子植物的胚乳是由初生胚乳发育而来，常具三倍染色体。极核受精后，初生胚乳核不经休眠或经短暂休眠，即开始分裂。胚乳的发育形式有两种：核型胚乳和细胞型胚乳。

在胚和胚乳发育的同时，珠被发育为种皮，位于种子外面起到保护作用。胚珠仅具单层珠被的只形成一层种皮，如向日葵、番茄等；具双层珠被，通常形成内外两层种皮，如蓖麻、油菜等；但有的植物虽有两层珠被，仅有一层形成种皮，另一层被吸收，如大豆、南瓜、小麦、水稻等。成熟种子的种皮上常有种脐、种孔和种脊等附属结构。

（2）种子的结构。种子的形状、大小和颜色因植物种类不同而差异较大，但其结构是相同的，由胚、胚乳（或无）、种皮三部分组成（图1-2-31）。胚的各部分由胚性细胞所组成，具有很强的分裂能力，由胚芽、胚根、胚轴、子叶四部分组成。胚乳是种子内贮藏主要营养物质（营养物质主要有淀粉、脂肪和蛋白质）的组织。种皮1~2层，包在胚及胚乳的外面起保护作用。

（3）种子的类型。根据种子成熟时胚乳的有无，可将种子分为无胚乳种子和有胚乳种子两类。无胚乳种子是由种皮、胚两部分组成，如双子叶植物中的豆类、瓜类、白菜、萝卜、桃、梨等，

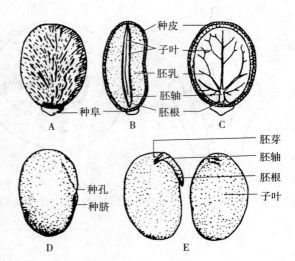

图1-2-31 双子叶植物种子的结构
A~C. 蓖麻种子 D、E. 大豆种子

单子叶植物中的慈姑、泽泻等种子。有胚乳种子是由种皮、胚、胚乳三部分组成，如蓖麻、荞麦、茄、番茄、辣椒、葡萄等的种子；大多数单子叶植物的种子也具有胚乳，如禾谷类和葱、蒜等植物的种子。

4. 果实和种子的传播　植物在长期自然选择中，成熟的果实和种子往往具有适应于各种传播方式的特性，以扩大后代植株生长和分布范围，使种族更加昌盛。

（1）借风力传播。植物的果实或种子小而轻，并有毛、翅等附属物，如蒲公英、杨树、柳树的种子等。

（2）借水力传播。有些水生或沼生植物的果实与种子具漂浮结构，适宜水面漂浮传播，如莲的种子、金鱼藻种子等。

（3）借人与动物活动传播。有些植物的果实或种子具钩刺（如苍耳）、具宿存黏萼（如马鞭草）可黏附于人和动物身上而被传播；有的果皮或种皮坚硬，动物吞食后不消化而排泄至他处（如人参、樱桃）；有些杂草的果实和种子常与栽培植物同时成熟，借人类收获和播种活动进行传播。

（4）借果实自身机械力传播。有些植物的果皮各层结构不同，细胞含水不一。如大豆、绿豆的炸荚，凤仙花的果皮内卷等可将种子弹至他处。

【技能训练】

1. 植物花的形态及结构观察

（1）训练准备。准备桃、槐、木兰、油菜、木槿、向日葵、益母草等植物的花，各种类型花序的新鲜标本或浸泡标本。如果没有新鲜标本，也可选取本校制作好的样本或图片。

（2）操作规程。选择当地种植农作物、蔬菜、果树、花卉等地块，观察植物的花及发育情况，并准备不同类型的花标本，进行以下操作（表1-2-6）。

2. 植物果实和种子的形态观察

（1）训练准备。准备桃、花生、草莓、八角、木兰科的果实，桑葚、枫香、无花果的果

实，苹果、梨、柑橘等的果实，番茄、李、杏、黄瓜、板栗、白蜡树的果实，葵花、榆树、槭树类的果实，玉米、蜀葵的果实，油菜、甘蓝、香椿、蓖麻的果实；已浸泡的蚕豆种子和玉米种子。如果没有新鲜标本，也可选取本校制作好的样本或图片。

表 1-2-6 植物花的形态及结构观察

工作环节	操作规程	质量要求
花的形态观察	（1）花的组成观察。利用各种类型花的新鲜标本或浸泡标本，如桃、槐、木兰、油菜、木槿、向日葵、益母草等植物的花，借助放大镜或解剖镜等仪器，由外向内观察识别花萼、花冠、雄蕊、雌蕊的形态特征、类型、构造和数目 （2）禾本科植物花的观察。取禾本科植物（如小麦）的新鲜花解剖观察：可以看到外稃、内稃、浆片、雄蕊（3枚）、花药、雌蕊（1枚）。小麦的麦穗由小穗组成，每一个小穗外面有两个颖片，其中包括3~7朵小花，上部小花通常不孕 （3）花序的观察。利用各种类型花序的新鲜标本或浸泡标本，观察各种花序，如荠菜（总状花序）、车前（穗状花序）、杨树（柔荑花序）、马蹄莲（肉穗花序）、千日红（头状花序）、窃衣（伞形花序、复伞形花序）、梨（伞房花序）、无花果（隐头花序）、唐菖蒲（单歧聚伞花序）、石竹（二歧聚伞花序）、天竺葵（多歧聚伞花序）等植物的花序	（1）注意观察完全花与不完全花的区别 （2）注意观察水稻、小麦等禾本科植物的花有何特点 （3）观察要点：各种花序的花轴长短、肉质肥厚与否，小花的着生方式、有柄与否、两性花还是单性花，进一步了解各种花序的特征
观察花及花药和子房结构	（1）花药结构的观察。取未成熟百合花药横切永久切片（也可用新鲜花药做横切面徒手切片），置于显微镜低倍镜下，可见花药呈蝶形，花药有两对花粉囊，4个药室。花粉囊之间以药隔相连。选一个清晰完整的花粉囊在高倍镜下观察，由外到内由表皮、纤维层、中层和绒毡层组成。成熟花药只见到两室 （2）子房结构的观察。取百合的子房永久切片（也可用新鲜子房做横切面徒手切片），在低倍镜下观察可以看到3个心皮，每一心皮的边缘向中央合拢形成3个子房室，在每个室内有两个倒生胚珠。移动切片，选择一个完整而清晰的胚珠进行观察，可以看到胚珠具有珠被、珠孔、珠柄及珠心等部分，珠心内为胚囊	（1）花粉囊的结构：表皮为最外层的一层薄壁细胞；表皮下为纤维层；再往里由2~3层较扁平细胞组成的中层；最里为绒毡层。处于发育时期的花药的药室内可观察到花粉母细胞或减数分裂各时期的细胞。成熟的花药，还可看到花粉囊开裂时的状况 （2）成熟的胚囊有8个细胞，即1个卵细胞、2个助细胞、2个极核或1个中央细胞、3个反足细胞。由于8个细胞一般不在一个平面上，所以在切片中不易全部看到8个细胞

（2）操作规程。选择当地种植农作物、蔬菜、果树、花卉等地块，观察植物的果实及种子发育情况，并准备不同类型的果实及种子标本，进行以下操作（表 1-2-7）。

表 1-2-7 植物果实和种子的形态观察

工作环节	操作规程	质量要求
果实的形态观察	（1）真果与假果的观察。观察苹果、梨、柑橘和桃等的果实,区别真果与假果 （2）果实类型观察。观察桃、花生、草莓、八角、木兰科的果实，桑葚，枫香、无花果的果实，区别哪些果是单果，哪些果是聚合果，哪些果是聚花果 （3）划分肉果和干果。观察番茄、李、杏、桃、苹果、梨、柑橘、黄瓜、板栗、白蜡树的果实，区别肉质果和干果 （4）观察各种裂果的类型。仔细观察八角的蓇葖果，豆类的荚果，油菜、甘蓝的角果，香椿、蓖麻的蒴果 （5）观察各种闭果。观察板栗的坚果，葵花的瘦果，榆树、槭树类的翅果，水稻、玉米的颖果，胡萝卜、芹菜的分果	（1）能正确区分真果与假果的特点 （2）根据提供的果实样本，能正确区分单果、聚合果和聚花果，肉果和干果，以及各种干果、各种肉果的类型

（续）

工作环节	操作规程	质量要求
种子的形态观察	（1）无胚乳种子观察。取浸泡后成为湿软状态的蚕豆种子，从外到内仔细观察。可以看到黑色种脐。将种子擦干，用手挤压种子两侧，可见种孔、种脊。剥开种皮可见胚根，掰开两片子叶，可见子叶着生在胚轴上，在胚轴上端的芽状物为胚芽 （2）有胚乳种子观察。取浸泡后的玉米种子（即颖果）进行观察。其外形为圆形或马齿形，稍扁，在下端有果柄，去掉果柄时可见种脐。透过愈合的果种皮可看到白色的胚位于宽面的下部。用刀片垂直颖果宽面沿胚之中纵切成两半，用放大镜观察切面。外面有一层愈合的果皮和种皮；内部大部分是胚乳，如果在切面上加一滴碘液，胚乳部分马上变成蓝色；胚在基部一角，遇碘呈黄色。仔细观察胚的结构，可见上部有锥形胚芽（外有胚芽鞘），下部有锥形的胚根（外有胚根鞘），位于胚芽和胚乳之间的盾状物为盾片（即子叶），胚芽与胚根之间和盾片相连的部分为胚轴	（1）注意观察无胚乳种子和有胚乳种子的区别。正确区分种皮、胚、胚乳，注意不同种子胚乳的有无、胚的大小及结构 （2）为了方便观察，可对种子进行浸泡，使其吸足水分。但浸泡过程中要定时换水，保证适宜温度

【问题处理】

（1）平时要留意收集果实和种子，并将其妥善保存。

（2）对伞房花序和伞形花序、荚果和角果等易混的材料要特别注意区分。

（3）由于植物的生长具有明显的季节特征，因此材料的收集、观察要分阶段进行，并注意记录，最后进行汇总分析。

（4）由于各地区条件不同、栽培植物种类不同，对观察材料的种类可以适当调整，但一定注意材料的代表性和典型性。

（5）把观察结果填入表1-2-8（如举例）。

表1-2-8　植物果实观察结果

植物种类	果实类型		真果或假果	主要特征
	肉果	干果		
番茄	浆果		真果	2心皮上位子房发育形成的果实，成熟时中、内果皮及胎座均肉质化，肥厚多汁

【信息链接】

未来农业新希望——植物工厂

植物工厂是通过设施内高精度环境控制实现农作物周年连续生产的高效农业系统,是利用计算机对植物生育的温度、湿度、光照、二氧化碳浓度以及营养液等环境条件进行自动控制,使设施内植物生育不受或很少受自然条件制约的省力型生产。植物工厂是现代农业的重要组成部分,是科学技术发展到一定阶段的必然产物,是现代生物技术、建筑工程、环境控制、机械传动、材料科学、设施园艺和计算机科学等多学科集成创新、知识与技术高度密集的农业生产方式。

1957年世界上第一家植物工厂诞生在丹麦,1974年日本等国也逐步发展起来。1974年日本建成一座电子计算机调控的花卉蔬菜工厂,该厂由1栋2层的楼房(830 m²)和两栋栽培温室(每栋800 m²)构成,在一年内生产两茬郁金香、两茬鸢尾花、一茬番茄,做到周年生产。至1998年,日本已有用于研究展示、生产的植物工厂近40个,其中生产用植物工厂17个。2004年,中国农业大学开发了利用嵌入式网络式环境控制的人工光型密闭式植物工厂。

植物工厂的共同特征是:有固定的设施,利用计算机和多种传感装置实行自动化、半自动化对植物生长发育所需的温度、湿度、光照度、光照时间和二氧化碳浓度进行自动调控,采用营养液栽培技术,产品的数量和质量大幅度提高。通过对工厂内环境的高精度控制,植物的生长在这里几乎不受自然条件的制约,生长周期加快。现在工厂内种植的生菜、小白菜等,20d左右就能收获,而在普通的大田里,则需要一个月到40d的时间。除了收获快,空间利用率高也是植物工厂的重要特点。在工厂内看到的都是三层的栽培架,从面积上就相当于同样大小露天耕地的三倍,加上其种植密度大,因此,植物工厂的产量可以达到常规栽培的几十倍甚至上百倍。

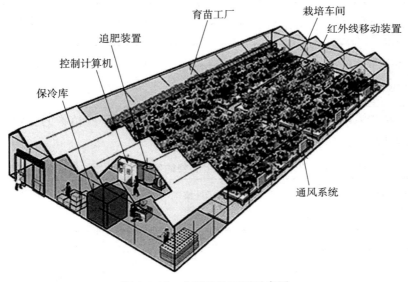

图1-2-32 典型植物工厂示意图

尽管植物工厂在产量和效率方面优点突出,但存在的问题也同样明显,那就是高昂的成本,在一定程度上影响了它的推广。一个一般规模的植物工厂,建成需要十几万元的投入,后期的运行和维护也是一笔花销,因此如何降低成本是下一步所要面对的问题。

【知识拓展】

如果同学们想了解更多的知识,可以通过下面渠道进行学习:

1. 阅读杂志

(1)《中国植物学》。
(2)《植物》。
(3)《植物研究》。

2. 浏览网站

(1)植物学教育科研网(http://www.chnbotany.net/)。
(2)中国科学院植物研究所(http://www.ibcas.ac.cn/)。
(3)台湾植物研究所(http://botany.sinica.edu.tw/)。
(4)中国公众科技网(http://database.cpst.net.cn/)。

3. 通过本校图书馆借阅有关植物学方面的书籍

【观察思考】

(1)利用业余时间,根据当地种植的农作物、蔬菜、果树等,各选取5种,完成表1-2-9内容。

表1-2-9　植物营养器官与生殖器官的观察结果

植物名称	根系类型	茎生长习性	单叶或复叶	叶脉类型	叶序类型	花序类型	果实类型	种子类型	器官变态

(2)借助显微镜,在老师指导下,比较双子叶植物和单子叶植物的各种器官基本结构的区别(表1-2-10)。

表1-2-10　双子叶植物和单子叶植物的各种器官基本结构区别

器官名称	双子叶植物	单子叶植物
根		
茎		
叶		
花		

(3) 利用业余时间，根据当地植物果实类型，完成表 1-2-11 内容。

表 1-2-11　当地植物果实类型调查

果实类型		食用部分	举出 5 种果实名称
肉果	核果		
	柑果		
干果	瘦果		
	坚果		
	颖果		
	荚果		
	蓇葖果		
	角果		
	蒴果		
	分果		
聚花果			
聚合果			

项目三 植物生长发育

▲ **项目任务**

了解种子萌发过程与条件；熟悉植物营养生长与生殖生长的基本规律；熟悉光合作用和呼吸作用的意义；了解光合作用和呼吸作用的主要过程及两者关系；了解植物激素的作用与特点；熟悉主要植物生长调节剂的应用；初步学会植物种子萌发过程的观察及调控；能根据所学原理进行光合作用、呼吸作用的调控及生产应用。

任务一 植物生长发育规律

【任务目标】

知识目标：1. 熟悉植物生长与发育基本知识，了解种子萌发的过程和条件。
2. 熟悉植物生长周期性、植物生长相关性等植物营养生长规律。
3. 熟悉春化作用、光周期现象、花芽分化等植物生殖生长的规律。

能力目标：1. 初步学会植物种子生活力快速测定。
2. 初步学会春化作用的观察。

【知识学习】

植物的生长发育是一个极其复杂的过程。它是植物各种生理和代谢活动的综合表现。高等植物生长发育是由种子萌发到幼苗形成，它包括组织、器官的分化和形态建成、营养生长向生殖生长的过渡等。

1. 植物的生长与发育 在植物的一生中，有两种基本生命现象，即生长和发育。生长就是由于细胞的分生和增大，导致植物体在体积和重量上的增加，是不可逆的量变过程，如根、茎、叶的生长等。发育是由于细胞的分化所导致的组织、器官的分化和形成，指植物的形态、结构和功能上发生的质变过程，如花芽分化、幼穗分化等。

植物的生长发育又可分为营养生长和生殖生长，一般以花芽分化（穗分化）为界限，但二者之间往往有一个过渡时期，即营养生长和生殖生长并进期。植物的营养生长是指营养器官（根、茎、叶）的生长，是以分化、形成营养器官为主的生长；植物的生殖生长是指生殖器官（花、果实、种子）的生长，是以分化、形成生殖器官为主的生长。营养生长是植物转向生殖生长的必要准备，只有营养生长和生殖生长协调，植物的生长发育才能达到理想状态。

2. 种子的萌发 植物学中的种子是指由胚珠受精后发育而成的有性生殖器官。而农业生产上的种子是指农作物和林木的种植材料，包括子粒、果实和根、茎、苗、芽、叶等。

（1）种子的萌发过程。种子的萌发是指种子的胚根伸出种皮或营养器官的生殖芽开始生长的现象。种子的萌发一般要经过吸胀、萌动和发芽等3个阶段。吸胀是指种子由于含有蛋白质、淀粉等亲水物质，吸水后慢慢膨胀变为溶胶状态。萌动是指当种胚细胞体积扩大伸展到一定程度，胚根尖端就突破种皮外伸的现象，俗称为露白。种子萌动后，胚根伸长扎入土中形成根，胚轴伸长生长将胚芽推出地面，当根与种子等长，胚芽等于种子一半时，称发芽。发芽后的种子逐渐形成真叶，伸长幼茎便形成一株完整的幼苗（图1-3-1）。

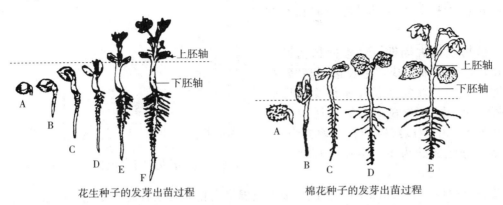

图1-3-1　种子发芽和幼苗出土（A～F表示出苗顺序）

（2）种子萌发的条件。首先，种子能否萌发决定于自身是否具有发芽能力，具有发芽能力的种子才能发芽。其次，决定于外界环境条件，其中适当的水分、适宜的温度、充足的氧气是种子萌发的三要素，有些种子萌发还需要光（如莴苣、胡萝卜等）。

种子在吸收足够水分后，其他生理作用才能逐渐开始，不同植物的种子萌发需水量不同，如小麦的吸水率为30%以上、玉米为45%～50%。不同植物的种子萌发所需的温度不同，在适宜的温度范围内，随温度的升高种子萌发的速度加快；种子萌发时存在最低、最高和最适温度三基点温度（表1-3-1）。一般植物种子氧浓度需要在10%以上才能正常萌发，而当氧浓度低于5%种子不能萌发。

表1-3-1　几种主要农作物种子萌发的三基点温度（℃）

植物种类	最低温度	最适温度	最高温度
小麦	0～4	20～28	30～38
大豆	6～8	25～30	39～40
玉米	5～10	32～35	40～45
水稻	8～12	30～35	38～42
棉花	10～12	25～32	40～45
花生	12～15	25～37	41～46

（3）种子的寿命与生活力。种子生活力是指种子能够萌发的潜在能力或胚具有的生命力。种子活力是指种子在田间状态下迅速而整齐地萌发并形成健壮幼苗的能力（包括发芽潜力、生长潜能和生产潜力）。种子的寿命是指种子在一定条件下保持生活力的最长期限。一般来说种子贮藏越久，生活力越衰退，以至完全失去生活力。种子失去生活力的主要原因是种子因酶物质的破坏、储藏养料的消失及胚细胞的衰退死亡。要想较长时间保持种子生活力，延长种子的寿命，在种子贮藏中必须保持干燥和低温。只有在这种条件下，种子的呼吸作用最弱，营养物质的消耗最少。如果湿度大，温度高，种子内贮藏的有机养料将会通过种

子的呼吸作用而大量消耗，种子的寿命也就会缩短。

3. 植物的营养生长规律 主要有植物生长的周期性和相关性等。

（1）植物生长的周期性。植物生长的周期性是指植株或器官生长速率随昼夜或季节变化发生有规律变化的现象。植物生长的周期性主要包括生长大周期、昼夜周期和季节周期等。

①植物生长大周期。是指植物初期生长缓慢，以后逐渐加快，生长达到高峰后，开始逐渐减慢，以致生长完全停止，形成了"慢—快—慢"的规律。生长初期以细胞分裂为主，中期以细胞伸长和增大为主，后期则以分化成熟为主。生长进程变化呈"S"形（图1-3-2）。

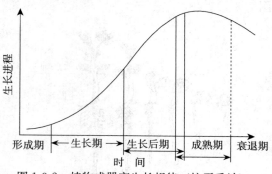

图1-3-2 植物或器官生长规律（按干重计）

②昼夜周期。是指植物的生长速率随昼夜温度变化而发生有规律变化的现象。生长活跃的器官一般白天生长较慢，夜间生长较快。

③季节周期。是指植物在一年中的生长随季节的变化而呈现一定的周期性规律。如温带树木的生长，随着季节的更替表现出明显的季节性：一般春季和初夏生长快；盛夏时节生长慢甚至停止生长；秋季生长速度又有所加快；冬季停止生长或进入休眠期。

④再生作用。是指与植物体分离了的部分具有恢复其余部分的能力。植物的再生现象是以植物细胞的全能性为基础。例如葡萄、柳等的扦插繁殖和甘薯育苗等就是利用植物的再生作用。

⑤极性现象。是指植物某一器官的上下两端，在形态和生理上有明显差异，通常是上端生芽下端生根的现象（图1-3-3）。根据这个原理，在生产实践中进行扦插繁殖时，不要倒插而要顺插才容易成活。在嫁接中极性也很重要，如果取的枝条茎段与砧木在生理上是相同方向，嫁接容易成活；如把茎段颠倒位置嫁接，就不能成活。

⑥植物衰老。是指一个器官或整个植株生理功能逐渐恶化，最终自然死亡的过程，是一个普遍规律。对整株植物来说，衰老首先表现在叶片和根系。开花后，植株生长速度变慢，呼吸作用也随叶龄的增大而下降；衰老器官内有机物合成变慢，分解加快，落叶前大部分有机养分和无机盐都转移到正在生长的部位。

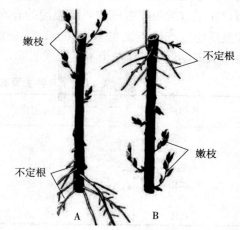

图1-3-3 柳枝的极性
A. 正放（上端出芽，下端生根）
B. 倒置（上端为原基部仍长根，下端为原上部仍出芽）

（2）植物生长的相关性。植物各部分之间相互联系、相互制约、协调发展的现象称为植物生长的相关性。主要有地上部分与地下部分的相关性、主茎与侧枝生长的相关性、营养生长与生殖生长的相关性等。

植物地上部分生长与地下部分生长相关性主要表现在：地上部分与地下部分物质相互交

流；地上部分与地下部分重量保持一定的比例，即根冠比保持一定；环境条件、栽培技术对地下部分和地上部分生长影响不一致。

主茎与侧枝生长的相关性主要表现为顶端优势。顶端优势是指由于植物的顶端生长占优势而抑制侧芽生长的现象。顶端优势在生产上有广泛用途，如果树的整形修剪、棉花的整枝打杈、香椿与茶树的去顶等。

营养生长与生殖生长的相关性主要表现在：营养生长是生殖生长的基础；营养生长和生殖生长并进阶段两者矛盾大，要促使其协调发展；在生殖生长期，营养生长仍在进行，要注意控制，促进作物高产。

4. 植物的生殖生长规律　主要有春化作用、光周期现象和花芽分化等。

（1）春化作用。许多秋播植物（如冬小麦、油菜）在其营养生长期必须经过一段时间低温诱导，才能转为生殖生长（开花结实）的现象称为春化作用。根据其对低温范围和时间要求不同，可将其分为冬性类型、半冬性类型和春性类型三类。冬性类型植物春化必须经历低温，春化时间也较长，如果没有经过低温条件则植物不能进行花芽分化和抽穗开花，一般为晚熟品种或中晚熟品种。半冬性类型植物春化对低温要求介于冬性与春性类型之间，春化时间相对较短，一般为中熟或早中熟品种。春性类型植物春化对低温要求不严格，春化时间也较短，一般为极早熟、早熟和部分早中熟品种。

现将小麦、油菜通过春化所需温度和天数列于下表 1-3-2。

表 1-3-2　不同小麦类型的春化温度范围

小麦类型	春化温度（℃）	所需天数（d）
冬　性	0～5	30～70
半冬性	3～15	20～30
春　性	5～20	2～15

感受低温的时期是种子萌发到幼苗生长期均可，其中以三叶期最快。少数植物如甘蓝、洋葱等，只有在绿色幼苗长到一定大小才能进行春化；感受低温影响的部位是茎尖端的生长点，一般认为在有细胞分裂的组织或即将进行分裂的细胞中。

春化作用在农业生产上的应用主要表现在：一是人工春化处理。春播前春化处理，可以提早成熟，避开后期的"干热风"；冬小麦春化处理后可以春播或补种小麦；育种上可以加代繁殖。二是调种引种。由于我国各地区气温条件不同，在引种时首先要考虑所引品种的春化特性，考虑该品种在引种地能否顺利通过春化。例如冬小麦北种南引，由于南方气温高，不能满足春化的要求，植物只进行营养生长，不开花结实。如果以收获营养体为目的，就可北种南引，如烟草，北种南引可延长营养生长期，提高烟叶产量。三是控制花期。花卉种植可以通过春化或去春化的方法提前或延迟开花。通过去春化处理还可以延缓开花，促进营养生长。例如越冬贮藏的洋葱鳞茎，在春季种植前用高温处理以解除春化，防止在生长期抽薹开花，以获得大的鳞茎增加产量。

（2）光周期现象。许多植物在开花之前，有一段时期，要求每天有一定的昼夜相对长度的交替影响才能开花的现象，称为光周期现象。使长日植物开花的最短日照长度，或使短日植物开花的最长日照长度，称为临界日长；临界暗期（临界夜长）是指在昼夜周期中长日植物能够开花的最长暗期长度或短日植物能够开花的最短暗期长度。根据植物开花对光周期反应不同可将植物分成三种类型。

短日照植物是指在短日照（每天连续黑暗时数大于一定限度）条件下才能开花或开花受到促进的植物。短日照植物的日照长度短于一定的临界日长时，才能开花。如果适当延长黑暗，缩短光照时间可提早开花；相反延长日照，则延迟开花或不能进行花芽分化。如大豆、晚稻、烟草、玉米、棉花、甘薯等属于短日照植物。

长日照植物是指在长日照（每天连续黑暗时数短于一定限度）条件下才能开花或开花受到促进的植物。长日照植物的日照长度长于一定的临界日长时，才能开花。如果延长光照，缩短黑暗时间可提早开花；而延长黑暗则延迟开花或花芽不能分化。如小麦、燕麦、油菜属于此类植物。

日中性植物是指在任何日照条件下都能开花的植物。日中性植物开花之前并不要一定的昼夜长短，只需达到一定基本营养生长期，四季均可开花，如荞麦、番茄、黄瓜等。

光周期现象在农业生产中的应用主要有：一是指导引种。要考虑两地的日照时数是否一致及作物对光周期的要求。同纬度地区间引种容易成功；不同纬度地区间引种要考虑品种的光周期特性。短日植物：北种南引，开花期提早，如收获果实和种子，应引晚熟品种；南种北引，开花期延迟，应引早熟品种。长日植物：北种南引，开花期延迟，引早熟品种；南种北引，开花期提早，引晚熟品种。同样，如是收获营养器官为主，短日植物南种北引，可以推迟成花、延长营养期、提高产量。二是加速育种。通过人工光周期诱导，可以加速良种繁育、缩短育种年限，如南繁北育（异地种植）、温室加代。三是控制花期。在花卉栽培中，可用缩短或延长光照时数，来控制开花时期，使它们在需要的时节开花。如菊花，在秋季开花，遮光处理，可提前至五一开花；延长光照或夜间闪光，可推迟至春节开花。山茶、杜鹃，延长光照或夜间闪光，提前开花。四是调节营养生长和生殖生长。以收获营养器官为主的作物，可提高控制其光周期抑制开花。利用暗期光间断处理可抑制甘蔗开花，从而提高产量。短日植物麻类，南种北引可推迟开花，使麻秆生长较长，提高纤维产量和质量。

（3）植物的花芽分化。植物经过一定时期的营养生长过程后，就能感受到外界信号（如光周期和低温等）调节产生成花刺激物，植物茎生长点花原基形成、花芽各部分分化与成熟的过程称为花芽分化。

在花芽的分化过程中，顶端分生组织从无限生长变成有限生长，也是顶端分生组织的最后一次活动。花原基在分化成花的过程中，如一朵花中的雄蕊和雌蕊都分化并发育则为两性花，如雄蕊或雌蕊不分化或分化后败育则形成单性花。

水稻、小麦和玉米等禾本科植物的花序形成，一般称为穗分化。小穗的分化，先在基部分化出颖片原基，然后在小穗轴的两侧自上而下分化形成小花。小花的分化依次为外稃、内稃各1片，浆片2片、雄蕊3枚、雌蕊1枚。每小穗原基能产生3～5朵小花，其基部的2～3朵发育完全、能正常结实。但在其顶端尚有几朵不育的小花。由颖片、小花构成小穗，多个小穗和总花序轴共同组成复穗状花序。

一般短日照促进短日植物多开雌花，长日植物多开雄花；而长日照则促使长日植物多开雌花，短日植物多开雄花。一般随温度升高花芽分化加快，温度主要影响光合作用、呼吸作用等过程，从而间接影响花芽分化。在雌、雄蕊分化期和减数分裂期对水分要求特别敏感，如果此时土壤水分不足，则花的形成减缓，引起颖花退化。氮不足，花分化慢且花的数量明显减少；土壤氮过多，引起贪青徒长，养料消耗过度，花的分化推迟且花发育不良。此外，微量元素缺乏，也引起花发育不良。生长素类和乙烯利等植物生长调节剂可促进黄瓜雌花的分化，而赤霉素类则促进雄花的分化。

【技能训练】

1. 种子生活力的快速测定

（1）训练准备。准备刀片、镊子、培养皿、放大镜、滤纸；大豆种子、5%的红墨水。

（2）操作规程。选取的种子要有代表性，要随机抽取需要的种子，进行以下操作（表1-3-3、表1-3-4）。

表 1-3-3 TTC 染色法

工作环节	操 作 规 程	质 量 要 求
试剂配制	取 1g TTC 溶于 1L 蒸馏水或冷开水中，配制成 0.1% 的 TTC 溶液。药液 pH 应在 6.5～7.5，以 pH 试纸试之（如不易溶解，可先加少量酒精，使其溶解后再加水）	TTC 溶液最好现配现用，如需贮藏应贮于棕色瓶中，放在阴凉黑暗处，如溶液变红则不可再用
种子处理	取玉米种子 100 粒，新、陈种子各 1 份，用冷水浸泡一夜或用 40℃左右温水浸泡 40～60min，取出沥干水分，用单面刀片沿胚的中心纵切为两半	种子处理时，水稻子粒要去壳，豆类种子要去皮
种子染色	取其中胚的各部分比较完整的一半，放在小烧杯内，加入 0.1%TTC 溶液，以浸没种子为宜	用 0.1%TTC 溶液染色时，置于 30～35℃的恒温箱中 30min；或在 45℃的黑暗条件下染色约 30min
冲洗种子	保温后，倾出药液，用清水冲洗 1～2 次	直到所染的颜色不再洗出为止
生活力观察	立即对比观察新旧种子种胚着色情况判断种子的生活力	凡种胚全部染红的为生活力旺盛的活种子，死种子胚完全不染色，或染成极淡的颜色
计算发芽率	计算种胚着色的（活种子）种子个数，计算种子发芽率 $$发芽率 = \frac{发芽种子粒数}{用做发芽种子的总数} \times 100\%$$	计算结果保留小数点后两位

表 1-3-4 红墨水染色法

工作环节	操 作 规 程	质 量 要 求
种子处理	取大豆种子 100 粒，新、陈种子各 1 份，用冷水浸泡一夜或用 40℃左右温水浸泡 40～60min，取出沥干水分，用单面刀片沿胚的中心纵切为两半	种子处理时，水稻子粒要去壳，豆类种子要去皮
种子染色	取其中胚的各部分比较完整一半放入小烧杯内，加经稀释的红墨水至浸没种子，染色 20min 左右	市售红墨水，实验时用蒸馏水稀释 20 倍（即 1 份红墨水加水 19 份），作染色剂
冲洗种子	染色到预定时间，倒去红墨水，用自来水冲洗 2～3 次	直到所染的颜色不再洗出为止
生活力观察	立即对比观察新旧种子种胚着色情况，判断种子有无生活力	凡胚不着色或仅略带浅红色者，即为具有生活力的种子。若胚部染成与胚乳相同的深红色，则为死种子
计算发芽率	计算种胚不着色的（活种子）种子个数，计算种子发芽率 $$发芽率 = \frac{发芽种子粒数}{用于发芽种子的总数} \times 100\%$$	计算结果保留小数点后两位

2. 冬小麦春化作用的观察

（1）训练准备。选择冬性强的小麦子粒，准备冰箱、烧杯、标签牌、解剖镜、镊子、解剖针、培养皿5套等。

（2）操作规程。北方可选择小麦为材料，南方可用油菜、莴苣作实验材料，进行以下操作（表1-3-5）。

表1-3-5 冬小麦春化作用的观察

工作环节	操作规程	质量要求
种子吸水	选取一定数量的冬小麦种子（最好用强冬性品种），分别于播种前50、40、30、20和10d吸水萌动	选一定数量、质量一致、强冬性小麦。把子粒放在烧杯中，加定量的水于室温下浸泡12小时，使其吸胀变软，然后将吸胀的种子置于培养皿中，在20℃下使其萌动
春化处理	选取萌动的种子50粒，置培养皿内，放在0~2℃的冰箱中进行春化处理	春化要求0~2℃，需45d
播　种	于春季（约在3月下旬或4月上旬）从冰箱中取出经不同天数处理的小麦种子和未经低温处理但使其萌动的种子，同时播种于花盆或实验地中	播种前，田间最低温度在8℃以上
观察记载	麦苗生长期间，各处理进行同样肥水管理，随时观察植株生长情况，直到处理天数最多的麦株开花时，观察植株形态，并记载拔节、抽穗、开花的具体日期，填入表中	结果记载于表1-3-6

表1-3-6 冬小麦植株生长情况记载表

品种名称：　　　　　春化温度：　　　　　播种时间：

观察日期	春化天数及植株生育情况记载					
	50	40	30	20	10	对照（未春化）

【问题处理】

1. TTC溶液的配制及染色原理

（1）配制。取1g TTC溶于1L蒸馏水或冷开水中，配制成0.1%的TTC溶液。药液pH应在6.5~7.5，以pH试纸试之（如不易溶解，可先加少量酒精，使其溶解后再加水）。TTC溶液最好现配现用，如需贮藏则应贮于棕色瓶中，放在阴凉黑暗处，如溶液变红则不可再用。

（2）染色原理。其染色原理为凡有生活力的种子胚部在呼吸作用过程中都有氧化还原反应，而无生活力的种胚则无此反应。当TTC溶液渗入种胚的活细胞内，并作为氢受体被脱氢辅酶（还原型辅酶Ⅰ或还原型辅酶Ⅱ）还原时，可产生红色的三苯基甲（TTF），胚便染成红色。当种胚生活力下降时，呼吸作用明显减弱，脱氢酶的活性亦大大下降，胚的颜色变化不明显，故可由染色的程度推知种子的生活力强弱。

2. 红墨水溶液的配制及染色原理

（1）配制。取市售红墨水稀释 20 倍（1 份红墨水加工 19 份自来水）作为染色剂。

（2）染色原理。其原理为凡有生活力的种子其胚细胞的原生质具有半透性，有选择吸收外界物质的能力，某些染料如红墨水中的酸性大红 G 不能进入细胞内，胚部不染色。而丧失活力的种子其胚部细胞原生质膜丧失了选择吸收的能力，染料进入细胞内使胚部染色，所以可根据种子胚部是否染色来判断种子的生活力

3. 冬性作物 冬性作物（如冬小麦）在其生长发育过程中，必须经过一段时间的低温，生长锥才能开始分化，幼苗才能正常发育，因此可以用检查生长锥分化（以及对植株拔节、抽穗的观察）来确定是否已通过春化，这在生产和科研中有一定的应用价值。

任务二 植物的新陈代谢

【任务目标】

知识目标：1. 了解光合作用的主要过程，认识光合作用的意义。
2. 了解呼吸作用的主要过程，认识呼吸作用的意义。
3. 熟悉光合作用和呼吸作用的联系与区别。

能力目标：1. 能进行光合作用调控，并利用光合作用原理进行生产应用。
2. 能进行呼吸作用调控，并利用呼吸作用原理进行生产应用。

【知识学习】

绿色植物的新陈代谢是以水分和矿质元素为原料，通过光合作用来合成体内有机物，并把光能转变为化学能贮藏在有机物中；又通过以呼吸作用分解体内的有机物，释放能量，生成三磷酸腺苷（ATP），供给生命活动的需要。

1. 植物的光合作用

（1）光合作用的意义。光合作用是绿色植物利用光能，将二氧化碳和水合成有机物质，释放氧气，同时把光能转变为化学能贮藏在所形成的有机物中的过程。常以下面反应式表示。

$$CO_2 + H_2O \xrightarrow[\text{绿色植物}]{\text{光能}} CH_2O + O_2 \uparrow$$

光合作用的原料是二氧化碳和水，动力是光能，叶绿体是进行光合作用的场所，碳水化合物和氧气是光合作用的产物。

光合作用的意义：一是把无机物转变成有机物。植物通过光合作用制造的有机物的规模是非常巨大的，地球上一年通过光合作用约合成 5×10^{11} t 有机物。二是将光能转化为化学能。植物通过光合作用合成有机物，每年同时将 3.2×10^{21} J 的日光能转化为化学能。三是保护环境和维持生态平衡。植物通过光合作用吸收二氧化碳，每年可释放 5.35×10^{11} t 氧气，从而起到净化空气作用；大气中一部分氧气转化为臭氧，对陆地生物也有良好作用。

（2）光合作用的主要过程。光合作用的实质是将光能转变成化学能。光合作用的产物有

碳水化合物、有机酸、氨基酸、蛋白质等，主要为碳水化合物。根据能量转变的性质，可将光合作用分为3个阶段（表1-3-7）：第一步，光能的吸收、传递和转换成电能，主要由原初反应完成。第二步，电能转变为活跃的化学能，由电子传递和光合磷酸化完成。第三步，活跃的化学能转变为稳定的化学能，由碳同化进行。

表1-3-7 光合作用中各种能量转变情况

反应阶段	光反应	暗反应
反应步骤	①原初反应，②电子传递和光合磷酸化	碳同化阶段（CO_2的固定）
能量转变部位	叶绿体的类囊体膜上	叶绿体的基质中
能量转变形式	①光能（光量子）转变为电能（电子），②电能转变为活跃的化学能	活跃的化学能转变为稳定的化学能（糖类）
形成产物	氧气、ATP和NADPH	葡萄糖、蔗糖、淀粉

原初反应和光合磷酸化在叶绿体的基粒片层上进行，需在有光条件下进行，又称光反应；而碳同化过程可以在光下，也可在黑暗中进行，称为暗反应，它是在叶绿体的基质中进行（图1-3-4）。

原初反应是指叶绿素分子被光激发而引起的最初发生的反应，包括色素对光能的吸收、光能在色素分子之间传递和受光激发的叶绿素分子引起的电荷分离。

叶绿素分子放出高能电子后，被类囊体膜上的传递电子的物质接受，这些物质将电子一个个地传递，最后传给烟酰胺腺嘌呤二核苷磷酸（$NADP^+$）。在电子传递过程中，一部分高能电子的能量被释放，其中一些能量推动二磷酸腺苷（ADP）转化为三磷酸腺苷（ATP）称为光合磷酸化作用。

植物利用光反应中形成的还原型辅酶Ⅱ（NADPH）和三磷酸腺苷（ATP），将二氧化碳转化为稳定的碳水化合物的过程，称为二氧化碳同化或碳同化。主要有两条途径，分别称为C_3途径和C_4途径。

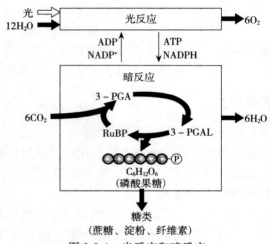

图1-3-4 光反应和暗反应
（RuBP为1,5-二磷酸核酮糖；3-PGA为3-磷酸甘油酸；3-PGAL为3-磷酸甘油醛）

2. 植物的呼吸作用

（1）呼吸作用的意义。呼吸作用是指生活细胞内的有机物质在一系列酶的作用下，逐步氧化分解，同时放出能量的过程。

呼吸作用对植物生命活动具有十分重要的意义，主要表现在：一是为植物生命活动提供能量。除绿色细胞可直接利用光能进行光合作用外，其他生命活动所需的能量都依赖于呼吸作用。二是为其他有机物合成提供原料。呼吸作用的中间产物，如丙酮酸、α-酮戊二酸、苹果酸等都是进一步合成植物体内新的有机物质的物质基础。三是提高植物抗病、抗伤害的能力。植物受伤或受到病菌侵染，通过旺盛的呼吸，促进伤口愈合，加速木质化或栓质化，以减少病菌的侵染。此外，呼吸作用的加强可促进具有杀菌作用的绿原酸、咖啡合成酸等合成，以增强植物的免疫能力。

（2）呼吸作用的类型。呼吸作用可分为有氧呼吸和无氧呼吸两类。

有氧呼吸是指生活细胞利用分子氧（O_2），将某些有机物彻底氧化分解，形成二氧化碳和水，同时释放能量的过程。有氧呼吸是高等植物呼吸的主要形式，通常所说的呼吸作用，主要是指有氧呼吸。呼吸作用中被氧化分解的有机物质称为呼吸基质。一般来说，淀粉、葡萄糖、果糖、蔗糖等碳水化合物是最常见的呼吸基质。以葡萄糖作为呼吸基质为例，其有氧呼吸的总反应式可表示为：

$$C_6H_{12}O_6 + 6O_2 \longrightarrow 6CO_2 + 6H_2O + 能量$$

无氧呼吸是指生活细胞在无氧条件下，把某些有机物分解成为不彻底的氧化产物，同时释放能量的过程。这个过程在微生物学中常称为发酵，如酒精发酵、乳酸发酵等。可用下列反应式表示：

$$C_6H_{12}O_6 \longrightarrow 2C_2H_5OH + 2CO_2 + 能量 \quad （酒精发酵）$$

$$C_6H_{12}O_6 \longrightarrow 2CH_3CHOHCOOH + 能量 \quad （乳酸发酵）$$

从呼吸作用的过程中不难发现两种呼吸的区别，但两种呼吸也有共同点（表1-3-8）。

表1-3-8 有氧呼吸与无氧呼吸的异同

	类型	有氧呼吸	无氧呼吸
不同点	反应场所	细胞质基质、线粒体	细胞质基质
	反应条件	需要氧气和酶	不需要氧气、需要酶
	基质氧化	葡萄糖彻底氧化	葡萄糖不彻底氧化
	物质转化	H_2O 和 CO_2	酒精和 CO_2 或乳酸
	能量转化	释放大量能量	释放少量能量
相同点		都要经过糖酵解过程，并有能量释放 都是酶促反应	

（3）呼吸作用的主要过程。呼吸作用将葡萄糖彻底氧化生成 CO_2 和 H_2O 的过程，可由多种途径实现，其中最主要的是糖酵解—三羧酸循环。

糖酵解是指葡萄糖在细胞质内经过一系列酶的催化作用下，脱氢氧化，逐步转化为丙酮酸的过程。丙酮酸形成后，如果在缺氧条件下，则进入无氧呼吸途径；在有氧条件下，则进入三羧酸循环，从而被彻底氧化。在糖酵解过程中，既有物质的转化，又有能量转换。它是有氧呼吸和无氧呼吸都要经历的一段过程。

三羧酸循环是指在有氧条件下，丙酮酸在酶和辅助因素作用下，首先经过一次脱氢和脱羧，并和辅酶A结合形成乙酰辅酶A，乙酰辅酶A和草酰乙酸作用形成柠檬酸，这样反复循环进行。

糖酵解和三羧酸循环过程中共生成38个三磷酸腺苷（ATP），其余的热量散失。它们形成的一系列重要中间产物是合成脂肪、蛋白质的重要原料。

3. 光合作用和呼吸作用的关系 光合作用和呼吸作用即相互对立，又相互依赖，二者共同存在于统一的有机体中。光合作用与呼吸作用的区别见表1-3-9。

表1-3-9 光合作用和呼吸作用的区别

	光合作用	呼吸作用
原料	CO_2、H_2O	O_2、淀粉、己糖等有机物
产物	淀粉、己糖等有机物、O_2	CO_2、H_2O 等
能量转换	贮藏能量的过程 光能→电能→活跃化学能→稳定化学能	释放能量的过程 稳定化学能→活跃化学能
物质代谢类型	有机物质合成作用	有机物质降解作用
氧化还原反应	H_2O被光解、CO_2被还原	有机物被氧化，生成H_2O
发生部位	绿色细胞、叶绿体、细胞质	生活细胞、线粒体、细胞质
发生条件	光照下才可发生	光下、暗处均可发生

光合作用和呼吸作用又有相互依赖、紧密相连的关系，二者互为原料与产物，光合作用释放 O_2 可供呼吸作用利用，而呼吸作用释放 CO_2 也可被光合作用所同化。它们的许多中间产物是相同的，催化诸糖之间相互转化酶也是类同的。在能量代谢方面，光合作用中供光合磷酸化产生三磷酸腺苷（ATP）所需的二磷酸腺苷（ADP）和供产生还原型辅酶Ⅱ（NADPH）所需烟酰胺腺嘌呤二核苷磷酸（$NADP^+$），与呼吸作用所需的二磷酸腺苷（ADP）和烟酰胺腺嘌呤二核苷磷酸（$NADP^+$）是相同的，它们可以通用。

【技能训练】

1. 光合作用的调控及应用

（1）训练准备。通过查阅资料，访问当地有经验农民，了解影响光合作用的因素有哪些，光合作用的调控及应用经验。

（2）操作规程。选择当地种植的代表性植物的田块或温室，进行以下操作（表1-3-10）。

表1-3-10 光合作用的调控及应用

工作环节	操作规程	质量要求
光合作用的调控	（1）光照度调节。适当增强光照，如合理密植、整枝修剪、去老叶等，都可以改善田间的光照条件 （2）增加二氧化碳浓度。施用有机肥料、通风等措施来增加二氧化碳浓度。保护地栽培中使用二氧化碳气肥 （3）保持适宜土壤水分。合理灌溉、耕作，保证适宜的土壤水分含量 （4）保持适宜温度。一般温带植物的光合作用在10～35℃范围内能正常进行，35℃以上光合作用受阻 （5）合理施肥。增加氮、镁、铁、锰、磷、钾、硼、锌等养分，保证光合作用顺利进行	（1）光饱和点与光补偿点是植物光合作用的两个重要指标，调控时应予考虑 （2）二氧化碳和水是光合作用的原料，应首先给予保证 （3）温度、养分等环境条件影响光合作用的进行

(续)

工作环节	操作规程	质量要求
光合作用的生产应用	（1）实行间作套种，提高单位面积产量。在同一块农田上实行间作套种，通过挑选搭配等人工措施，以减轻竞争，创造作物的互利条件，就可夺得高产 （2）增施二氧化碳气肥，增加光合作用原料。保护地栽培中，通过施用有机肥料、施用二氧化碳气肥等措施增加二氧化碳浓度，增强光合作用 （3）延长光合作用时间，增加光合产物的积累。改革耕作制度，提高复种指数，在温度允许的范围内，使一年中尽可能多的时间在农田里生长植物。如育苗移栽、设施栽培等 （4）培育高光效作物品种，减少呼吸消耗。在筛选高光效品种的同时，还可用物理和化学方法抑制呼吸，可大幅度提高作物产量 （5）选择理想株型，充分利用光能制造光合产物。高产农田植物群体结构有向植株矮化、植物层向薄的方向发展的趋势 （6）避免或减轻植物光合午休期的影响。用少量水改善田间小气候和作物的水分状况，以减轻光合午休现象，来达到增加作物产量的目的 （7）应用生长调节物质，提高光合作用效率。2,4-DCPTA是迄今为止发现的第一种既能影响光合作用，又能增加产量的生物调节剂 （8）利用不同色光，改善光合产物品质。使用有色薄膜在农、林、园艺等绿色生产上达到不同的目的。如甜瓜、小麦、棉花育苗、四季豆、辣椒等应用红色地膜有明显增产效果；黄瓜和香菜应用蓝色地膜，维生素C的含量增加；黄色薄膜栽培黄瓜、芹菜、莴苣、茶树等增产效果明显；番茄、茄子、韭菜在紫膜下产量增加；青色（蔚蓝色）薄膜进行水稻育秧效果很好	（1）间作套种可充分拦截利用了前茬作物所不能利用的光，进行干物质生产 （2）一般二氧化碳增加到0.1%～0.5%时就可提高光合作用，但当超过0.6%的浓度时，则反而会使光合作用受抑制，甚至使植物受到毒害 （3）在植物群体中，上层叶片为斜立型，中层为中间型，下层是平铺型株型者，其光能利用率最好 （4）2,4-DCPTA使用时参照植物调节剂的使用 （5）红色光能提高作物的含糖量；蓝色光能增加植物蛋白质的含量。有色地膜的推广应用就是利用这一原理

2. 呼吸作用的调控及应用

（1）训练准备。通过查阅资料，访问当地有经验农民，了解影响呼吸作用的因素有哪些，呼吸作用的调控及应用经验。

（2）操作规程。选择当地种植的代表性植物的田块或温室，进行以下操作（表1-3-11）。

表1-3-11　呼吸作用的调控及应用

工作环节	操作规程	质量要求
呼吸作用的调控	（1）温度调节。温带植物呼吸作用的最适温度为25～35℃。温度过高或光线不足，呼吸作用强。因此生产上常通过降低温度，可以降低呼吸强度 （2）氧气和二氧化碳浓度调节。增加二氧化碳浓度，降低氧气含量能够减低呼吸强度。但缺氧严重时会导致无氧呼吸 （3）水分调节。降低种子含水量，可以降低呼吸强度。但根、叶萎蔫时，呼吸作用反而增强 （4）防止植物受伤。因此应在采收、包装、运输和贮藏多汁果实和蔬菜时，尽可能防止机械损伤	（1）在一定范围内，呼吸强度随温度的升高而增强；而当温度超过最适温度之后，呼吸强度却会随着温度的升高而下降 （2）植物受伤后，呼吸会显著增强

(续)

工作环节	操作规程	质量要求
呼吸作用的生产应用	(1) 植物栽培。许多栽培措施都是为了保证植物呼吸作用正常进行，如水稻浸种催芽时用温水淋种和时常翻种；水稻育秧采用湿润育种；植物的中耕松土；黏土掺沙改良；低洼地开沟排水等 (2) 粮食贮藏。粮油种子以较低温度贮藏，可减弱呼吸并抑制微生物的活动，使贮藏时间延长；若能适当增加二氧化碳含量、降低含氧量，便可减弱呼吸消耗，延长贮藏时间 (3) 果蔬贮藏。生产上常通过降低温度来推迟呼吸高峰的出现，达到贮藏、保鲜目的；贮藏期间相对湿度保持在 80%～90% 有利于推迟呼吸高峰的出现；减低氧气浓度，增高二氧化碳浓度，大量增加氮的浓度，可抑制呼吸及微生物活动，延长贮藏时间	(1) 贮藏粮油种子的原则是保持"三低"，即降低种子的含水量、温度和空气中的含氧量 (2) 多汁果实和蔬菜的贮藏、保鲜的原则是在尽量避免机械损伤的基础上，控制温度、湿度和空气成分 3 个条件，降低呼吸消耗，使果实蔬菜保持新鲜状态

【问题处理】

1. C_3 植物和 C_4 植物　植物有 C_3 植物和 C_4 植物之分，在一般情况下，C_3 植物有光条件下的呼吸消耗，比无光条件下多 50%，甚至高达 200%～300%。光越强，温度越高，呼吸作用增大的越多。而 C_4 植物这种现象则不明显。因此，在温室栽培中，在光照不足时要避免温度过高，以降低光补偿点，利于有机物质的积累。

2. 贮藏　生产上粮油在贮藏期，常采用通风或密闭的方法，降低温度来减少呼吸作用。近年来国内外采用的气调法进行粮食贮藏，就是利用这样的原理。在粮食、果实、蔬菜贮藏时，合理控制水分、氧气和二氧化碳、温度，调节呼吸速率是关键。

任务三　植物生长激素与调节剂

【任务目标】

知识目标：1. 了解 5 种植物激素的主要生理作用。
　　　　　2. 熟悉四大类常见的植物生长调节剂的应用。
能力目标：能根据当地植物生长情况，正确使用植物生长调节剂来调控植物生长发育。

【知识学习】

1. 植物激素　植物激素是指在植物体内合成的、通常从合成部位运往作用部位、对植物的生长发育起着调节作用的微量生理活性物质。目前已发现的有五大类激素是生长素、赤霉素、细胞分裂素、乙烯和脱落酸。各种激素的分布与作用见表 1-3-12。

2. 植物生长调节剂　植物激素在体内含量甚微，因此在生产上广泛应用受到限制，生产上应用的是人工合成的生长调节剂。植物生长调节剂是指人工合成的具有调节植物生长发育的生物或化学制剂。按其对生长的作用，可分为生长促进剂、生长抑制剂、生长延缓剂及乙烯利等。常见的植物生长调节剂如下：

(1) 生长促进剂。主要包括生长素类和细胞分裂素类。

①生长素类（包括三大类）。一是吲哚衍生物，如吲哚丙酸（IPA）、吲哚丁酸（IBA）、吲熟酯（IZAA）；二是萘的衍生物，如萘乙酸（NAA）、1-萘乙酸甲酯（MENA）、1-萘乙酰

胺（NAD）；三是卤代苯的衍生物，如 2,4-二氯苯氧乙酸（2,4-滴）、2,4,5-三氯苯氧乙酸（2,4,5-T）、4-碘苯氧乙酸（增产灵）等。

表 1-3-12　常见植物激素的性质与作用

种类	分布	主要生理作用
生长素	即吲哚乙酸，简称 IAA。主要集中在根、茎、胚芽鞘尖端，正在展开的叶尖，生长的果实和种子内	生长素在较低浓度下可促进生长，而高浓度时则抑制生长；促进插条生根；具有很强的吸引与调运养分的效应；诱导雌花分化；促进光合产物的运输、叶片扩大和气孔开放；抑制花朵脱落、叶片老化和块根形成
赤霉素	简称 GA，含量最多的部位以及可能合成的部位是果实、种子、芽、幼叶及根部	赤霉素最显著的作用是促进植物生长，主要是促进茎、叶伸长，增加株高；诱导开花，许多长日照植物经赤霉素处理，可在短日照条件下开花；打破休眠，促进发芽；促进雌花分化；加强生长素对养分的动员效应；促进某些植物坐果和单性结实；延缓叶片衰老等
细胞分裂素	存在茎尖、根尖、未成熟的种子和生长着的果实	促进细胞分裂和扩大；促进芽的分化，诱导愈伤组织形成完整的植株；促进侧芽发育，消除顶端优势；打破种子休眠；延缓叶片衰老
乙烯	植物所有组织都能产生乙烯	抑制茎的伸长生长，促进茎或根的横向增粗及茎的横向生长；对果实成熟、棉铃开裂、水稻的灌浆与成熟都有显著效果；是控制叶片脱落的主要激素；促进开花和雌花分化；可诱导插枝不定根的形成，促进根的生长和分化；打破种子和芽的休眠；诱导次生物质的分泌等
脱落酸	简称 ABA，要存在于休眠的器官和部位中	外用 ABA 时，可使旺盛生长的枝条停止生长而进入休眠；可引起气孔关闭，降低蒸腾作用，促进根系吸水，增加其地上部的供水量；抑制整株植物或离体器官的生长；也能抑制种子的萌发；促进脱落

生长素类在生产上的应用主要是插条生根、防止器官脱落、促进结实、促进黄瓜雌花分化、疏花疏果和杀除杂草等。如吲哚丁酸适用于多种植物的硬枝扦插、播种育苗时浸根、浸种，可提高出苗率和造林成活率。处理果林苗木、插条、种子或移栽苗可用 50～100 mg/L 药液浸 8～12h；处理农作物和蔬菜可用 5～10 mg/L 的药液浸 8～12h。萘乙酸主要用作扦插生根剂，又可用于防止落果、调节开花等。用 10～20 mg/L 药液喷苹果、梨、西瓜、番茄等可防落花，促坐果；用 10～20 mg/L 药液喷水稻、棉花可增产；25～100 mg/L 药液浸扦插枝基部，对茶、桑、侧柏、柞树、水杉等可促进生根。

②细胞分裂素类。常用的有 N6-呋喃甲基腺嘌呤（激动素）、6-苄基腺嘌呤（6-BA）等，主要用于组织培养、果树开花、保鲜延衰等方面。

（2）生长抑制剂。抑制顶端分生组织，使茎丧失顶端优势，外施赤霉素（GA）不能逆转。常用的有 2,3,5-三碘苯甲酸（TIBA）、整形素、青鲜素（MH）等。

三碘苯甲酸（简称 TIBA）是一种阻碍生长素运输的物质，它能抑制顶端分生组织细胞分裂，使植株矮化，消除顶端优势，使分枝增加。TIBA 多用于大豆，增加分枝，增加花芽分化，提高结荚率，提高产量。

青鲜素（简称 MH）化学名称为顺丁烯二酸酰肼，又称马来酰肼。是最早人工合成的生长抑制剂，作用与生长素相反。青鲜素大量应用于防止马铃薯、洋葱、大蒜贮藏时发芽。

整形素化学名称为 2-氯-9-羟基芴-9-羧酸甲酯。主要是抑制顶端分生组织细胞分裂和伸长，消除植物的向地性、向光性。它抑制茎的伸长，促进腋芽形成，使植株发育成矮小灌木形状。生产上多用于木本植物,塑造木本盆景。

(3) 生长延缓剂。它们抑制茎部近顶端分生组织的细胞延长,使节间缩短,节数、叶数不变,株型紧凑矮小,生殖器官不受影响或影响不大。有抗赤霉素的作用,外施赤霉素可逆转其效应。常用的有矮壮素、多效唑、丁酰肼、甲哌鎓。

矮壮素简称CCC,化学名称为2-氯乙基三甲基氯化铵。是常用的一种生长延缓剂。喷施矮壮素可使节间缩短,植株变矮,茎粗,叶色加深。有利于改善透光条件和光合作用,并抗倒伏。适用于棉花、小麦、玉米、水稻、花生、番茄、果树等作物。用20~40mg/L药液在棉花叶面喷雾,可增产。20~40mg/L药液叶面喷雾,1 500~3 000mg/L药液浸种,可使小麦增产。用50~100mg/L药液于黄瓜14~15叶片时喷全株,可促进坐果、增产。

丁酰肼又称比久,可抑制果树顶端分生组织的细胞分裂,使枝条生长缓慢,可代替人工整枝,增加次年开花坐果的数量。丁酰肼有防止采前落果及促进果实着色的作用。溶液喷施叶面,抑制茎枝生长,减少地上部分营养生长的物质消耗,使光合产物较多地运到地下部,尤其是结实器官,提高产量。主要用于花生、果树、大豆、黄瓜、番茄等作物上,用作矮化剂、坐果剂、生根剂及保鲜剂等。一般使用浓度为0.1%~0.5%,苹果用0.1%~0.2%药液喷雾提早结果,桃、葡萄、李等为0.1%~0.4%;水稻用0.5%~0.8%的药液,可促进矮壮,防止倒伏;花生用0.2%~0.3%药液喷洒,可增产;番茄使用0.25%~0.5%药液可增加坐果率。

多效唑简称PP333,也称氯丁唑。多效唑对营养生长的抑制能力比丁酰肼或矮壮素更大。减缓细胞的分裂和伸长,使茎秆粗壮,叶色浓绿。适用于谷类,特别是水稻田使用,以培育壮秧,防止倒伏,也可用于大豆、棉花和花卉,还可用于桃、梨、柑橘、苹果等果树的"控梢保果",使树型矮化。多效唑处理的菊花、单竺葵、一品红以及一些观赏灌木,株型明显受到调整,更具有观赏价值。对培育大棚蔬菜,如番茄、油菜壮苗也有明显作用。

甲哌鎓又名助壮素、缩节胺。在棉株始花期施用,能有效地控制棉铃营养生长,节间短,叶面积小,增加叶绿素含量,提高光合速率,可使光合产物较多运到幼铃,减少蕾铃脱落,提高棉花产量。助壮素主要用于棉花,也可用于小麦、玉米、花生、番茄、瓜类、果树等作物。

(4) 乙烯利简称CEPA,又名一试灵,化学名称为2-氯乙基膦酸。乙烯利是一种水溶性强酸性液体,pH>4.1时可释放出乙烯,pH越高,产生的乙烯越多,且易被植物吸收。乙烯利在生产上主要用于棉花、番茄、西瓜、柑橘、香蕉、咖啡、桃、柿子等果实促熟,培育后季稻矮壮秧,增加橡胶乳产量和小麦、大豆等作物产量,多用喷雾法常量施药。

目前生产上常用的国产植物生长调节剂见表1-3-13。

表1-3-13 常用的国产植物生长调节剂

名称	剂型	用途
吲哚乙酸(IAA)	粉剂	促进生根、提高成活率等
吲哚丁酸(IBA)	粉剂	促进生根、提高成活率等
萘乙酸(NAA)	粉剂	促进生根、生长、疏花等
2,4-滴	粉剂、水剂	防止落花、落果,增加早期产量等
防落素(PCPA)	粉剂、水剂	防止落花、落果,提早成熟,增加产量等
生长素	水剂	促进生长、增强抗性、改良品质等
赤霉素(GA)	粉剂	促进生长、保花、保果等
乙烯利(CEPA)	水剂	用于瓜果、蔬菜催熟等

（续）

名称	剂型	用途
多效唑	粉剂	控制植物生长，防止稻苗徒长
矮壮素（CCC）	粉剂、水剂	防止植物徒长
甲哌鎓	粉剂、水剂	控制植物徒长
丁酰肼	粉剂、水剂	防止植物徒长、矮化植株
复硝酚钠（爱多收）	粉剂、水剂	促进植物发芽、生根、生长等
三十烷醇（TRLA）	水剂	促进植物生长，增加产量
己酸二乙氨基乙醇酯（DA-6）	粉剂	促进生长、叶绿素形成等
甜菜碱	粉剂	增强植物抗逆性
水杨酸（SA）	水剂	增强植物抗逆性，延缓衰老，增加产量
低聚糖	粉剂	刺激生长，促进养分吸收，增产，改善品质

【技能训练】

1. 植物生长调节剂对植物生长发育影响的观察

（1）训练准备。准备吲哚乙酸、萘乙酸，2,4-D 等植物生长调节剂，植物枝条，细沙等。

（2）操作规程。根据选择的枝条与植物生长调节剂，进行以下操作（表 1-3-14）。

表 1-3-14 植物生长调节剂对植物生长发育影响的观察

工作环节	操作规程	质量要求
配制植物生长调节剂	将吲哚乙酸、萘乙酸、2,4-滴 3 种激素，每一种激素分别配成 0、1、10、50、100、200、500μg/g 7 种浓度的溶液	配制浓度要准确无误
枝条处理	将剪好的植物枝条下端浸在上述配制好的 7 种不同浓度的溶液中，处理 4~24h。每个处理放入 5 个枝条	（1）植物枝条切口要光滑，下端为斜口 （2）为了便于观察发根情况，也可以将枝条插在盛水的器皿中，枝条入水 1cm
枝条扦插	取出枝条，扦插在湿润的细沙中。放置在 20~25℃ 的条件下使之发根。到移植时再作一次观察记载	也可以等到各个处理全部发根后，移栽到土壤中
定期观察记载	定期观察，记录枝条发根日期、发根部位、发根数量、根的长度以及地上部分的生长情况	将结果记载于表 1-3-15

表 1-3-15 不同浓度激素下植物枝条生长的情况

编号	浓度（μg/g）	根数	根长（cm）	芽长（cm）
1	0			
2	1			
3	10			
4	50			
5	100			
6	200			
7	500			

2. 植物生长调节剂的应用

（1）训练准备。根据当地生产实际，选择常用的植物生长调节剂，了解其特性和使用说明。

（2）操作规程。选择当地种植农作物、蔬菜、果树、花卉等地块，观察植物的茎叶类型及生长情况，并进行以下操作（表1-3-16）。

表1-3-16 植物生长调节剂的应用

工作环节	操作规程	质量要求
植物生长观察	观察植物生长、开花结果、植物根系等情况，明确植物生长调控目的，是否需要喷施植物生长调节剂	了解植物生长调节剂的类型、功能、使用说明
正确选择植物生长调节剂	根据需要选用，不可"乱点鸳鸯谱"，以防造成损失。在选择植物生长调节剂时，需要综合考虑处理对象、应用效果、价格和安全性因素	除了特殊需要，作物正常生长情况下，不要轻易使用植物生长调节剂，对用于果实催熟、果实膨大等方面使用要慎重
确定使用时期	一般植株生长旺盛的时期，施药浓度应降低；反之，对于休眠部位，如种子、休眠芽等，施药浓度可高些。另外，大部分生长调节剂在高温、强光下易挥发、分解，所以喷药前、喷药时和喷药后的环境因素对药效影响很大。施药时间夏季一般在上午10时前，下午4时后。在一定限度内，随温度升高，植物吸收药剂增加；但温度过高，则生长调节剂会失去活性。高湿度也可促进药剂吸收，但如果喷药后遇到降雨应及时补喷	植物生长调节剂的生理效应往往是与一定的生长发育时期相联系的，错过了处理的时期，使用效果不好或没有效果，有时还会产生不良的效果
严格控制浓度	（1）根据植物种类、生长发育期和使用部位来确定药剂浓度。如赤霉素在梨树花期为10～20 mg/kg，甘蔗拔节期为40～50 mg/kg （2）根据药剂种类确定使用浓度。严格按照产品说明书规定的浓度使用 （3）根据气温确定使用浓度。使用时要按照当时的环境条件选择适当的使用浓度，温度升高浓度应适当降低 （4）根据药剂的有效成分配准浓度。每克、每毫升、每瓶、每包加多少水，水加少了浓度太高，易引起药害，加多了浓度太低效果不明显	如需低浓度多次使用，切不可改为高浓度一次使用。严防任意加大浓度或粗心把浓度弄错。植物生长调节剂的使用浓度很低，使用时要按要求精确配制。要注意水的酸碱性与植物生长调节剂适宜
掌握正确的施药方法	植物生长调节剂的施药方法有： （1）浸蘸法。多用于种子处理、催熟果实、贮藏保鲜、促进插条生根等，其中以促进插条生根最为常用 （2）涂抹法。采用毛笔等工具将植物生长调节剂涂抹在园艺植物需要处理的部位，以达到预期的处理效果。例如把乙烯利涂抹在绿熟或白熟期的番茄果实上，可以催熟 （3）喷施法。先将调节剂（加少量表面活性剂）配成一定浓度的药液，再用喷雾器将其喷洒在植物的茎、叶、花、果等部位 （4）浇灌法。将药液直接浇灌于土壤中通过根系吸收而达到化学调控的目的 （5）熏蒸法。一些挥发性的植物生长调节剂，例如1-萘乙酸甲酯、乙烯利等，在使用时通常要用熏蒸法。例如，可用萘乙酸甲酯处理仙客来块茎，以使其发芽	（1）浸蘸施药要注意浓度与环境关系，如空气干燥要适当提高浓度，缩短浸蘸时间；要注意浸蘸温度，一般以20～30℃为宜 （2）涂抹施药要避免高温 （3）浇灌施药效果稳定，但应考虑某些植物生长调节剂在土壤中的残留状况。同时要注意药剂量，以免浪费

(续)

工作环节	操作规程	质量要求
合理掌握使用技术	（1）根据说明书要求，了解该产品如何溶解，用水还是用有机溶剂或其他 （2）配好的溶液存放的时间是多少，一般随配随用，以免失效 （3）讲究使用技术，生长调节剂可单用、复配，也可以与化肥、农药混用	（1）两种作用相反的调节剂不能复配使用 （2）不宜与碱性农药和肥料混用。植物生长调节剂一般呈酸性，不能与碱性农药和肥料混用，否则会降低药效和肥效
抓好药后管理	应根据调节剂的作用和使用目的，结合田间管理措施，才能充分发挥最好效果。如多效唑控制小麦徒长，必须同时注意田间开沟排水，控制氮肥使用等农业措施；又如在果树开花结果期利用激素保花保果时，必须加强肥水管理，注意病虫害的防治	一般使用促进生长、增产等药剂后，要适当增施氮磷钾肥，防止早衰。使用多效唑的水稻秧田要移栽翻耕
发生药害及时补救	（1）叶面喷水稀释药液浓度 （2）根据酸碱中和原理，酸性药液用稀碱性溶液中和，碱性药液用稀酸性溶液中和 （3）适当补充速效化肥以及加强田间管理，如适量去除枯叶、中耕松土、防治病虫害等 （4）对有些抑制、延缓生长的激素引起的药害，可以试用赤霉素等促进生长的调节剂来缓解	为避免产生药害，一般先做单株或小面积试验，再中试，最后才能大面积推广，不可盲目草率，否则一旦造成损失，将难以挽回

【问题处理】

使用植物生长调节剂的常见问题主要有：

1. 种类选择不正确　每种植物生长调节剂都有一定的特性和作用，若种类选择不当，则达不到预期效果。例如，黄瓜在幼苗3~4片真叶时喷洒100~200mg/kg的乙烯利可促进多生雌花，提高产量；如果误选赤霉素，则会适得其反，造成减产。

2. 使用方法不当　常用的有溶液喷施法、溶液浸蘸法、土壤浇灌法和粉剂蘸根法等，方法得当，事半功倍。应根据植物生长调节剂的种类、剂型和有效成分等，采用适宜的使用方法，要求方法简便、经济，而且药效高。如矮壮素可采用土壤浇灌法浇到番茄苗床土壤中，以防止徒长。

3. 浓度不足或过高　同一种药剂，由于浓度不同，甚至可以产生完全不同的效果。以2,4-滴的使用为例，浓度为10~20mg/kg时，可以防止番茄落花落果，刺激子房膨大；1000~2 000mg/kg时，则可以杀死许多双子叶植物。使用前，必须详细阅读使用说明书，按说明书要求去做。

4. 用药过早或过晚　不同植物生长发育期对植物生长调节剂的反应有很大差异，用药时期过早或过晚均达不到预期效果。如在采收前，用100~500 mg/kg的乙烯利溶液喷洒尚未成熟的西瓜果实，可以提早5~7d成熟。如果处理过早，果实还没长足，会影响产量。如果处理过晚，催熟效果不明显。

5. 用药部位不准　植物生长调节剂即使浓度相同，对于植株的不同器官作用也不相同。如20 mg/kg的2,4-滴溶液，对番茄花朵具有防止脱落的作用，但当2,4-滴沾染到嫩叶及嫩芽上却易发生药害，导致幼芽、嫩芽弯曲变形。

6. 混用不合理 几种植物生长调节剂之间,若混用不当会降低使用效果,甚至发生药害,造成减产。一般促进型与抑制型两大类植物生长调节剂相互之间有拮抗作用,不能混合使用,使用间隔时间也不能太近。此外,植物生长调节剂与农药的混合使用也要十分注意。植物生长调节剂混用前必须进行药效试验,证明互相之间无拮抗作用且不发生药害,方可大面积应用。

7. 措施不配套 植物生长调节剂只是调控蔬菜的生长发育,而不能给蔬菜供应能量物质。使用植物生长调节剂后,若不同时加强农业措施的配合,则增产效果不好。例如,番茄花期用 10~20 mg/kg 的 2,4-滴或 20~40 mg/kg 的防落素喷花或点花,可防止番茄落花、落果,但要获得番茄早熟高产,必须配合肥水管理、病虫害防治等各项综合措施,控制生长期的徒长和后期的早衰,才能获得预期的效果。

【信息链接】

一种新型的光合作用调节剂——DCPTA

DCPTA 是 1977 年由美国农业部水果蔬菜化学研究所研究员哈利首先发现并研制的,其化合物化学名称是 2-(3,4-二氯苯氧基)三乙胺,简称 DCPTA,俗称增产胺,它是一种对植物生长发育有多种优异性能的活性物质。

DCPTA 直接影响植物的某些基因(如控制光合作用的基因,合成某些物质的基因),修补某些残缺的基因。通过调整或开启这些基因来达到如下效果:提高光合作用;增加二氧化碳的吸收、利用;增加蛋白质、脂类等物质的积累贮存;促进细胞分裂和生长;增强某些合成酶的活性。

通过其在植物内部所做的上述工作,从而达到以下目的:一是显著增加作物产量;二是改善作物品质。除此之外,它还能改善植物体内器官的功能,提高植物本身的免疫能力,增强植物适应环境的能力。难能可贵的是,使用 DCPTA 技术,无毒害、无污染、无残留,还可大大提高化肥利用率。施用 DCPTA 的植物还在抗病虫害、抗贫瘠、抗旱、抗冻等方面,也表现出突出的效果。是当代世界上最重大的农业科研成果之一。

20 世纪 90 年代,国内有关单位与中国农业大学有关专家联合研制开发生产该项产品,并在全国 20 个省、市、地区、县 20 多种作物上示范、推广,结果表明其功能优异,增产增效显著。

DCPTA 使用方法:一是浸种。兑水 3 000 倍,把药液浸没种子为止。二是拌种。兑水 500~1 000 倍,把药液喷洒在种子上,边喷边拌,使种子充分湿润。三是蘸根。兑水 3 000 倍,蘸秧后即栽种。四是喷雾。兑水 3 000~5 000 倍,喷洒时要注意喷叶背。

DCPTA 使用注意事项:浸种时间以 10~16h 为宜;拌种应堆闷 30~50 min,晾干后播种;叶面喷施以晴天无风为宜,可与多种农药混合使用。

【知识拓展】

如果同学们想了解更多的知识,可以通过下面渠道进行学习:

1. 阅读杂志

(1)《植物生理学通讯》。

（2）《植物生理学报》。
（3）《生理学报》。

2. 浏览网站

（1）上海生命科学研究院植物生理生态研究所（http：//www.sippe.ac.cn/）。
（2）中国科隆植物网（http：//www.clonep.com//）。
（3）生物谷（http：//bioon.com）。

3. 通过本校图书馆借阅有关植物生理学方面的书籍

【观察思考】

（1）设计一个试验，观察玉米种子和大豆种子的发芽过程，比较单子叶植物和双子叶植物种子发芽过程有什么区别，并各取 100 粒种子测定其种子生活力。

（2）在老师指导下，利用业余时间进行调查，完成下表内容（表 1-3-17）。

表 1-3-17　植物生长规律的生产应用

植物生长规律	生产应用举例	应用范围
植物生长大周期		
昼夜周期		
季节周期		
再生作用		
极性现象		
春化作用		
光周期现象		
花芽分化		

（3）列表比较光合作用和呼吸作用的意义、作用、调控及生产应用有何区别（表 1-3-18）。

表 1-3-18　光合作用和呼吸作用的比较

代谢类型	光合作用	呼吸作用
意义		
主要过程		
原料		
产物		
能量转化		
发生部位		
发生条件		
生产应用举例		

（4）分别选取当地主要农作物、果树、蔬菜各一种，调查其植物生长调节剂使用情况，并在老师指导下，制订其使用方案。

模块二　植物生长环境

◆ 模块提示

基本知识：1. 土壤基本组成与基本性质。
2. 土壤形成、分类及我国主要土壤的分布与特征。
3. 植物营养与合理施肥的基本原理与方法。
4. 主要化学肥料与有机肥料的性质及施用技术。
5. 测土配方施肥技术。
6. 植物生长的水分条件及水分环境调控技术。
7. 植物生长的温度条件及温度环境调控技术。
8. 植物生长的光照条件及光照环境调控技术。
9. 植物生长的气候条件及主要农业气象灾害的防御。

基本技能：1. 土壤样品的采集与制备。
2. 土壤质地、容重及孔隙度、pH 等指标的测定。
3. 土壤基本性质的改善及农业土壤的培肥与管理。
4. 土壤有机质、速效氮、速效磷及速效钾等养分指标的测定。
5. 主要有机肥料的积制。
6. 植物营养元素缺素症的诊断与施肥方法调查。
7. 土壤含水量、空气湿度、降水量与蒸发量等水分指标的测定。
8. 地温、气温等温度指标的测定。
9. 气压、风、农业小气候等指标的观测。
10. 极端温度灾害、干旱、雨灾及风灾等灾害防御。

项目一　植物生长的土壤环境

▲ 项目任务

熟悉土壤固相、液相与气相的三相物质组成；认识土壤孔隙性、结构性、耕性、酸碱性及缓冲性、吸收性等基本性质；了解土壤形成、分类及我国主要土壤的分布与特征；熟悉我国旱地、水田土壤的培肥与管理；能进行土壤样品的采集与制备、土壤质地的判断，正确测定土壤有机质、容重及孔隙度、pH等指标。

任务一　土壤的基本组成

【任务目标】

知识目标：1. 了解土壤矿物质、有机质与生物等固相物质组成与特点。
　　　　　2. 熟悉土壤质地的肥力特性与生产性状。
　　　　　3. 熟悉土壤水分的类型与表示方法。
　　　　　4. 了解土壤空气特点，熟悉土壤通气性及调节措施。

能力目标：1. 能正确采集耕层土壤样本，并能正确处理。
　　　　　2. 能利用手测法正确判断土壤质地名称，并能进行土壤质地改善。
　　　　　3. 能正确测定土壤有机质含量，熟悉土壤有机质调控。

【知识学习】

土壤是地球陆地表面能够生长植物的疏松表层，是由固相、液相和气相三相物质组成，其最基本特性是具有肥力。土壤肥力是土壤能经常适时供给并协调植物生长所需的水分、养分、空气、热量和其他条件的能力。固相物质是土壤矿物质、土壤有机质及土壤生物，而分布于土壤的大小孔隙中的成分为土壤液相（土壤水分）和土壤气相（土壤空气）。3种物质相互联系、相互制约，形成一个统一体，是土壤肥力的物质基础。

1. 土壤矿物质

（1）土壤矿物质。土壤中所有无机物质的总和称为土壤矿物质，它构成土壤的"骨骼"，是土壤的主要组成物质。土壤矿物质可分为原生矿物和次生矿物。原生矿物是指岩浆冷凝后留在地壳上没有改变化学组成和结晶结构的一类矿物，如长石、石英、云母、角闪石、辉石、橄榄石等。原生矿物经过风化作用使其组成和性质发生变化而新形成的矿物称为次生矿物，主要有蒙脱石、伊利石、高岭石、铁铝氧化物和水化氧化物等。

（2）土壤颗粒。土壤是由各种大小不同的矿质土粒组成的，它们单独或相互团聚成土粒聚合体存在于土壤中，前者称为单粒，后者称为复粒。根据土粒的粒径和性质将其划分为若干等级称为粒级。同一粒级范围内的土粒成分和理化性质基本一致，不同粒级间则有明显的差异。其颗粒名称与大小的关系见表2-1-1。

表 2-1-1　土粒分级表（mm）

粒级名称	石块	石砾	沙粒	粉粒	黏粒
粒径	>3	3~1	1~0.05	0.05~0.001	<0.001

同时，粒径在 1~0.01 mm 的土粒又称物理性沙粒，而 <0.01 mm 的土粒称为物理性黏粒，也即通常所称的"沙"和"泥"。沙粒对于改善土壤通气性、透水性有益，而黏粒主要起着保蓄养分与水分的作用。

不同粗细的土壤颗粒，其所含的土壤矿物质是不同的，沙粒和粉粒以石英和长石等原生矿物为主，二氧化硅含量较高；黏粒以次生矿物质为主，铁、钾、钙、镁等的含量较多。

（3）土壤质地。土壤质地是指土壤中各粒级土粒含量（质量）分数的组合，又称土壤机械组成，是最基本的物理性质之一。国内常按卡庆斯基制，将土壤划分为沙土、壤土和黏土三组（表 2-1-2）。

表 2-1-2　卡庆斯基制质地分级制（%）

质地分类		物理性黏粒含量			物理性沙粒含量		
类别	名称	灰化土类	草原土类及红黄壤类	碱化及强碱化土类	灰化土类	草原土类及红黄壤类	碱化及强碱化土类
沙土	松沙土	0~5	0~5	0~5	100~95	100~95	100~95
	紧沙土	5~10	5~10	5~10	95~90	95~90	95~90
壤土	沙壤土	10~20	10~20	10~15	90~80	90~80	90~85
	轻壤土	20~30	20~30	15~20	80~70	80~70	85~80
	中壤土	30~40	30~45	20~30	70~60	70~55	80~70
	重壤土	40~50	45~60	30~40	60~50	55~40	70~60
黏土	轻黏土	50~65	60~75	40~50	50~35	40~25	60~50
	中黏土	65~80	75~85	50~65	35~20	25~15	50~35
	重黏土	>80	>85	>65	<80	<85	<65

不同质地其土壤的肥力特性也不相同（表 2-1-3）。土壤质地不同，对土壤的各种性状影响也不相同，因此其农业生产性状（如肥力状况、耕作性状、植物反应等）也不相同（表 2-1-4）。

表 2-1-3　土壤质地对土壤性质和过程的影响

性质	沙质土	壤质土	黏质土
保水性	低	中—高	高
毛管上升高度	低	高	中
通气性	好	较好	不好
排水速度	快	较慢	慢或很慢
有机质含量	低	中	高
有机质降解速率	快	中	慢
养分含量	低	中等	高
供肥能力	弱	中等	强
污染物淋洗	允许	中等阻力	阻止
防渗能力	差	中等	好或很好
胀缩性	小或无	中等	好或很好
可塑性	无	较低	强或很强
升温性	易升温	中等	较慢
耕性	好	好或较好	较差或恶劣
有毒物质	无	较低	较高

表 2-1-4　不同质地土壤的生产性状

生产性状	沙质土	壤质土	黏质土
通透性	颗粒粗，大孔隙多，通气性好	良好	颗粒细，大孔隙少，通气性不良
保水性	饱和导水率高，排水快，保水性差	良好	饱和导水率低，保水性强，易内涝
肥力状况	养分含量少，分解快	良好	养分多，分解慢，易积累
热状况	热容量小，易升温，昼夜温差大	适中	热容量大，升温慢，昼夜温差小
耕性好坏	耕作阻力小，宜耕期长，耕性好	良好	耕作阻力大，宜耕期短，耕性差
有毒物质	对有毒物质富集弱	中等	对有毒物质富集强
植物生长状况	出苗齐，发小苗，易早衰	良好	出苗难，易缺苗，贪青晚熟

2. 土壤有机质和土壤生物

（1）土壤有机质。土壤有机质是存在于土壤中所有含碳有机化合物的总称，包括土壤中各种动植物微生物残体、土壤生物的分泌物与排泄物，及其这些有机物质分解和转化后的物质。土壤有机质的含量变动在 10~200g/kg。

土壤有机质含有木质素、蛋白质、纤维素、半纤维素、脂肪等高分子物质。从生物物质的转化程度看，85%~90%的土壤有机质是一种称为腐殖质的物质。

进入土壤中的生物残体发生两个方面转化（图 2-1-1）：一方面将有机质分解为简单的物质，如无机盐类、二氧化碳、氨气等，同时释放出大量的能量，即有机质的矿质化过程，它是释放养分和消耗有机质的过程；另一方面是微生物作用于有机物质，使之转变为复杂的腐殖质，即腐殖化过程，它是积累有机质、贮存养分的过程。

土壤有机质的作用主要体现在：一是提供作物需要的养分。有机质矿化释放出植物所需的各种营养元素。二是增加土壤保水、保肥能力。腐殖质可吸附土壤阴阳离子避免养分随水流失，腐殖质的保水肥能力是矿质黏粒的十几到几十倍。三是形成良好的土壤结构，改善土壤物理性质。腐殖质可增加沙土的黏性，降低黏土的黏结性，易形成疏松的团粒，从而改善土壤的透水性、蓄水性及通气性。四是促进微生物活动，活跃土壤中养分代谢。土壤有机质为其提供充足的营养和能源，并促进营养物质转化。五是其他作用。腐殖质有助于消除土壤中的农药残毒和重金属污染，起到净化土壤作用。腐殖质中某些物质如胡敏酸、维生素、激素等还可刺激植物生长。

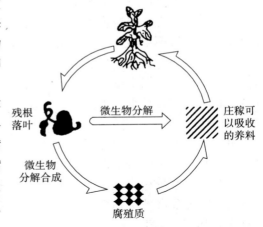

图 2-1-1　土壤有机质转化示意图

（2）土壤生物。土壤生物是指全部或部分生命周期在土壤中生活的那些生物，其类型包括动物、植物、微生物等。

土壤动物种类繁多，如蚯蚓、线虫、蚂蚁、蜗牛、螨类等。土壤动物的生物量一般为土壤生物量的 10%~20%。土壤微生物占生物绝大多数，种类多、数量大，是土壤生物中最活跃的部分（图 2-1-2）。土壤微生物包括细菌、真菌、放线菌、藻类、病毒、地衣等类群，其中细菌数量最多，放线菌、真菌次之，藻类和原生动物数量最少。土壤植物是土壤的重要组成部分，主要是指高等植物地下部分，包括植物根系、地下块茎（如甘薯、马铃薯等）。

土壤生物的主要功能有：一是影响土壤结构的形成与土壤养分的循环，如微生物的分泌物可促进土壤团粒结构的形成，也可分解植物残体释放碳、氮、磷、硫等养分；二是影响土壤无机物质的转化，如微生物及其生物分泌物可将土壤中难溶性磷、铁、钾等养分转化为有效养分；三是固持土壤有机质，提高土壤有机质含量；四是通过生物固氮，改善植物氮素营养；五是可以分解转化农药、激素等在土壤中的残留物质，降解毒性，净化土壤。

3. 土壤水分

（1）土壤水分形态。土壤水分并非纯水，而是溶解有一定浓度无机与有机离子和分子的稀薄溶液。根据水分在土壤中的物理状态、移动性、有效性和对植物的作用，可常把土壤水分划分为吸湿水、膜状水、毛管水、重力水等形态（图2-1-3）。

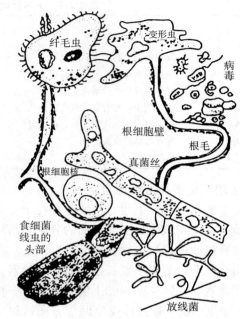

图2-1-2 土壤生物的主要类群

由于固体土粒表面的分子引力和静电引力对空气中水汽分子的吸附力，而被紧密保持的水分称为吸湿水。膜状水是指土粒靠吸湿水外层剩余的分子引力从液态水中吸附一层极薄的水膜。毛管水是指土壤依靠毛管引力的作用将水分保

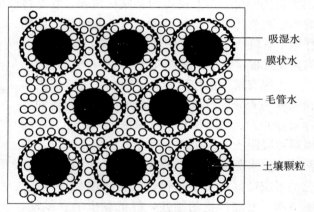

图2-1-3 土壤水分形态模式示意图

持在毛管孔隙中的水。当土壤中的水分超过田间持水量时，不能被毛管力所保持，而受重力作用的影响，沿着非毛管孔隙（空气孔隙）自上而下渗漏的水分称为重力水。

毛管水是土壤中量宝贵的水分，也是土壤的主要保水形式。根据毛管水在土壤中存在的位置不同，可分为毛管悬着水和毛管上升水。毛管悬着水是指在地下水位较低的土壤，当降水或灌溉后，水分下移，但不能与地下水联系而"悬挂"在土壤上层毛管中的水分；毛管上升水是指地下水随毛管引力作用而保持在土壤孔隙中的水分。

（2）土壤水分的有效性。通常在膜状水没有被完全消耗之前，植物已呈萎蔫状态。当植物因吸不到水分而发生永久萎蔫时的土壤含水量称为萎蔫系数（或称凋萎系数）。它包括全部吸湿水和部分膜状水，是植物可利用的土壤有效水分的下限。

当毛管悬着水达到最大量时的土壤含水量称为田间持水量。常作为旱地土壤有效水分的

上限,代表在良好的水分条件下灌溉后的土壤所能保持的最高含水量,是判断旱地土壤是否需要灌水和确定灌水量的重要依据(表 2-1-5)。

表 2-1-5　不同质地和耕作条件下的田间持水量(%)

土壤质地	沙土	沙壤土	轻壤土	中壤土	重壤土	黏土	二合土	
							耕后	紧实
田间持水量	10～14	13～20	20～24	22～26	24～28	28～32	25	21

(3)土壤水分含量。土壤水分含量是表示土壤水分状况的一个指标,常用质量含水量和相对含水量来表示。

质量含水量是指土壤水分质量占烘干土壤质量的比值,通常用百分数来表示。即:

$$质量含水量 = \frac{水分质量(g)}{烘干土质量(g)} \times 100\%$$

土壤相对含水量是以土壤实际含水量占该土壤田间持水量的百分数来表示。一般认为,土壤含水量以田间持水量的 60%～80%时,为最适旱地植物的生长发育。

$$土壤相对含水量 = \frac{土壤实际含水量(质量\%)}{田间持水量(质量\%)} \times 100\%$$

4. 土壤空气

(1)土壤空气组成。土壤空气来自于大气,但其成分与大气有一定的差别:土壤空气中二氧化碳的含量高于大气,土壤空气中的氧气含量低于大气;土壤空气的相对湿度比大气高;土壤空气中还原性气体的含量远高于大气;土壤空气各成分的浓度在不同季节和不同土壤深度内变化很大(表 2-1-6)。

表 2-1-6　土壤空气与大气的体积组成(%)

气体类型	氮(N_2)	氧(O_2)	二氧化碳(CO_2)	其他气体
土壤空气	78.8～80.24	18.00～20.03	0.15～0.65	0.98
大　　气	78.05	20.94	0.03	0.98

(2)土壤通气性。土壤空气与大气的交换能力或速率称为土壤通气性。其交换方式有整体交换和气体扩散。如交换速度快,则土壤的通气性好;反之,土壤的通气性差。它是土壤肥力的重要因素之一,不仅影响植物生长发育,还影响土壤肥力状况。土壤通气性的作用有:第一,影响种子萌发。对于一般作物种子,土壤空气中的氧气含量大于 10%则可满足种子萌发需要。第二,影响根系生长和吸收功能。氧气含量低于 12%才会明显抑制根系的生长。第三,影响土壤微生物活动。在水分含量较高的土壤中,微生物以厌氧呼吸为主,反之,微生物以好氧呼吸为主。第四,影响植物生长的土壤环境状况。通气良好时,土壤呈氧化状态,有利于有机质矿化和土壤养分释放;通气不良时,土壤还原性加强,有机质分解不彻底,可能产生还原性有毒气体。

(3)土壤通气性改善。一是改善土壤结构,通过深耕结合施用有机肥料,客土掺沙掺黏，改良过沙过黏质地。二是加强耕作管理，深耕、雨后及时中耕，可消除土壤板结，增加土壤通气性。三是灌溉结合排水，水分过多时进行排水，水分过少时进行适时灌溉；实行水旱轮作。四是科学施肥，对通气不良或易淹水土壤，应避免在高温季节大量施用新鲜绿肥和未腐熟有机肥料，以免因这些物质分解耗氧，加重通气不良造成的危害。

【技能训练】

1. 土壤样品采集与制备

（1）训练准备。根据班级人数，按2人一组，分为若干组，每组准备以下材料和用具：取土钻或小铁铲、布袋（塑料袋）、标签、铅笔、钢卷尺、制样板、木棍、镊子、土壤筛（18目、60目）、广口瓶、研钵、样品盘等。

（2）操作规程。选择种植农作物、蔬菜、果树、花卉、园林树木、草坪、牧草、林木等场所，进行下列全部或部分内容（表2-1-7）。

表2-1-7 土壤样品采集与制备

工作环节	操作规程	质量要求
合理布点	（1）布点方法。为保证样品的代表性，采样前确定采样点，可根据地块面积大小，按照一定的路线进行选取。采样的方向应该与土壤肥力的变化方向一致，采样线路一般分为对角线法、棋盘法和蛇形法3种 （2）采样点确定。保证采样点"随机"、"均匀"，避免特殊取样。一般以5～20个点为宜 （3）采样时间。根据土壤测定需要，应随时采样。供养分普查的土样，可在播种前采集混合样品。供缺素诊断用的样品，要在病株的根部附近采集土样，单独测定，并和正常的土壤对比。为了摸清养分变化和作物生长规律，可按作物生长发育期定期取样；为了制订施肥计划供施肥诊断用的土样，除在前茬作物收获后或施基肥、播前采集土样，以了解土壤养分起始供应水平外，还可在作物生长季节定期连续采样，以了解土壤养分的动态变化。若要了解施肥效果，则在作物生长期间，施肥的前后进行采样	（1）一般面积较大，地形起伏不平，肥力不均，采用蛇形布点；面积中等，地形较整齐，肥力有些差异，采用棋盘式布点；面积较小，地形平坦，肥力较均匀，采用对角线法布点 （2）每个采样点的选取是随机的，尽量分布均匀，每点采取土样深度一致，采样量一致 （3）将各点土样均匀混合，提高样品代表性 （4）采样点要避免田埂、路旁、沟边、挖方、填方、堆肥地段及特殊地形部位
正确取土	在选定采样点上，先将2～3mm表土杂物刮去，然后用土钻或小铁铲垂直入土15～20cm。用小铁铲取样，应挖一个一铲宽深20cm的小坑，坑壁一面修光，然后从光面用小铲切下约1cm厚的土片（土片厚度上下应一致），然后集中起来，混合均匀。每点的取土深度、质量应尽量一致。如果测定微量元素，应避免用含有所测定的微量元素的工具来采样，以免造成污染	（1）样品具代表性，取土深度、质量一致 （2）采集剖面层次分析标本，分层取样，依次由下而上逐层采取土壤样品
样品混合	将采集的各点土样在盛土盘上集中起来，粗略选去石砾、虫壳、根系等物质，混合均匀，量多时采用四分法，弃去多余的土，直至所需要数量为止，一般每个混合土样的质量以1kg左右为宜	四分法操作时，初选剔杂后土样混合均匀，土层摊composing底部平整，薄厚一致
装袋与填写标签	采好后的土样装入布袋中，用铅笔写好标签，标签一式两份，一份系在布袋外，一份放入布袋内。标签注明采样地点、日期、采样深度、土壤名称、编号及采样人等，同时做好采样记录	装袋量以大半袋约1kg左右为宜
风干剔杂	从野外采回的样品要及时放在样品盘上，将土样内的石砾、虫壳、根系等物质仔细剔除，捏碎土块，摊成薄薄一层，置于干净整洁的室内通风处自然风干	土样置阴凉处风干，严禁暴晒，并注意防止酸、碱、气体及灰尘的污染，同时要经常翻动

（续）

工作环节	操作规程	质量要求
磨细过筛	（1）18目（1mm筛孔）样品制备。将完全风干的土样平铺在制样板上，用木棍先行碾碎。经初步磨细的土样，用1mm筛孔（18目）的筛子过筛，不能通过筛孔的，则用研钵继续研磨，直到全部通过1mm筛孔（18目）为止，装入具有磨口塞的广口瓶中，称为1mm土样或18目样 （2）60目（0.25mm筛孔）样品制备。剩余的约1/4土样，则继续用研钵磨细，至全部通过0.25mm（60目）筛，按四分法取出200g左右，供有机质、全氮测定之用。将土样装瓶，称为0.25mm土样或60目样	石砾和石块少量可弃去，多量时，必须收集起来称重，称其质量，计算其百分含量，在计算养分含量时考虑进去。过18目筛后的土样经充分混匀后，供 pH、速效养分等测定用
装瓶贮存	装样后的广口瓶中，内外各附标签一张，标签上写明土壤样品编号、采样地点、土壤名称、深度、筛孔号、采集人及日期等。制备好的样品要妥为保存，若需长期贮存最好用蜡封好瓶口	在保存期间避免日光、高温、潮湿及酸碱气体的影响或污染，有效期1年

2. 土壤质地的判断及改善

（1）训练准备。可准备一些沙土、壤土、黏土等已知质地名称土壤样本和待测土壤样本。

（2）操作规程。手测法分成干测法和湿测法两种，无论是何种方法，均为经验方法。选择所提供的土壤分析样品，进行下列全部或部分内容（表2-1-8）。

表2-1-8　土壤质地的判断与改善

工作环节	操作规程	质量要求
干测法	取玉米粒大小的干土块，放在拇指与食指间使之破碎，并在手指间摩擦，根据指压时间大小和摩擦时感觉来判断	（1）应拣掉土样中的植物根、结核体（铁子、石灰结核）、侵入体等 （2）干测法见表2-1-9 （3）湿测法见表2-1-10
湿测法	取一小块土，放在手中捏碎，加入少许水，以土粒充分浸润为度（水分多过少均不适宜），根据能否搓成球、条及弯曲时断裂等情况加以判断	
结果判断	（1）按照先摸后看，先沙后黏，先干后湿的顺序，对已知质地的土壤进行手摸测定其质地 （2）先摸后看就是首先目测，观察有无土块、土块多少和硬软程度。质地粗的土壤一般无土块，质地越细土块越多越硬。沙质土壤比较粗糙无滑感，黏重的土壤正好相反	加入的水分必须适当，不黏手为最佳，随后按照搓成球状、条状、环形的顺序进行，最后将环压偏成片状，观察纹是否明显
土壤质地改善	（1）因地制宜，合理利用。不同植物对土壤质地有一定的适应性。要根据质地情况，适宜选取植物种类 （2）增施有机肥，改良土性。施用有机肥后，可以促进沙粒的团聚，而降低黏粒的黏结力，达到改善土壤结构的目的 （3）掺沙掺黏，客土调剂。若沙地附近有黏土、胶泥土、河泥等，可采用搬黏掺沙的办法；若黏土附近有沙土、河沙等，可采取搬沙压淤的办法，逐年客土改良 （4）引洪漫淤，引洪漫沙。对于沿江沿河的沙质土壤，采用引洪漫淤方法；对于黏质土壤，采用引洪漫沙方法 （5）翻淤压沙，翻沙压淤。在具有"上沙下黏"或"上黏下沙"质地层次的土壤中可采用此法 （6）种树种草，培肥改土 （7）因土制宜，加强管理。对于大面积过沙土壤，营造防护林，种树种草，防风固沙，选择宜种植物；对于大面积过黏土壤，根据水源条件种植水稻或水旱轮作等	（1）农作物对质地适应范围广，蔬菜适宜壤质土，花卉对质地适应范围较窄；果树对质地适应范围南北方有差异，块茎类、瓜果类植物适宜较粗质地 （2）改良后使土壤质地达到三泥七沙或四泥六沙的壤土质地范围 （3）引洪漫沙方法是漫沙将畦口开低，每次不超过10cm，逐年进行，可使大面积黏质土壤得到改良 （4）可根据种植植物情况，采取平畦宽垄，播种宜深，播后镇压、早施肥、勤施肥、勤浇水、水肥宜少量多次等措施

表 2-1-9　土壤质地手测法判断标准（干测法）

质地名称	干燥状态下在手指间挤压或摩擦的感觉	在湿润条件下揉搓塑型时的表现
沙土	几乎由沙粒组成，感觉粗糙，研磨时沙沙作响	不能成球形，用手捏成团，但一解即散，不能成片
沙壤土	沙粒为主，混有少量黏粒，很粗糙，研磨时有响声，干土块用小力即可捏碎	勉强可成厚而极短的片状，能搓成表面不光滑的小球，不能搓成条
轻壤土	干土块稍用力挤压即碎，手捻有粗糙感	片长不超过 1cm，片面较平整，可成直径约 3mm 的土条，但提起后易断裂
中壤土	干土块用较大力才能挤碎，为粗细不一的粉末，沙粒和黏粒的含量大致相同，稍感粗糙	可成较长的薄片，片面平整，但无反光，可以搓成直径约 3mm 的小土条，弯成 2~3cm 的圆形时会断裂
重壤土	干土块用大力才能破碎成为粗细不一的粉末，黏粒的含量较多，略有粗糙感	可成较长的薄片，片面光滑，有弱反光，可以搓成直径约 2mm 的小土条，能弯成 2~3cm 的圆形，压扁时有裂缝
黏土	干土块很硬，用力不能压碎，细而均一，有滑腻感	可成较长的薄片，片面光滑，有强反光，可以搓成直径约 2mm 的细条，能弯成 2~3cm 的圆形，且压扁时无裂缝

表 2-1-10　土壤质地野外手感鉴定分级标准（湿测法）

质地名称		手捏	手刮	手挤
卡庆斯基制	国际制			
沙土	沙土	不管含水量为多少，都不能搓成球	不能成薄片，刮面全部为粗沙粒	不能挤成扁条
壤沙土	沙壤土	能搓成不稳定的土球，但搓不成条	不能成薄片，刮面留下很多细沙粒	不能挤成扁条
轻壤	壤土	能搓成直径 3~5mm 粗的小土条，拿起时摇动即断	较难成薄片，刮面粗糙似鱼鳞状	能勉强挤成扁条，但边缘缺裂大，易断
中壤	黏壤土	小土条弯曲成圆环时有裂痕	能成薄片，刮面稍粗糙，边缘有少量裂痕	能挤成扁条，摇动易断
重壤	壤黏土	小土条弯曲成圆环时无裂痕，压扁时产生裂痕	能成薄片，刮面较细腻，边缘有少量裂痕，刮面有弱反光	能挤成扁条，摇动不易断
黏土	黏土	小土条弯曲成圆环时无裂痕，压扁时也无裂痕	能成薄片，刮面细腻平滑，无裂痕，发光亮	能挤成卷曲扁条，摇动不易断

3. 土壤有机质含量测定及调控

（1）训练准备。将全班按 2 人一组分为若干组，每组准备以下材料和用具：硬质试管（ϕ18mm×180mm）、油浴锅或远红外消解炉、铁丝笼、温度计（300℃）、分析天平或电子天平（感量 0.0001g）、电炉、滴定管（25mL）、弯颈小漏斗、三角瓶（250mL）、量筒（10mL、100mL）、移液管（10mL）。并提前进行下列试剂配制：

①0.4mol/L 重铬酸钾—硫酸溶液。称取 40.0g 重铬酸钾溶于 600~800mL 水中，用滤纸过滤到 1L 容量瓶中，用水洗涤滤纸，并加水定容至 1L。将此溶液转移至 3L 大烧杯中；另取密度为 1.84g/L 的化学纯浓硫酸 1L，慢慢倒入重铬酸钾溶液内，并不断搅拌。每加约

100mL浓硫酸后稍停片刻,待冷却后再加另一份浓硫酸,直至全部加完。此溶液可长期保存。

②0.2mol/L硫酸亚铁溶液。称取化学纯硫酸亚铁55.60g溶于600~800mL蒸馏水中,加化学纯浓硫酸20mL,搅拌均匀,加水定容至1L,贮于棕色瓶中保存备用。此溶液易受空气氧化,使用时须每天标定一次标准浓度。

③0.2mol/L重铬酸钾标准溶液。称取经130℃烘1.5h以上的分析纯重铬酸钾9.807g,先用少量水溶解,然后无损地移入1L容量瓶中,加水定容。

④硫酸亚铁溶液的标定。准确吸取3份0.2mol/L重铬酸钾标准溶液各20mL于250mL三角瓶中,加入浓硫酸3~5mL和邻啡罗琳指示剂3~5滴,然后用0.2mol/L硫酸亚铁溶液滴定至棕红色为止,其浓度计算为:

$$C = \frac{6 \times 0.2 \times 20}{V}$$

式中,C表示硫酸亚铁溶液摩尔浓度(mol/L);V为滴定用去硫酸亚铁溶液体积(mL);6为6mol硫酸亚铁与1mol重铬酸钾完全反应的摩尔系数比值。

⑤邻啡罗琳指示剂。称取化学纯硫酸亚铁0.695g和分析纯邻啡罗琳1.485g溶于100mL蒸馏水中,贮于棕色滴瓶中备用。

⑥其他试剂。石蜡(固体)或磷酸或植物油2.5kg;浓硫酸(化学纯,密度1.84g/L)。

(2)操作规程。选择所提供的土壤分析样品,进行下列全部或部分内容(表2-1-11)。

表2-1-11 土壤有机质含量测定及调控

工作环节	操作规程	质量要求
称样	用分析天平准确称取通过60目筛的风干土样0.05~0.5g(精确到0.0001g),放入干燥的硬质试管底部,记下土样重量	一般有机质含量<20g/kg,称量0.4~0.5g;20~70g/kg,称量0.2~0.3g;70~100g/kg,称量0.1g;100~150g/kg,称量0.05g
加氧化剂	用移液管准确加入重铬酸钾—硫酸溶液10mL,小心将土样摇散,贴上标签,盖上小漏斗,将试管插入铁丝笼中待加热	此法只能氧化90%的有机质,所以在计算分析结果时氧化校正系数为1.1
加热氧化	将铁丝笼放入预先加热至185~190℃的油浴锅或远红外消解炉中,此时温度控制在170~180℃,自试管内大量出现气泡开始计时,保持溶液沸腾5min,取出铁丝笼,待试管稍冷后,用卷纸或废报纸擦净试管外部油液,冷却至室温	加热时产生的二氧化碳气泡不是真正沸腾,只有待真正沸腾时才能开始计算时间
溶液转移	将试管内含物用蒸馏水少量多次吸入250mL的三角瓶中,总体积控制在60~70mL,加入邻啡罗琳指示剂3~5滴摇匀	要用水冲洗试管和小漏斗,转移时要做到无损;最后使溶液的总体积达50~60mL,酸度为2~3mol/L
滴定	用标准的硫酸亚铁溶液滴定250mL三角瓶的内含物。溶液颜色由橙色(或黄绿)经绿色、灰绿色变到棕红色即为终点	指示剂变色敏锐,临近终点时,要放慢滴定速度。可将数据记录于表2-1-12
空白实验	必须同时做两个空白试验,取其平均值,空白试验用石英砂或灼烧的土代替土样,其余规程同上	如果试样滴定所用硫酸亚铁溶液的毫升数不到空白实验所消耗的硫酸亚铁溶液毫升数的1/3,则有氧化不完全可能,应减少土样称量重做

(续)

工作环节	操作规程	质量要求
结果计算	土壤有机质含量（g/kg）$= \dfrac{(V_0-V) \times C_2 \times 0.003 \times 1.724 \times 1.1}{m} \times 10$ 式中，V_0 为滴定空白时消耗的硫酸亚铁溶液体积（mL）；V 为滴定样品时消耗的硫酸亚铁溶液体积（mL）；C_2 为硫酸亚铁溶液的浓度（mol/L）；0.003 为 1/4 碳原子的毫摩尔质量（g）；1.724 为由有机碳换算为有机质的系数；1.1 为氧化校正系数；m 为烘干土样重	平行测定结果允许相差：有机质含量＜10g/kg，允许绝对相差≤0.5g/kg；有机质含量 10～40g/kg，允许绝对相差≤1.0g/kg；有机质含量 40～70g/kg，允许绝对相差≤3.0g/kg；有机质含量＞100g/kg，允许绝对相差≤5.0g/kg
土壤有机质调控	（1）合理施肥。一是增施有机肥料、秸秆覆盖还田、种植绿肥、归还植物凋落物等。二是适量施用氮肥。 （2）适宜耕种。一是适宜免耕、少耕。二是实行绿肥或牧草与植物轮作、旱田改水田 （3）调节土壤水、气、热状况。可通过农田基本建设、合理灌溉排水、适时覆盖、适宜耕作、合理施肥、设施农业等措施调节土壤水分、土壤通气性、土壤热量状况	（1）施用的有机肥原则上要腐熟，以免烧苗。氮肥的施用千万避免氮肥过量施用 （2）免耕、少耕的采用一定要结合当地生产情况；适时调整作物轮作、水旱轮作，避免连作 （3）只有土壤温度、湿度适宜，并有适当的通气条件时，才能使矿质化和腐殖化过程协调

表 2-1-12　土壤有机质测定时数据记录

土样号	土样重（g）	初读数（mL）	终读数（mL）	净体积（mL）	有机质含量（g/kg）	平均含量（%）
样品 1						
样品 2						
样品 3						
空白 1						
空白 2						

【问题处理】

1. 土样应具代表性　通过多点采集，使土样具有代表性；根据农化分析样品的要求，将采集的代表土样磨成一定的细度，以保证分析结果的可比性。四分法以保证样品制备和取舍时的代表性。

（1）样品的代表性。采样时必须按照一定的采样路线进行。采样点的分布尽量做到均匀和随机；布点的形式以蛇形为好，在地块面积小，地势平坦，肥力均匀的情况下，方可采用对角线或棋盘式采样路线（图 2-1-4）。

（2）四分法。四分法也是提高样品代表性的一种方法。它是将各点采集的土样捏碎混匀，铺成四方形或圆形，划分对角线分成四份，然后按对角线去掉两份（占 1/2），或去掉

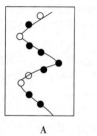 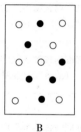 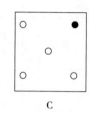

　　A　　　　　　B　　　　　　C

图 2-1-4　采样点分布法
A. 蛇形法　B. 棋盘法　C. 对角线法

四堆中的一堆（占 1/4）。可反复进行类似的操作，直至数量符合要求（图 2-1-5）。

2. 手测法 手测法测定质地是以手指对土壤的感觉为主，根据各粒级颗粒具有不同的可塑性和黏结性估测，

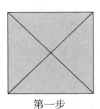
第一步

第二步

第三步

图 2-1-5 四分法取舍样品示意图

结合视觉和听觉来确定土壤质地名称。方法简便易行，熟悉后也较为准确，适合于田间土壤质地的鉴别。手测法包括干测法和湿测法，可以相互补充，一般以湿测为主。沙粒粗糙，无黏结性和可塑性；粉粒光滑如粉，黏结性与可塑性微弱；黏粒细腻，表现较强的黏结性和可塑性；不同质地的土壤，各粒级颗粒的含量不同，表现出粗细程度与黏结性和可塑性的差异。

3. 土壤有机质含量计算 土壤有机质含量一般是通过测定有机碳的含量计算求得，将所测的有机碳乘以常数 1.724，即为有机质总量。在加热条件下，用稍过量的标准重铬酸钾-硫酸溶液，氧化土壤有机碳，剩余的重铬酸钾用标准硫酸亚铁滴定，以土样和空白样所消耗标准硫酸亚铁的量差值可以计算出有机碳量，进一步可计算土壤有机质的含量。

任务二　土壤的基本性质

【任务目标】

知识目标：1. 了解土壤密度和容重，熟悉土壤孔隙类型及意义。
2. 了解土壤结构体类型，熟悉土壤结构与土壤肥力关系。
3. 熟悉土壤耕性的好坏标准和宜耕期的判断。
4. 了解土壤酸碱性指标与缓冲性，熟悉土壤酸碱性的作用。
5. 了解土壤胶体与土壤吸收性，熟悉阳离子交换作用。

能力目标：1. 能进行土壤容重的正确测定，并计算土壤孔隙度。
2. 能正确测定土壤 pH。
3. 能进行土壤结构、土壤孔隙性、土壤酸碱性、土壤耕性、土壤吸收性等调节。

【知识学习】

土壤的基本性质可分为土壤物理性质和土壤化学性质。其中土壤物理性质包括土壤孔隙性、土壤结构性、土壤耕性等；土壤化学性质包括土壤吸收性、土壤酸碱性、土壤缓冲性等。

1. 土壤孔隙性 土壤中土粒或团聚体之间以及团聚体内部的空隙称为土壤孔隙。土壤孔隙性是指土壤孔隙的数量、大小、比例和性质的总称。通常是用间接的方法，测定土壤密度、容重后计算出来的。

（1）土壤密度和容重。土壤密度是指单位体积土粒（不包括粒间孔隙）的烘干土重量，单位是 g/cm³ 或 t/m³；

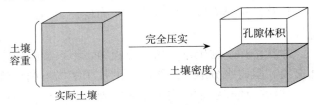

图 2-1-6 土壤密度与土壤容重的区别示意图

一般情况下，把土壤密度常以 2.65g/cm³ 表示。土壤容重是指在田间自然状态下，单位体积土壤（包括粒间孔隙）的烘干土重量，单位也是 g/cm³ 或 t/m³；多数土壤容重在 1.0～1.8g/cm³。沙土多在 1.4～1.7g/cm³，黏土 1.1～1.6g/cm³，壤土介于二者之间。土壤密度与土壤容重的区别如图 2-1-6 所示。

（2）土壤孔隙性。土壤孔隙性常以孔隙度来表示。土壤孔隙度是指自然状况下，单位体积土壤中孔隙体积占土壤总体积的百分数。实际工作中，可根据土壤密度和容重计算得出。

$$土壤孔隙度 = \left(1 - \frac{土壤容重}{土壤密度}\right) \times 100\%$$

根据土壤孔隙的通透性和持水能力，将其分为 3 种类型，如表 2-1-13 所示。

表 2-1-13　土壤孔隙类型及性质

孔隙类型	通气孔隙	毛管孔隙	无效孔隙（非活性孔隙）
当量孔径	>0.02mm	0.02～0.002mm	<0.002mm
土壤水吸力	<15kPa	15～150kPa	>150kPa
主要作用	起通气透水作用，常被空气占据	水分受毛管力影响，能够移动，可被植物吸收利用，起到保水蓄水作用	水分移动困难，不能被植物吸收利用，空气及根系不能进入

土壤孔隙度的变幅在 30%～60%，适宜植物生长发育的土壤孔隙度指标是：耕层的总孔隙度为 50%～56%，通气孔隙度在 10% 以上，如能达到 15%～20% 更好。土体内孔隙垂直分布为"上虚下实"，耕层上部（0～15cm）总孔隙度为 55% 左右，通气孔隙度为 10%～15%；下部（15～30cm）总孔隙度为 50% 左右，通气孔隙度为 10% 左右。"上虚"有利于通气透水和种子发芽、破土，"下实"则有利于保水和扎稳根系。

2. 土壤结构　土壤结构包含土壤结构体和土壤结构性。土壤结构体是指土壤颗粒（单粒）团聚形成的具有不同形状和大小的土团和土块。土壤结构性是指土壤结构体的类型、数量、稳定性以及土壤的孔隙状况。

（1）土壤结构体。按照土壤结构体的大小、形状和发育程度可分为团粒结构、粒状结构、块状结构、核状结构、柱状结构、棱柱状结构、片状结构等，各种结构体的特点见表 2-1-14 和图 2-1-7。

（2）土壤结构与土壤肥力。团粒结构是良好的土壤结构体，具体表现在：土壤孔隙度大小适中，持水孔隙与通气孔隙并存，并有适当的数量和比例，使土壤中的固相、液相和气相相互处于协调状态，因此，团粒结构多是土壤肥沃的标志之一。

块状结构体间孔隙过大，不利于蓄水保水，易透风跑墒，出苗难；出苗后易出现"吊根"现象，影响水肥吸收；耕层下部的土块因其内部紧实，还会影响扎根，而使根系发育不良。

核状结构具有较强的水稳性和力稳性，但因其内部紧实，小孔隙多，大小孔隙不协调，土性不好。

片状结构多在土壤表层形成板结，不仅影响耕作与播种质量，而且影响土壤与大气的气体交换，阻碍水分运动。犁底层的片状结构不利于植物根系下扎，限制养分吸收。

柱状、棱柱状结构内部甚为坚硬，孔隙小而多，通气不良，根系难以深入；结构体间于干旱时收缩，形成较大的垂直裂缝，成为水肥下渗通道，造成跑水跑肥。

表 2-1-14　各种土壤结构体的特点

名　称	俗　称	产生条件	特　点
团粒结构	蚂蚁蛋、米糁子	有机质含量较高、质地适中的土壤	近似球形且直径大小在 0.25～10mm 的土壤结构体；是农业生产中最理想的结构体
粒状结构	—	有机质含量不高、质地偏沙的耕作层土壤	土粒团聚成棱角比较明显，水稳性与机械稳定性较差，大小与团粒结构相似的土团
块状结构	坷垃	有机质含量较低或黏重的土壤	结构体呈不规则的块体，长、宽、高大致相近，边面不明显，结构体内部较紧实
核状结构	蒜瓣土	黏土而缺乏有机质的心土层和底土层	外形与块状结构体相似，体积较小，但棱角、边、面比较明显，内部紧实坚硬，泡水不散
柱状结构	立土	水田土壤、典型碱土、黄土母质的下层	结构体呈立柱状，纵轴大于横轴，比较紧实，孔隙少
棱柱状结构	—	质地黏重而水分又经常变化的下层土壤	外形与柱状结构体很相似，但棱角、边、面比较明显，结构体表面覆盖有胶膜物质
片状结构	卧土	表层遇雨或灌溉后出现的结皮、犁底层	结构体形状扁平、成层排列，呈片状或板状

3. 土壤耕性

（1）土壤耕性状况。土壤耕性是指耕作土壤中土壤所表现的各种性质以及在耕作后土壤的生产性能。它是土壤各种理化性质，特别是物理机械性在耕作时的表现；同时也反映土壤的熟化程度。土壤物理机械性包括土壤的黏结性、黏着性、可塑性、胀缩性等。

人们在长期实践中衡量土壤耕性的好坏标准是：第一，耕作的难易程度。指耕作时土壤对农机具产生的阻力大小，它影响耕作作业和能源的消耗。常将省工、省劲、易耕的土壤称为"土轻"、

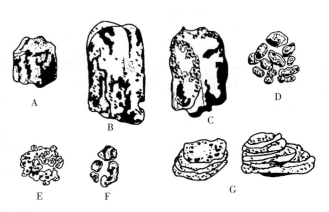

图 2-1-7　土壤结构的主要类型
A. 块状结构　B. 柱状结构　C. 棱柱状结构　D. 团粒结构
E. 微团粒结构　F. 核状结构　G. 片状结构

"口松"、"绵软"，而将费工、费劲、难耕土壤称为"土重"、"口紧"、"僵硬"。第二，耕作质量的好坏。指耕作后所表现的状况及其对植物的影响。耕性良好的土壤，耕作时阻力小，耕后疏松、细碎、平整，有利于植物的出苗和根系的发育；耕性不良的土壤，耕作费力，耕后起大土块，不易破碎，会影响播种质量、种子发芽和根系生长。第三，宜耕期的长短。宜耕期是指保持适宜耕作的土壤含水量的时间。如沙质土宜耕期长，表现为"干好耕，湿好耕，不干不湿更好耕"；黏质土则相反，宜耕期很短，表现为"早上软，晌午硬，到了下午锄不动"。

（2）土壤宜耕期判断。我国农民在长期的生产实践中总结出许多确定宜耕期的简便方法，如北方旱地土壤宜耕状态是：一是眼看。雨后和灌溉后，地表呈"喜鹊斑"，即外白里湿，黑白相间，出现"鸡爪裂纹"或"麻丝裂纹"，半干半湿状态是土壤的宜耕状态。二是犁试。用犁试耕后，土垡能被抛散而不黏附农具，即出现"犁花"时，即为宜耕状态。三是手感。扒开二指表土，取一把土能握紧成团，且在 1m 高处松手，落地后散碎成小土块的，

表示土壤处于宜耕状态，应及时耕作。

4. 土壤酸碱性与缓冲性 土壤酸性或碱性通常用土壤溶液的pH来表示。土壤的pH表示土壤溶液中H^+浓度的负对数值，$pH=-\log(H^+)$。我国一般土壤的pH变动范围在4～9，多数土壤的pH在4.5～8.5范围内。

（1）土壤酸碱性与植物生长。不同植物对土壤酸碱性都有一定的适应范围（表2-1-15），如茶树适合在酸性土壤上生长，棉花、苜蓿则耐碱性较强，但一般植物在弱酸、弱碱和中性土壤上（pH为6.0～8.0）都能正常生长。

表2-1-15 主要栽培植物所适宜的pH范围

适宜范围	栽培植物
pH 7.0～8.0	苜蓿、田菁、大豆、甜菜、芦笋、莴苣、花椰菜、大麦
pH 6.5～7.5	棉花、小麦、大麦、大豆、苹果、玉米、蚕豆、豌豆、甘蓝
pH 6.0～7.0	蚕豆、豌豆、甜菜、甘蔗、桑树、桃树、玉米、苹果、苕子、水稻
pH 5.5～6.5	水稻、油菜、花生、紫云英、柑橘、芝麻、小米、萝卜菜、黑麦
pH 5.0～6.0	茶树、马铃薯、荞麦、西瓜、烟草、亚麻、草莓、杜鹃花

（2）土壤酸碱性与土壤肥力。土壤中氮、磷、钾、钙、镁等养分有效性受土壤酸碱性变化的影响很大。微生物对土壤反应也有一定的适应范围。土壤酸碱性对土壤理化性质也有影响。土壤酸碱度与土壤肥力的关系见表2-1-16。

表2-1-16 土壤酸碱度与土壤肥力的关系

土壤酸碱度		极强酸性	强酸性		酸性		中性		碱性		强碱性	极强碱性	
pH		3.0	4.0	4.5	5.0	5.5	6.0	6.5	7.0	7.5	8.0	8.5	9.0	9.5
主要分布区域或土壤		华南沿海的泛酸田	华南黄壤、红壤				长江中下游水稻土			西北和北方石灰性土壤		含碳酸钙的碱土	
肥力状况	土壤物理性质	越酸因钙、镁离子减少，氢离子增多，土壤结构易破坏，妨碍土壤中水分和空气的调节								盐碱土中由于钠离子的作用，土粒分散，湿时泥泞不透水，干时坚硬			
	微生物	越酸有益细菌活动越弱，而真菌的活动越强					适宜于有益细菌的生长			越碱有益细菌活动越弱			
	氮素	硝态氮的有效性降低					氨化作用、硝化作用、固氮作用最为适宜，氮的有效性高			越碱氮的有效性越低			
	磷素	越酸磷易被固定，磷的有效性降低					磷的有效性最高			磷的有效性降低		磷的有效性增加	
	钾钙镁	越酸有效性含量越低					有效性含量随pH增加而增加			钙镁的有效性降低			
	铁	越酸铁越多，植物易受害					越碱有效性越低						
	硼锰铜锌	越酸有效性越高					越碱有效性越低（但pH 8.5以上，硼的有效性最高）						
	钼	越酸有效性越低					越碱有效性越高						
	有毒物质	越酸铝离子、有机酸等有毒物质越多					盐土中过多的可溶性盐类以及碱土中的碳酸钠对植物有毒害						
	指示植物	酸性土：铁芒萁、映山红、石松等					钙质土：蜈蚣草、铁丝蕨、南天竺等 盐土：虾须草、盐蒿、扁竹叶、柽柳等 碱土：剪刀股、碱蓬、牛毛草等						
	化肥施用	宜施用碱性肥料					宜施用酸性肥料						

（3）土壤缓冲性。土壤缓冲性是指土壤抵抗外来物质引起酸碱反应剧烈变化的能力。由于土壤具有这种性能，可使土壤的酸碱度经常保持在一定范围内，避免因施肥、根系呼吸、微生物活动、有机质分解等引起土壤反应的显著变化。

土壤缓冲性的机理：一是交换性阳离子的缓冲作用。当酸碱物质进入土壤后，可与土壤中交换性阳离子进行交换，生成水和中性盐。二是弱酸及其盐类的缓冲作用。土壤中大量存在的碳酸、磷酸、硅酸、腐殖酸及其盐类，它们构成一个良好的缓冲体系，可以起到缓冲酸或碱的作用。三是两性物质的缓冲作用。土壤中的蛋白质、氨基酸、胡敏酸等都是两性物质，既能中和酸又能中和碱，因此具有一定的缓冲作用。

土壤缓冲性能在生产上有重要作用。由于土壤具有缓冲性能，使土壤 pH 在自然条件下不会因外界条件改变而剧烈变化，土壤 pH 保持相对稳定，有利于维持一个适宜植物生活的环境。生产上采用增施有机肥料及在沙土中掺入塘泥等办法，来提高土壤的缓冲能力。

5. 土壤吸收性

（1）土壤胶体。土壤胶体是指 1~1 000nm（长、宽、高 3 个方向上至少有一个方向在此范围内）的土壤颗粒。土壤胶体从构造上从内到外可分为微粒核（胶核）、决定电位离子层、补偿离子层三部分（图 2-1-8）。土壤胶体是土壤固相中最活跃的部分，对土壤理化性质和肥力状况起着巨大影响，这是因为土壤胶体具有以下主要特性：一是有巨大的比表面和表面能；二是带有一定的电荷；三是具有一定的凝聚性和分散性。

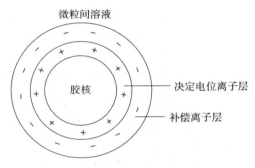

图 2-1-8　土壤胶体结构

（2）土壤吸收性。土壤吸收性是指土壤能吸收和保持土壤溶液中的分子、离子、悬浮颗粒、气体（CO_2、O_2）以及微生物的能力。根据土壤对不同形态物质吸收、保持方式的不同，可分为 5 种类型：一是机械吸收，是指土壤对进入土体的固体颗粒的机械阻留作用。二是物理吸收，是指土壤对分子态物质的吸附保持作用。三是化学吸收，是指易溶性盐在土壤中转变为难溶性盐而保存在土壤中的过程，也称之为化学固定。四是离子交换吸收作用，是指土壤溶液中的阳离子或阴离子与土壤胶粒表面扩散层中的阳离子或阴离子进行交换后而保存在土壤中的作用，又称物理化学吸收作用。五是生物吸收，是指土壤中的微生物、植物根系以及一些小动物可将土壤中的速效养分吸收保留在体内的过程。

（3）离子交换作用。这里主要说明阳离子交换作用。阳离子交换作用是指土壤溶液中的阳离子与土壤胶粒表面扩散层中的阳离子进行交换后而保存在土壤中的作用。土壤中常见的交换性阳离子有 Fe^{3+}、Al^{3+}、H^+、Ca^{2+}、Mg^{2+}、NH_4^+、K^+、Na^+ 等。

土壤阳离子交换能力常用阳离子交换量大小来表示，是指单位质量的土壤所能吸附的可交换态的阳离子的厘摩尔数，单位是 cmol（＋）/kg。它是衡量土壤保肥力的主要指标，一般认为，阳离子交换量大于 20cmol（＋）/kg 的土壤，保肥力强，较耐肥；10～20cmol（＋）/kg 的土壤，保肥力中等；小于 10cmol（＋）/kg 的土壤，保肥力差，施肥应遵循"少吃多餐"的原则，避免脱肥或流失。

【技能训练】

1. 土壤容重测定及孔隙度计算

(1) 训练准备。将全班按 2 人一组分为若干组，每组准备以下材料和用具：环刀（容积 100cm³）、天平（感量 500g×0.01g 和 1 000g×0.1g）、恒温干燥箱、削土刀、小铁铲、铝盒、酒精、草纸、剪刀、滤纸等。

(2) 操作规程。土壤孔隙度一般不直接测定，而是由土壤密度和容重计算得出。其原理是：先称出已知容积的环刀重，然后带环刀到田间取原状土，立即称重并测定其自然含水量，通过前后差值换算出环刀内的烘干土重，求得容重值，再利用公式计算出土壤孔隙度（表 2-1-17）。

表 2-1-17　土壤容重测定及孔隙度计算

工作环节	操作规程	质量要求
称空重	检查每组环刀与上下盖和环刀托是否配套（图 2-1-9），用草纸擦净环刀，加盖称重，记下编号；同时称重干洁的铝盒，编号记录，然后带上环刀、铝盒、削土刀、小铲或铁锹到田间取样	样品称量精确到 0.1g；要注意环刀与上下盖、铝盒及盖要训练中保持对应
选点	测耕作层土壤容重，则在待测田间选择代表性地点，除去地表杂物，用铁锹铲平地表，去掉约 1cm 的最表层土壤，然后取土，重复 3 次。若测土壤剖面不同层次的容重，则需先在田间选择挖掘土壤剖面的位置，然后挖掘土壤剖面，按剖面层次，自下而上分层采样，每层重复 3 次	选择待测田间代表性地点，使取样有代表性
取土	将环刀托放在已知重量的环刀上，套在环刀无刃口一端，将环刀刃口向下垂直压入土中，至环刀筒中充满土样为止。环刀压入时要平稳，用力要一致	要用力均匀使环刀入土；在用小刀削平土面时，应注意防止切割过分或切割不足；多点取土时取土深度应保持一致
称重	用小铁铲或铁锹挖去环刀周围的土壤，在环刀下方切断，取出已装满土的环刀，使环刀两端均留有多余的土壤。用小刀削去环刀两端多余的土壤，使两端的土恰与刃口平齐，并擦净环刀外面的土，立即称重。若带回室内称重，则应在田间立即将环刀两端加盖，以免水分蒸发影响称重	若不能立即称重，带回室内称重，则应立即将环刀两端加盖，以免水分蒸发影响称重
测定土壤含水量	在田间环刀取样的同时，在同层采样处，用铝盒采样（20g 左右），用酒精燃烧法测定土壤自然含水量。或者直接从称重后的环刀筒中取土（约 20g）测定土壤含水量	酒精燃烧法测定土壤自然含水量
土壤容重计算	按下式计算土壤容重： $$土壤容重(d, g/cm^3) = \frac{(M-G) \times 100}{V(100+W)}$$ 式中，M 为环刀+湿土重（g）；G 为环刀重（g）；V 为环刀容积（cm³）；W 为土壤含水量（%）	(1) 可将测定数据记录于表 2-1-18 (2) 此法重复测定不少于 3 次，允许平行绝对误差 <0.03g/cm³，取算术平均值
土壤孔隙度计算	计算方法如下： $$土壤孔隙度(P_1) = \left(1 - \frac{土壤容重}{土壤密度}\right) \times 100\%$$ 式中，土壤密度采用密度值 2.65g/cm³ 土壤毛管孔隙度（P_2, %）= 土壤田间持水量（%）× 土壤容重 土壤非毛管孔隙度（P_3, %）= $P_1 - P_2$	

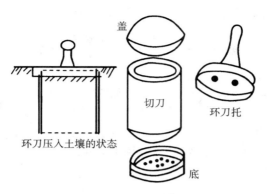

图 2-1-9　环刀示意图

表 2-1-18　土壤容重测定记录表

土样编号	环刀重 G (g)	（环刀＋湿土）重 M (g)	铝盒重 W_1 (g)	（铝盒＋湿土）重 W_2 (g)	（铝盒＋干土）重 W_3 (g)	含水量 (%)	容重 (g/cm³)	孔隙度 (%)

2. 土壤 pH 测定及酸碱性改良

（1）训练准备。将全班按 2 人一组分为若干组，每组准备以下材料和用具：白瓷比色盘、滴管、玻璃棒、玻璃瓶、标准比色卡、塑料薄膜、白纸条等，并提前进行下列试剂配制：

①pH 4～8 混合指示剂。分别称取溴甲酚绿、溴甲酚紫及甲酚红各 0.25g 于玛瑙研钵中加 15mL 0.1mol/L 的氢氧化钠及 5mL 蒸馏水，共同研匀，再加蒸馏水稀释至 1 000mL，此指示剂的 pH 变色范围如表 2-1-19。

表 2-1-19　pH 4～8 混合指示剂显色情况

pH	4.0	4.5	5.0	5.5	6.0	6.5	7.0	8.0
颜色	黄色	绿黄色	黄绿色	草绿色	灰绿色	灰蓝色	蓝紫色	紫色

②pH 4～11 混合指示剂。称取 0.2g 甲基红、0.4g 溴百里酚蓝、0.8g 酚酞，在玛瑙钵中混合研匀，溶于 95% 的 400mL 酒精中，加蒸馏水 580mL，再用 0.1mol/L 氢氧化钠调至 pH7（草绿色），用 pH 计或标准 pH 溶液校正，最后定容至 1 000mL，其变色范围如表 2-1-20。

表 2-1-20　pH 4～11 混合指示剂显色情况

pH	4.0	5.0	6.0	7.0	8.0	9.0	10.0	11.0
颜色	红色	橙黄色	稍带绿	草绿色	绿色	暗蓝色	紫蓝色	紫色

（2）操作规程。利用指示剂在不同 pH 溶液中，可显示不同颜色的特性，根据其显示颜

色与标准酸碱比色卡进行比色，即可确定土壤溶液的pH（表2-1-21）。

表 2-1-21 土壤 pH 测定及酸碱性改良

工作环节	操作规程	质量要求
试样制备	取黄豆大小待测土壤样品，置于清洁白瓷比色板穴中，加指示剂3～5滴，以能全部湿润样品而稍有剩余为宜，水平振动1min，静置片刻	为了方便而准确，事先配制成不同pH的标准缓冲液，每隔半个或一个pH单位为一级，取各级标准缓冲液3～4滴于白瓷比色板穴中，加混合指示剂2滴，混匀后，即可出现标准色阶，用颜料配制成比色卡片备用
pH测定	待稍澄清后，倾斜瓷板，观察溶液色度与标准色卡比色，确定pH	
酸性土壤改良	（1）施用的石灰，大多数是生石灰，施入土壤中发生中和反应和阳离子交换反应。生石灰碱性很强，因此不能和植物种子或幼苗的根系接触，否则易灼烧致死 （2）在沿海地区以用含钙质的贝壳灰改良；我国四川、浙江等地也有钙质紫色页岩粉改良酸性土的经验。另外，草木灰既是钾肥又是碱性肥料，可用来改良酸性土 （3）目前我国多用熟石灰作为酸性土壤的化学改良剂，其用量有两种计算方法。一是按土壤交换性酸度或水解性酸度来计算；二是按土壤盐基饱和度来计算，方法见中量元素肥料合理施用	（1）石灰使用量经验做法是：土壤pH 4～5，石灰用量为750～2 250kg/hm²；pH 5～6，石灰用量为375～750kg/hm² （2）旱地可结合犁田整地时施用石灰，也可采用局部条施或穴施。石灰不能与氮、磷、钾、微肥等一起混合施用，一般先施石灰，几天后再施其他肥料。石灰肥料有后效，一般隔3～5年施用一次
碱性土壤的改良	（1）石膏作为碱土改良剂施用时其用量计算见中量元素肥料合理施用 （2）生产上用石膏、黑矾、硫黄粉、明矾、腐殖酸肥料等来改良碱性土，一方面中和了碱性，另一方面增加了多价离子，促进土壤胶粒的凝聚和良好结构的形成。如在碱性或微碱性土壤上栽培喜酸性的花卉，可加入硫黄粉、硫酸亚铁来降低土壤碱性，使土壤酸化	重碱地施用石膏应采取全层施用法。花碱地，其碱斑面积在15%以下，可将石膏直接施在碱斑上。灰碱地宜在春、秋季平整土地后，耕作时将石膏均匀施在犁垡上，通过耙地，使之与土混匀，再行播种

3. 土壤部分基本性质改善

（1）训练准备。准备一些土壤结构体样本，选取当地有代表性的土壤或种植代表性植物的田块。

（2）操作规程。结合当地生产实际，进行土壤孔隙性、结构性、吸收性、耕性等改善（表2-1-22）。

表 2-1-22 土壤部分基本性质改善

工作环节	操作规程	质量要求
土壤孔隙性状调节	（1）防止土壤压实。首先应在宜耕的水分条件下进行田间作业；其次应尽量实行农机具联合作业，降低作业成本；第三是尽量采用免耕或少耕，减少农机具压实 （2）合理轮作和增施有机肥。实行粮肥轮作、水旱轮作，增施有机肥料等措施 （3）合理耕作。深耕结合施用有机肥料，再配合耙糖、中耕、镇压等措施 （4）工程措施。采用工程措施改造或改良铁盘、砂姜、漏沙、黏土等障碍土层	（1）通过合理耕作、轮作、施肥等措施，使过紧或过松土壤达到适宜的松紧范围，土壤耕层的总孔隙度为50%～56%，通气孔隙度在8%以上 （2）消除障碍层，创造一个深厚疏松的根系发育土层，对果树、园林树木等深根植物尤其重要

（续）

工作环节	操作规程	质量要求
土壤结构体的认识与土壤结构改善	（1）观察土壤结构体样本。根据提供的土壤结构体样本，可将土壤加水湿润，用手测法来鉴别，并记录所观察样本的特点，并正确判断土壤结构体 （2）团粒结构的培育。一是增施有机肥料；二是合理耕作；三是合理轮作，用地植物和养地植物轮作，每隔3～4年就要更换一次植物品种或植物类型；四是合理灌溉、晒垡、冻垡；五是调节土壤酸碱度，对酸性土壤施用石灰，碱性土壤施用石膏，增加钙离子，促进良好结构的形成；六是喷施或干粉撒施土壤结构改良剂，然后耙糖均匀即可，创造的团粒结构能保持2～3年之久	（1）适时深耕、耙糖、镇压、中耕等，有利于破除土壤板结，破碎块状与核状结构 （2）避免长期连作，达到土壤养分平衡，减轻植物病害 （3）避免大水漫灌，灌后要及时疏松表土，防止板结
土壤耕性改善	（1）适耕期判断。一是眼看，观察雨后和灌溉后地表干湿状况；二是犁试，观察"犁花"；三是手感，扒开二指表土，取一把土能握紧成团，且在1m高处松手，观察落地情况 （2）增施有机肥料。降低黏质土壤的黏结性、黏着性，增强沙质土的黏结性、黏着性 （3）改良土壤质地。黏土掺沙，可减弱黏重土壤的黏结性、黏着性、可塑性和起浆性；沙土掺黏，可增加土壤的黏结性，并减弱土壤的淀浆板结性 （4）创造良好的土壤结构性。通过增施有机肥料、调节土壤酸碱度、合理耕作、合理轮作、合理灌溉晒垡冻垡、施用土壤结构改良剂等措施，培育团粒结构	（1）地表呈"喜鹊斑"，即外白里湿，黑白相间，出现"鸡爪裂纹"或"麻丝裂纹"，半干半湿状态是土壤的宜耕状态；用犁试耕后，土垡能被抛散而不黏附农具，即出现"犁花"时，即为宜耕状态；落地后散碎成小土块的，表示土壤处于宜耕状态，应及时耕作 （2）改良后使土壤质地达到三泥七沙或四泥六沙的壤土质地范围
土壤吸收性能调节	（1）改良土壤质地。通过增施有机肥料、黏土掺沙或沙土掺黏，来改良土壤质地 （2）合理施肥。增施有机肥料、秸秆还田、种植绿肥，合理施用化肥，可以起到"以无机（化肥）促有机（增加有机胶体）"作用 （3）合理耕作。适当的翻耕和中耕可改善土壤通气性和蓄水能力，促进微生物活动，加速有机质及养分转化，增加有效养分 （4）合理灌排。施肥结合灌水，可充分发挥肥效；及时排除多余水分，以透气增温，促进养分转化 （5）调节交换性阳离子组成。酸性土壤通过施用石灰或草木灰，碱性土壤施用石膏，均可增加钙离子浓度，增加离子交换性能	（1）改良后使土壤质地达到三泥七沙或四泥六沙的壤土质地范围 （2）施用有机肥一定要腐熟后施用，化肥施用量一定要适量，防止过多施用，造成土壤污染和植物徒长 （3）施用石灰或石膏时，要根据土壤酸碱性和种植植物类型确定合理用量，并尽量与土壤充分混合

【问题处理】

土壤结构改良剂基本有两种类型：一是从植物遗体、泥炭、褐煤或腐殖质中提取的腐殖酸，制成天然土壤结构改良剂，施入土壤中成为团聚土粒的胶结剂。其缺点是成本高、用量大，难以在生产上广泛应用。二是人工合成结构改良剂，常用的为水解聚丙烯腈钠盐和乙酸乙烯酯等，具有较强的黏结力，能使分散的土粒形成稳定的团粒，形成的团粒具有较高的水稳性、力稳性和生物稳定性，同时能创造适宜的团粒孔隙。

任务三 植物生长的土壤管理

【任务目标】

知识目标：1. 了解我国现行土壤分类及主要土壤分布与特征。
2. 熟悉土壤剖面基本知识。

能力指标：1. 掌握当地旱地农田土壤、果园土壤、菜园土壤等培肥与管理。
2. 掌握当地水田土壤的培肥与管理。

【知识学习】

1. 我国现行土壤分类系统　现行的中国土壤分类系统分土纲、亚纲、土类、亚类、土属、土种和亚种七级。前四级为高级分类，后三级为基层分类。1978年提出了《中国土壤分类暂行草案》。1992年确立了《中国土壤分类系统案》（首次方案）。1995年提出了《中国土壤分类系统案》（修订方案）。目前国内通用的是首次方案（表2-1-23），代表了我国土壤普查的科学水平。

表2-1-23　中国土壤系统分类（首次方案，1992）

土　纲	土　类
铁铝土	1. 砖红壤　2. 赤红壤　3. 红壤　4. 黄壤
淋溶土	5. 黄棕土　6. 黄褐土　7. 棕壤　8. 暗棕壤　9. 白浆土　10. 棕色针叶林土　11. 漂灰土　12. 灰化土
半淋溶土	13. 燥红土　14. 褐土　15. 灰褐土　16. 黑土　17. 灰色森林土
钙成土	18. 黑钙土　19. 栗钙土　20. 栗褐土　21. 黑垆土
干旱土	22. 棕钙土　23. 灰钙土
漠土	24. 灰漠土　25. 灰棕漠土　26. 棕漠土
初育土	27. 黄绵土　28. 红黏土　29. 新积土　30. 龟裂土　31. 风沙土　32. 石灰土　33. 火山灰土　34. 紫色土　35. 磷质石灰土　36. 石质土　37. 粗骨土
半水成土	38. 草甸土　39. 砂浆黑土　40. 山地草甸土　41. 林灌草甸土　42. 潮土
水成土	43. 沼泽土　44. 泥炭土
盐碱土	45. 盐土　46. 漠境盐土　47. 滨海盐土　48. 酸性硫酸盐土　49. 寒原盐土　50. 碱土
人为土	51. 水稻土　52. 灌淤土　53. 灌漠土
高山土	54. 高山草甸土　55. 亚高山草甸土　56. 高山草原土　57. 亚高山草原土　58. 山地灌丛草原土　59. 干寒高山漠土　60. 亚高山漠土　61. 寒冻高山荒漠土

2. 土壤剖面　从地表向下所挖出的垂直切面称为土壤剖面。土壤剖面一般是由平行于地表、外部形态各异的层次组成，这些层次称为土壤发生层或土层。土壤剖面形态是土壤内部性质的外在表现，是土壤发生、发育的结果。不同类型的土壤具有不同的剖面特征。

（1）自然土壤剖面。自然土壤剖面一般可分为4个基本层次：腐殖质层（A）、淋溶层（B）、淀积层（C）和母质层（D）。如图2-1-10。有时两层之间还会出现过渡层，如腐殖质层与淋溶层的过渡层（AC）、淋溶层与沉积层的过渡层（BC）。

由于自然条件和发育时间、程度的不同，土壤剖面构型差异很大，有的可能不具有以上所有的土层，其组合情况也可能各不相同。如发育处在初期阶段的土壤类型，剖面中只有

A—C层，或A—AC—C层；受侵蚀地区表土冲失，产生B—BC—C层的剖面；只有发育时间很长，成土过程亦很稳定的土壤才有可能出现完整的A—B—C—D式的剖面。有的在B层中还有BG层（潜育层）、BCa层（碳酸盐聚积）、BS层（硫酸盐聚积）等。

（2）耕作土壤的剖面。旱地土壤剖面一般也分为4层，即耕作层（表土层）（A）、犁底层（亚表土层）（P）、心土层（C）及底土层（B）（图2-1-11、表2-1-24）。

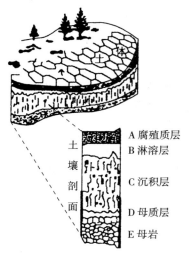

图2-1-10 自然土壤剖面示意图

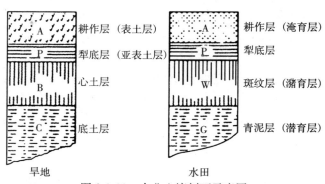

图2-1-11 农业土壤剖面示意图

表2-1-24 旱地土壤剖面构造

层 次	代 号	特 征
耕作层	A	又称表土层或熟化层，厚15~20cm。受人类耕作生产活动影响最深，有机质含量高，颜色深，疏松多孔，理化与生物学性状好
犁底层	P	厚约10cm，受农机具影响常呈片状或层状结构，通气透水不良，有机质含量显著下降，颜色较浅
心土层	B	厚度为20~30cm，土体较紧实，有不同物质淀积，通透性差，根系少量分布，有机质含量极低
底土层	C	一般在地表50~60cm以下，受外界因素影响很小，但受降雨、灌排和水流影响仍很大

一般水田土壤可分为四层：耕作层（淹育层）代号A；犁底层代号P；斑纹层（潴育层）代号W；青泥层（潜育层）代号G等土层（表2-1-25）。

表2-1-25 水田土壤剖面构造

层 次	代 号	特 征
耕作层	A	水稻土的耕作层，长期在水耕熟化和旱耕熟化交替进行条件下，有机质积累增加，颜色变深，在根孔和土壤裂隙中有棕黄色或棕红色锈斑
犁底层	P	受农机具影响常呈片状或层状结构，可起到托水托肥作用
斑纹层	W	干湿交替、淋溶淀积作用活跃,土体呈棱柱状结构,裂隙间有大量锈纹锈斑淀积
青泥层	G	长期处于饱和还原条件下，铁、铝氧化物还原，土层呈蓝灰色或黑灰色，土体分散成糊状

3. 我国主要土壤的分布与特征 我国土壤资源极其丰富，其特征存在显著差异。现将

我国一些重要土壤类型的分布与特征总结如表 2-1-26。

表 2-1-26 我国部分土类的分布和主要性质

土 类	分 布	主要性质和利用
砖红壤	热带雨林、季雨林	遭强烈风化脱硅作用，氧化硅大量迁出，氧化铝相对富集（脱硅富铝化），游离铁占全铁的80%，黏粒硅铝率<1.6，风化淋溶系数<0.05，盐基饱和度<15%，黏粒矿物以高岭石、赤铁矿与三水铝矿为主，pH 4.5～5.5，具有深厚的红色风化壳。生长橡胶及多种热带植物
赤红壤	南亚热带季雨林	脱硅富铝风化程度仅次于砖红壤，比红壤强，游离铁度介于二者之间。黏粒硅铝率1.7～2.0，风化淋溶系数0.05～0.15，盐基饱和度15%～25%，pH 4.5～5.5。生长龙眼、荔枝等
红壤	中亚热带常绿阔叶林	中度脱硅富铝风化，黏粒中游离铁占全铁的50%～60%，深厚红色土层。底层可见深厚红、黄、白相间的网纹红色黏土。黏土矿物以高岭石、赤铁矿为主，黏粒硅铝率1.8～2.4，风化淋溶系数<0.2，盐基饱和度<35%，pH 4.5～5.5。生长柑橘、油桐、油茶、茶等
黄壤	亚热带湿润条件，多见于高为700～1 200m 的山区	富含水合氧化物（针铁矿），呈黄色，中度富铝风化，有时含三水铝石，土壤有机质累积较高，可达100g/kg，pH 4.5～5.5。多为林地，间亦耕种
黄棕壤	北亚热带暖湿落叶阔叶林	弱度富铝风化，黏化特征明显，呈黄棕色黏土。B层黏聚现象明显，硅铝率2.5左右，铁的游离度2.5左右，铁的游离度较红壤低，交换性酸B层大于A层，pH 5.5～6.0。多由沙页岩及花岗岩风化物发育而成
黄褐土	北亚热带丘岭岗地	土体中游离碳酸钙不存在，土色灰黄棕，在底部可散见圆形石灰结核。黏化淀积明显，B层黏聚，有时呈黏盘。黏粒硅铝率3.0左右，pH 表层6.0～6.8，底层7.5，盐基饱和度由表层向底层逐渐趋向饱和。由较细粒的黄土状母质发育而成
棕壤	湿润暖温带落叶阔叶林，但大部分已呈殖旱作	处于硅铝风化阶段，具有黏化特征的棕色土壤，土体见黏粒淀积，盐基充分淋失，pH 6～7，见少量游离铁。多有干鲜果类生长，山地多森林覆盖
暗棕壤	温带湿润地区针阔叶混交林	有明显有机质富集和弱酸性淋溶，A层有机质含量可达200g/kg，弱酸性淋溶，铁质轻微下移。B层呈棕色，结构面见铁锰胶膜，呈弱酸性反应，盐基饱和度70%～80%。土壤冻结期长
褐土	暖温带半湿润区	具有黏化与钙质淋移淀积的土壤，盐基饱和，处于硅铝风化阶段，有明显黏淀层与假菌丝状钙积层。B层呈棕褐色，pH 7～7.5，盐基饱和度达80%以上，有时过饱和
灰褐土	温带干旱、半干旱山地，云冷杉下	腐殖质累积与积钙作用明显的土壤。枯枝落叶层有机质可达100g/kg，下见暗色腐殖层，有弱黏淀特征，钙积层在40～60cm 以下出现，铁、铝氧化物无移动，pH 7～8
黑土	温带半湿润草甸草原	具深厚腐殖质层的无石灰性黑色土壤，腐殖质层厚30～60cm，有机质含量30～60g/kg。底层具轻度滞水还原淋溶特征，见硅粉，盐基饱和度在80%以上，pH 6.5～7.0
草甸土	地下水位较浅	潜水参与土壤形成过程，具有明显腐殖质累积，地下水升降与浸润作用，形成具有锈色斑纹的土壤。具有 A—C 构型

(续)

土 类	分 布	主要性质和利用
砂姜黑土	成土母质为河湖沉积物	经脱沼与长期耕作形成，仍显残余沼泽草甸特征。底土中见砂姜聚积，上层见砂姜，底层可见砂姜瘤与砂姜盘，质地黏重
潮土	近代河流冲积平原或低平阶地	地下水位浅，潜水参与成土过程，底土氧化还原作用交替，形成锈色斑纹和小型铁结核。长期耕作，表层有机质含量 10～15g/kg
沼泽土	地势低洼，长期地表积水	有机质累积明显及还原作用强烈，形成潜育层，地表有机质累积明显，甚至见泥炭或腐泥层
草甸盐土	半湿润至半干旱地区	高矿化地下水经毛细管作用上升至地表，盐分累积大于 6g/kg 以上时，属盐土范畴。易溶盐组成中所含的氯化物与硫酸盐比例有差异
滨海盐土	沿海一带，母质为滨海沉积物	土体含有氯化物为主的可溶盐。滨海盐土的盐分组成与海水基本一致，氯盐占绝对优势，次为硫酸盐和重碳酸盐，盐分中以钠、钾离子为主，钙、镁次之。土壤含盐量 20～50g/kg，地下水矿化度 10～30g/L，土壤积盐强度随距海由近至远，从南到北而逐渐增强。土壤 pH 7.5～8.5，长江以北的土壤富含游离碳酸钙
碱土	干旱地区	土壤交换性钠离子达 20% 以上，pH 9～10。土壤黏粒下移累积，物理性状劣，坚实板结。表层质地轻，见蜂窝状孔隙
水稻土	长期季节性淹灌脱水，水下耕翻，氧化还原交替	原来成土母质或母土的特性有重大改变。由于干湿交替，形成糊状淹育层，较坚实板结的耕作层（A）、犁底层（P）、斑纹层（W）与青泥层（G）多种发生层
灌淤土	长期引用高泥沙含量灌溉水淤灌	在落淤后，即行耕翻，逐渐加厚土层达 50cm 以上，从根本上改变了原来土壤的层次，包括表土及其他土层，均作为埋藏层，因而形成土体深厚、色泽、质地均一，土壤水分物理性状良好的土壤类型
黄绵土	由黄土母质直接耕翻形成	由于土壤侵蚀严重，表层耕层长期遭侵蚀，只得加深耕作黄土母质层，因而母质特性明显，无明显发育，为 A—C 型土。由于风成黄土富含细粉粒，质地、结构均一，疏松绵软，富含石灰，磷钾储量较丰，但有效性差。土壤有机质缺乏，含量约 5g/kg
风沙土	半干旱、干旱漠境地区及滨海地区，风沙移动堆积	由于成土时间短暂，无剖面发育，反映了沙流动堆积与固定的不同阶段
紫色土	热带亚热带紫红色岩层直接风化	A—C 构型，理化性质与母岩直接相关，土层浅薄，剖面层次发育不明显。母质富含矿质养分，且风化迅速，为良好的肥沃土壤

【技能训练】

1. 旱地土壤利用与管理

（1）训练准备。熟悉有关农业土壤、旱地土壤的基本知识。

（2）操作规程。根据班级人数，按 4 人一组，分为若干组，小组共同调研，制订旱地农田、果园、菜园等土壤培肥改良计划或方案，共同研讨，并进行小组评价（表 2-1-27）。

表 2-1-27　旱地土壤利用与管理

工作环节	操作规程	质量要求
旱地高产田的培肥与管理	（1）当地高产土壤环境现状评估。调查当地高产土壤的类型，培肥管理中存在哪些问题，有何典型经验 （2）总结当地高产田培肥管理经验，制定其培肥与管理措施 ①增施有机肥料，科学施肥。以有机肥为主、化肥为辅、有机无机相配合 ②合理灌排。适时适量地按需供水、均匀灌水、节约用水 ③合理轮作，用养结合。合理搭配耗水植物、自养植物、养地植物 ④深耕改土，加速土壤熟化。深耕结合施用有机肥料，并与耙耱、施肥、灌溉等耕作管理措施相结合 ⑤防止土壤侵蚀，保护土壤资源	经过培肥管理，达到高产土壤肥力标准： （1）山区梯田化，平原园田化、方田化 （2）具有上虚下实的较厚耕层；水田有适度发育的犁底层 （3）土壤养分丰富，有机质含量适中，全氮、速效磷、速效钾含量较高 （4）具有良好的土壤孔隙和结构，团粒结构多，水热状况良好 （5）有益微生物丰富，土壤不存在污染、退化等
旱地中低产田的培肥管理	（1）当地中低产土壤环境现状评估。调查当地中低产土壤的类型，培肥管理中存在哪些问题，有何改良利用的典型经验 （2）总结当地中低产田培肥管理经验，制定其培肥与管理措施 ①干旱灌溉型的要通过发展灌溉加以改造耕地，并做到合理灌溉 ②盐碱耕地型的可建设排水工程，干沟、支沟、斗沟、农沟配套成网；井灌井排，深浅井合理分布，咸水、淡水综合利用；平整土地，防止地表积盐；进行淤灌；旱田改水田；耕作培肥 ③坡地梯改型可通过植树造林、种植绿肥牧草、坡面工程措施（等高沟埂、梯田、沟坡兼治等）、推广有机旱作种植技术、发展灌溉农业等措施 ④渍涝排水型要建设骨干排水工程（干沟、支沟）进行排水；田间建设沟渠（斗沟、农沟）配套成网 ⑤沙化耕地型可通过：营建防护林网；种植牧草绿肥；平整土地，全部格田化；发展灌溉；土壤培肥，秸秆还田、增施有机肥、补施磷钾肥等 ⑥障碍层次型可采取：在坡地采用等高种植；采用深松、深翻加深耕层，混合上下土层，消除障碍层；增施有机肥，秸秆还田，平衡施肥，培肥土壤	
果园土壤的培肥管理	（1）当地果园土壤环境现状评估。调查当地果园土壤的类型，培肥管理中存在哪些问题，有何改良利用的典型经验 （2）总结当地果园土壤培肥管理经验，制定其培肥与管理措施 ①加强果园土、肥、水管理：山丘果园修筑梯田，平地果园挖排水沟；增施有机肥，平衡施用氮磷钾及微量元素肥料 ②适度深翻，熟化土壤：深耕结合增施有机肥料；中耕除草与培土 ③增加地面覆盖：地膜覆盖和春秋覆草有效配合；果园种植绿肥 ④黄河故道等沙荒地，要设置防风林带，种植绿肥增加覆盖，培土填淤	
菜园土壤的培肥管理	（1）当地菜园土壤环境现状评估。调查当地菜园土壤的类型，培肥管理中存在哪些问题，有何改良利用典型经验 （2）总结当地菜园土壤培肥管理经验，制定其培肥与管理措施 ①改善灌排条件，防止旱涝危害。采用渗灌、滴灌、雾灌等节水灌溉技术，高畦深沟种植 ②深耕改土。施用有机肥基础上，2～3年深翻一次 ③合理轮作。改单一品种连作为多种蔬菜轮作 ④增施有机肥，减少化肥施用，二者比例以 5∶5 为宜	
设施土壤的培肥管理	（1）当地设施土壤环境现状评估。调查当地设施土壤的类型，培肥管理中存在哪些问题，有何改良利用典型经验 （2）总结当地设施土壤培肥管理经验，制定其培肥与管理措施 ①施足有机底肥 ②整地起垄。提早进行灌溉、翻耕、耙地、镇压，最好进行秋季深翻 ③适时覆膜，提高地温 ④膜下适量浇水 ⑤控制化肥追施量。适当控制氮肥用量，增施磷、钾肥 ⑥多年设施栽培连茬种植前最好进行土壤消毒	

2. 水田土壤利用与管理

（1）训练准备。熟悉有关水田土壤的基本知识。

（2）操作规程。根据班级人数，按4人一组，分为若干组，小组共同调研，制订水田土壤培肥改良计划或方案，共同研讨，并进行小组评价（表2-1-28）。

表 2-1-28　水田土壤利用与管理

工作环节	操作规程	质量要求
一般水稻土的培肥管理	（1）搞好农田基本建设，这是保证水稻土的水层管理和培肥的先决条件。 （2）增施有机肥料，合理使用化肥。水稻的植株营养主要来自土壤，所以增施有机肥，包括种植绿肥在内，是培肥水稻土的基础措施。合理使用化肥，除养分种类全面考虑以外，在氮肥的施用方法上也应考虑反硝化作用，应当以铵类化肥进行深施为宜 （3）水旱轮作与合地灌排。合理灌排可以调节土温，一般称："深水护苗，浅水发棵"。北方水稻土地区，春季刮北风时灌深水可以防止温度下降以护苗；刮南风时宜灌浅水。水稻分蘖盛期或末期要排水烤田	（1）良好的土体构型。耕作层超过20cm以上；有良好发育的犁底层，厚5～7cm，以利托水托肥；心土层应该是垂直节理明显，利于水分下渗和处于氧化状态。地下水位应在80～100cm以下为宜，以保证土体的水分浸润和通气状况 （2）适量的有机质和较高的土壤养分含量。一般土壤有机质以20～50g/kg为宜。肥沃水稻土必须有较高的养分贮量和供应强度 （3）适当的渗漏量和适宜的地下日渗漏量。在北方水稻土宜为10mm/日左右，利于氧气随渗漏水带入土壤中。适宜的地下水位是保证适宜渗漏量和适宜通气状况的重要条件
低产水稻土的培肥管理	水稻土的低产特性主要有冷、黏、沙、盐碱、毒和酸等 （1）冷。低洼地区地下水位高的水稻土如潜育水稻土，冷浸田在秋季水稻收割后，土壤水分长期饱和甚至积水，这样于次年春季插秧后，土温低，影响水稻苗期生长，不发苗，造成低产。改良方法是开沟排水，增加排水沟密度和沟深，改善排水条件，降低地下水位 （2）黏和沙。质地过黏和过沙对水分渗漏不利，前者过小，后者过大，均能对水稻生育产生不良影响，也不利于耕作管理。具有这两类特性的水稻土，耕耙后很快澄清，地表板而硬，插秧除草困难。改良方法是客土，前者掺入沙土，后者掺入黏质土，如黄土性土壤或黑土等 （3）盐碱、毒害。盐碱和工业废水的影响，主要是在排水的基础上，加大灌溉量以对盐碱、毒害进行冲洗 （4）酸度改良。主要是一些土壤酸度过大的水稻土应当适量施用石灰	

【问题处理】

1. 农业土壤　农业土壤包括农田土壤和园艺土壤。农田土壤是在自然土壤基础上，通过人类开垦耕种，加入人工肥力演变而成的，分为旱地土壤和水田土壤；园艺土壤是栽培果树、蔬菜等园艺植物的农田土壤。各类旱地土壤特征如表2-1-29。

表 2-1-29　各类土壤资源的利用方式与特征

利用形式	土壤特征
旱地高产田	适宜的土壤环境：山区梯田化，平原园田化、方田化 协调的土体构型：上虚下实的剖面构型，耕作层深厚、疏松、质地较轻 适量协调的土壤养分：良好的物理性状，有益微生物数量多、活性大、无污染
旱地中低产田	干旱灌溉型：降雨量不足或季节分配不合理，缺少必要调蓄工程，或土壤保蓄能力差 盐碱耕地型：土壤中可溶性盐含量超标，影响植物生长 坡地梯改型：具有流、旱、瘦、粗、薄、酸等特点 渍涝排水型：地势低洼，排水不畅，常年或季节性渍涝 沙化耕地型：主要障碍因素为风蚀沙化 障碍层次型：如土体过薄，剖面上有夹沙层、砾石层、铁磐层、砂姜层、白浆层等障碍层次

(续)

利用形式	土壤特征
果园土壤	南方果园：土壤类型多；质地黏重，耕性不良；有机质含量低，养分含量较低；土壤酸性 北方果园：土层深厚，质地适中；灌排条件好；肥力较高，无盐碱化
菜园土壤	熟化层深厚，有机质含量高，养分含量丰富；土壤物理性状良好，保肥供肥能力强
设施土壤	土壤温度高；土壤水分相对稳定、散失少；土壤养分转化快、淋失少；土壤溶液浓度易偏高；土壤微生态环境恶化；营养离子平衡失调；易产生气体危害和土壤消毒造成的毒害

2. 水田土壤 水田土壤是在一定的自然环境及人们种植水稻或水生植物后，采用各种栽培措施的影响下形成的。它由于长期灌溉和干湿交替，形成了不同于旱地的土壤性状。水田土壤在种稻灌水期间，耕作层为水分所饱和，呈还原状态；在排水、晾田、秋冬干田季节，耕作层呈氧化状态。这种周期性的干湿交替过程，形成了水田土壤特有的物理、化学和生物性状。一是具有特殊的土壤剖面构型。典型的水田土壤剖面层次，通常可分为耕作层、犁底层、斑纹层、青泥层等。一般来说，耕作层较厚（15～20cm）；犁底层较软而不烂；斑纹层具有锈纹、锈斑，地下水位不高；青泥层位于70～80cm。二是水热状况比较稳定。水田淹水期，水层增大了土壤热容量，水热动态稳定。三是氧化还原电位较低，物质的化学变化较大。一般水田土壤多处于还原状态，淹水时间愈长，还原物质愈多，氧化还原电位较低，可降到100mV以下，而在晾田和排水落干收获期则可达300mV以上。四是厌氧微生物为主，有机质积累多。淹水减少了土壤中氧气质量分数，厌氧微生物占据优势，导致有机质分解速度缓慢，使有机质较快积累起来。

【信息链接】

新型土壤结构改良剂——液体生态地膜

近年，固体塑料薄膜以其特有的作用，在农业生产中被广泛应用。但由于塑料薄膜分解周期长，降解困难，给后续农业生产带来极大的不便，并破坏和污染了土壤生态环境。而浙江省农业科学最近研制成功的液体生态地膜，既能固结表土，又能改良土壤结构。

1. 主要性能 该地膜常温下为无色液体，无毒，喷施地表后发生固结，形成固化膜，具有很好的固土效果。而且可根据需要控制降解时间，降解后无任何有害残留物，不会污染环境，因此又被称为液体生态地膜。其主要特点如下：

（1）该产品成膜后能固结土壤、沙粒。在降雨时，该膜在40s内软化而扩大微孔，能100%透过水分，但不溶于水；在干燥或日照条件下，能在33s内半硬化而缩小微孔，使膜下的地表水汽透过率控制在10%以下。在干旱和半干旱地区应用能使降雨量与蒸发量之间保持较合理的比例，从而有利于植物的生长。

（2）由于该产品的主要成分类似医用药片的包膜材料，只有碳、氢、氧3种元素，成膜后无色无味，降解后不会造成视觉污染和生态污染，可控制降解期限1～5a，对植物、人、畜均无毒，安全性可达到医用级。

（3）由于该产品内有醚键结构，成膜后能强烈吸附、黏着土粒，使土粒形成理想的团聚体结构，同时有增温保墒功能，能促进植物早发、增产。

（4）该产品常温下为无色浓缩液，用一定量冷水稀释后使浓度达到3%左右，用手动、机动喷雾器或飞机喷洒均可，整个操作过程简单；并且因其产品是浓缩液，可大大节约运输费用。

（5）该产品成膜后，不影响透气呼吸功能，土壤中的种子、幼苗能照常生长，并能自行破膜，节约用工。

（6）应用面广，除可供农田常规应用外，还可用在坡地、滩涂、沙漠和风口等固体塑料地膜不宜使用的地方。

（7）使用成本较低，一般每公顷用45～90kg，成本900～1800元。

2. 使用方法 液体生态地膜属非燃性物质，运输安全方便，在施用现场可根据不同的用途用冷水配制成不同的浓度。用手动或机动喷雾器喷施于地表，能与土壤颗粒表面接触半小时后发生固结，在土壤表面形成一层很薄的固化膜。其固结强度大，不易被破坏。

【知识拓展】

如果同学们想了解更多的知识，可以通过下面渠道进行学习：

1. 阅读杂志

（1）《中国土壤与肥料》。

（2）《土壤通报》。

（3）《土壤》。

2. 浏览网站

（1）中国科学院南京土壤研究所网（http：//www.issas.ac.cn/）。

（2）中国肥料信息网（http：//www.natesc.gov.cn/）。

（3）中国农业科学院土壤肥料研究所网（http：//sfi.caas.ac.cn/）。

（4）××省（市）土壤肥料信息网。

3. 通过本校图书馆借阅有关土壤肥料方面的书籍

【观察思考】

利用业余时间，在老师指导下，完成以下内容：

（1）调查当地土壤，列表比较4类土壤结构体的特性、发生条件。当地农户有哪些创造团粒结构的好经验（表2-1-30）。

表 2-1-30　几种土壤结构体的比较

结构类型	特　性	俗　称	发生条件
团粒结构			
块状结构			
柱状结构			
片状结构			

（2）调查当地农田、菜田、果园、水田等适种植物的土壤孔隙度和容重是多少？当地主要植物生长适宜的土壤孔隙指标是多少？其孔隙度和容重是否较为适宜？如何进行合理改良？

（3）描述一下当地土壤的孔隙性、结构性、酸碱性、吸收性等，并探讨其改善或调控有哪些措施。

（4）调查当地旱地农田、菜园、果园、水田等农业土壤存在哪些问题，有哪些培肥与管理经验，并写一篇综述性文章。

项目二　植物生长的营养条件

▲项目任务

了解植物必需营养元素及其生理作用，熟悉植物吸收养分及合理施肥的基本原理；认识常见化学肥料的成分及性质，掌握化学肥料的合理施用技术；了解主要有机肥料及生物肥料的性质特点，掌握常见有机肥料的合理施用技术；能初步识别及判断当地作物典型缺素症，正确测定土壤速效氮、速效磷、速效钾养分含量；能进行高温堆肥的积制。

任务一　植物营养原理

【任务目标】

知识目标：1. 了解植物必需营养元素及其生理作用。
　　　　　2. 熟悉植物根部营养的原理，熟悉植物根外营养的特点。
　　　　　3. 了解合理施肥的基本原理，熟悉合理施肥的方法。

能力目标：1. 能识别当地作物典型缺素症。
　　　　　2. 能根据当地植物栽培需要，采用正确施肥方法。
　　　　　3. 能根据当地植物栽培需要，正确进行根外追肥。

【知识学习】

植物营养是指植物体从外界环境中吸取其生长发育所需要的营养元素并用以维持其生命活动。植物对营养元素的吸收有根部营养和根外营养两种方式。根部营养是指植物根系从营养环境中吸收营养元素的过程；根外营养是指植物通过叶、茎等根外器官吸收营养元素的过程。

1. 植物必需营养元素及其作用

（1）植物必需营养元素。一般新鲜的植物体含有75%～95%的水分和5%～25%的干物质。在干物质中有机物质占其重量的90%～95%，其组成元素主要是碳、氢、氧和氮等。余下的5%～10%为矿物质，也称为灰分元素。目前检测出有70种，主要有：磷、钾、钙、镁、硫、铁、锰、锌、铜、钼、硼、氯等。有机物质和矿物质中只有十几种是植物生长发育所必需的，称为必需营养元素。

确定植物必需营养元素应符合三条标准：一是对所有植物完成其生活周期必不可少的；二是其功能不能由其他元素代替，缺乏时会表现出特有的症状；三是对植物起直接营养作用。目前已经明确的植物生长发育的必需营养元素有16种，即碳（C）、氢（H）、氧（O）、氮（N）、磷（P）、钾（K）、钙（Ca）、镁（Mg）、硫（S）、铁（Fe）、硼（B）、锰（Mn）、铜（Cu）、锌（Zn）、钼（Mo）、氯（Cl）等。其中碳、氢、氧、氮、磷、钾等占植物体干重千分之几以上，称为大量元素；铁、硼、锰、铜、锌、钼、氯等的含量在万分之几以下，称微量元素；介于它们之间的称为中量元素，如镁、钙、硫等。尽管植物对上述16种营养元素的需要量有多有少，但所有必需营养元素对植物营养和生理功能都是同等重要的，不可相互代替。

在植物必需的营养元素中，碳、氢、氧3种元素来自空气和水分，氮和其他灰分元素主要来自土壤（图2-2-1）。植物对氮、磷、钾等3种元素需要量多，但土壤中含量一般都很低，需通过施肥补充才能满足植物营养的要求，故称为"肥料三要素"。

（2）主要营养元素的生理作用。不同的植物必需营养元素在植物体内具有独特的生理作用（表2-2-1）。

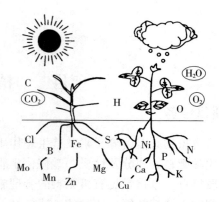

图 2-2-1 植物生长必需营养元素及来源

表 2-2-1 植物必需营养元素的生理作用

元素名称	生 理 作 用
氮	构成蛋白质和核酸的主要成分；叶绿素的组成成分，增强植物光合作用；植物体内许多酶的组成成分，参与植物体内各种代谢活动；植物体内许多维生素、激素等成分，调控植物的生命活动
磷	磷是植物体许多重要物质（核酸、核蛋白、磷脂、酶等）的成分；在糖代谢、氮素代谢和脂肪代谢中有重要作用；磷能提高植物抗寒、抗旱等抗逆性
钾	是植物体内60多种酶的活化剂，参与植物代谢过程；能促进叶绿素合成，促进光合作用；是呼吸作用过程中酶的活化剂，能促进呼吸作用；增强作物的抗旱性、抗高温、抗寒性、抗盐、抗病性、抗倒伏、抗早衰等能力
钙	构成细胞壁的重要元素，参与形成细胞壁；能稳定生物膜的结构，调节膜的渗透性；能促进细胞伸长，对细胞代谢起调节作用；能调节养分离子的生理平衡，消除某些离子毒害作用
镁	是叶绿素的组成成分，并参与光合磷酸化和磷酸化作用；是许多酶的活化剂，具有催化作用；参与脂肪、蛋白质和核酸代谢；是染色体的组成成分，参与遗传信息的传递
硫	是构成蛋白质和许多酶不可缺少的组分；参与合成其他生物活性物质，如维生素、谷胱甘肽、铁氧还蛋白、辅酶A等；与叶绿素形成有关，参与固氮作用；合成植物体内挥发性含硫物质，如大蒜油等
铁	是许多酶和蛋白质的组分；影响叶绿素的形成，参与光合作用和呼吸作用的电子传递；促进根瘤菌作用
锰	是多种酶的组分和活化剂；是叶绿体的结构成分；参与脂肪、蛋白质合成，参与呼吸过程中的氧化还原反应；促进光合作用和硝酸还原作用；促进胡萝卜素、维生素、核黄素的形成
铜	是多种氧化酶的成分；是叶绿体蛋白——质体蓝素的成分；参与蛋白质和糖代谢；影响植物繁殖器官的发育
锌	是许多酶的成分；参与生长素合成；参与蛋白质代谢和碳水化合物运转；参与植物繁殖器官的发育
钼	是固氮酶和硝酸还原酶的组成成分；参与蛋白质代谢；影响生物固氮作用；影响光合作用；对植物受精和胚胎发育有特殊作用
硼	能促进碳水化合物运转；影响酚类化合物和木质素的生物合成；促进花粉萌发和花粉管生长，影响细胞分裂、分化和成熟；参与植物生长素类激素代谢；影响光合作用
氯	能维持细胞膨压，保持电荷平衡；促进光合作用；对植物气孔有调节作用；抑制植物病害发生

2. 植物的根部营养 根部营养是植物吸收养分的主要形式，根吸收养分最多的部位是根尖伸长区，根毛区也可吸收。植物根系可吸收离子态和分子态的养分，一般以离子态养分为主，其次为分子态养分。土壤中呈离子态的养分主要有一、二、三价阳离子和阴离子，如 K^+、NH_4^+、Ca^{2+}、Mg^{2+}、Cu^{2+}、NO_3^-、$H_2PO_4^-$、SO_4^{2-}、MoO_4^{2-}、$B_4O_7^{2-}$ 等离子。

分子态养分主要是一些小分子有机化合物，如尿素、氨基酸、磷脂、生长素等。大部分有机态养分需要经过微生物分解转变为离子态养分后，才能被植物吸收利用。

（1）土壤中养分向根表迁移。土壤中养分离子向根表迁移，一般有3种途径：截获、质流和扩散（图2-2-2），其中质流和扩散是主要形式。截获是植物根系在土壤伸展过程中吸取直接接触到的养分过程，一般根系截获养分不到吸收总量的10%；质流是由于植物蒸腾引起土壤溶液中的养分随土壤水分运动而迁移至根表的过程，一般土壤中移动性大的离子中 NO_3^-、Ca^{2+}、Mg^{2+} 等主要通过质流迁移到根表；扩散是指土壤溶液中某些养分浓度出现差异时所引起的养分运动，一般土壤中移动性小的离子如 $H_2PO_4^-$、K^+、Zn^{2+}、Cu^{2+} 等以扩散移动为主。

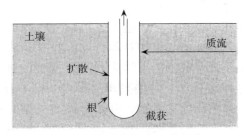

图2-2-2　养分向根表迁移方式

（2）植物根系对无机养分的吸收。土壤中离子态养分迁移到根表后，一般通过被动吸收和主动吸收进入根系被植物吸收。被动吸收是指植物依靠扩散作用或其他不需要消耗代谢能的吸收过程，它没有选择性，如同人体输液时，药物随水进入人体内。主动吸收是植物利用呼吸作用释放的能量，逆浓度梯度吸收养分的过程，它具有选择性，主要取决于植物本身的营养和生理特点，就像人面对餐桌有选择地取食。如施入硫酸铵时，植物选择吸收 NH_4^+ 而很少吸收 SO_4^{2-}。

（3）植物根系对有机养分的吸收。植物根系不仅能吸收无机态养分，也能吸收有机态养分。有机养分究竟以什么方式进入根细胞，目前还不十分清楚。解释机理主要是胞饮学说。胞饮作用是指吸收附在细胞膜上含大分子物质的液体微滴或微粒，通过质膜内陷形成小囊泡，逐渐向细胞内移动的主动转运过程。胞饮现象是一种需要能量的过程，也属于主动吸收（图2-2-3）。

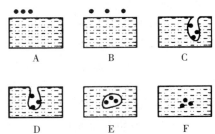

图2-2-3　胞饮作用示意图

3. 植物的根外营养

（1）根外营养的特点。植物除通过根系吸收养分外，还可通过茎、叶来吸收养分，主要是通过叶面吸收，因此根外营养又称叶部营养。叶部营养具有以下特点：一是直接供应养分，减少土壤养分固定；二是吸收速率快，能及时满足作物营养需要；三是叶部营养能影响植物代谢活动；四是叶部营养是经济有效施用微量元素肥料和补施大量元素肥料的手段。

（2）提高根外营养施用效果。为了提高叶部营养的施肥效果，一般应注意：第一，最好在双子叶植物上施用。双子叶植物比单子叶植物吸收效果好，因此在喷肥时，溶液中可加少量湿润剂或适当加大溶液浓度，并尽量喷施叶的背面。第二，延长溶液湿润叶片的时间。为了增加溶液湿润叶片时间，最好在下午4时以后无风晴天喷施。第三，注意养分在叶内的移动性。对于磷、铜、铁、钙等移动性差的元素，要喷在新叶上，并适当增加喷施次数。第四，注意溶液的浓度及反应。一般在叶片不受害的情况下，适当提高溶液的浓度和调节其pH，可促进叶部对养分的吸收；喷施阳离子时，溶液应调至微碱性；喷施阴离子则调至弱酸性，以有利于叶片对养分吸收。第五，注意溶液的组成。钾被叶片吸收速率依次为氯化钾＞硝酸钾＞磷酸氢二钾，而氮被叶片吸收的速率则为尿素＞硝酸盐＞铵盐。尽量选择植物吸收快的物质（如尿素）进行叶面喷施。

4. 植物营养期 植物营养期是指植物从土壤中吸收养分的整个时期。在植物营养期的每个阶段中，都在不间断地吸收养分，这就是植物吸收养分的连续性。在植物营养期中，植物对养分的吸收又有明显的阶段性。这主要表现在植物不同生长发育期中，对养分的种类、数量和比例有不同的要求（图 2-2-4）。在植物营养期中，植物对养分的需求，有两个极为关键的时期：一个是植物营养的临界期，另一个是植物营养的最大效率期。

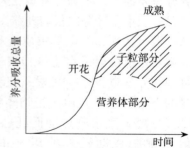

图 2-2-4 植物生长发育期间吸收养分的变化规律

（1）植物营养的临界期。在植物营养吸收过程中，有一时期对某种养分的要求在绝对数量上不多，但很敏感、需要迫切，此时如缺乏这种养分，植物生长发育和产量都会受到严重影响，并由此造成的损失，即使以后补施该种养分也很难纠正和弥补，这个时期称为植物营养的临界期。一般出现在植物生长的早期阶段。水稻、小麦磷素营养临界期在三叶期，棉花在二、三叶期，油菜在五叶期以前；如水稻氮素营养临界期在三叶期和幼穗分化期，棉花在现蕾初期，小麦和玉米一般在分蘖期、幼穗分化期；钾的营养临界期资料较少。

（2）植物营养最大效率期。在植物生长发育过程中还有一个时期，植物需要养分的绝对数量最多，吸收速率最快，肥料的作用最大，增产效率最高，这个时期称为植物营养最大效率期。植物营养最大效率期一般出现在植物生长的旺盛时期，或在营养生长与生殖生长并进时期。此时植物生长量大，需肥量多，对施肥反应最为明显。如玉米氮肥的最大效率期一般在喇叭口至抽雄初期，棉花的氮、磷最大效率期在盛花始铃期。

5. 合理施肥的基本原理 合理施肥是综合运用现代农业科技成果，根据植物需肥规律、土壤供肥规律及肥料效应，以有机肥为基础，生产前提出各种肥料的适宜用量和比例以及相应的施肥方法的一项综合性科学施肥技术。一般植物的施肥应掌握以下基本原理：

（1）养分归还学说。植物从土壤中吸收矿质养分，为了保护土壤肥力就必须把作物取走的矿质养分以肥料形式归还土壤，使土壤中养分保持一定的平衡。

（2）最小养分律。植物生长发育需要多种养分，但决定产量的却是土壤中相对含量最少的那种养分——养分限制因子，且产量的高低在一定范围内随这个因子的变化而增减。忽视这个养分限制因素，即使继续增加其他养分，也难以提高植物产量。

（3）报酬递减律。从一定土地上所得到的报酬随着向该土地投入的劳动和资本量的增大而有所增加，但达到一定限度后，随着投入的劳动和资本量的增加，单位投入的报酬增加却在逐渐减少。施肥量与植物产量的关系往往呈正相关，但随着施肥量的提高，植物的增产幅度随施肥量的增加而逐渐递减，因而并不是施肥量越大产量和效益就越高。

（4）因子综合作用律。植物获得高产是综合因素共同作用的结果，除养分外，还受到温度、光照、水分、空气等环境条件与生态因素等的影响和制约。在这些因素中，其中必然有一个起主导作用的限制因子，产量也在一定程度上受该限制因子的制约。即施肥还要考虑土壤、气候、水文及农业技术条件等因素。

6. 合理施肥的基本方法

(1) 合理施肥时期。一般来说,施肥时期包括基肥、种肥和追肥3个环节。只有3个环节掌握得当,肥料用得好,经济效益才能高(表2-2-2)。

表2-2-2 基肥、种肥和追肥的含义、作用及施肥方法

施肥时期	基 肥	种 肥	追 肥
含义	指在播种或定植前以及多年生植物越冬前结合土壤耕作施入的肥料	指播种或定植时施入土壤的肥料	指在植物生长发育期间施入的肥料
作用	满足整个生长发育期内植物营养连续性的需求;培肥地力,改良土壤,为植物生长发育创造良好的土壤条件	为种子发芽和幼苗生长发育创造良好的土壤环境	及时补充植物生长发育过程中所需要的养分,有利于产量和品质的形成
肥料种类	以有机肥为主,无机肥为辅;以长效肥料为主,以速效肥料为辅	速效性化学肥料或腐熟的有机肥料	速效性化学肥料,腐熟的有机肥
施肥方法	撒施、条施、分层施肥、穴施、环状和放射状施肥等	拌种、蘸秧根、浸种、条施、穴施、盖种肥等	撒施、条施、随水浇施、根外施肥、环状和放射状施肥等

(2) 合理施肥方法。施肥方法就是将肥料施于土壤和植株的途径与方法,前者称为土壤施肥,后者称为植株施肥。

在生产实践中,常用的土壤施肥方法主要有:

①撒施。撒施是施用基肥和追肥的一种方法,即把肥料均匀撒于地表,然后把肥料翻入土中。凡是施肥量大的或密植植物,如小麦、水稻、蔬菜等封垄后追肥以及根系分布广的植物都可采用撒施法。

②条施。也是基肥和追肥的一种方法,即开沟条施肥料后覆土。一般在肥料较少的情况下施用,玉米、棉花及垄栽甘薯多用条施,再如小麦在封行前可用施肥机或耧耩入土壤。

③穴施。穴施是在播种前把肥料施在播种穴中,而后覆土播种。果树、林木多用穴施法。

④分层施肥。将肥料按不同比例施入土壤的不同层次内。例如,河南的超高产麦田将作基肥的70%氮肥和80%的磷钾肥撒于地表随耕地而翻入下层,然后把剩余的30%氮肥和20%磷钾肥于耙前撒入垡头,通过耙地而进入表层。

⑤环状和放射状施肥。环状施肥常用于果园施肥,是在树冠外围垂直的地面上,挖一环状沟,深、宽各30~60cm(图2-2-5),施肥后覆土踏实。来年再施肥时可在第一年施肥沟的外侧再挖沟施肥,以逐年扩大施肥范围。放射状施肥是在距树木一定距离处,以树干为中心,向树冠外围挖4~8条放射状直沟,沟深、宽各50cm,沟长与树冠相齐,肥料施在沟内(图2-2-6),来年再交错位置挖沟施肥。

在生产实践中,常用的植株施肥方法主要有:

①根外追肥。把肥料配成一定浓度的溶液,喷洒在植物体上,以供植物吸收的一种施肥方法。

②注射施肥。注射施肥是在树体、根、茎部打孔,在一定的压力下,将营养液通过树体的导管,输送到植株的各个部位的一种施肥方法。注射施肥又可分为滴注和强力注射(图2-2-7)。

③打洞填埋法。适合于果树等木本植物施用微量元素肥料,是在果树主干上打洞,将固体肥料填埋于洞中,然后封闭洞口的一种施肥方法。

④蘸秧根。对移栽植物如水稻等,将磷肥或微生物菌剂配制成一定浓度的悬浊液,浸蘸秧根,然后定植。

⑤种子施肥。包括拌种、浸种和盖种肥。拌种是将肥料与种子均匀拌和，或把肥料配成一定浓度的溶液与种子均匀拌和后一起播入土壤的一种施肥方法；浸种是用一定浓度的肥料溶液来浸泡种子，待一定时间后，取出稍晾干后播种；盖种肥是开沟播种后，用充分腐熟的有机肥或草木灰盖在种子上面的施肥方法。

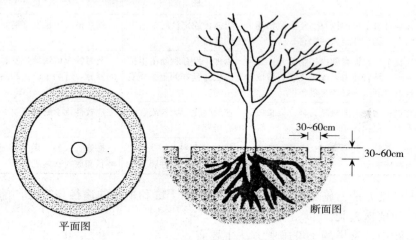

图 2-2-5 环状施肥示意图

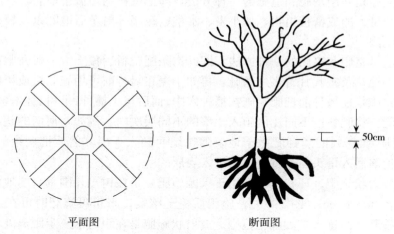

图 2-2-6 放射状施肥示意图

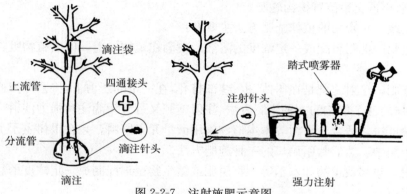

图 2-2-7 注射施肥示意图

【技能训练】

1. 当地植物典型缺素症观察

（1）训练准备。准备一些植物缺素症照片或标本。

（2）操作规程。在农时施肥季节，选择有缺素症的田块，完成下列操作（表 2-2-3）。

表 2-2-3　当地植物典型缺素症观察

工作环节	操 作 规 程	质量要求
资料准备	准备一些植物缺素症照片或标本或当地出现缺素症的植物，进行诊断	
形态诊断	（1）看症状出现的部位。一般缺铁、锰、硼、钼、铜、钙、硫时症状首先发生在新生组织上，从新叶、顶芽开始；而缺氮、磷、钾、镁、锌则先在老叶上出现症状 （2）看叶片大小和形状。缺锌叶片小而窄，枝条向上直立呈簇生状 （3）要注意叶片失绿部位。如缺锌、镁的叶片只有叶脉间失绿；缺铁只有叶脉不失绿，其余全部失绿	（1）植物缺素症的形态诊断可用表 2-2-4、表 2-2-5 进行检索 （2）也可参照"植物缺素症诊断歌"进行诊断
根外喷施诊断	（1）配制一定浓度（0.1%～0.2%）的含某种元素的溶液 （2）喷到病株叶部或采用浸泡、涂抹等办法，将病叶浸泡在溶液中 1～2h 和将溶液涂抹在病叶上 （3）隔 7～10d 观察施肥前后叶色、长相、长势等变化，进行确认	根据可能缺素症状和植物种类，合理确定喷施浓度
化学诊断	采用化学分析方法测定土壤和植株中营养元素含量，对照各种营养元素缺乏的临界值加以判断。有土壤诊断和植株化学诊断等方法	一般形态诊断和根外喷施诊断不能确定时，才采用化学诊断

表 2-2-4　植物大量元素的缺素症状

元素	缺素症状			
	植株形态	叶	根和茎	生殖器官
氮	生长受到抑制，植株矮小瘦弱。地上部分影响较严重	叶片薄而小，整个叶片呈黄绿色，严重时下部老叶呈黄色，干枯死亡	茎细小、多木质。根瘦，受抑制，较细小。分蘖少（禾本科）或分枝少（双子叶）	花、果穗发育迟缓，不正常地早熟。种子少而小，千粒重低
磷	植株矮小，生长缓慢。地下部严重受影响	叶色暗绿，无光泽或呈紫红色。从下部叶开始表现症状至逐渐死亡脱落	茎细小，多木质。根发育不良，主根瘦长，次生根极少或无	花少，果少，果实迟熟。易出现秃尖、脱荚或落花蕾，种子小而不饱满
钾	植株较小且较柔弱，易感染病虫害	开始从老叶尖端沿叶缘逐渐变黄，严重时干枯死亡。叶缘似烧焦状，有时出现斑点状褐斑，或叶卷曲显皱纹	茎细小，柔弱，节间短，易倒伏	分蘖多但结穗少，果子瘦小。果肉不饱满。有时果实出现畸形，有棱角。子粒干瘪，皱缩
钙	植株矮小，组织坚硬。病态先发生于根部和地上幼嫩部分，未老先衰	幼叶卷曲，脆弱，叶缘发黄，逐渐枯死，叶尖有枯化现象	茎、根尖的分生组织受损，根尖生长不好。茎软下垂。根尖细胞易腐烂、死亡。有时根部出现枯斑或裂伤	结实不好或很少结实

（续）

元素	缺素症状			
	植株形态	叶	根和茎	生殖器官
镁	病态发生在生长后期。黄化，植株大小没有明显变化	首先从下部老叶开始缺绿，但只有叶肉变黄，而叶脉仍保持绿色，以后叶肉组织逐渐变褐而死亡	变化不大	开花受抑制，花的颜色变苍白
硫	植株普遍缺绿，后期生长受抑制	幼叶开始发黄，叶脉先缺绿，严重时老叶变为黄白色，但叶肉仍为绿色	茎细小，很稀疏，支根少。豆科作物根瘤少	开花结实期延迟，果实减少

表 2-2-5 植物微量元素的缺素症状

缺素名称	病 症 表 现
硼	顶端停止生长并逐渐死亡，根系不发达，叶色暗绿，叶片肥厚、皱缩，植株矮化，茎及叶柄易开裂，花发育不全，果穗不实，蕾花易脱落，块根、浆果心腐或坏死。如油菜"花而不实"，棉花"蕾而不花"，小麦"穗而不实"，大豆"缩果病"，甜菜"心腐病"，芹菜"茎裂病"等
锌	叶小簇生，中下部叶片失绿，主脉两侧出现不规则的棕色斑点，植株矮化，生长缓慢。如玉米早期出现"白苗病"，生长后期果穗缺粒秃尖。水稻基部叶片沿主脉出现失绿条纹，继而出现棕色斑点，植株萎缩，造成"矮缩病"。果树顶端叶片呈"莲座"状或簇状，叶片变小，称"小叶病"
钼	生长不良，植株矮小，叶片凋萎或焦枯，叶缘卷曲，叶色褪淡发灰。如大豆叶片上出现许多细小的灰褐色斑点，叶片向下卷曲，根瘤发育不良。柑橘呈斑点状失绿，出现"黄斑病"。番茄叶片的边缘向上卷曲，老叶上呈现明显黄斑。甘蓝形成瘦长畸形叶片
锰	症状从新叶开始。叶片脉间失绿，叶脉仍为绿色，叶片上出现褐色或灰色斑点，逐渐连成条状，严重时叶色失绿并坏死。如烟草"花叶病"、燕麦"灰斑病"、甜菜"黄斑病"等
铁	引起"失绿病"，幼叶叶脉间失绿黄化，叶脉仍为绿色。以后完全失绿，有时整个叶片呈黄白色。因铁在体内移动性小，新叶失绿，而老叶仍保持绿色，如果树新梢顶端的叶片变为黄白色。新梢顶叶脱落后，形成"梢枯"现象
铜	多数植物顶端生长停止和顶枯。果树缺铜常产生"顶枯病"，顶部枝条弯曲，顶梢枯死。枝条上形成斑块和瘤状物；树皮变粗出现裂纹，分泌出棕色胶液。在新开垦的土地上种植禾本科作物，常出现"开垦病"，表现为叶片尖端失绿，干枯和叶尖卷曲。分蘖很多但不抽穗或很少，不能形成饱满子粒

植物缺素症诊断歌

植物营养要平衡，营养失衡把病生，病症发生早诊断，准确判断好矫正。
缺素判断并不难，根茎叶花细观察，简单介绍供参考，结合土测很重要。
缺氮抑制苗生长，老叶先黄新叶薄，根小茎细多木质，花迟果落不正常。
缺磷株小分蘖少，新叶暗绿老叶紫，主根软弱侧根稀，花少果迟种粒小。
缺钾株矮生长慢，老叶尖缘卷枯焦，根系易烂茎纤细，种果畸形不饱满。
缺锌节短株矮小，新叶黄白肉变薄，棉花叶缘上翘起，桃梨小叶或簇叶。
缺硼顶叶皱缩卷，腋芽丛生花蕾落，块根空心根尖死，花而不实最典型。
缺钼株矮幼叶黄，老叶肉厚卷下方，豆类枝稀根瘤少，小麦迟迟不灌浆。
缺锰失绿株变形，幼叶黄白褐斑生，茎弱黄老多木质，花果稀少质量轻。
缺钙未老株先衰，幼叶边黄卷枯黏，根尖细脆腐烂死，茄果烂脐株萎蔫。
缺镁后期植株黄，老叶脉间变褐亡，花色苍白受抑制，根茎生长不正常。

缺硫幼叶先变黄，叶尖焦枯茎基红，根系暗褐白少，成熟迟缓结实稀。
缺铁失绿先顶端，果树林木最严重，幼叶脉间先黄化，全叶变白难矫正。
缺铜变形株发黄，禾谷叶黄幼尖蔫，根茎不良树冒胶，抽穗困难芒不全。

2. 当地植物主要施肥方法考察

（1）训练准备。了解当地植物的主要施肥方法和根外追肥方法的经验。

（2）操作规程。根据当地植物类型，选择合理的施肥方法和根外追肥方法（表2-2-6）。

表2-2-6　当地植物主要施肥方法考察

工作环节	操 作 规 程	质 量 要 求
当地植物主要施肥方法考察	在农作物、蔬菜、果树、花卉等植物进行施肥时候，组织学生进行参观，并进行适当施肥实践： （1）基肥的施用。主要考察了解有机肥料、化学肥料作基肥的施用方法：撒施、条施、沟施、分层施肥、果树环状或放射状施肥等 （2）种肥的施用。主要考察了解种肥的施用方法：穴施、拌种、浸种、盖种肥、蘸秧根等 （3）追肥的施用。主要考察了解追肥的施用方法：撒施、条施、沟施、根外追肥、注射施肥、打洞填埋法、果树环状或放射状施肥等	（1）结合自身所见，同学间相互讨论交流，归纳当地主要施肥方法的具体步骤、特点、施用时期、适用植物 （2）查找有关资料，了解目前先进的施肥手段 （3）撰写一份调查报告
当地主要植物根外追肥实施	根据当地种植的农作物、蔬菜、果树、花卉等情况，在老师和有经验的农民指导下，进行实践： （1）肥料的选择。根据种植的植物，查阅相关资料，确定需要选用哪些肥料作为根外追肥 （2）肥料的配制。根据植物的需要浓度和施用量，将肥料称取好，放入喷雾器中，加一定量水溶液，搅拌溶解 （3）肥料喷洒。选择上午9时或下午4时以后，无风晴朗的天气，进行喷施	（1）喷肥时，溶液中可加少量"湿润剂"或适当加大溶液浓度，均匀喷叶背面或新梢上半部 （2）喷施后4h内若遇雨，雨后应进行补喷，浓度适当降低 （3）过磷酸钙、草木灰等要经浸泡后取上部清液稀释后喷施

【问题处理】

1. 缺素观察　植物缺素症观察时，要对比正常植株，首先观察症状出现的部位：症状主要发生在下部老叶，或在新叶或顶芽。其次要观察叶片颜色：叶片是否失绿变褐变黄，叶色是否均一，叶肉和叶脉的颜色是否一致，叶上有无斑点或条纹，斑点或条纹是什么颜色。再次要观察叶片形态：叶片是否完整，是否卷曲或皱缩，叶尖、叶缘或整个叶片是否焦枯。最后再观察症状发展过程：症状最先出现在叶尖、叶基部、叶缘或是主叶脉两侧；症状发生以后又怎样发展，观察顶尖是否扭曲、焦枯或死亡。

2. 施肥新方法　在进行植物施肥方法调查时，除了学习过的施肥方法外，还要注意调查其他施肥新方法，并进行总结。

任务二　植物生长的化学肥料

【任务目标】

知识目标：1. 了解化学肥料的概念、种类。

2. 了解氮肥、磷肥、钾肥、微量元素肥料、复合肥料的类型及特点。

3. 熟悉生产实际中常见氮肥、磷肥、钾肥、微量元素肥料、复合肥料的性质和施用。

能力目标：1. 识别常见氮肥、磷肥、钾肥、微量元素肥料和复合肥料品种。

2. 能正确进行氮肥、磷肥、钾肥、微量元素肥料、复合（混）肥料的合理施用。

3. 能正确测定土壤速效氮、速效磷、速效钾含量。

【知识学习】

化学肥料简称化肥，是用化学和（或）物理方法人工制成的含有一种或几种农作物生长需要的营养元素的肥料。化学肥料按其所含元素的多少分为单质肥料（如氮肥：尿素、硫酸铵、碳酸氢铵等；磷肥：过磷酸钙、磷矿粉、钙镁磷肥等；钾肥：氯化钾、硫酸钾等）、复合肥料（如磷酸二氢钾、硝酸钾、磷酸铵等）和微量元素肥料（如硫酸亚铁、硼酸、硫酸锌、硫酸锰、钼酸铵等）。化学肥料具有以下特点：成分比较单一、养分含量高、肥效快、体积小且运输方便等特点。

1. 氮肥

（1）土壤氮素形态与转化。土壤中氮素的形态可分为无机态氮和有机态氮。无机氮也称矿质氮，包括铵态氮（NH_4^+）、硝态氮（NO_3^-）、亚硝态氮（NO_2^-）。土壤中的无机氮主要是铵态氮和硝态氮两部分。有机氮是土壤中氮的主要形态，一般占土壤全氮量的95%以上。按其溶解和水解的难易程度可分为水溶性有机氮、水解性有机氮和非水解性有机氮三类。

土壤中氮素的转化包括矿化作用、硝化作用、反硝化作用、生物固氮作用、氮素的固定与释放、氨的挥发作用和氮素的淋溶作用等。这些转化过程都是相互联系和相互制约的（图2-2-8）。

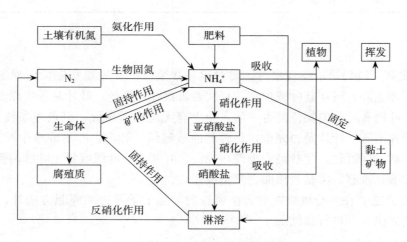

图 2-2-8 土壤中氮的转化

（2）主要氮肥的性质与施用。氮肥按氮素化合物的形态可分为铵态氮肥、硝态氮肥和酰胺态氮肥等类型。各种类型氮肥的性质、在土壤中的转化和施用既有共同之处，也各有其特点（表2-2-7）。常见氮肥的性质和施用技术如表2-2-8。

表 2-2-7 主要氮肥类型的特点

类型	主要品种	主要特点
铵态氮肥	碳酸氢铵、硫酸铵、氯化铵、氨水、液氨等	易溶于水,为速效氮肥;施入土壤后,肥料中 NH_4^+ 被吸附在土壤胶体上成为交换态养分,部分进入黏土矿物晶层固定;在通气良好的土壤中,铵态氮可进行硝化作用转变为硝态氮,便于植物吸收,但也易引起氮素的损失;在碱性环境中,易引起氨的挥发损失
硝态氮肥	硝酸钠、硝酸钙、硝酸铵等	易溶于水,溶解度大,为速效性氮肥;植物一般主动吸收 NO_3^-,过量吸收对植物基本无害;吸湿性强,易吸湿结块;受热易分解,易燃易爆,贮运中应注意安全; NO_3^- 不易被土壤胶体吸附,易随水流失,水田不宜使用;通过反硝化作用,硝酸盐还原成气体状态(一氧化氮、一氧化二氮、氮气)挥发损失
酰胺态氮肥	尿素	易溶于水,吸湿性较强;施于土壤之后以分子态存在,与土壤胶体形成氢键吸附后,移动缓慢,淋溶损失少;经脲酶的水解作用产生铵盐;肥效比铵态氮和硝态氮迟缓;容易吸收,适宜叶面追肥;对钙、镁、钾等阳离子的吸收无明显影响

表 2-2-8 常见氮肥的性质和施用要点

肥料名称	化学成分	N含量(%)	酸碱性	主要性质	施用技术要点
碳酸氢铵	NH_4HCO_3	16.8~17.5	弱碱性	化学性质极不稳定,白色细结晶,易吸湿结块,易分解挥发,刺激性氨味,易溶于水,施入土壤无残存物,生理中性肥料	储存时要防潮、密闭。一般作基肥或追肥,不宜作种肥。施入 7~10 cm 深,及时覆土,避免高温施肥,防止氨气挥发,适合于各种土壤和作物
尿素	$CO(NH_2)_2$	45~46	中性	白色结晶,无味无臭,稍有清凉感,易溶于水,呈中性反应,易吸湿,肥料级尿素则吸湿性较小	适用于各种作物和土壤,可用作基肥、追肥,并适宜作根外追肥。尿素中因含有缩二脲,常对植物种子发芽和植株生长有影响
硫酸铵	$(NH_4)_2SO_4$	20~21	弱酸性	白色结晶,因含有杂质有时呈浅灰、淡绿或淡棕色,吸湿性弱,热反应稳定,是生理酸性肥料,易溶于水	宜作种肥、基肥和追肥。在酸性土壤中长期施用,应配施石灰和钙镁磷肥,以防土壤酸化;水田不宜长期大量施用,以防硫化氢中毒。适于各种作物尤其是油菜、马铃薯、葱、蒜等喜硫作物
氯化铵	NH_4Cl	24~25	弱酸性	白色或淡黄色结晶,吸湿性小,热反应稳定,生理酸性肥料,易溶于水	一般作基肥或追肥,不宜作种肥。一些忌氯作物如烟草、葡萄、柑橘、茶叶、马铃薯等和盐碱地不宜施用

2. 磷肥

(1) 土壤磷素形态与转化。土壤中磷的形态,按化学分类可分为有机态磷和无机态磷两大类。有机态磷和无机态磷之间可以互相转化。有机态磷的形态,现在还不很清楚,目前已知道化学形态和性质的有磷酸肌醇、磷脂和核酸,还有少量的磷蛋白和磷酸糖等。这些有机磷化合物约占有机磷的 1/2,另一半形态目前仍不太清楚。土壤中有机磷的总量占土壤全磷的 10%~50%。土壤中无机态磷占全磷的 50%~90%,可分为 3 种类型:水溶性磷(磷酸二氢钾、磷酸二氢钠、磷酸氢二钾、磷酸氢二钠、磷酸一钙、磷酸一镁)、弱酸溶性磷(磷酸二钙、磷酸二镁)、难溶性磷(磷酸十钙、羟基磷灰石、磷酸八钙、氯磷灰石、盐基性磷酸铝等)。

土壤中磷的转化包括有效磷的固定（化学固定、吸附固定、闭蓄态固定和生物固定）和难溶性磷的释放过程，他们处于不断地变化过程中（图2-2-9）。

（2）常见磷肥的性质及施用。按其中所含磷酸盐溶解度不同可分为3种类型：一是水溶性磷肥，主要有过磷酸钙和重过磷酸钙等，所含的磷易被植物吸收利用，肥效快，是速效性磷肥。二是枸溶性磷肥（弱酸溶性磷肥），主要有钙镁磷肥、钢渣磷肥、脱氟磷肥、沉淀磷肥和偏磷酸钙等。其肥效较水溶性磷肥要慢。三是难溶性磷肥，主要有磷矿粉、骨粉和磷质海鸟粪等。肥效迟缓而长，为迟效性磷肥。河南省常见的磷肥的性质和施用技术见表2-2-9。

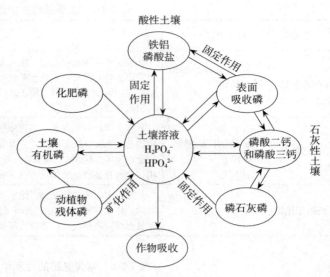

图2-2-9　土壤中磷的转化

表2-2-9　常见磷肥的性质及施用技术要点

肥料名称	主要成分	P_2O_5（%）	主要性质	施用技术要点
过磷酸钙	$Ca(H_2PO_4)_2$、$CaSO_4$	12～18	灰白色粉末或颗粒状，含硫酸钙40%～50%、游离硫酸和磷酸3.5%～5%，肥料呈酸性，有腐蚀性，易吸湿结块	作基肥、追肥和种肥及根外追肥，集中施于根层。适用于碱性及中性土壤，酸性土壤应先施石灰，隔几天再施过磷酸钙
重过磷酸钙	$Ca(H_2PO_4)_2$	36～42	深灰色颗粒或粉状，吸湿性强；含游离磷酸4%～8%，呈酸性，腐蚀性强；又称双料或三料磷肥	宜作基肥、追肥和种肥。适用于各种土壤和植物，施用量比过磷酸钙减少1/2以上
钙镁磷肥	$\alpha\text{-}Ca_3(PO_4)_2$、$CaO$、$MgO$、$SiO_2$	14～18	黑绿色、灰绿色粉末，不溶于水，溶于弱酸，物理性状好，呈碱性反应	一般作基肥，与生理酸性肥料混施，以促进肥料的溶解；在酸性土壤上也可作种肥或蘸秧根；与有机肥料混合或堆沤后施用可提高肥效

3. 钾肥

（1）土壤钾素形态与转化。土壤中钾按化学形态可分为水溶性钾、交换性钾、缓效态钾和矿物态钾。水溶性钾是指以离子形态存在于土壤中的钾，只占土壤全钾量的0.05%～0.15%。交换性钾是吸附在带有负电荷的土壤胶体上的钾，占土壤全钾量的0.15%～0.5%。缓效态钾主要是指固定在黏土矿物层状结构中的钾和较易风化的矿物中的钾，如黑云母中的钾。缓效钾占土壤全钾量的1%～10%。矿物态钾主要是指存在于原生矿物中的钾，如钾长石、白云母中的钾。这部分钾占土壤全钾量的90%～98%。钾在土壤中的转化包括两个过程：钾的释放和钾的固定（图2-2-10）。

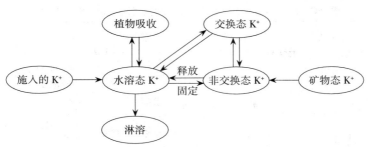

图 2-2-10 土壤各种形态钾之间转化

(2) 常见的钾肥性质及施用。目前常见的钾肥性质及施用要点可见表 2-2-10。

表 2-2-10 常见钾肥的性质与施用技术要点

肥料名称	成分	K₂O（%）	主要性质	施用技术要点
氯化钾	KCl	50～60	白色或粉红色结晶，易溶于水，不易吸湿结块，生理酸性肥料	适于大多数作物和土壤，但忌氯作物不宜施用；宜作基肥深施，作追肥要早施，不宜种肥。盐碱地不宜施用
硫酸钾	K₂SO₄	48～52	白色或淡黄色结晶，易溶于水，物理性状好，生理酸性肥料	与氯化钾基本相同，但对忌氯作物有好效果。适于一切作物和土壤
草木灰	K₂CO₃	5～10	主要成分能溶于水，碱性反应，还含有钙、磷等元素	适宜于各种作物和土壤，可作基肥、追肥，宜沟施或条施，也作盖种肥或根外追肥

4. 微量元素肥料

（1）土壤中微量元素。土壤中微量元素的形态非常复杂，主要可分为水溶态、交换态、缓效态（如固定态、有机结合态）、难溶态（如矿物态）等（表 2-2-11）。

表 2-2-11 土壤中微量元素的含量、形态与临界值

种类	含量	临界值（有效态）	形态	易缺乏土壤
锌	3～709 mg/kg 平均 100 mg/kg	石灰性或中性土壤 0.5mg/kg，酸性土壤 1.5mg/kg	矿物态、交换态、水溶态、有机结合态	pH>6.5 的土壤
硼	0.5～453 mg/kg 平均 64 mg/kg	0.5 mg/kg	矿物态、交换态、水溶态、有机态	石灰性土壤和碱性土壤
钼	0.1～6 mg/kg 平均 1.7 mg/kg	0.15 mg/kg	矿物态、有机结合态、交换态、水溶态	酸性土壤
锰	42～3 000 mg/kg 平均 710 mg/kg	100 mg/kg	矿物态、水溶态和交换态、易还原态、有机态	中性和碱性土壤
铁	3.8%	2.5 mg/kg	矿物态、有机结合态、交换态、水溶态	中性、石灰性、碱性土壤
铜	3～300 mg/kg 平均 22 mg/kg	石灰性或中性土壤 0.2mg/kg，酸性土壤 2.0mg/kg	矿物态、有机结合态、交换态和水溶态	中性、石灰性、碱性土壤

（2）常用微量元素肥料的种类、性质和施用。通常情况下，土壤中微量元素含量足够植物吸收利用。但由于土壤受环境条件影响，其有效性往往很低,甚至缺乏,有时需施用微量元素肥料进行补充。微量元素肥料的种类很多,常用的微量元素肥料的性质与施用见表 2-2-12。

表 2-2-12 常用微量元素肥料的种类、性质和施用技术要点

种类	肥料名称	主要成分	含量（%）	主要性质	施用要点
硼肥	硼砂	$Na_2B_4O_7 \cdot 10H_2O$	11	白色结晶或粉末，40℃热水中易溶，不吸湿	作基肥每公顷用量4～15kg；浸种浓度为0.05%；根外追肥浓度为0.1%～0.2%
	硼酸	H_3BO_3	17.5	性质同硼砂	
锌肥	硫酸锌	$ZnSO_4 \cdot 7H_2O$	23～24	白色或浅橘红色结晶，易溶于水，不吸湿	拌种每千克种子4～6g；浸种浓度为0.02%～0.05%，根外追肥浓度为0.1%～0.2%
锰肥	硫酸锰	$MnSO_4 \cdot 3H_2O$	26～28	粉红色结晶，易溶于水	拌种每千克种子4～8g，浸种浓度为0.1%，根外追肥浓度为0.1%～0.2%，作基肥15～45kg/hm^2
铜肥	硫酸铜	$CuSO_4 \cdot 5H_2O$	24～26	蓝色结晶，易溶于水	拌种每千克种子4～8g，浸种浓度为0.01%～0.05%，根外追肥浓度为0.02%～0.04%，作基肥15～30kg/hm^2
钼肥	钼酸铵	$(NH_4)_6Mo_7O_{24} \cdot 4H_2O$	50～54	青白或黄白结晶，易溶于水	拌种每千克种子1～2g，浸种浓度为0.05%～0.1%，根外追肥浓度0.05%～0.1%
铁肥	硫酸亚铁	$FeSO_4 \cdot 7H_2O$	19～20	淡绿色结晶，易溶于水	根外喷施浓度大田作物为0.2%～1%，果树为0.3%～0.4%

5. 复（混）合肥料

（1）复（混）合肥料概述。复（混）合肥料是指氮、磷、钾3种养分中，至少有两种养分标明量的，由化学方法和（或）掺混方法制成的肥料。其中由化学方法制成的称复合肥料，由掺混方法制成的称混合肥料。复（混）合肥料的有效成分，一般用氮-五氧化二磷-氧化钾的含量百分数来表示。如含氮13%、氧化钾44%的硝酸钾，可用13-0-44来表示。复（混）合肥料具有以下特点：养分齐全，科学配比；物理性状好，适合于机械化施肥；简化施肥，节省劳动力；效用与功能多样；养分比例固定，难于满足施肥技术要求。

（2）常见的复合肥料性质与施用技术要点见表2-2-13。

表 2-2-13 常见复合肥料性质及施用技术要点

肥料名称	组成和含量	性质	施用
磷酸铵	$(NH_4)_2HPO_4$和$NH_4H_2PO_4$ N16%～18%，P_2O_5 46%～48%	水溶性，性质较稳定，多为白色结晶颗粒状	基肥或种肥，适当配合施用氮肥
硝酸磷肥	NH_4NO_3，$NH_4H_2PO_4$和$CaHPO_4$ N 12%～20%，P_2O_5 10%～20%	灰白色颗粒状，有一定吸湿性，易结块	基肥或追肥，不适宜于水田，豆科植物效果差
磷酸二氢钾	KH_2PO_4 P_2O_5 52%，K_2O 35%	水溶性，白色结晶，化学性酸，吸湿性小，物理性状良好	多用于根外喷施和浸种
硝酸钾	KNO_3 N 12%～15%，K_2O 45%～46%	水溶性，白色结晶，吸湿性小，无副成分	多作追肥，施于旱地和马铃薯、甘薯、烟草等喜钾植物

目前，各地推广施用的配方肥料多为掺混肥料，它是把含有氮、磷、钾及其他营养元素

的基础肥料按一定比例掺混而成的混合肥料,简称BB肥。由于它具有生产工艺简单,投资省,能耗少,成本低;养分配方灵活,针对性强,能适应农业生产需要的特点,因此发展很快。

【技能训练】

1. 土壤速效氮、速效磷、速效钾含量的测定

(1) 训练准备。将全班按2人一组分为若干组,每组准备以下材料和用具:火焰光度计或原子吸收分光光度计,天平,分析天平,分光光度计,振荡机,恒温箱,半微量滴定管(1~2mL或5mL),扩散皿滴定台,玻璃棒,容量瓶,三角瓶,比色管,移液管,塑料瓶,无磷滤纸,滤纸。并提前进行下列试剂配制(表2-2-14)。

表2-2-14 土壤速效养分测定试剂配制一览表

试剂名称	配 制 方 法
1.8mol/L氢氧化钠溶液	称取分析纯氢氧化钠72g,用水溶解后,冷却定容到1 000mL(适用于水田土壤)
2%硼酸溶液	称取20g硼酸(H_3BO_3,三级),用热蒸馏水(约60℃)溶解,冷却后稀释至1 000mL,用稀酸或稀碱调节pH至4.5
0.01 mol/L盐酸溶液	取1:9盐酸8.35mL,用蒸馏水稀释至1 000mL,然后用标准碱或硼砂标定
定氮混合指示剂	分别称0.1g甲基红和0.5g溴甲酚绿指示剂,放入玛瑙研钵中,并用100 mL 95%酒精研磨溶解,此液应用稀酸或稀碱调节pH至4.5
特制胶水	阿拉伯胶(称取10g粉状阿拉伯胶,溶于15mL蒸馏水中)10份,甘油10份,饱和碳酸钾10份,混合即成
硫酸亚铁(粉剂)	将分析纯硫酸亚铁磨细,装入棕色瓶中置阴凉干燥处贮存
无磷活性炭粉	为了除去活性炭中的磷,先用1:1盐酸溶液浸泡24h,然后移至平板瓷漏斗抽气过滤,用水淋洗到无Cl^-为止(4~5次),再用碳酸氢钠浸提剂浸泡
100g/L氢氧化钠溶液	称取10g氢氧化钠溶于100mL水中
0.5 mol/L碳酸氢钠溶	称取化学纯碳酸氢钠42g溶于800mL蒸馏水中,冷却后,以0.5 mol/L氢氧化钠调节pH至8.5,倒入1 000mL容量瓶中,用水定容至刻度,贮存于试剂瓶中
3 g/L酒石酸锑钾溶液	称取0.3 g酒石酸锑钾溶于水中,稀释至100mL
硫酸钼锑贮备液	称取分析纯钼酸铵10g溶入300mL约60℃的水中,冷却。另取181mL浓硫酸缓缓注入800mL水中,搅匀,冷却。然后将稀硫酸溶液徐徐注入钼酸铵溶液中,搅匀,冷却。再加入100mL 3g/L酒石酸锑钾溶液,最后用水稀释至2mL,摇匀,贮于棕色瓶中备用
硫酸钼锑抗混合显色剂	称取0.5g左旋抗坏血酸溶于100mL硫酸钼锑贮备液中。此试剂有效期24h,必须用前配制
100μg/mL磷标准贮备液	准确称取105℃烘干过2h的分析纯磷酸二氢钾0.439g用水溶解,加入5mL浓硫酸,然后加水定容至1 000mL。该溶液放入冰箱中可供长期使用
1 mol/L乙酸铵溶液	称取77.08g乙酸铵溶于近1 000mL水中。用稀乙酸或氨水(1:1)调节至溶液pH为7.0(绿色),用水稀释至1 000mL。该溶液不宜久放
100μg/mL钾标准溶液	准确称取经110℃烘干2h的氯化钾0.190 7g,用水溶解后定容至1 000mL,贮于塑料瓶中

(2) 操作规程。根据提供样品进行测定,将土壤碱解氮、速效磷、速效钾等测定结果(表2-2-15),分别填入表2-2-16、表2-2-17和表2-2-18中,方便结果计算。速效磷和速效钾的结果计算中,也可依据磷、钾标准系列溶液的测定值配置回归方程,依据待测液测定值利用回归方程计算待测液浓度值。

表 2-2-15 土壤碱解氮、速效磷、速效钾等含量测定

工作环节	操 作 规 程	质量要求
土壤分析样品的选取	根据土壤速效养分测定的要求，选取通过1mm筛风干土样	参见土壤样品制备的质量要求
当地土壤碱解氮含量的测定	（1）称样。称取通过1mm筛风干土样2g和1g硫酸亚铁粉剂，均匀铺在扩散皿（图2-2-11）外室内，水平地轻轻旋转扩散皿，使样品铺平。同一样品需称两份做平行测定 （2）扩散准备。在扩散皿内室加入2 mL 2%硼酸溶液，并滴加1滴定氮混合指示剂，然后在扩散皿的外室边缘涂上特制胶水，盖上皿盖，并使皿盖上的孔与皿壁上的槽对准，而后用注射器迅速加入10mL 1.8mol/L氢氧化钠于皿的外室中，立即盖严毛玻璃盖，以防逸失 （3）恒温扩散。水平方向轻轻旋转扩散皿，使溶液与土壤充分混匀，然后小心地用橡皮筋两根交叉成十字形圈紧固定，随后放入40℃恒温箱中保温24h （4）滴定。24h后取出扩散皿去盖，再以0.01mol/L盐酸标准溶液用半微量滴定管滴定内室硼酸中所吸收的氨量（由蓝色滴到微红色） （5）空白实验。在样品测定同时进行两个空白实验。除不加土样外，其他步骤同样品测定 （6）结果计算 $$碱解氮含量(mg/kg) = \frac{c(V-V_0) \times 14 \times 1\,000}{m}$$ 式中，c为标准盐酸溶液的浓度（mol/L）；V为滴定样品时用去盐酸体积（mL）；V_0为滴定空白样品时用去盐酸体积（mL）；14代表1mol氮的克数；1 000是换算成每千克样品中氮的mg数的系数；m为烘干样品重（g）	（1）样品称量精确到0.01g；若为水稻土，不需加还原剂 （2）由于胶水碱性很强，在涂胶和恒温扩散时要特别细心，谨防污染室内 （3）扩散时温度不宜超过40℃。扩散过程中，扩散皿必需盖严，不能漏气 （4）滴定时应用细玻璃棒搅动室内溶液，不宜摇动扩散皿，以免溢出 （5）空白器皿与样品器皿一定要同时保温扩散 （6）平行测定结果以算术平均值表示，保留整数；平行测定结果允许相对相差≤10%
当地土壤速效磷含量的测定	（1）称样。称取通过1mm筛孔的风干土壤样品2.5g置于250mL三角瓶中 （2）土壤浸提液制备。准确加入碳酸氢钠溶液50mL，再加约1g无磷活性炭，摇匀，用橡皮塞塞紧瓶口，在振荡机上振荡30min，立即用无磷滤纸过滤于150mL三角瓶中，弃去最初滤液 （3）加显色剂。吸取滤液10mL于25mL比色管中，缓慢加入显色剂5.00mL，慢慢摇动，排出二氧化碳后加水定容至刻度，充分摇匀。在室温高于20℃处放置30min （4）标准曲线绘制。吸取磷标准液0、0.5、1.0、1.5、2.0、2.5、3.0mL于25mL比色管中，加入浸提剂10mL，显色剂5mL，慢慢摇动，排出二氧化碳后加水定容至刻度。此系列溶液磷的浓度分别为0、0.1、0.2、0.3、0.4、0.5、0.6μg/mL。在室温高于20℃处放置30min，然后同待测液一起进行比色，以溶液质量浓度作横坐标，以吸光度作纵坐标（在方格坐标纸上），绘制标准曲线 （5）比色测定。将显色稳定的溶液，用1cm光径比色皿在波长700nm处比色，测量吸光度 （6）结果计算。从标准曲线查得待测液的浓度后，可按下式计算： $$土壤速效磷（mg/kg）= \rho \times \frac{V_显 \times V_提}{V_分 \times m}$$	（1）样品称量精确到0.01g （2）用碳酸氢钠浸提有效磷时，温度应控制在25℃±1℃；若滤液不清，重新过滤 （3）若有效磷含量较高，应减少浸提液吸取量，并加浸提剂补足至10mL后显色，以保持显色时溶液的酸度。二氧化碳气泡应完全排出 （4）标准曲线绘制应与样品同时进行，使其和样品显色时间一致 （5）钼锑抗法显色以20～40℃为宜，如室温低于20℃，可放置在30～40℃烘箱中保温30min，取出冷却后比色 （6）平行测定结果以算术平均值表示，保留小数点后一位。平行测定结果允许误差：测定值（P，mg/kg）为：<10、10～20、>20时，允许差（P，mg/kg）分别为：绝对差值≤0.5、绝对差值≤1.0、相对相差≤5%

（续）

工作环节	操 作 规 程	质量要求
当地土壤速效磷含量的测定	式中，ρ 为标准曲线上查得的磷的浓度（mg/kg）；$V_显$ 为在分光光度计上比色的显色液体积（mL）；$V_提$ 为土壤浸提所得提取液的体积（mL）；m 为烘干土壤样品质量（g）；$V_分$ 为显色时分取的提取液的体积（mL）	
当地土壤速效钾含量的测定	（1）称样。称取通过1mm筛孔的风干土壤样品 5.0g 置于 250mL 三角瓶中 （2）土壤浸提液制备。准确加入乙酸铵溶液 50mL，塞紧瓶口，摇匀，在 20～25℃下，150～180 r/min 振荡 30min，过滤 （3）标准曲线绘制。吸取钾标准液 0、3.0、6.0、9.0、12.0、15.0mL 于 50mL 容量瓶中，用乙酸铵定容至刻度。此系列溶液钾的浓度分别为 0、6、12、18、24、30μg/mL （4）空白实验。在样品测定同时进行两个空白实验。除不加土样外，其他步骤同样品测定 （5）比色测定。以乙酸铵溶液调节仪器零点，滤液直接在火焰光度计上测定或用乙酸铵稀释后在原子吸收分光光度计上测定 （6）结果计算。从标准曲线查得或计算待测液的质量浓度后，按下式计算土壤速效钾含量 $$土壤速效钾(mg/kg) = \frac{\rho \times V_提}{m}$$ 式中，ρ 为从标准曲线上查得或计算待测液中钾的质量浓度（mg/kg）；$V_提$ 为土壤浸提液总体积（mL）；m 为风干土样质量（g）	（1）样品称量精确到 0.01g （2）若滤液不清，重新过滤 （3）标准曲线绘制应与样品同时进行。也可通过计算回归方程，代替标准曲线绘制 （4）若样品含量过高需要稀释，应采用乙酸铵浸提剂稀释定容，以消除基体效应 （5）平行测定结果以算术平均值表示，结果取整数。平行测定结果的相对相差≤5%。不同实验室测定结果的相对相差≤8%

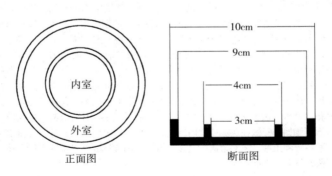

图 2-2-11 扩散皿示意图

表 2-2-16 土壤碱解氮测定记录表

土样号	土样重（g）	消耗盐酸数量（mL）	空白消耗盐酸数量（mL）	碱解氮含量（mg/kg）

表 2-2-17　土壤速效磷测定记录表

标准液浓度	0 (μg/mL)	0.1 (μg/mL)	0.2 (μg/mL)	0.3 (μg/mL)	0.4 (μg/mL)	0.5 (μg/mL)	0.6 (μg/mL)	待测液1	待测液2
吸光度值									

表 2-2-18　土壤速效钾测定记录表

标准液浓度	0 (μg/mL)	6 (μg/mL)	12 (μg/mL)	18 (μg/mL)	24 (μg/mL)	30 (μg/mL)	待测液1	待测液2
吸光度值								

2. 化学肥料的合理施用技术

（1）训练准备。熟悉并准备常见化学肥料：尿素、碳酸氢铵、氯化铵、硫酸铵、硝酸铵、过磷酸钙、重过磷酸钙、硫酸钾、氯化钾、草木灰、硼砂、硼酸、硫酸锌、钼酸铵、硫酸锰、硫酸亚铁、硫酸铜、磷酸铵系列、硝酸磷酸、磷酸二氢钾等肥料的性质与施用技术。

（2）操作规程。选取种植农作物、果树、蔬菜、花卉等植物的地块，进行土壤养分测试，了解土壤养分状况，进行氮肥、磷肥、钾肥等合理施用方案（表2-2-19）。

表 2-2-19　化学肥料的合理施用技术

工作环节	操作规程	质量要求
合理施用氮肥	（1）根据当地土壤碱解氮含量测定结果，评价其肥力等级，根据种植植物情况，确定氮肥用量。沙土、沙壤土氮肥应该少量多次，黏土可减少施肥次数。碱性土壤施用铵态氮肥应深施覆土；酸性土壤宜选择生理碱性肥料或碱性肥料 （2）根据当地气候条件、氮肥特性、植物种植情况等确定氮肥品种。豆科植物能进行共生固氮，一般只需在生长初期施用一些氮肥；马铃薯、甜菜、甘蔗等淀粉和糖料植物一般在生长初期需要氮素充足供应；蔬菜则需多次补充氮肥使得氮素均匀地供给蔬菜需要，不能把全生长发育期所需的氮肥一次性施入 （3）根据氮肥品种和用量，通过合理深施，与有机肥、磷钾肥配合施用，施用尿酶抑制剂和硝化抑制剂等提高氮肥利用率。各种铵态氮肥如氨水、碳酸氢铵、硫酸铵、氯化铵，可作基肥深施覆土；硝态氮肥如硝酸铵在土壤中移动性大，宜作旱田追肥；尿素适宜于一切植物和土壤。尿素、碳酸氢铵、氨水、硝酸铵等不宜作种肥，而硫酸铵等可作种肥	（1）硝态氮肥尽可能施在旱作土壤上，铵态氮肥施于水田 （2）马铃薯最好施用硫酸铵；麻类植物喜硝态氮；甜菜以硝酸钠最好；番茄在苗期以铵态氮较好，结果期以硝态氮较好 （3）硫酸铵可分配施用到缺硫土壤和需硫植物上，如大豆、菜豆、花生、烟草等；氯化铵忌施在烟草、茶、西瓜、甜菜、葡萄等植物上，但可施在纤维类植物上，如麻类植物；尿素适宜作根外追肥 （4）铵态氮肥要深施
合理施用磷肥	（1）根据当地土壤速效磷含量测定结果，评价其肥力等级，根据种植植物情况，确定磷肥用量。缺磷土壤要优先施用、足量施用；中度缺磷土壤要适量施用、看苗施用；含磷丰富土壤要少量施用、巧施磷肥。有机质含量高（＞25g/kg）土壤，适当少施磷肥，有机质含量低土壤，适当多施；土壤pH在5.5以下土壤有效磷含量低，pH在6.0～7.5范围含量高，pH＞7.5时有效磷含量又变低。酸性土壤可施用碱性磷肥和枸溶性磷肥，石灰性土壤优先施用酸性磷肥和水溶性磷肥 （2）根据植物特性和轮作制度合理施用磷肥。磷肥要早施，一般作底肥深施于土壤。水旱轮作如油—稻、麦—稻轮作中，应本着	（1）不同植物对磷的敏感程度为：豆科和绿肥植物＞糖料植物＞小麦＞棉花＞杂粮（玉米、高粱、谷子）＞早稻＞晚稻。一般豆科植物对磷的需要量较多，蔬菜（特别是叶菜类）对磷的需要量小 （2）由于磷在土壤中移动性小，宜将磷肥分施在活动根层的土壤中，为了满足植物不同

模块二 植物生长环境

（续）

工作环节	操作规程	质量要求
合理施用磷肥	"旱重水轻"原则分配和施用磷肥。旱地轮作中应本着越冬植物重施、多施；越夏植物早施、巧施原则分配和施用磷肥 （3）根据磷肥特性合理分配与施用。过磷酸钙、重过磷酸钙等为水溶性、酸性速效磷肥，适用于大多数植物和土壤，但在石灰性土壤上更适宜，可作基肥、种肥和追肥集中施用。钙镁磷肥、脱氟磷肥、钢渣磷肥、偏磷酸钙等呈碱性，作基肥最好施在酸性土壤上，磷矿粉和骨粉最好作基肥施在酸性土壤上 （4）通过合理深施，与有机肥、氮钾肥配合施用等提高氮肥利用率 （5）在固磷能力强的土壤上，采用条施、穴施、沟施、塞秧根和蘸秧根等相对集中施用的方法；磷肥应深施于根系密集分布的土层中；也可采用分层施用；根外追肥也是经济有效施用磷肥的方法之一	生长发育期对磷需要最好采用分层施用和全层施用 （3）磷肥与有机肥料混合或堆沤施用，可减少土壤对磷的固定作用。在酸性土壤和缺乏微量元素的土壤上，还需要增施石灰和微量元素肥料
合理施用钾肥	（1）根据当地土壤速效钾含量测定结果，评价其肥力等级，根据种植植物情况，确定钾肥用量。钾肥应优先施用在缺钾地区和土壤上，土壤速效钾含量<80mg/kg应施用钾肥；干旱地区和土壤，钾肥施用量适当增加；在长年渍水、还原性强的水田、盐土、酸性强的土壤或土层中有黏盘层的土壤，应适当增加钾肥用量 （2）根据植物特性合理施用钾肥。钾肥应优先施用在需钾量大的喜钾植物上，如油料植物、薯类植物、糖料植物、棉麻植物、豆科植物以及烟草、果、茶、桑等植物。在绿肥—稻—稻轮作中，钾肥应施到绿肥上；在双季稻和麦—稻轮作中，钾肥应施在后季稻和小麦上；在麦—棉、麦—玉米、麦—花生轮作中，钾肥应重点施在夏季植物（棉花、玉米、花生等）上 （3）根据钾肥品种和用量，通过合理深施、早施、集中施、与有机肥、氮磷肥配合施用等提高钾肥利用率 （4）通过秸秆还田、增施有机肥料和灰肥、种植富钾植物、合理轮作倒茬等途径，增加土壤钾素供应、减少化学钾肥施用	（1）盐碱地应避免施用大量氯化钾，酸性土壤施硫酸钾更好些 （2）对耐氯力弱、对氯敏感的植物，如烟草、马铃薯等，尽量选用硫酸钾；多数耐氯力强或中等植物，如谷类植物、纤维植物等，尽量选用氯化钾 （3）宽行植物（玉米、棉花等）不论作基肥或追肥，采用条施或穴施都比撒施效果好；而密植植物（小麦、水稻等）可采用撒施效果较好
适宜施用微量元素肥料	（1）针对植物对微量元素的反应施用。将微量元素肥料施在需要较多、对缺素比较敏感的植物上，发挥其增产效果。如果树用铁肥，全年施用效果比较明显 （2）针对土壤中微量元素状况而施用。一般来说缺铁、硼、锰、锌、铜，主要发生在北方石灰性土壤上，而缺钼主要发生在酸性土壤上 （3）针对天气状况而施用。早春遇低温时，早稻容易缺锌；冬季干旱，翌年油菜容易出现大面积缺硼；降雨较多的沙性土壤，容易引起植物产生缺铁、缺锰和缺镁症；在排水不良的土壤又易发生铁、锰、钼的毒害 （4）把施用大量元素肥料放在重要位置上。微量元素肥料的效果，只有在施足大量元素肥料基础上才能充分发挥出来。微量元素肥料用量较少，施用时必须均匀，作基肥时，可与有机肥或大量元素肥料混合施用 （5）微量元素肥料施用技术主要有：一是作基肥施入土壤中；二是通过拌种、浸种、蘸秧根和根外喷施等办法作用于植物	（1）各种植物对不同的微量元素有不同的反应，敏感程度也不同，需要量也有差异 （2）土壤中微量元素的有效性受土壤环境条件影响。一般可采用施用有机肥料或适量石灰来调节土壤酸碱度、改良土壤的某些性状 （3）微量元素肥料用量过大会对植物会产生毒害作用，而且有可能污染环境，或影响人畜健康，因此，施用时应严格控制用量，力求做到施用均匀

(续)

工作环节	操作规程	质量要求
合理施用复合（混）肥料	（1）根据土壤条件合理施用。在某种养分供应水平较高的土壤上，应选用该养分含量低的复合（混）肥料。石灰性土壤宜选用酸性复合（混）肥料，如硝酸磷肥系、氯磷铵系等；水田优先施用尿素磷铵钾、尿素钙镁磷钾肥等品种；旱地则优先施用硝酸磷肥系复合（混）肥料，也可施用尿素磷铵钾、氯磷铵钾、尿素过磷酸钙钾等 （2）根据植物特性合理施用。一般粮食植物以提高产量为主，可施用氮磷复合（混）肥料；豆科植物宜施用磷钾为主的复混肥料；果树、西瓜等经济植物，以追求品质为主，施用氮磷钾三元复合（混）肥料；烟草、柑橘等忌氯植物应施用不含氯的三元复混肥料 （3）根据复合（混）肥料的养分形态合理施用。含铵态氮、酰胺态氮的复合（混）肥料在旱地和水田都可施用，但应施覆土；含硝态氮的复合（混）肥料宜施在旱地；含氯的复合（混）肥料不宜在忌氯植物和盐碱地上施用 （4）以基肥为主合理施用。复合（混）肥料作基肥要深施覆土；复合（混）肥料作种肥必须将种子和肥料隔开 5cm 以上；施肥方式有条施、穴施、全耕层深施等	（1）水田不宜施用硝酸磷肥系复混肥料；旱地不宜施用尿素钙镁磷肥等品种 （2）在轮作中上、下茬植物施用的复合（混）肥料品种也应有所区别。在河南省小麦—玉米轮作中，小麦应施用高磷复合（混）肥料，玉米应施用低磷复合（混）肥料 （3）含水溶性磷的复合（混）肥料在各种土壤上均可施用，含弱酸溶性磷的复合（混）肥料更适合于酸性土壤上施用 （4）合理施用复合（混）肥料，要配施适宜用量的单质肥料，以确保养分平衡

【问题处理】

1. 土壤碱解氮测定原理　用 1.8 mol/L 氢氧化钠碱解土壤样品，使有效态氮碱解转化为氨气状态，并不断地扩散逸出，由硼酸吸收，再用标准酸滴定，计算出碱解氮的含量。因旱地土壤中硝态氮含量较高，需加硫酸亚铁还原为铵态氮。由于硫酸亚铁本身会中和部分氢氧化钠，故须提高碱的浓度，使加入后的碱度保持在 1.2 mol/L。因水田土壤中硝态氮极微，故可省去加入硫酸亚铁，而直接用 1.2 mol/L 氢氧化钠碱解。

2. 土壤速效磷测定原理　针对土壤质地和性质，采用不同的方法提取土壤中的速效磷，提取液用硫酸钼锑抗混合显色剂在常温下进行还原，使黄色的锑磷钼杂多酸还原成为磷钼蓝，通过比色计算得到土壤中的速效磷含量。一般情况下，酸性土采用酸性氟化铵或氢氧化钠-草酸钠提取剂测定。中性和石灰性土壤采用碳酸氢钠提取剂，石灰性土壤可用碳酸盐的碱溶液。

3. 土壤速效钾测定原理　用中性 1mol/L 乙酸铵溶液为浸提剂，NH_4^+ 与土壤胶体表面的 K^+ 进行交换，连同水溶性钾一起进入溶液。浸出液中的钾可直接用火焰光度计或原子吸收分光光度计测定。

任务三　植物生长的有机肥料

【任务目标】

知识目标：1. 了解有机肥料的概念、种类及作用。

2. 熟悉人粪尿、家畜粪尿、厩肥、堆肥、沼气发酵肥、绿肥、杂肥等性质。

3. 了解生物肥料的概念、种类。

能力目标：1. 能正确进行人粪尿、家畜粪尿、厩肥、堆肥、沼气发酵肥、绿肥、杂肥等合理施用。
2. 能正确进行秸秆直接还田和高温堆肥的积制。
3. 能正确进行根瘤菌肥料、固氮菌肥料、磷细菌肥料、钾细菌肥料等生物肥料的合理施用。

【知识学习】

1. 有机肥料概述 有机肥料是指利用各种有机废弃物料，经加工积制而成的含有有机物质的肥料总称，是农村就地取材，就地积制，就地施用的一类自然肥料，也称农家肥。

（1）有机肥料类型。有机肥料按其来源、特性和积制方法一般可分为四类：

①粪尿肥类。主要是动物的排泄物，包括人粪尿、畜禽粪尿、海鸟粪、蚕沙以及利用家畜粪便积制的厩肥等。

②堆沤肥类。主要是有机物料经过微生物发酵的产物，包括堆肥（普通堆肥、高温堆肥和工厂化堆肥）、沤肥、沼气池肥（沼气发酵后的池液和池渣）、秸秆直接还田等。

③绿肥类。这类肥料主要是指直接翻压到土壤中作为肥料施用的植物整体和植物残体，包括野生绿肥、栽培绿肥等。

④杂肥类。包括各种能用作肥料的有机废弃物，如泥炭（草炭）和利用泥炭、褐煤、风化煤等为原料加工提取的各种富含腐殖酸的肥料，饼肥（榨油后的油粕）与食用菌的废弃营养基，河泥、湖泥、塘泥、污水、污泥，垃圾肥和其他含有有机物质的工农业废弃物等，也包括以有机肥料为主配置的各种营养土。

（2）有机肥料的作用。有机肥料在农业生产中所起到的作用，可以归结为以下几个方面。

①为植物生长提供营养。有机肥料几乎含有作物生长发育所需的所有必需营养元素，尤其是微量元素。此外，有机肥料中还含有少量氨基酸、酰胺、磷脂、可溶性碳水化合物等一些有机分子，可以直接为作物提供有机碳、氮、磷营养。

②活化土壤养分，提高化肥利用率。施用有机肥料可以有效地增加土壤养分含量，所含的腐殖酸还能提高缓效和难溶养分的有效性，增加土壤中难溶性磷的释放。

③改良土壤理化性质。有机肥料施入土壤中，所含的腐殖酸可以改良土壤结构，促进土壤团粒结构形成，从而协调土壤孔隙状况，提高土壤的保蓄性能，协调土壤水、气、热的矛盾；还能增强土壤的缓冲性，改善土壤氧化还原状况，平衡土壤养分。

④改善农产品品质和刺激作物生长。施用有机肥料能提高农产品的营养品质、风味品质、外观品质；有机肥料中还含有维生素、激素、酶和腐殖酸等，他们能促进作物生长和增强作物抗逆性。

⑤提高土壤微生物活性和酶的活性。有机肥料给土壤微生物提供了大量的营养和能量，加速了土壤微生物的繁殖，提高了土壤微生物的活性，同时还使土壤中一些酶（如脱氢酶、蛋白酶、脲酶等）的活性提高，促进了土壤中有机物质的转化，加速了土壤有机物质的循环，有利于提高土壤肥力。

⑥提高土壤容量，改善生态环境。施用有机肥料还可以降低作物对重金属离子铜、锌、铅、汞、铬、镉、镍等的吸收，降低了重金属对人体健康的危害。有机肥料中的腐殖质对一

部分农药的残留有吸附、降解作用，可有效地消除或减轻农药对食品的污染。

2. 主要有机肥料的性质

（1）人粪尿。人粪含有70%～80%的水分、20%左右的有机物和5%左右的无机物。有机物主要是纤维素和半纤维素、脂肪、蛋白质和分解蛋白、氨基酸、各种酶、粪胆汁等，还含有少量粪臭质、吲哚、硫化氢、丁酸等臭味物质；无机物主要是钙、镁、钾、钠的硅酸盐、磷酸盐和氯化物等盐类。新鲜人粪一般呈中性。

人尿约含95%的水分、5%左右的水溶性有机物和无机盐类，主要为尿素（占1%～2%）、氯化钠（约占1%），少量的尿酸、马尿酸、氨基酸、磷酸盐、铵盐、微量元素和微量的生长素（吲哚乙酸等）。新鲜的尿液为淡黄色透明液体，不含有微生物，因含有少量磷酸盐和有机酸而呈弱酸性。

人粪尿的排泄量和其中的养分及有机质的含量因人而异，不同的年龄、饮食状况和健康状况都不相同（表2-2-20）。

表 2-2-20　人粪尿的主要成分含量（鲜基，%）

种 类	主要成分含量				
	水分	有机物	N	P_2O_5	K_2O
人 粪	>70.00	20.00	1.00	0.50	0.37
人 尿	>90.00	3.00	0.50	0.13	0.19
人粪尿	>80.00	5.00～10.00	0.50～0.80	0.20～0.40	0.20～0.30

（2）畜禽粪尿。畜禽粪尿主要指人们饲养的牲畜，如猪、牛、羊、马、驴、骡、兔等家畜的排泄物及鸡、鸭、鹅等禽类排泄的粪便。畜禽粪成分较为复杂，主要是纤维素、半纤维素、木质素、蛋白质及其降解物、脂肪、有机酸、酶、大量微生物和无机盐类。家畜尿成分较为简单，全部是水溶性物质，主要为尿素、尿酸、马尿酸和钾、钠、钙、镁的无机盐。不同的畜禽排泄物成分略有不同。各类畜禽粪的性质可参考表2-2-21。

表 2-2-21　畜禽粪的性质

畜禽类	性　质
猪粪	质地较细，含纤维少，碳氮比低，养分含量较高，且蜡质含量较多，阳离子交换量较高，含水量较多，纤维分解细菌少，分解较慢，产热少
牛粪	质地细密，碳氮比21:1，含水量较高，通气性差，分解较缓慢，释放出的热量较少，称为冷性肥料
马粪	纤维素含量较高，疏松多孔，水分含量低，碳氮比13:1，分解较快，释放热量较多，称为热性肥料
羊粪	质地细密、干燥，有机质和养分含量高，碳氮比12:1分解较快，发热量较大，属热性肥料
兔粪	富含有机质和各种养分，碳氮比低，易分解，释放热量较多，属热性肥料
禽粪	纤维素较少，粪质细腻，养分含量高于家畜粪，分解速度较快，发热量较低

（3）厩肥。厩肥是家畜排泄物和各种垫圈材料混合积制的肥料，北方多称土粪，南方多称圈粪。厩肥的成分依垫圈材料及用量、家畜种类、饲料质量等不同而不同（表2-2-22）。厩肥常用的积制方法有3种，即深坑圈、平底圈和浅坑圈。

表 2-2-22　新鲜厩肥的主要成分含量（鲜基，%）

种类	水分	有机质	N	P_2O_5	K_2O	CaO	MgO
猪厩肥（圈粪）	72.40	25.00	0.45	0.19	0.40	0.08	0.08
马厩肥	71.90	25.40	0.38	0.28	0.53	0.31	0.11
牛厩肥（栏粪）	77.50	20.30	0.34	0.18	0.40	0.21	0.14
羊厩肥（圈粪）	64.60	31.80	0.83	0.23	0.67	0.33	0.28

①深坑圈。我国北方农村常用的一种养猪积肥方式。圈内设有一个 1m 左右的深坑为猪活动和积肥的场所，每日向坑中添加垫圈材料，通过猪的不断践踏，使垫圈材料和猪粪尿充分混合，并在缺氧的条件下就地腐熟，待坑满后一次出圈。出圈后的厩肥，下层已达到腐熟或半腐熟状态，可直接施用，上层未腐熟的厩肥可在圈外堆制，待腐熟后施用。

②平底圈。地面多为紧实土底，或采用石板、水泥筑成，无粪坑设置，采用每日垫圈每日或数日清除的方法，将厩肥移至圈外堆制。牛、马、驴、骡等大牲畜和大型养猪场常采用这种方法。平底圈积制的厩肥未经腐熟，需要在圈外堆腐，费时费工，但比较卫生和有利于家畜健康。

③浅坑圈。介于深坑圈和平底圈之间，在圈内设 13~17cm 浅坑，一般采用勤垫勤起的方法，类似于平底圈。此法和平底圈差不多，厩肥腐熟程度较差，需要在圈外堆腐。

（4）堆肥。堆肥主要是以秸秆、落叶、杂草、垃圾等为主要原料，再配合一定量的含氮丰富的有机物，在不同条件下积制而成的肥料。堆肥的性质基本和厩肥类似，其主要成分含量因堆肥原料和堆制方法不同而有差别（表 2-2-23）。

表 2-2-23　堆肥的主要成分含量（%）

种类	水分	有机质	氮（N）	磷（P_2O_5）	钾（K_2O）	碳氮比（C/N）
高温堆肥	—	24~42	1.05~2.00	0.32~0.82	0.47~2.53	9.7~10.7
普通堆肥	60~75	15~25	0.40~0.50	0.18~0.26	0.45~0.70	16~20

堆肥的腐熟是一系列微生物活动的复杂过程，腐熟过程可分为 4 个阶段，即：发热、高温、降温和腐熟阶段（表 2-2-24）。其腐熟程度可从颜色、软硬程度及气味等特征来判断。半腐熟的堆肥材料组织变松软易碎，分解程度差，汁液为棕色，有腐烂味，可概括为"棕、软、霉"。腐熟的堆肥，堆肥材料完全变形，呈褐色泥状物，可捏成团，并有臭味，特征是"黑、烂、臭"。

表 2-2-24　堆肥腐熟的 4 个阶段变化

腐熟阶段	温度变化	微生物种类	变化特征
发热阶段	常温上升至 50℃左右	中温好氧性微生物如无芽孢杆菌、球菌、芽孢杆菌、放线菌、霉菌等为主	分解材料中的蛋白质和少部分纤维素、半纤维素，释放出 NH_3、CO_2 和热量
高温阶段	维持在 50~70℃	好热性真菌、好热性放线菌、好热性芽孢杆菌、好热性纤维素分解菌和梭菌等好热性微生物	强烈分解纤维素、半纤维素和果胶类物质，释放出大量热能。同时，除矿质化过程外，也开始进行腐殖化过程
降温阶段	温度开始下降至 50℃以下	中温性纤维分解黏细菌、中温性芽孢杆菌、中温性真菌和中温性放线菌等	腐殖化过程超过矿质化过程占据优势
后熟保肥阶段	堆内温度稍高于气温	放线菌、厌氧纤维分解菌、厌氧固氮菌和反硝化细菌	堆内的有机残体基本分解，C/N 降低，腐殖质数量逐渐积累起来，应压紧封严保肥

（5）沼气肥又称沼气发酵肥。是指用秸秆、粪尿、污泥、污水、垃圾等各种有机废弃物，在一定温度、湿度和隔绝空气的条件下，由多种厌氧性微生物参与，在严格的无氧条件下进行厌氧发酵，产生沼气（CH_4）后形成的肥料。沼气可以缓解农村能源的紧张，协调农牧业的均衡发展。沼液（占总残留物13.2%）和沼渣（占总残留物86.8%）是优质的有机肥料，也可以进行综合利用。

沼液含速效氮0.03%～0.08%，速效磷0.02%～0.07%，速效钾0.05%～1.40%，同时还含有钙、镁、硫、硅、铁、锌、铜、钼等各种矿质元素，以及多种氨基酸、维生素、酶和生长素等活性物质。池渣含全氮5～12.2g/kg（其中速效氮占全氮的82%～85%），速效磷50～300mg/kg，速效钾170～320mg/kg，以及大量的有机质。

沼气肥是一种缓速兼优的好肥料，但施用时要注意：沼气肥出池后，一般先在储粪池中存放5～7天后施用。沼气肥作追肥时，要先兑水，一般兑水量为沼液的一半。宜采用穴施、沟施，然后盖土的方法施用。

（6）沤肥。沤肥是利用有机物质与泥土在淹水条件下，通过厌氧性微生物进行发酵积制的有机肥料。沤肥因积制地区、积制材料和积制方法的不同而名称各异，如江苏的草塘泥，湖南的凼肥，江西和安徽的窖肥，湖北和广西的挡肥，北方地区的坑沤肥等，都属于沤肥。

沤肥是在低温厌氧条件下进行腐熟的，腐熟速度较为缓慢，腐殖质积累较多。沤肥的主要成分含量因材料配比和积制方法的不同而有较大的差异，一般而言，沤肥的pH为6～7，有机质含量为3%～12%，全氮量为2.1～4.0g/kg，速效氮含量为50～248mg/kg，全磷量（P_2O_5）为1.4～2.6 g/kg，速效磷（P_2O_5）含量为17～278 mg/kg，全钾（K_2O）量为3.0～5.0 g/kg，速效钾（K_2O）含量为68～185 mg/kg。

（7）绿肥。绿肥是指栽培或野生的植物，利用其植物体的全部或部分作为肥料，称之为绿肥。绿肥的种类繁多，一般按照来源可分为栽培型（绿肥植物）和野生型；按照种植季节可分为冬季绿肥（如紫云英、毛叶苕子等）、夏季绿肥（如田菁、柽麻、绿豆等）和多年生绿肥（如紫穗槐、沙打旺、多变小冠花等）；按照栽培方式可分为旱生绿肥（如黄花苜蓿、箭舌豌豆、金花菜、沙打旺、黑麦草等）和水生绿肥（如绿萍、凤眼莲、空心莲子草等）。此外，还可以将绿肥分为豆科绿肥（如紫云英、毛叶苕子、紫穗槐、沙打旺、黄花苜蓿、箭舌豌豆等）和非豆科绿肥（如绿萍、凤眼莲、空心莲子草、肥田萝卜、黑麦草等）。

绿肥适应性强，种植范围比较广，可利用农田、荒山、坡地、池塘、河边等种植，也可间作、套种、单种、轮作等。绿肥产量高，平均每公顷产鲜草15～22.5t。绿肥植物鲜草产量高，含较丰富的有机质，有机质含量在12%～15%（鲜基），而且养分含量较高（表2-2-25）。种植绿肥可增加土壤养分，提高土壤肥力，改良低产田。绿肥能提供大量新鲜有机质和钙素营养，根系有较强的穿透能力和团聚能力，有利于水稳性团粒结构形成；可固沙护坡，防止冲刷，防止水土流失和土壤沙化；还可作饲料，发展畜牧业。

表2-2-25 常见绿肥植物养分含量（%）

绿肥品种	鲜草主要成分（鲜基）			干草主要成分（干基）		
	N	P_2O_5	K_2O	N	P_2O_5	K_2O
草木樨	0.52	0.13	0.44	2.82	0.92	2.42
毛叶苕子	0.54	0.12	0.40	2.35	0.48	2.25
紫云英	0.33	0.08	0.23	2.75	0.66	1.91

（续）

绿肥品种	鲜草主要成分（鲜基）			干草主要成分（干基）		
	N	P_2O_5	K_2O	N	P_2O_5	K_2O
黄花苜蓿	0.54	0.14	0.40	3.23	0.81	2.38
紫花苜蓿	0.56	0.18	0.31	2.32	0.78	1.31
田　菁	0.52	0.07	0.15	2.60	0.54	1.68
沙打旺	—	—	—	3.08	0.36	1.65
柽　麻	0.78	0.15	0.30	2.98	0.50	1.10
肥田萝卜	0.27	0.06	0.34	2.89	0.64	3.66
紫穗槐	1.32	0.36	0.79	3.02	0.68	1.81
箭舌豌豆	0.58	0.30	0.37	3.18	0.55	3.28
空心莲子草	0.15	0.09	0.57	—	—	—
凤眼莲	0.24	0.07	0.11	—	—	—
绿　萍	0.30	0.04	0.13	2.70	0.35	1.18

（8）杂肥类。包括泥炭及腐殖酸类肥料、饼肥或菇渣、城市有机废弃物等，它们的主要成分含量及施用如表 2-2-26。

表 2-2-26　杂肥类有机肥料的主要成分含量

名称	主要成分含量
泥炭	含有机质 40%～70%，腐殖酸 20%～40%；全氮 0.49%～3.27%，全磷 0.05%～0.6%，全钾 0.05%～0.25%，多酸性至微酸性反应
腐殖酸类	主要是腐殖酸铵（游离腐殖酸 15%～20%、含氮 3%～5%）、硝基腐殖酸铵（腐殖酸 40%～50%、含氮 6%）、腐殖酸钾（腐殖酸 50%～60%）等，多黑色或棕色，溶于水
饼肥	主要有大豆饼、菜子饼、花生饼等。含有机质 75%～85%、全氮 1.1%～7.0%、全磷 0.4%～3.0%、全钾 0.9%～2.1%、蛋白质及氨基酸等
菇渣	含有机质 60%～70%、全氮 1.62%、全磷 0.454%、全钾 0.9%～2.1%、速效氮 212mg/kg、速效磷 188mg/kg，并含丰富微量元素
城市垃圾	处理后垃圾肥含有机质 2.2%～9.0%、全氮 0.18%～0.20%、全磷 0.23%～0.29%、全钾 0.29%～0.48%

（9）生物肥料。生物肥料是人们利用土壤中一些有益微生物制成的肥料。它包括细菌肥料和抗生肥料。生物肥料是一种辅助性肥料，本身不含植物所需要的营养元素，而是通过肥料中的微生物活动，改善植物营养条件或分泌激素刺激植物生长和抑制有害微生物活动。生物肥料主要有根瘤菌肥料、固氮菌肥料、磷细菌肥料、钾细菌肥料、复合微生物肥料等。

①根瘤菌肥料。根瘤菌能和豆科植物共生、结瘤、固氮，用人工选育出来的高效根瘤菌株，经大量繁殖后，用载体吸附制成的生物菌剂称为根瘤菌肥料。根瘤菌为化能异养微生物、好氧菌。

②固氮菌肥料。固氮菌肥料是指含有大量好氧性自生固氮菌的生物制品。具有自生固氮作用的微生物种类很多，在生产上得到广泛应用的是固氮菌科的固氮菌属，以圆褐固氮菌应用较多。固氮菌为中温性微生物，具有固氮作用和生长调节作用。

③磷细菌肥料。磷细菌肥料是指含有能强烈分解有机或无机磷化合物的磷细菌的生物制品。磷细菌能促进有机磷和无机磷的溶解，还能分泌激素类物质，刺激种子发芽和植物生长。

④钾细菌肥料。又名硅酸盐细菌、生物钾肥。钾细菌肥料是指含有能对土壤中云母、长石等含钾的铝硅酸盐及磷灰石进行分解，释放出钾、磷与其他灰分元素，改善植物营养条件的钾细菌的生物制品。

【技能训练】

1. 常见有机肥料的合理施用技术

（1）训练准备。查阅有关土壤肥料书籍、杂志、网站，收集有机肥料的施用知识，总结有机肥料的合理利用情况。将全班按5人一组分为若干组，每组准备以下材料和用具：常见粪尿肥类、堆沤肥类、绿肥类、杂肥类等肥料样品少许。

（2）操作规程。根据当地有机肥料种类和种植植物情况，进行有机肥料的合理施用（表2-2-27）。

表 2-2-27　常见有机肥料的合理施用技术

工作环节	操 作 规 程	质量要求
人粪尿的合理施用	（1）人粪尿的认识。认识了解人粪尿、人粪、人尿的成分、性质、养分含量等 （2）人粪尿的贮存。人粪尿的贮存在我国南方常将人粪尿制成水粪贮存，采用加盖粪缸或三格化粪池等方式。我国北方则采用人粪拌土堆积，或用堆肥、厩肥、草炭制成土粪，或单独积存人尿，也可用干细土垫厕所保存人粪尿中养分 （3）人粪尿的施用。人粪尿可作基肥和追肥施用，人尿还可以作种肥用来浸种。一般以人粪尿为原料制成的大粪土、堆肥和沼气池渣等肥料宜作基肥。人粪尿在作基肥时，一般用量为 7 500～15 000kg/hm²，还应配合其他有机肥料和磷、钾肥。人粪尿在作追肥时，应分次施用，并在施用前加水稀释，以防止盐类对作物产生危害	（1）人粪尿腐熟快慢与季节有关，人粪尿混存时，夏季需 6～7d，其他季节需 10～20d （2）人粪作追肥在苗期施用时要注意，直接施用新鲜人尿有烧苗的可能，需要增大稀释倍数再施用
畜禽粪尿的合理施用	（1）畜禽粪尿的认识。了解猪、牛、马、羊、家禽等的成分、性质、养分含量等 （2）各类畜禽粪尿的施用。猪粪适宜于各种土壤和植物，可作基肥和追肥。牛粪适宜于有机质缺乏的轻质土壤，作基肥。羊粪适宜于各种土壤，可作基肥。马粪适宜于质地黏重的土壤，多作基肥。兔粪多用于茶、桑、果树、蔬菜、瓜等植物，可作基肥和追肥。禽粪适宜于各种土壤和植物，可作基肥和追肥	各种畜禽粪尿具有不同特点，在施用时必须加以注意，以充分发挥肥效；并注意施用量
厩肥的合理施用	（1）厩肥的认识。厩肥的成分依垫圈材料及用量、家畜种类、饲料质量等不同而不同 （2）厩肥的积制。厩肥常用的积制方法有3种，即深坑圈、平底圈和浅坑圈。应根据家畜种类进行选择 （3）厩肥的腐熟。常采用的腐熟方法有冲圈和圈外堆制。冲圈是将家畜粪尿集中于化粪池沤制，或直接冲入沼气发酵池，利用沼气发酵的方法进行腐熟。圈外堆制有两种方式：紧密堆积法和疏松堆积法 （4）厩肥的施用。未经腐熟的厩肥不宜直接施用，腐熟的厩肥可用作基肥和追肥。厩肥作基肥时，要根据厩肥的质量、土壤肥力、植物种类和气候条件等综合考虑。一般在通透性	（1）养猪采用深坑圈，牛、马、驴、骡等大牲畜和大型养猪场采用平底圈和浅坑圈 （2）圈外堆制厩肥半腐熟特征可概括为"棕、软、霉"；完全腐熟可概括为"黑、烂、臭"；腐熟过劲则为"灰、粉、土" （3）厩肥在施用时，可根据当地的土壤、气候和作物等条件，选择不同腐熟程度的厩肥

（续）

工作环节	操作规程	质量要求
厩肥的合理施用	良好的轻质土壤上，可选择施用半腐熟的厩肥；在温暖湿润的季节和地区，可选择半腐熟的厩肥；在种植生长发育期较长的植物或多年生植物时，可选择腐熟程度较差的厩肥。而在黏重的土壤上，应选择腐熟程度较高的厩肥；在比较寒冷和干旱的季节和地区，应选择完全腐熟的厩肥；在种植生长发育期较短的植物时，则需要选择腐熟程度较高的厩肥	
堆肥的合理施用	（1）堆肥的认识。堆肥的性质基本和厩肥类似，其养分含量因堆肥原料和堆制方法不同而有差别 （2）堆肥的腐熟。堆肥腐熟过程可分为4个阶段，即：发热、高温、降温和腐熟阶段。其腐熟程度可从颜色、软硬程度及气味等特征来判断 （3）堆肥的施用。堆肥主要作基肥，施用量一般为15 000～30 000kg/hm²。堆肥作种肥时常与过磷酸钙等磷肥混匀施用，作追肥时应提早施用	（1）高温堆肥和普通堆肥成分不同 （2）半腐熟的堆肥可概括为"棕、软、霉"；腐熟的堆肥特征是"黑、烂、臭"
沤肥、沼气肥的合理施用	（1）沤肥的施用。沤肥一般作基肥施用，多用于稻田，也可用于旱地。在旱地上施用时，也应结合耕作基肥。沤肥的施用量一般在30 000～75 000kg/hm²，并注意配合化肥和其他肥料一起施用 （2）沼气肥的施用。沼液可作追肥施用，一般土壤追肥施用量为30 000kg/hm²，并且要深施覆土。沼液还可以作叶面追肥，将沼液和水按1∶1～2稀释，7～10d喷施一次，可收到很好的效果。沼液还可以用来浸种，可以和沼渣混合作基肥和追肥施用。沼渣可以单独作基肥或追肥施用	（1）沤肥在水田中施用时，应在耕作和灌水前将沤肥均匀施入土壤，然后进行翻耕、耙地，再进行插秧 （2）沼渣可以和沼液混合施用，作基肥施用
秸秆直接还田	秸秆直接还田可以节省人力、物力。在还田时应注意： （1）秸秆预处理。一般在前茬收获后将秸秆预先切碎或撒施地面后，用圆盘耙切碎翻入土中；或前茬留高茬15～30cm，收获后将根茬及秸秆翻入土中 （2）配施氮、磷肥。一般每公顷配施碳酸氢铵150～225kg和过磷酸钙225～300kg （3）耕埋时期和深度。旱地要在播种前30～40d还田为好，深度17～22cm；水田需要在插秧前40～45d为好，深度10～13cm （4）稻草和麦秸的用量为2 250～3 000kg/hm²，玉米秸秆可适当增加，也可以将秸秆全部还田 （5）水分管理。对于旱地土壤，应及时灌溉，保持土壤相对含水量在60%～80%。水田则要浅水勤灌，干湿交替	（1）秸秆还田在酸性土壤配施适量石灰，水田浅水勤灌和干湿交替，利于有害物质的及早排除 （2）染病秸秆和含有害虫虫卵的秸秆一般不能直接还田，应经过堆、沤或沼气发酵等处理后再施用
绿肥的合理施用	（1）绿肥的认识。了解当地经常种植的绿肥种类及其栽培特性 （2）绿肥翻压时期。常见绿肥品种中紫云英应在盛花期；苕子和田菁应在现蕾期至初花期；箭舌豌豆应在初花期；柽麻应在初花期至盛花期。翻压绿肥时期应与播种和移栽期有一段时间间距，大约10d （3）绿肥压青技术。绿肥翻压量应控制在15 000～25 000kg/hm²，然后再配合施用适量的其他肥料。绿肥翻压深度大田应控制在15～20cm （4）翻压后，应配合施用磷、钾肥，对于干旱地区和干旱季节还应及时灌溉	（1）可利用农田、荒山、坡地、池塘、河边等种植，也可间作、套种、单种、轮作等 （2）绿肥可与秸秆、杂草、树叶、粪尿、河塘泥、含有机质的垃圾等有机废弃物配合进行堆肥或沤肥

（续）

工作环节	操作规程	质量要求
杂肥的合理施用	（1）泥炭的施用。多作垫圈或堆肥材料、肥料生产原料、营养钵无土栽培基质，一般较少直接施用 （2）腐殖酸类肥料的施用。可作基肥和追肥，作追肥要早施；液体类可浸种、蘸根、浇根或喷施，浓度0.01%～0.05% （3）饼肥的施用。一般作饲料，不作肥料。若用作肥料，可作基肥和追肥 （4）菇渣的施用。可作饲料、吸附剂、栽培基质。腐熟后可作基肥和追肥 （5）城市垃圾的施用。经腐熟并达到无害化后多作基肥施用	饼肥或菇渣要注意腐熟后才能施用

2. 生物肥料的合理施用技术

（1）训练准备。查阅有关土壤肥料书籍、杂志、网站，收集生物肥料及其施用知识，总结生物肥料的发展趋势。将全班按5人一组分为若干组，每组准备常见生物肥料样品少许。

（2）操作规程。根据当地生物肥料种类和种植植物情况，进行生物肥料的合理施用（表2-2-28）。

表2-2-28　生物肥料的合理使用技术

工作环节	操作规程	质量要求
根瘤菌肥料的施用	（1）根瘤菌肥料多用于拌种，用量为每公顷地种子用225～450g菌剂加3.75kg水混匀后拌种，或根据产品说明书施用 （2）拌种时要掌握互接种族关系，选择与植物相对应的根瘤菌肥	根瘤菌结瘤最适温度为20～40℃，土壤含水量为田间持水量的60%～80%，适宜中性到微碱性（pH 6.5～7.5）
固氮菌肥料的施用	可作基肥、追肥和种肥，施用量按说明书确定。 （1）作基肥施用时可与有机肥配合沟施或穴施，施后立即覆土 （2）作追肥时把菌用水调成糊状，施于植物根部，施后覆土，一般在植物开花前施用较好 （3）种肥一般作拌种施用，加水混匀后拌种，将种子阴干后即可播种。对于移栽植物，可采取蘸秧根的方法施用	（1）固氮菌属中温好氧性细菌，最适温度为25～30℃ （2）要求土壤通气良好，含水量为田间持水量的60%～80%，最适pH 7.4～7.6
磷细菌肥料的施用	磷细菌肥料可作基肥、追肥和种肥。 （1）基肥用量为每公顷22.5～75.0kg，可与有机肥料混合沟施或穴施，施后立即覆土 （2）作追肥在植物开花前施用为宜，菌液施于根部 （3）也可先将菌剂加水调成糊状，然后加入种子拌匀，阴干后立即播种	（1）磷细菌还能促进土壤中自生固氮菌和硝化细菌的活动 （2）在其生命活动过程中，能分泌激素类物质，刺激种子发芽和植物生长
钾细菌肥料的施用	钾细菌肥料可作基肥、拌种或蘸秧根。 （1）作基肥与有机肥料混合沟施或穴施，每公顷用量150～300kg，液体用30～60kg菌液 （2）拌种时将固体菌剂加适量水制成菌悬液或液体菌加适量水稀释，然后喷到种子上拌匀。也可将固体菌剂适当稀释或液体菌稍加稀释，把根蘸入，蘸后立即插秧	钾细菌可以抑制植物病害，提高植物的抗病性；菌体内存在着生长素和赤霉素，具有一定刺激作用

3. 常见有机肥料（高温堆肥）的积制

（1）训练准备。熟悉高温堆肥积制有机肥料的方法和材料选择搭配、碳氮比的调节、场地的选择、堆制方法以及堆后管理等技术。根据当地地形情况，初步选择堆肥地点，准备堆肥材料和工具。

（2）操作规程。根据当地地形和堆肥材料，进行下列全部或部分内容（表2-2-29）。

表2-2-29　高温堆肥的积制

工作环节	操作规程	质量要求
场地选择与规划	选择学校基地空闲处，或其他闲置地块，或结合当地农业生产需要选择合适地点。地点选好后，根据堆肥材料的数量规划场地大小和形状，一般以长方形为佳。规划后，在地面画出相应平面图，以便于材料堆积	场地应具备背风、向阳、靠近水源处
备料配料	以秸秆为主的高温堆肥配料：风干植物秸秆500kg，鲜骡、马粪300kg（需破碎），人粪尿100～200kg，水750～1 000kg。若骡、马粪和人粪尿不足，可用20%左右的老堆肥和1%的过磷酸钙、2%的硫铵代替 以垃圾为原料堆肥的配料：垃圾与粪便之比为7：3混合，或垃圾与污泥之比为7：3混合，或垃圾、粪便与秸秆、杂草按1：1：1比例混合	秸秆需要切碎至3～5cm，便于腐熟；材料的选择可根据当地具体情况考虑。选择好材料后，按上述比例计算材料碳氮比，并进行适当调整，以达到堆肥所需的20～35：1
材料堆制	将规划出的堆肥场地地面夯实，再将堆肥材料混合均匀，开始在场地中堆积，材料堆积中适当压紧。当堆积物至18～20cm高时，可用直径为10cm的木棍，在堆积物表面达成"井"字形，并在木棍交叉处向上立木棍，然后再继续堆积材料至完成。材料堆积完成后，在肥堆表面用泥封好，厚度为4～8cm，待泥稍干后，将木棍抽出，形成通气孔	如在堆制过程中没有木棍，也可以用长的玉米秸秆或高粱秸秆捆成直径为10～15cm的秸秆束，代替木棍搭建通气孔，但封后秸秆束不用抽出，留在肥堆中做通气孔
堆后管理	地面堆肥一般在堆制5～7d后，堆温就可以升高，再经过2～3d，肥堆温度就可达70℃，待达到最高温度10天后，肥堆温度开始下降，可进行翻堆。翻堆时可适当补充人粪尿和一定水分，可利于第二次发热。翻堆后仍旧用泥封好肥堆，继续发酵。10余天后，可再进行第二次翻堆 堆后管理可由教师统一安排，利用课余时间，将学生分成几组进行；也可交由工人统一管理，将管理工作整理成书面材料后，统一发给学生	全部腐熟时间2～3个月（春冬季节），腐熟的堆肥呈黑褐色，汁液为浅棕色或无色，有氨气的臭味，材料完全腐烂变形，极易拉断，体积减小30%～50%，即出现"黑、烂、臭"特征，标志肥料已经腐熟

【问题处理】

1. 有机肥料施用存在问题　有机肥料在培肥地力、增加产量方面具有一定的作用，而且我国传统农业长期以来一直依赖有机肥料，在其使用技术方面积累了宝贵的经验。但近年来，由于耕种者受短期经济效益和农产品收购重产量、轻品质等因素的影响，导致有机肥利用上仍存在以下问题：

（1）有机肥使用量减少，尤其是农家肥使用量减少，而化肥施用量剧增，导致养分比例不合理、土壤板结、结构恶化、蓄水保肥能力下降。

（2）大多数秸秆仍被当作燃料烧掉，目前就地焚烧越来越严重，还田比例很小。这不仅使有机养分浪费，而且污染环境。

(3) 绿肥种植还没纳入到轮作制度中，种植面积越来越小。

2. 生物肥料的特殊应用

(1) 在提高肥料利用率，改良土壤中的应用。随着化肥的大量使用，其利用率不断降低，且还有环境污染等一系列的问题。为此各国科学家一直在努力探索提高化肥利用率，达到平衡施肥、合理施肥以克服其弊端的途径。微生物肥料在解决这方面问题上有独到的作用。

(2) 在绿色食品生产——蔬菜大棚中的应用。生产绿色食品过程中要求不用或尽量少用（或限量使用）化学肥料、化学农药和其他化学物质。它要求肥料必须：保护和促进施用对象生长和提高品质；不造成施用对象产生和积累有害物质；对生态环境无不良影响。微生物肥料基本符合以上三原则。

(3) 微生物肥料在环保中的应用。利用微生物的特定功能分解发酵城市生活垃圾及农牧业废弃物而制成微生物肥料是一条经济可行的有效途径。

任务四　测土配方施肥技术

【任务目标】

知识目标：1. 了解测土配方施肥的有关概念、目标和作用。
　　　　　2. 掌握测土配方施肥技术主要方法。
　　　　　3. 能进行施肥量的正确计算。
能力目标：1. 熟悉测土配方施肥新技术的实施步骤。
　　　　　2. 能配合当地技术人员和农户推广测土配方施肥技术。

【知识学习】

1. 测土配方施肥技术概述　测土配方施肥技术是以肥料田间试验和土壤测试为基础，根据作物需肥规律、土壤供肥性能和肥料效应，在合理施用有机肥料的基础上，提出氮、磷、钾及中、微量元素等肥料的施用品种、数量、施肥时期和施用方法。配方肥料是以肥料田间试验和土壤测试为基础，根据作物需肥规律、土壤供肥性能和肥料效应，用各种单质肥料和（或）复合（混）肥料为原料，配制成的适合于特定区域、特定作物的肥料。

(1) 测土配方施肥技术目标。测土配方施肥技术是一项科学性、应用性很强的农业科学技术，它有 5 方面目标：一是高产目标，即通过该项技术使作物单产水平在原有水平上有所提高，能最大限度地发挥作物的生产潜能。二是优质目标，通过该项技术实施均衡作物营养，改善作物品质。三是高效目标，即养分配比平衡，分配科学，提高了产投比，施肥效益明显增加。四是生态目标，即减少肥料的挥发、流失等损失，使大气、土壤和水源不受污染。五是改土目标，即通过有机肥和化肥配合施用，实现耕地用养平衡，达到培肥土壤、增加土地生产力的目的。

(2) 测土配方施肥技术增产途径。一是调肥增产，即不增加化肥施用总量情况下，调整化肥氮（N）：磷（P_2O_5）：钾（K_2O）比例，获得增产效果。二是减肥增产，即对一些施肥量高或偏施肥严重的地区，采取科学计量和合理施用方法，减少某种肥料用量，获得平产或增产效果。三是增肥增产，即在生产水平不高、化肥用量很少的地区，增施化肥后作物获得增产效果。四是区域间有限肥料的合理分配，使现有肥源发挥最大增产潜力。

2. 测土配方施肥技术的方法　我国测土配方施肥方法归纳为三大类 6 种方法：第一类，地力分区（级）配方法；第二类，目标产量配方法，其中包括养分平衡法和地力差减法；第三类，田间试验配方法，其中包括养分丰缺指标法、肥料效应函数法和氮、磷、钾比例法。在确定施肥量的方法中以养分平衡法，养分丰缺指标法和肥料效应函数法应用较为广泛。

（1）地力分区（级）配方法。是根据土壤肥力高低分成若干等级或划出一个肥力相对均等的田块，作为一个配方区，利用土壤普查资料和肥料田间试验成果，结合农民的实践经验估算出这一配方区内比较适宜的肥料种类及施用量。

（2）养分平衡法。是以实现作物目标产量所需养分量与土壤供应养分量的差额作为施肥的依据，以达到养分收支平衡的目的。

（3）地力差减法。地力差减法就是目标产量减去地力产量，就是施肥后增加的产量，肥料需要量可按下列公式计算：

$$肥料需要量 = \frac{作物单位产量养分吸收量 \times (目标产量 - 空白田产量)}{肥料中所含养分 \times 肥料当季利用率}$$

（4）肥料效应函数法。肥料效应函数法是以田间试验为基础，采用先进的回归设计，将不同处理得到的产量和相应的施肥量进行数理统计，求得在供试条件下产量与施肥量之间的数量关系，即肥料效应函数或称肥料效应方程式。从肥料效应方程式中不仅可以直观地看出不同肥料的增产效应和两种肥料配合施用的交互效应，而且还可以通过它计算出最大施肥量和最佳施肥量，作为配方施肥决策的重要依据。

（5）养分丰缺指标法。在一定区域范围内，土壤速效养分的含量与植物吸收养分的数量之间有良好的相关性，利用这种关系，可以把土壤养分的测定值按照一定的级差划分养分丰缺等级，提出每个等级的施肥量。

（6）氮磷钾比例法。通过田间试验可确定不同地区、不同作物、不同地力水平和产量水平下氮、磷、钾三要素的最适用量，并计算三者比例。实际应用时，只要确定其中一种养分用量，然后按照比例就可确定其他养分用量。

3. 施肥量　施肥量是构成施肥技术的核心要素，确定经济合理施肥用量是合理施肥的中心问题。这里主要介绍用养分平衡法计算施肥量。

养分平衡法是根据植物需肥量和土壤供肥量之差来计算实现目标产量施肥量。其中土壤供肥量是通过土壤养分测定值来进行计算的。应用养分平衡法必须求出下列参数：

（1）植物目标产量。目标产量是根据土壤肥力水平来确定的，而不是凭主观愿望任定一个指标。根据我国多年来各地试验研究和生产实践，可从"以地定产"、"以水定产"、"以土壤有机质定产"等三方面入手。其中，"以地定产"较为常用。一般是在不同土壤肥力条件下，通过多点田间试验，从不施肥区的空白产量 x 和施肥区可获得的最高产量 y，经过统计求得函数关系。植物定产经验公式的通式是：

$$y = \frac{x}{a+bx}$$

为了推广上的方便，一般采用 $y=a+bx$ 直线方程。只要了解空白地块的产量 x，就可根据上式求出目标产量 y。

土壤肥力是决定产量高低的基础，某一种植物计划产量多高，要依据当地的综合因素进行确定，不可盲目过高或过低。在实际中推广配方施肥时，常常不易预先获得空白产量，常用的方法是以当地前三年植物平均产量为基础,增加10%～15%作为目标产量。

(2) 植物目标产量需养分量。常以下式来推算:

$$植物目标产量所需养分量(kg) = \frac{目标产量(kg)}{100(kg)} \times 百千克产量所需养分量(kg)$$

式中,百千克产量所需养分是指形成百千克植物产品时,该植物必须吸收的养分量,可通过对正常植物全株养分化学分析来获得。

可参照表2-2-30。

(3) 土壤供肥量。土壤供肥量指一季植物在生长期中从土壤中吸收的养分。

表2-2-30 不同植物形成百千克经济产量所需养分(kg)

植物名称		收获物	从土壤中吸收氮、磷、钾数量		
			氮(N)	磷(P_2O_5)	钾(K_2O)
大田植物	水 稻	稻谷	2.4	1.25	3.13
	冬小麦	子粒	3.00	1.25	2.50
	春小麦	子粒	3.00	1.00	2.50
	大 麦	子粒	2.70	0.90	2.20
	荞 麦	子粒	3.30	1.60	4.30
	玉 米	子粒	2.57	0.86	2.14
	谷 子	子粒	2.50	1.25	1.75
	高 粱	子粒	2.60	1.30	3.00
	甘 薯	块根	0.35	0.18	0.55
	马铃薯	块茎	0.50	0.20	1.06
	大 豆	豆粒	7.20	1.80	4.00
	豌 豆	豆粒	3.09	0.86	2.86
	花 生	荚果	6.80	1.30	3.80
	棉 花	子棉	5.00	1.80	4.00
	油 菜	菜子	5.80	2.50	4.30
	芝 麻	子粒	8.23	2.07	4.41
	烟 草	鲜叶	4.10	0.70	1.10
	大 麻	纤维	8.00	2.30	5.00
	甜 菜	块根	0.40	0.15	0.60
蔬菜植物	黄 瓜	果实	0.40	0.35	0.55
	茄 子	果实	0.81	0.23	0.68
	架芸豆	果实	0.30	0.10	0.40
	番 茄	果实	0.45	0.50	0.50
	胡萝卜	块根	0.31	0.10	0.50
	萝 卜	块根	0.60	0.31	0.50
	结球甘蓝(卷心菜)	叶球	0.41	0.05	0.38
	洋 葱	葱头	0.27	0.12	0.23
	芹 菜	全株	0.16	0.08	0.42
	菠 菜	全株	0.36	0.18	0.52
	大 葱	全株	0.30	0.12	0.40
果树	柑橘(温州蜜柑)	果实	0.60	0.11	0.40
	梨(20世纪)	果实	0.47	0.23	0.48
	柿(富有)	果实	0.59	0.14	0.54
	葡萄(玫瑰露)	果实	0.60	0.30	0.72
	苹果(国光)	果实	0.30	0.08	0.32
	桃(白凤)	果实	0.48	0.20	0.76

养分平衡法一般是用土壤养分测定值来计算。土壤养分测定值是一个相对值，土壤养分不一定全部被植物吸收，同时缓效态养分还不断地进行转化，故尚要经田间试验求出土壤养分测定值与产量相关的"校正系数"，经校正后，才能作为土壤养分的供应量，与植物吸收养分量相加减。

$$土壤供肥量 = 土壤养分测定值（mg/kg）\times 2.25 \times 校正系数$$

式中，2.25 是换算系数，即将1 mg/kg 养分折算成1hm² 耕层土壤养分的实际质量。校正系数是植物实际吸收养分量占土壤养分测定值的比值，常常通过田间试验用下列公式求得：

$$校正系数 = \frac{空白产量/100 \times 植物百千克产量养分吸收量}{土壤养分测定值 \times 2.25}$$

（4）肥料利用率。肥料利用率是指当季植物从所施肥料中吸收的养分占施入肥料养分总量的百分数。它是把营养元素换成肥料实物量的重要参数，它对肥料定量的准确性影响很大。在进行田间试验的情况下，其计算公式为：

$$肥料利用率 = \frac{施肥区植物吸收养分量 - 无肥区植物吸收养分量}{肥料施用量 \times 肥料中养分含量} \times 100\%$$

例如，某农田施氮肥区 1hm² 的植物产量为6 000 kg，无氮肥区 1hm² 的植物产量为4 500kg。1hm² 施用尿素量为150 kg，（尿素含氮量为46%，植物 100 kg 产量吸收氮素 2 kg），则尿素中氮素的利用率（%）可计算为

$$尿素中氮素利用率 = \frac{6\,000/100 \times 2 - 4\,500/100 \times 2}{150 \times 46\%} \times 100\% = 43.5\%$$

计算肥料利用率的另一种方法为同位素法，即直接测定施入土壤中的肥料养分进入植物体的数量，而不必用上述差值法计算，但其难于广泛用于生产实际中。常见肥料的利用率如表 2-2-31。

表 2-2-31 肥料当年利用率（%）

肥料	利用率	肥料	利用率
堆肥	25～30	尿素	60
一般圈粪	20～30	过磷酸钙	25
硫酸铵	70	钙镁磷肥	25
硝酸铵	65	硫酸钾	50
氯化铵	60	氯化钾	50
碳酸氢铵	55	草木灰	30～40

（5）施肥量的确定。得到了上述各项数据后，即可用下式计算各种肥料的施用量。

$$肥料用量 = \frac{目标产量所需养分总量（kg/hm²） - 土壤养分测定值（mg/kg） \times 2.25 \times 校正系数}{肥料中养分含量（\%） \times 肥料当季利用率（\%）}$$

【操作规程】

1. 测土配方施肥技术推广应用

（1）训练准备。收集当地测土配方施肥技术资料。

（2）操作规程。根据当地土壤、植物种植、农业生产条件，协助当地农业技术人员推广测土配方施肥技术（表 2-2-32）。

表 2-2-32　测土配方施肥技术推广应用

工作环节	操作规程	质量要求
制订计划与收集资料	收集采样区域土壤图、土地利用现状图、行政区划图等资料，绘制样点分布图，制订采样工作计划；准备 GPS、采样工具、采样袋、采样标签等	要做好人员、物资、资金等各方面准备
样品采集与制备	（1）土壤样品的采集与制备。参考县级土壤图做好采样规划；划分采样单元，每个土壤采样单元为 $6\sim15hm^2$，采样地块面积为 $0.5\sim5\ hm^2$；确定采样时间，一般在作物收获后或施肥前；采样深度为 $0\sim20cm$；做好样品标记；做好新鲜样品、风干样品的制备和贮存 （2）植物样品的采集与制备。根据要求分别采集粮食作物、水果样品、蔬菜样品，填好标签，做好植株样品的处理与保存	具体见土壤样品采集与制备要求。植物样品采集应做到：代表性、典型性、适时性等要求
土壤与植株养分测试	（1）土壤测试。按照国标或部标，土壤测试项目有：土壤质地、容重、水分、酸碱度、阳离子交换量、水溶性盐分、氧化还原电位、有机质、全氮、有效氮、全磷、有效磷、全钾、有效钾、交换性钙镁、有效硫、有效硅、有效微量元素等 （2）植株测试。植株测试项目有：全氮、全磷、全钾、水分、粗灰分、全钙、全镁、全硫、微量元素全量等	具体测试原理与要求参见国标或部标
田间基本情况调查	（1）在土壤取样的同时，调查田间基本情况，调查内容主要有：土壤基本性状、前茬作物种类、产量水平和施肥水平等，填写测土配方施肥采样地块基本情况表 2-2-33 （2）开展农户施肥情况调查，数据收集的主要途径是填写问卷，一般采用面访式问卷调查，即调查人与农户面对面，调查人提问农户回答。测土配方施肥技术中农户调查由两类：一是一次性调查，即采用一次性面访式问卷调查，并填写事先准备好的调查表格。二是跟踪调查，要求实施的技术人员要跟踪一部分农户的施肥管理等情况，跟踪年限为 5 年填写农户施肥情况调查表 2-2-34	（1）调查农户要具有代表性，一定要采取简单随机抽样法确定 （2）数据具有真实性。调查人员由技术人员担任，调查前要进行培训，问卷最好在与农户交谈时填写，并对数据进行多途径核对 （3）数据具有准确性。要注意数据的单位、名称、数量要统一、一致
田间试验	按照农业部《测土配方施肥技术规范》推荐采用的"3414"试验方案，根据研究目的选择完全实施或部分实施方案	具体要求见农业部《测土配方施肥技术规范》
调查数据的整理和初步分析	（1）作物产量。实际产量以单位面积产量表示，当地平均产量一般采用加权平均数法。产量的分布直接用调查表产量数据进行分析 （2）氮磷钾养分投入量。施肥明细中各种肥料要进行折纯。方法是每种肥料的数量分别乘以其氮磷钾含量，然后将有机肥料和化肥中的养分纯量加和 （3）氮磷钾比例。根据氮磷钾养分投入量就可以计算氮磷钾比例，并分析其比例分布情况 （4）有机无机肥料养分比例。分别计算有机肥料和无机肥料氮磷钾的平均用量，然后进行比较就行 （5）施肥时期和底追比例。在计算各种作物施肥时，可以分别计算底肥和追肥的氮磷钾平均用量，然后分析底追比例的合理程度 （6）肥料品种。将本地区所有农户的该种肥料用量乘以各自面积再加和，除以总面积，即得到该作物上该肥料的加权平均用量；将所有施用该种肥料的农户作物面积加和再除以总调查面积，乘以 100，可得施用面积比例 （7）肥料成本。以单位面积数量来表示，计算方法同作物产量	（1）当样本农户作物面积差别不大时，平均产量也可用简单平均数 （2）要对农户施肥量逐个检查，剔除异常数据。平均值也应采用加权平均数 （3）所有农户某肥料加权平均用量＝施用该肥料农户某肥料加权平均用量×施肥面积比例 （4）要注意数据处理过程的错误，最好 2 人完成，1 人录入，1 人校验

（续）

工作环节	操作规程	质量要求
基础数据库的建立	（1）属性数据库。其内容包括田间试验示范数据、土壤与植株测试数据、田间基本情况及农户调查数据等，要求在SQL数据库中建立 （2）空间数据库。内容包括土壤图、土地利用图、行政区划图、采样点位图等，利用GIS软件，采用数字化仪或扫描后屏幕数字化的方式录入。图样比例为 1∶50 000 （3）施肥指导单元属性数据获取。可由土壤图和土地利用图或行政区划图叠加求交生成施肥指导单元图	具体要求见农业部《测土配方施肥技术规范》
施肥配方设计	（1）田块的肥料配方设计。首先采用养分平衡法等确定氮、磷、钾养分的用量，然后确定相应的肥料组合，通过提供配方肥料或发放配肥通知单，指导农户使用 （2）施肥分区与肥料配方设计。其步骤为：确定研究区域，GPS定位指导下的土壤样品采集，土壤测试与土壤养分空间数据库的建立，土壤养分分区图的制作，施肥分区和肥料配方的生成，肥料配方的检验	具体要求见农业部《测土配方施肥技术规范》
校正试验	对上述肥料配方通过田间试验来校验施肥参数，验证并完善肥料配方，改进测土配方施肥参数	要依据当地土壤类型、土壤肥力校正
配方加工	配方落实到农户田间是提高和普及测土配方施肥技术的最关键环节。根据相关的配方施肥参数，以各种单质或复合（混）肥料为原料，配置配方肥。目前推广上有两种方式：一是农民根据配方建议卡自行购买各种肥料，配合施用；二是由配肥企业按配方加工配方肥，农民直接购买施用	配方实施要结合农户田块的土壤肥力高低、植物种植情况灵活应用
示范推广	（1）每 667 m² 设 2～3 个示范点，进行田间对比示范。设置两个处理：常规施肥对照区和测土配方施肥区，面积不小于 200m² （2）制定测土配方施肥建议卡，使农民容易接受（表 2-2-35）	建立测土配方施肥示范区，为农民创建窗口，树立样板，把测土配方施肥技术落实到田头
效果评价	（1）农户（田块）测土配方施肥前后比较。从农户执行测土配方施肥前后的养分投入量、产量、效益进行评价，并计算增产率、增收情况和产投比等进行比较 　增产率 A（%）＝（Y_p-Y_c）/Y_c 　增收 I（元/hm²）＝（Y_p-Y_c）×$P_y-\sum F_i \times P_i$ 　产投比 D＝［（Y_p-Y_c）×$P_y-\sum F_i \times P_i$］/$\sum F_i \times P_i$ 式中，Y_p 代表测土施肥产量（kg/hm²）；Y_c 代表常规施肥（或实施测土配方施肥前）产量（kg/hm²）；F_i 代表肥料用量（kg/hm²）；P_i 代表肥料价格（元/kg） （2）测土配方施肥农户（田块）与常规施肥农户（田块）比较。根据对测土配方施肥农户（田块）与常规施肥农户（田块）调查表的汇总分析，从农户执行测土配方施肥前后的养分投入量、产量、效益进行评价，并计算增产率、增收情况和产投比等进行比较 （3）测土配方施肥 5 年跟踪调查分析。从农户执行测土配方施肥 5 年中的养分投入量、产量、效益进行评价。并计算增产率、增收情况和产投比等进行比较	在测土配方施肥项目区进行动态调查并随机调查农民，征求农民的意见，检验其实际效果，以完善管理体系、技术体系和服务体系

(续)

工作环节	操作规程	质量要求
宣传培训	测土配方施肥技术宣传培训是提高农民科学施肥意识、普及技术的重要手段。及时对各级农技人员、肥料生产企业、肥料经销商、农民进行系统培训,有效提高测土配方施肥的实施效果	在农户购肥、施肥前,请技术人员面对农户、村组干部进行技术培训讲座
技术创新	在田间试验方法、土壤测试、肥料配制方法、数据处理等方面开展创新研究,以不断提升测土配方施肥技术水平	最终形成适合当地的测土配方施肥技术体系

表 2-2-33 测土配方施肥采样地块基本情况调查表

统一编号：_____ 调查组号：_____ 采样序号：_____
采样目的：_____ 采样日期：_____ 上次采样日期：_____

地理位置	省市名称		地市名称		县旗名称	
	乡镇名称		村组名称		邮政编码	
	农户名称		地块名称		电话号码	
	地块位置		距村距离（m）		—	
	纬度（°）		经度（°）		海拔高度（m）	
自然条件	地貌类型		地形部位		—	
	地面坡度（°）		田面坡度（°）		坡向	
	通常地下水位（m）		最高地下水位（m）		最深地下水位（m）	
	常年降雨量（mm）		常年有效积温（℃）		常年无霜期（d）	
生产条件	农田基础设施		排水能力		灌溉能力	
	水源条件		输水方式		灌溉方式	
	熟制		典型种植制度		常年产量水平（kg/hm²）	
土壤情况	土类		亚类		土属	
	土种		俗名		—	
	成土母质		剖面构型		土壤质地（手测）	
	土壤结构		障碍因素		侵蚀程度	
	耕层厚度（cm）		采样深度（cm）		—	
	田块面积（hm²）		代表面积（hm²）		—	
来年种植情况	茬口	第一季	第二季	第三季	第四季	第五季
	作物名称					
	品种名称					
	目标产量					
采样调查单位	单位名称				联系人	
	地址				邮政编码	
	电话		传真		采样调查人	
	E-mail					

表 2-2-34　农户施肥情况调查表

施肥相关情况	生长季节			作物名称				品种名称		
	播种季节			收获日期				产量水平		
	生长期内降水次数			生长期内降水总量				—		
	生长期内灌水次数			生长期内灌水总量				灾害情况		

推荐施肥情况	是否推荐施肥指导		推荐单位性质			推荐单位名称			
	配方内容	目标产量（kg/hm²）	推荐肥料成本（元/hm²）	化肥（kg/hm²）				有机肥（kg/hm²）	
				大量元素			其他元素	肥料名称	实物量
				N	P₂O₅	K₂O	名称　用量		

（化肥大量元素: N / P$_2$O$_5$ / K$_2$O；其他元素: 名称 / 用量）

实际施肥总体情况	实际产量（kg/hm²）	实际肥料成本（元/hm²）	化肥（kg/hm²）					有机肥（kg/hm²）	
			大量元素			其他元素		肥料名称	实物量
			N	P$_2$O$_5$	K$_2$O	名称	用量		

实际施肥明细	施肥明细	汇总								
		施肥序次	施肥时期	项目		施肥情况				
						第一种	第二种	第三种	第四种	第五种　第六种
		第一次		肥料种类						
				肥料名称						
				养分含量情况（%）	大量元素 N					
					大量元素 P$_2$O$_5$					
					大量元素 K$_2$O					
					其他元素 名称					
					其他元素 含量					
				实物量（kg/hm²）						
		第二次		肥料种类						
				肥料名称						
				养分含量情况（%）	大量元素 N					
					大量元素 P$_2$O$_5$					
					大量元素 K$_2$O					
					其他元素 名称					
					其他元素 含量					
				实物量（kg/hm²）						
		第三次		肥料种类						
				肥料名称						
				养分含量情况（%）	大量元素 N					
					大量元素 P$_2$O$_5$					
					大量元素 K$_2$O					
					其他元素 名称					
					其他元素 含量					
				实物量（kg/hm²）						
		第四次		肥料种类						
				肥料名称						
				养分含量情况（%）	大量元素 N					
					大量元素 P$_2$O$_5$					
					大量元素 K$_2$O					
					其他元素 名称					
					其他元素 含量					
				实物量（kg/hm²）						

表 2-2-35　测土配方施肥建议卡

农户姓名：_____　_____省_____县（市）_____乡（镇）_____村　编号_____
地块面积：_____ hm²　地块位置：_____

<table>
<tr><td rowspan="2" colspan="2">测试项目</td><td rowspan="2">测试值</td><td rowspan="2">丰缺指标</td><td colspan="3">养分水平评价</td></tr>
<tr><td>偏低</td><td>适宜</td><td>偏高</td></tr>
<tr><td rowspan="11">土壤测试数据</td><td>全氮（g/kg）</td><td></td><td></td><td></td><td></td><td></td></tr>
<tr><td>速效氮（mg/kg）</td><td></td><td></td><td></td><td></td><td></td></tr>
<tr><td>有效磷（mg/kg）</td><td></td><td></td><td></td><td></td><td></td></tr>
<tr><td>速效钾（mg/kg）</td><td></td><td></td><td></td><td></td><td></td></tr>
<tr><td>有机质（g/kg）</td><td></td><td></td><td></td><td></td><td></td></tr>
<tr><td>pH</td><td></td><td></td><td></td><td></td><td></td></tr>
<tr><td>有效铁（mg/kg）</td><td></td><td></td><td></td><td></td><td></td></tr>
<tr><td>有效锰（mg/kg）</td><td></td><td></td><td></td><td></td><td></td></tr>
<tr><td>有效铜（mg/kg）</td><td></td><td></td><td></td><td></td><td></td></tr>
<tr><td>有效锌（mg/kg）</td><td></td><td></td><td></td><td></td><td></td></tr>
<tr><td>有效硼（mg/kg）</td><td></td><td></td><td></td><td></td><td></td></tr>
</table>

<table>
<tr><td colspan="2">作物</td><td colspan="5">目标产量（kg/hm²）</td></tr>
<tr><td colspan="2"></td><td>肥料配方</td><td>用量（kg/hm²）</td><td>施肥时间</td><td>施肥方式</td><td>施肥方法</td></tr>
<tr><td rowspan="4">推荐方案一</td><td rowspan="2">基肥</td><td></td><td></td><td></td><td></td><td></td></tr>
<tr><td></td><td></td><td></td><td></td><td></td></tr>
<tr><td rowspan="2">追肥</td><td></td><td></td><td></td><td></td><td></td></tr>
<tr><td></td><td></td><td></td><td></td><td></td></tr>
<tr><td rowspan="4">推荐方案二</td><td rowspan="2">基肥</td><td></td><td></td><td></td><td></td><td></td></tr>
<tr><td></td><td></td><td></td><td></td><td></td></tr>
<tr><td rowspan="2">追肥</td><td></td><td></td><td></td><td></td><td></td></tr>
<tr><td></td><td></td><td></td><td></td><td></td></tr>
</table>

技术指导单位：_____　联系方式：_____　联系人：_____　日期：_____

【问题处理】

基于田块的肥料配方设计首先是确定氮、磷、钾养分的用量，然后确定相应的肥料组合，通过提供配方肥料或发放配肥通知单，指导农民使用（图2-2-12）。对于大田作物，在综合考虑有机肥、作物

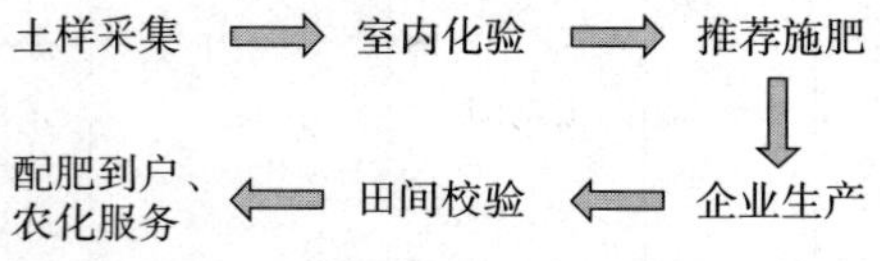

土样采集 ⇒ 室内化验 ⇒ 推荐施肥
配肥到户、农化服务 ⇐ 田间校验 ⇐ 企业生产

图 2-2-12　测土配方施肥技术示意图

秸秆应用和管理措施的基础上，根据氮、磷、钾和中、微量元素养分的不同特征，采取不同的养分优化调控与管理策略。包括氮素实时监控、磷钾养分恒量监控和中、微量元素养分矫正施肥技术。该技术综合了目标产量法、养分丰缺指标法和作物营养诊断法的优点。

1. 氮素实时监控施肥技术 根据目标产量确定作物需氮量，以需氮量的30%~60%作为基肥用量。具体基肥比例根据土壤全氮含量，同时参照当地丰缺指标来确定。一般在全氮含量偏低时，采用需氮量的50%~60%作为基肥；在全氮含量中等时，采用需氮量的40%~50%作为基肥；在全氮含量偏高时，采用需氮量的30%~40%作为基肥。根据上述方法确定30%~60%基肥比例，并通过回归最优设计田间试验进行校验，建立当地不同作物的施肥指标体系。有条件的地区可在播种前对0~20cm耕层土壤无机氮（或硝态氮）进行监测，调节基肥用量。

氮肥追肥用量推荐以作物关键生长发育期的营养状况诊断或土壤硝态氮的测试为依据，这是实现氮肥准确推荐的关键环节，也是控制过量施氮或施氮不足、提高氮肥利用率和减少损失的重要措施。测试项目主要是土壤全氮含量、土壤硝态氮含量或小麦拔节期茎基部硝酸盐浓度、玉米最新展开叶叶脉中部硝酸盐浓度，水稻采用叶色卡或叶绿素仪进行叶色诊断。

2. 磷钾养分恒量监控施肥技术 根据土壤有（速）效磷、钾含量水平，以土壤有（速）效磷、钾养分不成为实现目标产量的限制因子为前提，通过土壤测试和养分平衡监控，使土壤有（速）效磷、钾含量保持在一定范围内。对于磷肥，基本思路是根据土壤有效磷测试结果和养分丰缺指标进行分级，当有效磷水平处在中等偏上时，可以将目标产量需要量（只包括带出田块的收获物）的100%~110%作为当季磷肥用量；随着有效磷含量的增加，需要减少磷肥用量，直至不施；随着有效磷的降低，需要适当增加磷肥用量，在极缺磷的土壤上，可以施到需要量的150%~200%。在2~3年后再次测土时，根据土壤有效磷和产量的变化再对磷肥用量进行调整。钾肥首先需要确定施用是否有效，再参照上面方法确定钾肥用量，但需要考虑有机肥和秸秆还田带入的钾量。一般大田作物磷、钾肥料全部做基肥。

3. 中、微量元素养分矫正施肥技术 中、微量元素养分的含量变幅大，作物对其需要量也各不相同。主要与土壤特性（尤其是母质）、作物种类和产量水平等有关。矫正施肥就是通过土壤测试，评价土壤中、微量元素养分的丰缺状况，进行有针对性的因缺补缺施肥。

【信息链接】

常见肥料施用要点歌谣

1. 硫酸铵　　硫铵俗称肥田粉，氮肥以它作标准；含氮高达二十一，各种作物都适宜；
　　　　　　生理酸性较典型，最适土壤偏碱性；混合普钙变一铵，氮磷互补增效应。
2. 碳酸氢铵　碳酸氢铵偏碱性，施入土壤变为中；含氮十六到十七，各种作物都适宜；
　　　　　　高温高湿易分解，施用千万要深埋；牢记莫混钙镁磷，还有草灰人尿粪。
3. 氯化铵　　氯化铵、生理酸，含有二十五个氮；施用千万莫混碱，用作种肥出苗难；
　　　　　　牢记甘薯马铃薯，烟叶甜菜都忌氯；重用棉花和水稻，掺和尿素肥效高。
4. 尿素　　　尿素性平呈中性，各类土壤都适用；含氮高达四十六，根外追肥称英雄；
　　　　　　施入土壤变碳铵，然后才能大水灌；千万牢记要深施，提前施用最关键。
5. 过磷酸钙　过磷酸钙水能溶，各种作物都适用；混沤厩肥分层施，减少土壤磷固定；
　　　　　　配合尿素硫酸铵，以磷促氮大增产；含磷十八性呈酸，运贮施用莫遇碱。

6. 重过磷酸钙	过磷酸钙名加重，也怕铁铝来固定；含磷高达四十六，俗称重钙呈酸性；用量掌握要灵活，它与普钙用法同；由于含磷比较高，不宜拌种蘸根苗。	
7. 钙镁磷肥	钙镁磷肥水不溶，溶于弱酸属枸溶；作物根系分泌酸，土壤酸液也能溶；含磷十八呈碱性，还有钙镁硅锰铜；酸性土壤施用好，石灰土壤不稳定；小麦油料和豆科，施用效果各不同；施用应作基肥使，一般不作追肥用；五十千克施一亩*，用前堆沤肥效增；若与铵态氮肥混，氮素挥发不留情。	
8. 硫酸钾	硫酸钾、较稳定，易溶于水性为中；吸湿性小不结块，生理反应呈酸性；含钾四八至五十，基种追肥均可用；集中条施或穴施，施入湿土防固定；酸土施用加矿粉，中和酸性又增磷；石灰土壤防板结，增施厩肥最可行；每亩用量十千克，块根块茎用量增；易溶于水肥效快，氮磷配合增效应。	
9. 氯化钾	氯化钾、早当家，钾肥家族数它大；易溶于水性为中，生理反应呈酸性；白色结晶似食盐，也有淡黄与紫红；含钾五十至六十，施用不易作种肥；酸性土施加石灰，中和酸性增肥力；盐碱土上莫用它，莫施忌氯作物地；亩用一十五千克，基肥追肥都可以；更适棉花和麻类，提高品质增效益。	
10. 硼肥	常用硼肥有硼酸，硼砂已经用多年。硼酸弱酸带光泽，三斜晶体粉末白；有效成分近十八，热水能够溶解它。四硼酸钠称硼砂，干燥空气易风化；含硼十一性偏碱，适应各类酸性田。作物缺硼植株小，叶片厚皱色绿暗；棉花缺硼蕾不花，多数作物花不全。增施硼肥能增产，关键还需巧诊断；麦棉烟麻苜蓿薯，甜菜油菜及果树；这些作物都需硼，用作喷洒浸拌种。浸种浓度掌握稀，万分之一就可以。叶面喷洒作追肥，浓度万分三至七。硼肥拌种经常用，千克种子一克肥。用于基肥农肥混，每亩莫过一千克。	
11. 钼肥	常用钼肥钼酸铵，五十四钼六个氮。粒状结晶易溶水，也溶强碱及强酸。太阳暴晒易风化，矢去晶水以及氨。作物缺钼叶失绿，首先表现叶脉间。豆科作物叶变黄，番茄叶边向上卷。柑橘失绿黄斑状，小麦成熟要迟延。最适豆科十字科，小麦玉米也喜欢。不适葱韭等蔬菜，用作基肥混普钙。每亩仅用一公两，严防施用超剂量。经常用于浸拌种，根外喷洒最适应。浸种浓度千分一，根外追肥也适宜。拌种千克需四克，兑水因种各有异。还有钼肥钼酸钠，含钼有达三十八。白色晶体易溶水，酸地施用加石灰。	
12. 锰肥	常用锰肥硫酸锰，结晶白色或淡红。含锰二六至二八，易溶于水易风化。作物缺锰叶肉黄，出现病斑烧焦状。严重全叶都失绿，叶脉仍绿特性强。对照病态巧诊断，科学施用是关键。一般亩施三公斤，生理酸性农肥混。拌种千克用八克，二十克重用甜菜。浸种叶喷浓度同，千分之一就可用。另有氯锰含十七，碳酸锰含三十一。氯化锰含六十八，基肥常用锰废渣。对锰敏感作物多，甜菜麦类及豆科；玉米谷子马铃薯，葡萄花生桃苹果。	
13. 锌肥	常用锌肥硫酸锌，按照剂型有区分：一种七水化合物，白色颗粒或白粉。含锌稳定二十三，易溶于水为弱酸。二种含锌三十六，菱状结晶性有毒。最适土壤石灰性，还有酸性沙质土。适应玉米和甜菜，稻麻棉豆和果树。	

---

* 亩为非法定计量单位，1亩≈667m^2。

模块二　植物生长环境

	是否缺锌要诊断，酸性增锌能增产。玉米对锌最敏感，缺锌叶白穗秃尖。 小麦缺锌叶缘白，主脉两侧条状斑。果树缺锌幼叶小，缺绿斑点连成片。 水稻缺锌草丛状，植株矮小生长慢。亩施莫超两千克，混合农肥生理酸。 遇磷生成磷酸锌，不易溶水肥效减。玉米常用根外喷，浓度一定要定真。 若喷百分零点五，外添一半石灰熟。这个浓度经常用，还可用来喷果树。 其他作物千分三，连喷三次效明显。拌种千克四克肥，浸种一克就可以。 另有锌肥氯化锌，白色粉末锌氯粉。含锌较高四十八，制造电池常用它。 还有锌肥氧化锌，又叫锌白锌氧粉。含锌高达七十八，不溶于水和乙醇。 百分之一悬浊液，可用秧苗来蘸根。能溶醋酸碳酸铵，制造橡胶可充填。 医药可用作软膏，油漆可用作颜料。最好锌肥螯合态，易溶于水肥效高。
14. 铁肥	常用铁肥有黑矾，又名亚铁色绿蓝。含铁十九硫十二，易溶于水性为酸。 南方稻田多缺硫，施用一季壮一年。北方土壤多缺铁，直接施地肥效减； 应混农肥人粪尿，用于果树大增产；施用黑矾五千克，二百千克农肥掺； 集中施于树根下，增产效果更可观；为免土壤来固定，最好根外追肥用； 亩需黑矾二百克，兑水一百千克整；时间掌握出叶芽，连喷三次效果明； 也可树干钻小孔，株塞两克入孔中；还可针注果树干，浓度百分零点三。 作物缺铁叶失绿，增施黑矾肥效速。最适作物有玉米，高粱花生大豆蔬。
15. 铜肥	目前铜肥有多种，溶水只有硫酸铜。五水含铜二十五，蓝色结晶有毒性。 应用铜肥有技术，科学诊断看苗情。作物缺铜叶尖白，叶缘多呈黄灰色。 果树缺铜顶叶簇，上部项梢多死枯。认准缺铜才能用，多用基肥浸拌种。 基肥亩施一千克，可掺十倍细土混。重施石来沙壤土，土壤肥沃富钾磷； 麦麻玉米及莴苣，洋葱菠菜果树敏。浸种用水十千克，兑肥零点两克准。 外加五克氢氧钙，以免作物受毒害。根外喷洒浓度大，氢氧化钙加百克。 掺拌种子一千克，仅需铜肥为一克。硫酸铜加氧化钙，波尔多液防病害。 常用浓度百分一，掌握等量五百克。铜肥减半用苹果，小麦柿树和白菜。 石灰减半用葡萄，番茄瓜类及辣椒。由于铜肥有毒性，浓度宁稀不要浓。

【知识拓展】

如果同学们想了解更多的知识，可以通过下面渠道进行学习：

1. 阅读杂志

（1）《中国土壤与肥料》。

（2）《土壤通报》。

（3）《植物营养与肥料学报》。

2. 浏览网站

（1）中国化肥网（http：//www.fert.cn/）。

（2）中国肥料信息网（http：//www.natesc.gov.cn/）。

（3）中肥网农资通（http：//vip.ferinfo.cn/）。

3. 通过本校图书馆借阅有关土壤肥料方面的书籍

【观察思考】

将全班分为若干团队,每队 5~10 人,利用业余时间,进行下列活动:

(1) 当地生产实践中还有哪些合理施用碳酸氢铵的典型经验?

(2) 当地生产实践中小麦田与水稻田采用"以水带氮"施用尿素的肥效如何?

(3) 当地生产实践中有哪些提高过磷酸钙肥料施用效果的好方法?

(4) 根据当地环境条件,制订一个合理施用复合肥料的技术方案;调查当地目前正在推广应用的 BB 肥典型经验。

(5) 以果树为例,说明微量元素的合理施用技术。施用时应注意哪些问题?

(6) 结合当地实际,怎样进行小麦和玉米秸秆直接还田?秸秆直接还田时应注意哪些问题?

(7) 根据当地环境条件,制订一个合理施用生物肥料的技术方案;调查当地农户主要施用哪些品种生物肥料。

项目三　植物生长的水分环境

▲ 项目任务

了解水分与植物生长关系、植物的蒸腾作用和需水规律；熟悉大气水分、土壤水分、降水等水分环境；能正确测定土壤水分含量，进行空气湿度、降水量与蒸发量等指标观测，熟练进行土壤墒情判断及水分环境合理调控。

任务一　植物生长的水分条件

【任务目标】

知识目标：1. 了解水分与植物生长的关系。
　　　　　2. 认识植物的蒸腾作用与需水规律。
　　　　　3. 熟悉土壤水分与大气水分环境。
能力目标：1. 能正确进行土壤水分含量的测定。
　　　　　2. 能正确进行空气湿度的观测。

【知识学习】

植物生长需要的水分包括土壤水分和大气水分。土壤水分主要依赖于自然降水和灌溉。

1. 水分与植物生长的关系　植物的水分以结合水和自由水两种状态存在。结合水又称束缚水，是存在于细胞原生质胶体颗粒周围或存在于大分子结构空间中，被牢固吸附着的水分，不起溶媒作用，不易流动和流失，受外界环境影响较小。自由水是存在于细胞间隙、原生质胶粒间、液泡中、导管和管胞内以及植物体其他间隙的水分，可自由移动，起溶媒作用，担负营养物质的转运，供给蒸腾水分，参与细胞各种代谢。

（1）水分对植物生长的作用。水是植物的重要组成成分，对植物的生命具有决定性作用。原因有：第一，水分是细胞原生质的主要成分。细胞原生质含水量在70%～90%，才能保持新陈代谢活动正常进行。第二，水分是植物代谢作用过程的反应物质。在光合作用、呼吸作用、有机物质的合成、分解过程中，都有水分子参与。第三，水分是植物对物质吸收和运输的溶剂。养分元素的吸收与运输、气体交换、光合产物的转化和运输以及信号物质的传导都需要以水分作为介质。第四，水分能保持植物的固有姿态。植物细胞含水产生静水压，保持膨胀状态，从而使植物保持固有姿态。第五，水分能有效降低植物的体温。植物通过蒸腾散热，调节体温；在水稻栽培中，常通过排水灌水措施，以水调温，改善农田小气候。第六，水是植物原生质胶体良好的稳定剂。水分可与胶体上带电离子形成水化离子，共同影响细胞原生质体得的状态，调节细胞代谢的速率。

（2）植物细胞吸水。一切生命活动都是在细胞内进行的，吸水也不例外。植物细胞吸水有三种方式：一是渗透吸水，是指含有液泡的细胞吸水，如根系吸水、气孔开闭时保卫细胞的吸水。主要是由于溶质势的下降而引起的细胞吸水过程。当液泡的水势高于外液的水势则易引起细胞质壁分离,引起植物萎蔫,甚至死亡。二是吸胀吸水。主要是由于细胞壁和原生质体内有很多亲水物质,如纤维素、蛋白质等,它们的分子结构中有亲水基,因而能够吸附水分子,从而使细胞吸水。三是降压吸水,主要是指因压力势的降低而引发的细胞吸水。如蒸腾旺盛时,木质部导管和叶肉细胞的细胞壁都因失水而收缩,使压力势下降,从而引起这些细胞水势下降而吸水。

(3) 植物根系吸水。植物吸收水分的主要器官是根,而根系吸水的主要区域是根毛区。植物根系吸收土壤水分后,便进行运输,其运输途径为:土壤中的水→根毛→根的皮层→根的内皮层→根的中柱鞘→根的导管或管胞→茎的导管→叶柄导管→叶脉导管→叶肉细胞→叶细胞间隙→气孔下腔→气孔→大气(图 2-3-1)。

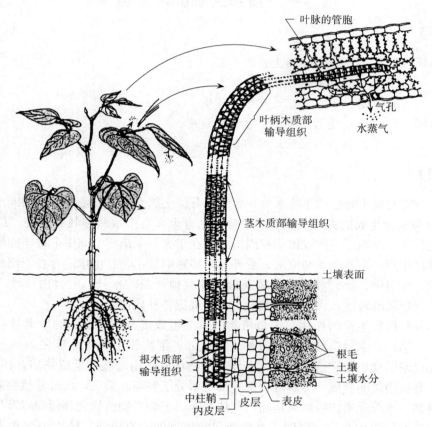

图 2-3-1 水分从根部向上运输的途径

根系吸水的动力主要有根压和蒸腾拉力两种。根压是指由于植物根系生理活动而促使液流从根部上升的压力;蒸腾拉力是指因叶片蒸腾作用而产生的使导管中水分上升的力量。蒸腾拉力是比根压更强的一种吸水动力,可达到根压的十几倍压力,是植物吸水的主要动力。

植物根部吸水主要通过根毛、皮层、内皮层,再经中柱薄壁细胞进入导管。水分在根内的径向运输有两种:一是质外体途径,是指水分通过由细胞壁、细胞间隙、胞间层以及导管的空腔组成的质外体部分的移动过程,该途径水分移动阻力小,速度快。二是共质体途径,是指水分依次从一个细胞的细胞质经过胞间连丝进入另一细胞质的移动过程,该途径水分运输阻力较大。

(4) 植物的蒸腾作用。蒸腾作用是指植物体内的水分以气态散失到大气中去的过程。蒸腾作用虽然会造成植物体内水分的亏缺,甚至会引起危害,但它对植物的生命活动有很大的益处:蒸腾作用是植物水分及矿质营养的吸收和运输主要动力;蒸腾作用能维持植物的适当体温;蒸腾作用通过气孔开放,二氧化碳易进入叶内被同化,促进光合产物的积累。

植物蒸腾水分部位主要是叶片。叶片的蒸腾作用方式有3种:一是皮孔蒸腾。是木本植物地上部木栓化的表皮通过皮孔散失水分的方式,仅占植物蒸腾总量的0.1%左右。二是角质蒸腾,是指植物体内的水分通过角质层而蒸腾的过程,仅占植物蒸腾总量的3%~5%。三是气孔蒸腾,是指植物体内的水分通过气孔而蒸腾的过程,是植物蒸腾的主要方式。气孔是位于植物叶表皮上的小孔,一般由成对的保卫细胞组成,毗连的细胞是邻近的表皮细胞或副卫细胞。植物叶的表面分布着许多气孔,并通过气孔的自行开闭调节植物蒸腾作用的强弱。

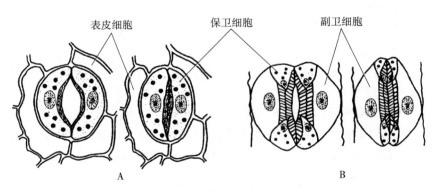

图2-3-2 植物气孔复合体
A. 双子叶植物 B. 单子叶植物

蒸腾作用的强弱常用蒸腾速率、蒸腾效率和蒸腾系数来表示。蒸腾速率又称蒸腾强度,是指植物在单位时间内单位叶面积上通过蒸腾作用散失的水量,常用单位为$g/(m^2·h)$;蒸腾效率是指植物每蒸腾1kg水时所形成的干物质的克数;蒸腾系数是指植物每制造1g干物质所消耗水分的克数。大多数植物白天的蒸腾速率为15~250$g/(m^2·h)$,夜晚为1~20 $g/(m^2·h)$;蒸腾效率为1~8g/kg;蒸腾系数在125~1 000,蒸腾系数越小,则表示该植物利用水分的效率越高。

(5) 植物的需水规律。在植物生活的全过程中,需要大量的水分,不同植物或同一植物不同品种,其需水量不同。如1hm^2玉米一生需消耗900万kg的水;而1hm^2小麦约需400万kg的水。植物每制造1kg干物质所消耗水分的量(g),称为需水量。

植物生活全过程中,往往有两个关键需水时期:一是植物需水临界期。是指植物在生命周期中对水分缺乏最敏感,最易受害的时期。如小麦一生中有两个临界期——孕穗期和灌浆开始乳熟末期。二是植物最大需水期。是指植物在生命周期中对水分需要量最多的时期。而植物最大需水期多在植物生长旺盛时期，即生活中期。

2. 大气水分 大气中水分的存在形式有气态、液态和固态；多数情况下，水分是以气态存在于大气中。

（1）空气湿度。空气湿度是表示空气中水汽含量（即空气潮湿程度）的物理量。常用的表示方法有：

①水汽压（e）。大气中水汽所产生的分压称为水汽压。通常情况下，空气中水汽含量多，水汽压大；反之，水汽压小。水汽压的单位常用百帕（hPa）表示。若水汽含量正好达到了某一温度下空气所能容纳水汽的最大限度，则水汽已达到饱和，这时空气的水汽压称饱和水汽压（E）。

②绝对湿度（a）。单位容积空气中所含水汽的质量称为绝对湿度，实际上就是空气中水汽的密度，单位为g/cm^3或g/m^3。空气中水汽含量愈多，绝对湿度就愈大，绝对湿度能直接表示空气中水汽的绝对含量。

③相对湿度（r）。是指空气中实际水汽压与同温度下饱和水汽压的百分比，即：$r=e/E\times 100\%$。相对湿度表示空气中水汽的饱和程度。在一定温度条件下，水汽压愈大，空气愈接近饱和。当$e=E$时，$r=100\%$，空气达到饱和，称为饱和状态；当$e<E$时，即$r<100\%$，称为未饱和状态；当$e>E$时，即$r>100\%$而无凝结现象发生时，称过饱和状态。在同一水汽压下，气温升高，相对湿度减少，空气干燥；相反，气温降低，相对湿度增加，空气潮湿。

④饱和差（d）。是指在一定温度下，饱和水汽压和实际水汽压之差，即：$d=E-e$。饱和差表示空气中的水汽含量距离饱和的绝对数值。一定温度下，e愈大，空气愈接近饱和；当$e=E$时，空气达到饱和，这时候$d=0$。

⑤露点（t_d）。气温愈低，饱和水汽压就越小。所以对含有一定量水汽的空气，在水汽含量和气压不变的情况下，降低温度，使饱和水汽压与当时实际水汽压值相等，这时的温度就成为该空气的露点温度，简称露点，单位℃。实际气温与露点之差表示空气距离饱和的程度。如果气温高于露点，则表示空气未达饱和状态；气温等于露点时，则表示空气已达到饱和状态；气温低于露点，则表示空气达到过饱和状态。

（2）水汽的凝结。水汽由气态转变为液态或固态的过程称为凝结。自然界中，常会有水汽凝结成液态（露点温度在0℃以上）或固态冰晶（露点温度在0℃以下）的现象发生，而大气中的水汽需在一定的条件下才能发生凝结。

大气中水汽发生凝结的条件有两个：一是大气中的水汽必须达到过饱和或过饱和状态；二是大气中必须有凝结核，两者缺一不可。水汽凝结物主要包括地面和地面物体表面上的凝结物（如露、霜、雾凇、雨凇等）、大气中的凝结物（如雾和云）。

露和霜是地面和地面物体表面辐射冷却，温度下降到空气的露点以下时，空气接触到这些冷的表面，而产生的水汽凝结现象。如露点高于0℃就凝结为露；如果露点低于0℃就凝结为霜。

雾凇是一种白色松脆的似雪易散落的晶体结构的水汽凝结物，俗称树挂。雨凇是过冷却雨滴降落到0℃以下的地面或物体上直接冻结而成的毛玻璃状或光滑透明的冰层。

雾是当近地气层温度降低到露点以下时，空气中的水汽凝结成小水滴或水冰晶，弥漫在空气中，使水平方向上的能见度不到1km的天气现象。雾削弱了太阳辐射、减少了日照时数、抑制了白天温度的增高，减少了植物蒸散，限制了根系吸收作用。

云是自由大气中的水汽凝结或凝华而形成的微小水滴、过冷却水滴、冰晶或者它们混合形成的可见悬浮物。云和雾没有本质区别，只是云离地而雾贴地。在气象观测中，根据云底高度和云的基本外形特征，将云分成高云、中云和低云三族。一般来说，高云云底在4.5km以上，中云云底在2.5～4.5km，低云云底为0.1～2.5km。世界气象组织将云分为10属。其低云有积云（Cu）、积雨云（Cb）、层积云（Sc）、层云（St）和雨层云（Ns）；中云有高积云（Ac）和高层云（As）；高云则有卷云（Ci）、卷层云（Cs）、卷积云（Cc）。

3. 土壤水分蒸发 水从液态或固态转变为气态的过程称为蒸发。土壤水分的蒸发与植物根系吸水关系联系密切，一般将土壤水分的蒸发过程划分为3个阶段：

第一阶段：由于降水、灌溉、或土壤毛细管的吸水作用，表层土壤中的水分充分湿润时，土壤蒸发主要发生在土表，其蒸发速度与同温度下的水面蒸发相似。在这个阶段的后期，可以采取松土的方式切断土壤毛细管的上下联系，减少水分的过度蒸发，以达到保墒的目的。

第二阶段：土壤表层已因蒸发而变干，土壤内部的水分已通过土壤孔隙进入大气，蒸发速度下降。在这个阶段，植物生产中一般采用镇压措施来保墒。

第三阶段：土壤含水量已经很低，植物开始萎蔫，这时土壤毛细管吸水作用已经停止，虽然水分蒸发速度较慢，但植物根系吸水困难，必须及时灌水才能满足植物对水分的需要。

【技能训练】

1. 土壤水分含量的测定

（1）训练准备。根据班级人数，按2人一组，分为若干组，每组准备以下材料和用具：天平（感量为0.01g）、铝盒、量筒（10mL）、无水酒精、滴管、小刀、土壤样品等。

（2）操作规程。测定土壤含水量的方法很多，常用的有烘干法和酒精燃烧法。这里介绍酒精燃烧法。酒精燃烧法测定土壤水分快，但精确度较低，只适合田间速测（表2-3-1）。

表2-3-1 土壤水分含量的测定

工作环节	操作规程	质量要求
新鲜样品采集	用小铲子在田间挖取表层土壤1kg左右装入塑料袋中，带回实验室以便测定	最好采取多点、随机采取，增加土样的代表性
称空重	用感量为0.01g的天平对洗净烘干的铝盒称重，记为铝盒重（W_1），并记下铝盒的盒盖和盒帮的号码	应注意铝盒的盒盖和盒帮相对应，避免出错
加湿土并称重	将塑料袋中的土样倒出约200g，在实验台上用小铲子将土样稍研碎混合。取10g左右的土样放入已称重的铝盒中，称重，记为铝盒加新鲜土重（W_2）	应将土样内的石砾、虫壳、根系等物质仔细剔除，以免影响测定结果
酒精燃烧	将铝盒盖开口朝下扣在实验台上，铝盒放在铝盒盖上。用滴管向铝盒内加入工业酒精，直至将全部土样覆盖。用火柴点燃铝盒内酒精，任其燃烧至火焰熄灭，稍冷却；小心用滴管重新加入酒精至全部土样湿润，再点火任其燃烧；重复燃烧3次	酒精燃烧法不适用于含有机质高的土壤样品的测定。燃烧过程中严控温度，注意防止土样损失，以免出现误差

(续)

工作环节	操作规程	质量要求
冷却称重	燃烧结束后，待铝盒冷却至不烫手时，将铝盒盖盖在铝盒上，待其冷却至室温，称重，记为铝盒加干土重（W_3）	(1) 冷却后应及时称重，避免土样重新吸水 (2) 数据可记录于表 2-3-2 (3) 运用酒精燃烧法测定土壤水分时，一般情况下要经过 3～4 次燃烧后，土样才可达到恒重
结果计算	平行测定结果用算术平均值表示，保留小数后一位 土壤含水量（W）$=\dfrac{W_2-W_3}{W_3-W_1}\times 100\%$	平行测定结果的允许绝对相差：水分含量＜5%，允许绝对相差≤0.2%；水分含量 5%～15%，允许绝对相差≤0.3%；水分含量＞15%，允许绝对相差≤0.7%

表 2-3-2 土壤含水量测定数据记录表

样品号	盒盖号	盒帮号	铝盒重（W_1, g）	盒加新鲜土重（W_2, g）	盒加干土重（W_3, g）	含水量（%）	平均值（g）

2. 空气湿度的测定

（1）训练准备。根据班级人数，按 2 人一组，分为若干组，每组准备以下观测仪器和用具：干湿球温度表、通风干湿表、毛发湿度表、毛发湿度计和蒸馏水等。并熟悉以下仪器：

①干湿球温度表。干湿球温度表是由两支型号完全一样的普通温度表组成的，放在同一环境中（如百叶箱）。其中一支用来测定空气温度，就是干球温度表，另一支球部缠上湿的纱布称为湿球温度表。

②毛发湿度表。毛发湿度表的感应部分是脱脂毛发，它具有随空气湿度变化而改变其长度的特性。其构造如图 2-3-3。当空气相对湿度增大时，毛发伸长，指针向右移动；反之，相对湿度降低时，指针向左移动。

③通风干湿表。通风干湿表携带方便，精确度较高，常用于野外测定气温和空气湿度。仪器构造如图 2-3-4 所示，干球、湿球温度表感应部分分别在 A、B 的双层辐射防护管内，防护管借三通管和两支温度表之间的中心圆管与风扇相通。

④毛发湿度计。毛发湿度计有感应、传递放大和自记装置等三部分组成，形同温度计。感应部分由一束脱脂毛发组成，当相对湿度增大时，发束伸长，杠杆曲臂使笔杆抬起，笔尖上移；反之，笔尖下降。

（2）操作规程。在观测场内进行下列全部或部分内容（表 2-3-3）。

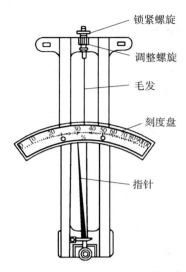

图 2-3-3　毛发湿度表示意图

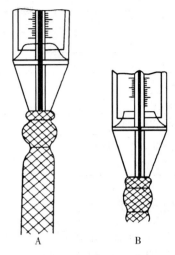

图 2-3-4　湿球纱布包扎的示意图

表 2-3-3　空气湿度的测定

工作环节	操作规程	质量要求
安置仪器	（1）干湿球温度表的安装方法参考温度观测 （2）毛发湿度表应垂直悬挂在温度表支架的横梁上，表的上部用螺丝固定 （3）毛发湿度计要安置在大百叶箱内温度计的后上方架子上，底座保持水平 （4）通风干湿表于观测前将仪器挂在测杆上（仪器温度表感应部分离地面高度视观测目的而定）	仪器安置正确、牢固
观测	（1）各仪器每天观测 4 次（02 时、08 时、14 时、20 时） （2）观测时，要保持视线与水银柱顶或刻度盘齐平，以免因视差而使读数偏高或偏低 （3）观测顺序为：干球温度→湿球温度→毛发湿度表→毛发湿度计 （4）毛发湿度计的读数压迫读取湿度计瞬时值，并作时间记号。每天 14 时换纸，换纸方法同温度计 （5）通风干湿观测时间和次数与农田中观测时间和次数一致	（1）按时观测，严禁迟测、漏测、缺测 （2）毛发湿度表，只有当气温降到 $-10.0℃$ 以下时才作正式记录使用，观测值要经过订正，以减小误差
查算《湿度查算表》	根据观测的干球温度值 t，在简化后的《湿度查算表》中分别查出水汽压（e）、相对湿度（r）、露点温度（t_d）和饱和水汽压（E）值	查算准确，无误
记录观测结果	记录时，除温度、水汽压、饱和水汽压保留 1 位小数外，其他均为整数。将观测结果记录在表 2-3-4 中	记录要清楚、准确，不能主观臆造数据

表 2-3-4 空气湿度观测记录表

观测结果	观测时间（02 时）	观测时间（08 时）	观测时间（14 时）	观测时间（20 时）
干球温度表读数（℃）				
湿球温度表读数（℃）				
毛发湿度表（％）				
水气压（hPa）				
相对湿度（％）				
露点温度（℃）				
饱和水汽压（hPa）				
毛发湿度计（100％）				

【问题处理】

1. 湿球温度表使用 湿球示度的准确性与包缠用的纱布、纱布的清洁度及湿润用水的纯净度有关。湿球纱布包缠是用统一规定的吸水性能良好的专用纱布。包扎时把湿球温度表从百叶箱内取出，洗净手后，用清洁的水将温度表的球部洗净，然后将长约 10cm 的新纱巾在蒸馏水中浸湿，平帖无皱折地包卷在水银球上（包卷纱布的重叠部分不要超过球部圆周的 1/4）；包好后，用纱线把高出球部上面的纱布扎紧，再把球部下面的纱布紧紧靠着球部扎好（不要扎得过紧），并剪掉多余的纱线。图 2-3-4 中 A 为温度在 0℃以上时的包扎法，B 为温度 0℃以下时的包扎法。然后，把纱布的下部浸到一个带盖的水杯内，杯口距离湿球球部约 3cm，杯中盛满蒸馏水，供湿润湿球纱布用。

气温在 -10.0℃以上、湿球纱布结冰时，观测前必须先进行湿球溶冰。用一杯相当室内温度的蒸馏水，将湿球球部浸入水杯中，使冰层完全融化；如果湿球温度表的示度很快上升到 0℃，稍停一会再上升，就表示冰已融化。把水杯移开，用杯沿将纱布头上的水滴除去。待纱布变软后，在球部下 2～3mm 处剪断，然后把湿球温度表下的水杯从百叶箱内取走，以防水杯冻裂。气温在 -10.0℃以下时，停止观测湿球温度，用毛发湿度表或湿度计测定湿度。

湿球用水：如果没有蒸馏水，可用清洁的雨雪水，但要用纸或棉花过滤。只有在确无办法的情况下才能用河水，但必须烧开、过滤、冷透至与当时的空气温度相近。井水、泉水禁止使用。水杯内的蒸馏水要经常添满，保持清洁，一般每周更换一次。

2. 通风干湿表使用 观测前先将仪器挂在测杆上（仪器温度表感应部分离地面高度视观测目的而定），暴露 15min（冬季 30 min），用玻璃滴管湿润温度表的纱布，然后上好风扇发条，规定的观测时间一到，就可读数。

3. 《湿度查算表》的使用 根据观测的干球温度值 t，在简化后的《湿度查算表》中确定待查找部分，在该部分内分别找到湿球温度 t_w 值与 e、r、t_d 交叉的各点数值，即为相应的水汽压（e）、相对湿度（r）、露点温度（t_d）值。饱和水汽压（E）值为该部分中湿球温度与干球温度相等时的水汽压值。

4. 毛发湿度表的使用 当气温降到 -10.0℃以下时正式记录使用，在换用毛发湿度表的前一个半月用干湿球温度表进行订正，用回归法作订正线，以备订正时使用。

任务二 植物生长的水分调控

【任务目标】

知识目标：1. 了解土壤墒情，熟悉土壤水分调控技术。
2. 了解降水的条件、表示方法和降水种类。

能力目标：1. 能正确进行土壤墒情的判断。
2. 能进行降水量与蒸发量的观测。
3. 能根据当地植物生长管理情况，正确地提出水分环境的调控方案。

【知识学习】

1. 降水 降水是指从云中降落到地面的液态或固态水。广义的降水是地面从大气中获得各种形态的水分，包括云中降水（也称垂直降水）和地面凝结物（也称水平降水）。国家气象局《地面气象观测规范》中规定，降水量仅指的是云中降水。

（1）降水成因。降水来自云中，但有云未必有降水。只有当云滴增大到能克服空气阻力和上升气流的抬升，并在下降过程中不被蒸发掉，才能降到地面形成降水。因此，要形成较强的降水：一是要有充足的水汽；二是要使气块能够被持久抬升并冷却凝结；三是要有较多的凝结核。

（2）降水的表示方法。降水量的表示方法有：降水量、降水强度、降水变率、降水保证率等。常用的是降水量和降水强度。

降水量是指一定时段内从大气中降落到地面未经蒸发、渗透和流失而在水平面上积聚的水层厚度。降水量是表示降水多少的特征量，通常以 mm 为单位。

降水强度是指单位时间内的降水量。降水强度是反映降水急缓的特征量，单位为 mm/d 或 mm/h。按降水强度的大小可将降水分为若干等级（表 2-3-5）。

表 2-3-5 降水等级的划分标准（mm）

种类	等级	小	中	大	暴	大暴	特大暴
雨	12h	0.1~5.0	5.1~15.0	15.1~30.0	30.1~60.0	≥60.1	
	24h	0.1~10.0	10.0~25.0	25.1~50.0	50.1~100	100.1~200.0	>200.0
雪	12h	0.1~0.9	1.0~2.9	≥3.0	—	—	—
	24h	≤2.4	2.5~5.0	>5.0	—	—	—

在没有测量雨量的情况下，我们也可以从当时的降雨状况来判断降水强度（表 2-3-6）。

表 2-3-6 降水等级的判断标准

降水强度等级	降雨状况
小雨	雨滴下降清晰可辨，地面全湿，落地不四溅，但无积水或洼地积水形成很慢，屋上雨声微弱，檐下只有雨滴
中雨	雨滴下降连续成线，落硬地雨滴四溅，屋顶有沙沙雨声，地面积水形成较快

(续)

降水强度等级	降雨状况
大雨	雨如倾盆,模糊成片,落地四溅很高,屋顶有哗哗雨声,地面积水形成很快
暴雨	雨如倾盆,雨声猛烈,开窗说话时,声音受雨声干扰而听不清楚,积水形成特快,下水道往往来不及排泄,常有外溢现象
小雪	积雪不超过3cm的降雪过程
中雪	积雪深达3cm的降雪过程
大雪	积雪深达5cm的降雪过程
暴雪	积雪深达8cm的降雪过程

(3) 降水的种类。按降水物态形状可分为：一是雨，从云中降到地面的液态水滴。直径一般为0.5~7mm。下降速度与直径有关，雨滴越大，其下降速度也越快。二是雪，从云中降到地面的各种类型冰晶的混合物。雪大多呈六角形的星状、片状或柱状晶体。三是霰，是白色或淡黄色不透明的而疏松的锥形或球形的小冰球，直径约1~5mm。霰是冰晶降落到过冷却水滴的云层中，互相碰撞合并而形成，或是过冷却水在冰晶周围冻结而成的。由于霰的降落速度比雪花大得多，着落硬地常反跳而破碎。霰常见于降雪之前或与雪同时降落。直径小于1mm的称为米雪。四是雹，由透明和不透明冰层组成的坚硬的球状、锥状或形状不规则的固体降水物。雹块大小不一。其直径由几毫米到几十毫米，最大可达十几厘米。

按降水强度可分为：小雨、中雨、大雨、暴雨、特大暴雨、小雪、中雪、大雪、暴雪等(表2-3-5)。

2. 土壤水分调控技术 在植物生产实践中，可以通过一些水分调控技术来提高农田土壤水分的生产效率，发展节水高效农业。

(1) 沟垄覆盖集中保墒技术。沟垄覆盖集中保墒技术是平地(或坡地沿等高线)起垄，农田呈沟、垄相间状态，垄作后拍实，紧贴垄面覆盖塑料薄膜，降雨时雨水顺薄膜集中于沟内，渗入土壤深层，沟要有一定深度，保证有较厚的疏松土层，降雨后要及时中耕以防板结，雨季过后要在沟内覆盖秸秆，以减少蒸腾失水。

(2) 喷灌。是利用专门的设备将水加压，或利用水的自然落差将高位水通过压力管道送到田间，再经喷头喷射到空中散成细小水滴，均匀散布在农田上，达到灌溉目的。

(3) 地下灌技术。把灌溉水输入地下铺设的透水管道或采用其他工程措施，抬高地下水位，依靠土壤的毛细管作用浸润根层土壤，供给植物所需水分的灌溉技术。

(4) 膜上灌技术。是在地膜栽培的基础上，把以往的地膜旁侧改为膜上灌水，水沿放苗孔和膜旁侧灌水渗入进行灌溉。

(5) 植物调亏灌溉技术。是从植物生理角度出发，在一定时期内主动施加一定程度的有益的亏水度，使作物经历有益的亏水锻炼后，达到节水增产，改善品质的目的。通过调亏可控制地上部分的生长量，实现矮化密植，减少整枝等工作量。

(6) 水肥耦合技术。是根据不同水分条件，提倡灌溉与施肥在时间、数量和方式上合理配合，促进作物根系深扎，扩大根系在土壤中的吸水范围。多利用土壤深层储水，并提高作物的蒸腾和光合强度，减少土壤的无效蒸发，以提高降雨和灌溉水的利用效率。达到以水促肥，以肥调水，增加作物产量和改善品质的目的。

【技能训练】

1. 当地降水量与蒸发量的观测

（1）训练准备。根据班级人数，按2人一组，分为若干组，每组准备以下观测仪器和用具：雨量器、虹吸式雨量计（或翻斗式雨量计）、小型蒸发器和专用量杯等。并熟悉以下仪器：

①雨量器。主体为金属圆筒。目前我国所用的雨量器筒口直径为20cm，它包括万盛水器、储水器、漏斗和储水瓶。每一个雨量器都配有一个专用的量杯，不同雨量器的量杯不能混用。承水器为正圆形，器口为内直外斜的刀刃形，以防止落到承雨器以外的雨水溅入盛水器内。专用雨量杯上的刻度，是根据雨量器口径与雨量杯口径的比例确定的，每一小格为0.1mm，每一大格为1.0mm（图2-3-5）。

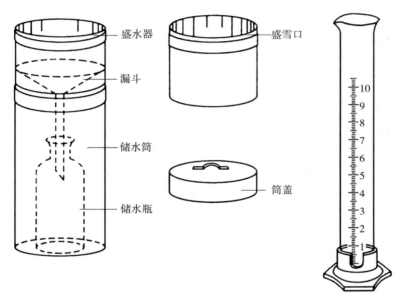

图2-3-5　雨量筒及量杯示意图

②虹吸式雨量计。是用来连续记录液态降水量和降水时数的自记仪器。由盛水器、浮子室、自记钟、虹吸管等组成。当雨水通过盛水器进入浮子室后，浮子室的水面就升高，浮子和笔杆也随之上升，于是自记笔尖就随着自记钟的转动，在自记纸上连续记录降水量的变化曲线，而曲线的坡度就表示降水强度。当笔尖达到自记纸上限时，借助虹吸管，使水迅速排出，笔尖回落到零位重新记录，笔尖每升降一次可记录10.0mm降水量。自记钟给出降水量随时间的累积过程。

③翻斗式雨量计。是可连续记录降水量随时间变化和测量累积降水量的有线遥测仪器。分感应器和记录器两部分，其间用电缆连接。感应器用翻斗测量，它是用中间隔板间开的两个完全对称的三角形容器，中隔板可绕水平轴转动，从而使两侧容器轮流接水，当一侧容器装满一定量雨水时（0.1或0.2mm），由于重心外移而翻转，将水倒出，随着降雨持续，将使翻斗左右翻转，接触开关将翻斗翻转次数变成电信号，送到记录器，在累积计数器和自记钟上读出降水资料。

④小型蒸发器。图2-3-6所示,为一口径20cm、高约10cm的金属圆盆,口缘做成内直外斜的刀刃形,并附有蒸发罩以防鸟兽饮水。

图2-3-6 小型蒸发器示意图

(2)操作规程。在观测场内进行下列全部或部分内容(表2-3-7)。

表2-3-7 当地降水量与蒸发量的观测

工作环节	操作规程	质量要求
安置仪器	(1)雨量器要水平地固定在观测场上,器口距地面高度为70cm (2)雨量计应安装在雨量器附近,盛水器口离地面的高度以仪器自身高度为准,器口应水平 (3)小型蒸发器安装在雨量器附近,终日受阳光照射的位置,并安装在固定铁架上,口缘离地70cm,保持水平	仪器安置正确、牢固
实地观测	(1)降水量每天观测2次(08时、20时);蒸发量每天在20时观测一次 (2)雨量器观测降水量。观测降雨时,将瓶内的水倒入量杯,用食指和拇指平夹住量杯上端,使量杯自由下垂,视线与杯中水凹月面最低处齐平,读取刻度。若观测时仍在下雨,则应启用备用雨量器,以确保观测记录的准确性 观测降雪时,要将漏斗、储水瓶取出,使降雪直接落入储水筒内,也可以将承雨器换成盛雪器。对于固体降水,必须用专用台称称量,或加盖后在室温下等待固态降水物融化,然后,用专用量杯测量。不能用烈日烤的方法融化固体降水 (3)雨量计测降水量。可从记录纸上直接读取降水量值。如果一日内有降水时(自记迹线≥0.1mm),必须每天换自记纸一次;无降水时,自记纸可8~9d换一次,在换纸时,人工加入1.0mm的水量,以抬高笔尖,避免每天迹线重叠 (4)观测蒸发量。观测原量及蒸发量:用专用量杯测量前一天20时注入蒸发器内20mm清水(今日原量)经24h蒸发后剩余的水量,并作记录。然后倒掉余量,重新量取20mm(干燥地区和干燥季节须量取30mm)清水注入蒸发器内(次日原量)。 然后水结冰的测量:用称量法(方法和要求同降水部分)	(1)按时观测,严禁迟测、漏测、缺测 (2)观测要规范、标准。观测数值要准确 (3)在炎热干燥的日子里,降水停止后要及时补充观测,若降水强度大时,也就增加观测次数,以保证观测的准确性 (4)有降水时,应取下蒸发器的金属网罩;有强降水时,应随时注意从器内取出一定的水量,以防溢出,并将取出量记入当时余量中

(续)

工作环节	操作规程	质量要求
记录观测结果	（1）计算蒸发量。计算公式：蒸发量＝原量＋降水量－余量 （2）记录。将观测结果和计算结果填在表 2-3-8 里。记录降水量时，当降水量＜0.05mm，或观测前虽有微量降水，因蒸发过快，观测时没有积水，量不到降水量，均为 0.0mm；0.05mm≤降水量≤0.1mm 时，记为 0.1mm。记录蒸发量时，因降水或其他原因，致使蒸发量为负值时，则记为 0.0mm；蒸发器内水量全部蒸发完时，记为＞20.0 mm（如原量为 30.0 mm，记为＞30.0 mm）	记录时，降水量、蒸发量均要保留 1 位小数

表 2-3-8 降水量、蒸发量观测记表（mm）

观测时间	08 时	20 时
降水量		
原量		
余量		
蒸发量		

2. 土壤墒情判断与水分环境调控技术

（1）训练准备。了解当地土壤墒情判断的经验；熟悉当地调控土壤水分环境和空气湿度的有关知识。

（2）操作规程。根据当地生产条件和种植作物情况，进行水分调控，满足植物生长需要（表 2-3-9）。

表 2-3-9 土壤墒情判断与水分环境调控技术

工作环节	操作规程	质量要求
土壤墒情判断	群众习惯把农田土壤的湿度称为墒，把土壤湿度变化的状况称为墒情。在田间验墒时，要既看表层又要看下层。先量干土层厚度，再分别取土验墒。若干土层在 3cm 左右，而以下墒情为黄墒，则可播种，并适宜植物生长；若干土层厚度达 6cm 以上，且在其下墒情也差，则要及早采取措施，缓解旱情	人们在生产中根据土壤含水量的变化与土壤颜色及性状的关系，把墒情类型分为五级（表 2-3-10）
土壤水分调控技术	（1）集水蓄水技术。在丘陵山区主要采用沟垄覆盖集中保墒技术、等高耕作种植等方法，蓄积水分，提高土壤水分含量 （2）推广节水灌溉技术。节水灌溉技术在植物生产上发挥着越来越重要作用，主要有喷灌、微灌、膜上灌、地下灌等技术。喷灌可按植物不同生长发育期需水要求适时、适量供水，并具有明显的增产、节水作用。地下灌溉可减少表土蒸发损失，水分利用率高，与常规沟灌相比，一般可增产 10%～30%。微灌技术是一种新型的节水灌溉工程技术，包括滴灌、微喷灌和涌泉灌等。一般比地面灌溉省水 60%～70%，比喷灌省水 15%～20%。膜上灌适用于所有实行地膜种植的作物，	（1）适宜等高耕作种植的山坡要厚 1m 以上，坡度在 6°～10°，带宽 10～20m （2）喷灌可节省灌溉用工、占用耕地少、对地形和土质适应性强，能改善田间小气候等。微灌技术可根据不同的土壤渗透特性调节灌水速度，适用于山区、坡地、平原等各种地形条件。膜上灌投资少，操作简便，便于控制水量，加速输水速度，可减少土

（续）

工作环节	操作规程	质量要求
土壤水分调控技术	与常规沟灌玉米、棉花相比，可省水40%～60%，并有明显增产效果。调亏灌溉不仅适用于果树等经济作物，而且适用于大田作物 　　（3）推广少耕免耕技术。少耕的方法主要有以深松代翻耕，以旋耕代翻耕、间隔带状耕种等。我国的松土播种法就是采用凿形或其他松土器进行松土，然后播种。带状耕作法是把耕翻局限在行内，行间不耕地，植物残茬留在行间。免耕法一般由3个环节组成：利用前作残茬或播种牧草作为覆盖物；采用联合作业的免耕播种机开沟、喷药、施肥、播种、覆土、镇压一次完成作业；采用农药防治病虫、杂草 　　（4）推广地面覆盖技术。一是秸秆覆盖，利用麦秸、玉米秸、稻草、绿肥等覆盖于已翻耕过或免耕的土壤表面。二是地膜覆盖，其效应表现在增温、保温、保水、保持养分、增加光效和防除病虫害等。有平畦覆盖、高垄覆盖、高畦覆盖、沟畦覆盖、沟种坡盖、穴坑覆盖等方法 　　（5）耕作保墒技术。主要是：适当深耕、中耕松土、表土镇压、创造团粒结构体、植树种草、水肥耦合技术、化学制剂保水节水技术等 　　（6）推广水土保持技术。一是水土保持耕作技术，如等高耕种、等高带状间作、沟垄种植、坑田、半旱式耕作、水平犁沟、草田带轮作、覆盖耕作、少耕、免耕、草田轮作、深耕密植等。二是工程措施，主要措施有修筑梯田、等高沟埂（如地埂、坡或梯田）、沟头防护工程、谷坊等。三是林草措施，主要措施用封山育林，荒坡造林（水平沟造林、鱼鳞坑造林）、护沟造林、种草等	壤的深层渗漏和蒸发损失 　　（3）免耕具有以下优点：省工省力；省费用、效益高；抗倒伏、抗旱、保苗率高；有利于集约经营和发展机械化生产 　　（4）秸秆覆盖在两茬植物间的休闲期覆盖，或在植物生育期覆盖；可以将秸秆粉碎后覆盖，也可整株秸秆直接覆盖，播种时将秸秆扒开，形成半覆盖形式 　　（5）应选择生长快的低矮匍匐型草种，1～2年内进行必要的封草和抚育措施。造林应采用深根性与浅根性相结合的适合当地条件的速生乔木和灌木树种。耕作措施与工程措施应避免水土流失
设施环境土壤水分调控	目前主要推广的是以管道灌溉为基础的多种灌溉方式，包括直接利用管道进行的输water灌溉，以及滴灌、微喷灌、渗灌等节水灌溉技术。大型智能化设施已开始普及，应用灌溉自动控制设备，根据设施内的温度、湿度、光照等因素以及植物生长不同阶段对水分的要求，采用计算机综合控制技术，进行及时灌溉	大型智能化设施应尽量选择杂质少、位置近的水源，同时要对水源的水质进行处理，使其满足灌溉要求
空气湿度的调控	（1）采用先进灌溉技术。在植物茎叶生长高温期间或空气湿度干燥期间，可通过喷灌、滴灌、雾灌等灌溉技术，进行叶面喷洒降温，调节茎叶环境湿度 　　（2）遮阳处理。对于一些需要遮阳的植物，可采取：一是搭建遮阳网；二是在遮阳棚四周搭架种植藤蔓作物如南瓜、蒲瓜等，提高遮阳效果；三是在棚顶安装自动旋转自来水喷头或喷雾管，在每天上午10时至下午4时进行喷水增加湿度	（1）注意灌水量和时间，并且要注意喷洒均匀 　　（2）遮阳处理主要用于花卉、食用菌等植物生产
设施环境下湿度的调控	（1）降低湿度。主要有：一是地膜覆盖，抑制土壤蒸发；二是寒冷季节控制灌水量，提高低温；三是通风降湿；四是加温除湿；五是使用除湿机；六是热泵除湿 　　（2）增加湿度。主要有：一是间歇采用喷灌或微喷灌技术；二是喷雾加湿；三是湿帘加湿	（1）采用通风降湿，冬季应注意减少次数与时间，春季应加大通风量 　　（2）加湿的主要方法是灌水。加湿最好和降温结合应用

表 2-3-10　土壤墒情类型和性状（轻壤土）

墒情	汪水	黑墒	黄墒	灰墒	干土面
土色	暗黑	黑—黑黄	黄	灰黄	灰—灰白
手感干湿程度	湿润，手捏有水滴出	湿润，手捏成团，落地不散，手有湿印	湿润，捏成团，落地散碎，手微有湿印和凉爽之感	潮干，半湿润，捏不成团，手无湿印，而有微温暖的感觉	干，无湿润感，捏散成面，风吹飞动
质量含水量（%）	>23	20～23	10～20	8～10	<8
相对含水量（%）		100～70	70～45	45～30	<30
性状和问题	水过多，空气少，氧气不足，不宜播种	水分相对稍多，氧气稍嫌不足，为适宜播种的墒情上限，能保苗	水分、空气都适宜，是播种最好的墒情，能保全苗	水分含量不足，是播种的临界墒情，由于昼夜墒情变化，只一部分种子出苗	水分含量过低，种子不能出苗
措施	排水，耕作散墒	适时播种，春播稍作散墒	适时播种，注意保墒	抗旱抢种，浇水补墒后再种	先浇后播

【任务目标】

1. 虹吸式雨量计的使用　虹吸式雨量计记录开始和终止的两端须作时间记号，可轻抬自记笔根部，使笔尖在自记纸上面划一短垂线；如果记录开始或终止时有降水，则应用铅笔作时间记号。如果自记纸上有降水记录，而换纸时没有降水，应在换纸前加水做人工虹吸，使笔尖回到零线；如果换纸时正在降水，则不做人工虹吸。对于固体降水，除了随降随融的固体降水要照常观测外，应停止使用，以免固体降水物损坏仪器。注意经常清洗承雨器、蒸发器和贮水瓶。

2. 结合本地实际　由于各地区水利条件、地形条件、气候条件等差异较大，因此，在实际进行土壤水分管理时，可选择与本地区植物生长水分环境调控有关的措施进行，调控方案的制订、调查报告的编写也要结合本地区实际进行。

【信息链接】

半干旱区农田降水高效利用技术

农田降水高效利用技术是依据雨水时空富集叠加、覆盖抑蒸保墒两项重要的旱作集雨技术理论，充分利用旱农区有效降水资源，促进农业增产增收，是提高我国旱作区农田生态系统生产力极为有效的技术。

1. 果园集雨节水滴灌技术　采用"山地梯田＋水窖＋果园滴灌"模式。在果园附近有一定径流面积的道路、庭院、场院或人工集水场作为水窖的集水场，集蓄水来自降水产生的径流，并配以穴灌进行果园补灌，实现果园的高效用水。

2. 日光温室膜面集雨滴渗灌节水技术　采用"梯田＋日光温室膜面集雨＋水窖＋配套

滴灌设备"的应用模式。充分利用日光温室膜面集水，水窖蓄水，棚内滴灌节水，地膜覆盖抑蒸保墒，控制温室内温湿度变化，生产优质无公害的蔬菜。山地梯田建造日光温室时，采用膜面集水、水窖贮存、滴灌供水的连体设计。

3. 双垄沟集流增墒技术　双垄沟播种能使膜上所接纳的雨水集中流入播种孔，入渗到作物根系周围，增加膜下土壤墒情，有效提高降水利用率，延长土壤水分的利用时间。当土壤水分含量 140g/kg 以上，可采用先点子后覆膜的播种办法，当土壤水分在 100~120g/kg 时，先担水点子播种（即坐水种）后覆膜方法，当土壤水分在 80g/kg 时，先覆膜待雨播种，促进作物生长发育，改善产量构成因子。

4. 地膜周年覆盖少免耕技术　该技术是一年覆膜两年使用少免耕栽培技术，是具有旱地覆盖保墒模式，可充分利用玉米收获到翌年播前 130d 的全程覆盖，既可减轻雨雪对土壤的冲刷，特别是对冬春两季的风蚀侵害具有明显的保护作用，又充分利用覆盖物的蓄水保墒作用，提高作物生产潜力；还可节省第二年的地膜投入，经济效益可观。

5. 微垄覆膜集雨技术　该技术是垄上覆膜作为集水区，沟内种植作物作为种植区；由于春季土壤蒸发特别强烈，降雨量少且变率大，种植区内也可覆盖秸秆，同时可补灌。微垄覆膜技术可提高降水利用率 14.4%。

6. 其他节水技术　主要通过抗旱作物品种，保水剂，培肥地力，使用农机具等措施，增强作物抗旱能力。引进具有抗旱节水特征的粮食作物、蔬菜、果树等优良品种。使用抗旱保水剂结合播种或基施，增强种子和土壤对水分的亲和力，从而提高作物的抗旱保水能力。

【知识拓展】

如果同学们想了解更多的知识，可以通过下面渠道进行学习：

1. 阅读杂志
（1）《气象》。
（2）《中国农业气象》。
（3）《气象知识》。

2. 浏览网站
（1）农博网（http://www.aweb.com.cn/）。
（2）中央天气网（http://www.weather.com.cn/）。
（3）新气象（http://www.zgqxb.com.cn/）。
（4）中央气象台（http://www.nmc.gov.cn/）。

3. 通过本校图书馆借阅有关植物水分环境方面的书籍

【观察思考】

（1）选择种植农作物、蔬菜、果树、园林植物等地块各一个，测定土壤水分含量，判断土壤墒情，调查整个生长季的灌水量，它们有何区别？你从中得到哪些启示？

（2）当地一年四季的空气相对湿度及降水量有什么变化规律？对种植植物有何指导意义？

（3）在老师指导下，收集相关资料，完成下表内容（表 2-3-11）。

表 2-3-11　不同地区水分调控经验

我国地区	降水量	蒸发量	水分调控技术经验
干旱地区			
半干旱地区			
半湿润地区			
湿润地区			

项目四　植物生长的温度环境

▲ 项目任务

了解土壤热性质；熟悉土壤温度、空气温度变化规律及对植物生长的作用；熟悉植物生长的有关温度指标；认识植物的感温性和植物的温周期现象；能正确进行地温、气温的测定；能根据当地生产实际，调控一般条件和设施条件的温度。

任务一　植物生长的温度条件

【任务目标】

知识目标：1. 了解土壤热性质基本知识。
　　　　　2. 熟悉土壤温度、空气温度的变化规律。
能力目标：1. 能正确进行地温的测定。
　　　　　2. 能正确进行气温的测定。

【知识学习】

1. 土壤热性质　土壤温度的高低，主要取决于土壤接受的热量和损失的热量数量，而土壤热量损失数量的大小主要受热容量、导热率和导温率等土壤热性质的影响。

（1）土壤热容量。土壤热容量是指单位质量或容积土壤，温度每升高1℃或降低1℃时所吸收或释放的热量。如以质量计算土壤数量则为质量热容量，单位是 $J/(g·℃)$，常用 Cm 表示；如以体积计算土壤数量则为容积热容量，单位是 $J/(cm^3·℃)$，常用 Cv 表示。两者的关系如下：

$$容积热容量 = 质量热容量 × 土壤容重$$

不同土壤组成成分的热容量相差很大（表2-4-1）。热容量大，则土温变化慢；热容量小，则土温易随环境温度的变化而变化。

表 2-4-1　不同土壤组成分的热容量

土壤成分	土壤空气	土壤水分	沙粒和黏粒	土壤有机质
质量热容量 $[J/(g·℃)]$	1.00	4.19	0.75～0.96	2.01
容积热容量 $[J/(cm^3·℃)]$	$0.13×10^{-4}$	4.19	2.05～2.43	2.51

（2）土壤导热率。土壤导热率指土层厚度1cm，两端温度相差1℃时，单位时间内通过单位面积土壤断面的热量，单位是 $J/(cm^2·s·℃)$，常用 $λ$ 表示。土壤不同组分的导热率相差很大（表2-4-2）。导热率越高的土壤，其温度越易随环境温度变化而变化，反之，土壤温度相对稳定。

表 2-4-2　土壤成分的导热率和导温率

土壤组成分	导热率 [J/(cm²·s·℃)]	导温率（cm²/s）
土壤空气	$2.1\times10^{-4}\sim2.5\times10^{-4}$	$0.16\sim0.19$
土壤水分	$5.4\times10^{-3}\sim5.9\times10^{-3}$	$1.3\times10^{-3}\sim1.4\times10^{-3}$
矿质土粒	$1.7\times10^{-2}\sim2.0\times10^{-2}$	$8.7\times10^{-3}\sim1.0\times10^{-2}$
土壤有机质	$8.4\times10^{-3}\sim1.3\times10^{-2}$	$3.3\times10^{-3}\sim5.0\times10^{-3}$

（3）土壤导温率。也称为导热系数或热扩散率，是指标准状况下，在单位厚度（1cm）土层中温差为1℃时，单位时间（1s）经单位断面面积（1cm²）进入的热量使单位体积（1cm³）土壤发生的温度变化值，单位是 cm²/s。不同土壤成分的导温率相差很大（表2-4-2）。土壤导温率越高，则土温容易随环境温度的变化而变化；反之，土温变化慢。

土壤热容量和导热率是影响其导温率的两个因素，可以用下式表示它们三者之间的关系：

$$土壤导温率=\frac{土壤导热率}{土壤容积热容量}$$

2. 土壤温度

（1）土壤温度的日变化。土壤温度在一昼夜间的连续变化称为土壤温度的日变化，土壤温度一日之中最高温度与最低温度之差称为日较差。一般土表白天接受太阳辐射增热，夜间放射长波辐射冷却，因而引起温度昼夜变化。在正常条件下，一日内土壤表面最高温度出现在13时左右，最低温度出现在日出之前（图2-4-1）。土壤温度受太阳高度角、土壤热性质、土壤颜色、地形、天气等因素影响。

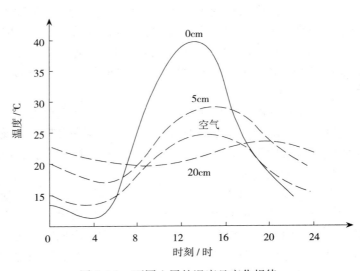

图 2-4-1　不同土层的温度日变化规律

（2）土壤温度的年变化。一年内土壤温度随月份连续地变化称为土壤温度的年变化。在北半球中、高纬度地区，土壤表面温度年变化的特点是：最高温度在7月份或8月份，最低温在1月份或2月份。土壤温度的年变化主要取决于太阳辐射的年变化、土壤的自然覆盖、土壤热性质、地形、天气等。凡是有利于表层土壤增温和冷却的因素，如土壤干燥、无植被、无积雪等都能使极值出现的时间有所提早。反之，则使最低温度与最高温度出现的月份推迟。

（3）土壤温度的垂直变化。由于土壤中各层热量昼夜不断地进行交换，使得一日中土壤温度的垂直分布有一定的特点。一般土壤温度垂直变化分为4种类型，即辐射型（放热型或夜型）、日射型（受热型或昼型）、清晨转变型和傍晚转变型（图2-4-2）。辐射型以1时为代表，土壤温度随深度增加而升高，热量由下向上输导。日射型以 13 时为代表，土壤温度随深度增加而降低，热量从上向下输导。清晨转变型可以 9 时为代表，此时 5cm 深度以上是日射型，5cm 以下是辐射型。傍晚转变型可以 19 时为代表，即上层为辐射型，下层为日射型。

一年中土壤温度的垂直变化可分为放热型（冬季，相当于辐射型）、受热型（夏季，相当于日射型）和过渡型（春季和秋季，相当于清晨转变型和傍晚转变型。）

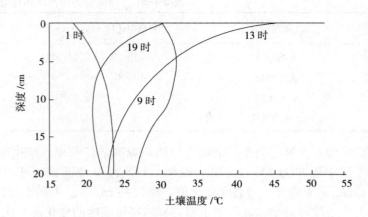

图 2-4-2　一日中土壤温度的垂直变化

3. 空气温度　植物生长发育不仅需要提供适宜的土壤温度，也需要适宜的空气温度给予保证。空气温度简称气温，一般所说气温是指距地面 1.5m 高的空气温度。

（1）空气温度的日变化。空气温度的日变化与土壤温度的日变化一样，只是最高、最低温度出现的时间推迟，通常最高温度出现在 14～15 时，最低温度出现在日出前后的 5～6 时。气温的日较差小于土壤温度的日较差，并且随着距地面高度的增加，气温日较差逐渐减小，位相也在不断落后。气温的日变化受纬度、季节、地形、下垫面性质、天气状况等影响。

（2）空气温度的年变化。气温的年变化与土壤温度的年变化十分相似。在北半球中高纬度大陆上，大陆性气候区和季风性气候区一年中最热月和最冷月分别出现在 7 月和 1 月，海洋性气候区落后 1 个月左右分别在 8 月和 2 月。气温的年变化受纬度、距海远近、海拔高度、地形、天气状况等影响。

（3）气温的非周期性变化。气温除具有周期性日、年变化规律外，在空气大规模冷暖平流影响下，还会产生非周期性变化。在中高纬度地区，由于冷暖空气交替频繁，气温非周期性变化比较明显。气温非周期性变化对植物生产危害较大，如春末夏初出现的"倒春寒"天气，秋末初冬出现的"秋老虎"天气，便是气温非周期性变化的结果。气温非周期性变化能够加强或减弱甚至还会破坏原有的气温日、年变化的周期性规律。

（4）气温的垂直变化。气温的垂直变化特征用气温垂直梯度（也称气温垂直递减率）来表示，即高度增加 100m 气温下降的数值。在对流层中，总的来说气温是随着高度的增加而递减的。但就其中某一层而言，在一定条件下，气温随高度的增高而增加。气温垂直递减率为负值的现象，称为逆温，出现逆温的气层称为逆温层。

逆温按其形成原因，可分为辐射逆温、平流逆温、湍流逆温、下沉逆温等类型。这里重点介绍辐射逆温和平流逆温。

辐射逆温是指夜间由地面、雪面或冰面、云层顶等辐射冷却形成的逆温。辐射逆温通常在日落以前开始出现，半夜以后形成，夜间加强，黎明前强度最大。日出以后地面及其邻近空气增温，逆温便自下而上逐渐消失。辐射逆温在大陆常年都可出现，中纬度地区秋、冬季节尤为常见，其厚度可达 200～300m。

平流逆温是指当暖空气平流到冷的下垫面时，使下层空气冷却而形成的逆温。冬季从海洋上来的气团流到冷却的大陆上，或秋季空气由低纬度流向高纬度时，容易产生平流逆温。平流逆温在一天中任何时间都可出现。白天，平流逆温可因太阳辐射才使地面受热而变弱，夜间可由地面有效辐射而加强。

逆温现象在农业生产上应用很广泛，有霜冻的夜晚往往有逆温层存在，此时燃烧柴草、烟雾剂可起到较好的防霜效果；在清晨逆温较强时防治病虫害，可使药剂不致向上乱飞，而均匀地洒落在植株上，有效防治病虫害；寒冷季节晾晒一些农副产品时，常将晾晒的产品置于一定高度（2m 左右），以免近地面温度过低而冻害；在果树栽培中，可使嫁接部位恰好处于气温较高的范围内，避开低温层，使果树在冻害严重的年份能安全越冬。

4. 地温测定仪器 一套地温表包含 1 支地面温度表、1 支地面最高温度表、1 支地面最低温度表和 4 支不同的曲管地温表。

地面温度表用于观测地面温度，是一套管式玻璃水银温度表，温度刻度范围较大，为 -20～80℃，每度间有一短格，表示 0.5°。

地面最高温度表是用来测定一段时间内的最高温度。它是一套管式玻璃水银温度表。外形和刻度与地面温度表相似。它的构造特点是在水银球内有一玻璃针，深入毛细管，使球部和毛细管之间形成一窄道（图 2-4-3）。

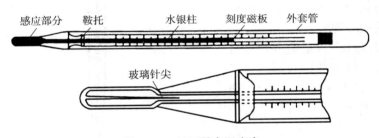

图 2-4-3 地面最高温度表

地面最低温度表是用来测定一段时间内的最低温度。它是一套管式酒精温度表。它的构造特点是毛细管较粗，在透明的酒精柱中有一蓝色哑铃形游标（图 2-4-4）。

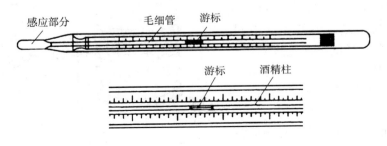

图 2-4-4 地面最低温度表

曲管地温表是观测土壤耕作层温度用的，共4支（图2-4-5）。分别用于测定土深5cm、10cm、15cm、20cm的温度。属于套管式水银温度表，每度间有一短格，表示0.5°，因球部与表身弯曲成135°夹角，玻璃套管下部用石棉和灰填充以防止套管内空气对流。

5. 气温测定仪器

（1）干湿球温度表。由两支规格相同的普通温度表组成，如图2-4-6。干球温度表测量空气温度；在干球温度表的感应球部包裹湿润的纱布，被称为湿球温度表。湿球温度表和干球温度表配合可测量空气湿度。干湿球温度表安放在同一特制的金属架上。

（2）最高温度表和最低温度表。用来测定日最高气温和最低气温，其构造与测定地面最高和最低地温表相同，只是因为变幅比地面小，所以刻度范围比较小。最高和最低温度表放置在百叶箱内铁架下横梁的弧形钩上。

（3）自记温度计。自记温度计是自动记录空气温度连续变化的仪器。自记温度计是由感应部分（双金属片）、传递放大部分（杠杆）、自记部分（自记钟、纸、笔）组成，如图2-4-7。自记温度计的感应部分是一个弯曲的双金属片，它由热膨胀系数较大的黄铜片与热膨胀系数较小的铟钢片焊接而成。双金属片一端固定在仪器外部支架上，另一端通过杠杆和自记笔连接。当温度变化时，两种金属膨胀或收缩的程度不同，其内应力使双金属片的弯曲程度发生改变，自由端发生位移，通过所连接的杠杆装置，带动自记笔在自记纸上画出温度变化的曲线。

（4）百叶箱。百叶箱是安置测量温、湿度仪器用的防护设备，可防止太阳直接辐射和地面反射辐射对仪器的作用，

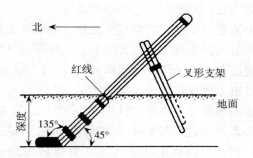

图2-4-5 曲管地温表示意图

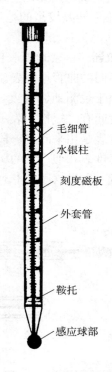

图2-4-6 干球温度表

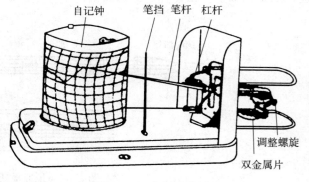

图2-4-7 自记温度计

保护仪器免受强风、雨、雪的影响，并使仪器感应部分有适当的通风，能感应外界环境空气温、湿度的变化。百叶箱分为大百叶箱和小百叶箱两种。大百叶箱安置自记温、湿度计；小百叶箱安置干湿球温度表和最高、最低温度表、毛发表（图2-4-8）。

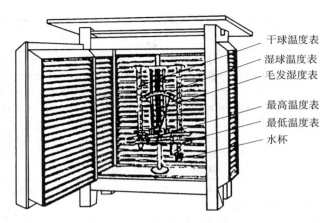

图2-4-8 小型百叶箱内仪器的安置

【技能训练】

1. 地温的测定

（1）训练准备。根据班级人数，按2人一组，分为若干组，每组准备以下材料和用具：地面温度表、地面最高温度表、地面最低温度表、曲管地温表、计时表、铁锹、记录纸和笔。并熟悉测温仪器：一套地温表包含1支地面温度表、1支地面最高温度表、1支地面最低温度表和4支不同的曲管地温表。

（2）操作规程。选取当地以种植作物为主的田块，准备测定地温的工具和仪器，完成以下操作（表2-4-3）。

表2-4-3 地温的测定

工作环节	操作规程	质量要求
地温表的安装	（1）地面温度表的安装。在观测前30min，将温度表感应部分和表身的一半水平地埋入土中；另一半露出地面，以便观测（图2-4-6） （2）地面最高温度表的安装。安装方法与地面普通温度表相同 （3）地面最低温度表的安装。安装方法与地面普通温度表相同 （4）曲管温度表的安装。安装前先挖一条与东西方向成30°角、宽25～40cm、长40cm的直角三角形沟，北壁垂直，东西壁向斜边倾斜。在斜边上垂直量出要测地温的深度即可安装曲管温度表。安装时，从东至西依次安好5cm、10cm、15cm、20cm曲管地温表（图2-4-5），按一条直线放置，相距10cm	（1）曲管温度表应安置在观测场内南部地面上，面积为2m×4m （2）地表要疏松、平整、无草，与观测场整个地面相平 （3）3支地面温度表须水平放在观测地段的中央偏东的地面上，按地面普通温度表、地面最低温度表和地面最高温度表的顺序自北向南平行排列，球部向东，表间相距5cm，球部和表身一半埋入土里，一半露出地面，埋入土里的部分一定要和土壤密贴，露出地面部分保持表身清洁 （4）曲管温度表的安置按5、10、15、20cm顺序排列，表间隔10cm。5cm曲管温度表距三支地面温度表20cm。安置时，感应部分向北，表身与地面成45°夹角
地温的观测	（1）观测的时间和顺序。按照先地面后地中，由浅而深的顺序进行观测。其中0、5、10、15、20地温表于每天北京时间02时、08时、14时、20时进行4次或08时、14时、20时3次观测。最高、最低温度表只在08时、20时各观测1次。夏季最低温度可在08时观测 （2）读数和记录。先读小数，后读整数，并应复读，以免发生误读 （3）地面最低和最高温度表在每次读数后必须进行调整	（1）注意地温的观测顺序，应该是地面温度→最低温度→最高温度→曲管地温 （2）观测地温表时应俯视读数，不准把地温表取离地面，各种温度表读数时，要迅速、准确、避免视觉误差，视线必须和水银柱顶端齐平；观测最低温度时，视线应平直对准游标远离球部的一端，观测酒精柱顶时，视线应与酒精柱的凹液面最低

(续)

工作环节	操作规程	质量要求
地温的观测	（4）最高温度表调整方法。用手握住表身中部，球部向下，手臂向外伸出约30°角度，用大臂将表前后甩动，使毛细管内的水银落到球部，使该度接近于当时的干球温度。调整时动作应迅速，调整后放回原处时，先放球部，后放表身 （5）最低温度表调整方法。将球部抬高，表身倾斜，使游标滑动到酒精的顶端为止，放回时应先放表身，后放球部，以免游标滑向球部一端	处齐平 （3）读数精确到小数点后一位，小数位数是"0"时，不得将"0"省略。若计数在零下，数值前应加上"—"号 （4）最高温度表和最低温度表的调整和放置应注意顺序
仪器和观测地段的维护	（1）各种地温表及其观测地段应经常检查，保持干净和完好状态，发现异常应立即纠正 （2）在可能降雹之前，为防止损坏地面和曲管温度表，应罩上防雹网罩，雹停以后立即去掉	当冬季地面温度降到−36.0℃以下时，停止观测地面和最高温度表，并将温度表取回

2. 气温的测定

（1）训练准备。根据班级人数，按2人一组，分为若干组，每组准备以下材料和用具：干湿球温度表、最高温度表、最低温度表、温度计、百叶箱。气温的观测包括定时的气温、日最高温度、日最低温度以及用温度计作气温的连续记录。

（2）操作规程。选取当地以种植作物为主的田块，准备测定气温的工具和仪器，完成以下操作（表2-4-4）。

表2-4-4 气温的测定

工作环节	操作规程	质量要求
仪器的安置	（1）百叶箱内仪器安装：在小百叶的底板中心，安装一个温度表支架，干球温度表和湿球温度表垂直悬挂在支架两侧，球部向下，干球在东，湿球在西，感应球部距地面1.5 m左右。如图2-4-8所示。在湿球表支架的下端有两对弧形钩，分别放置最高温度表和最低温度表，感应部分向东 （2）大百叶箱内，上面架子放毛发湿度计，高度以便于观测为准；下面架子放自记温度计，感应部分中心离地面1.5 m，底座保持水平	（1）湿球下部的下侧方是一个带盖的水杯，杯口离湿球约3cm，湿球纱布穿过水杯盖上的狭缝浸入杯内的蒸馏水中 （2）要注意干湿球的位置，干球在东，湿球在西 （3）要注意最高、最低温度计的感应部分应向东
气温的观测	按干球、湿球、最高、最低温度表、自记温度计、自记湿度计的顺序，在每天02、08、14、20时进行4次干湿球温度的观测，在每天20时观测最高温度和最低温度各一次	读数记录的要点和要求同地温观测
最高和最低温度表调整	最高、最低温度表的调整方法与地温观测相同	调整的要求同地温观测
仪器维护	各种气温表应经常检查，保持干净和完好状态，发现异常应立即纠正	要求同地温观测

【问题处理】

（1）根据观测资料，画出定时观测的地温和时间的变化图。从图中可以了解土壤温度的变化情况和求出日平均温度值。若一天3次观测，可用下式求出日平均地温：

日平均地面温度＝［（当日地面最低温度＋前一日 20 时地面温度）/2 ＋ 08 时、14 时、20 时地面温度之和］÷4

（2）当温度表水银（或酒精）发生断柱时，可用撞击法进行修理：用手握住球部，使之处于掌心，将握住球部的手在其他较软的东西上面撞击，撞击时手握球部要稳，表身要保持垂直。另可用一只手握住表的中部并使球部朝下，然后用握表的手腕在另一手掌上撞击。手握表松紧要适宜，撞击时表身要保持垂直。中断排除后，应迅速甩动温度表，将气泡完全排除，处理后应放置一段时间再使用。

（3）根据观测资料，画出定时观测空气温度和时间变化图。从图中可以了解空气温度的变化情况和求出日平均气温值。其统计方法是：

日平均气温＝（02 时气温＋08 时气温＋14 时气温＋20 时气温）÷4

如果 2:00 时气温不观测，可用下式求日平均气温：

日平均气温＝［（当日最低气温＋前一日 20 时气温）/2＋08 时、14 时、20 时气温之和］÷4

任务二　植物生长的温度调控

【任务目标】

知识目标：1. 熟悉植物生长的三基点温度、农业界限温度、积温等温度指标。
　　　　　2. 认识植物的感温性和植物的温周期现象。
能力目标：1. 能根据当地植物生长管理情况，正确地提出一般条件下温度调控方案。
　　　　　2. 能根据当地植物生长管理情况，正确地提出设施环境的温度调控方案。

【知识准备】

1. 植物生命活动的基本温度　通常把植物生长的最低温度、最高温度、最适温度及最高与最低受害或致死温度称为 5 个基本温度指标。

（1）三基点温度。植物生命活动中最低温度、最适温度和最高温度称为三基点温度。其中在最适温度范围内，植物生命活动最强，生长发育最快；在最低温度以下或最高温度以上，植物生长发育停止。不同植物的三基点温度是不同的（表 2-4-5）。

表 2-4-5　几种作物的三基点温度（℃）

作物种类	最低温度	最适温度	最高温度
小麦	3~4.5	20~22	30~32
玉米	8~10	30~32	40~44
水稻	10~12	30~32	36~38
棉花	13~14	28~30	35~37
油菜	4~5	20~25	30~32

三基点温度是最基本的温度指标，用途很广。在确定温度的有效性、作物的种植季节和分布区域，计算作物生长发育速度，计算生产潜力等方面都必须考虑三基点温度。

（2）受害、致死温度。植物遇低温而导致的受害或致死称为冷害和冻害，此时的温度为最低受害、致死温度。植物因温度过高而造成的危害称为热害，此时的温度为最高受害、致死温度。抗逆锻炼是防止高低温危害的重要方法。

2. 农业界限温度 对农业生产有指标或临界意义的温度，称为农业指标温度或界限温度。重要的界限温度有0℃、5℃、10℃、15℃、20℃等（表2-4-6）。农业界限温度的用途主要有：一是分析与对比年代间与地区间稳定通过某界限温度日期的早晚，以比较其回暖、变冷的早晚及对作物的影响。二是分析与对比年代间与地区间稳定通过相邻界限温度日期之间间隔日数，以比较升温与降温的快慢对作物的危害。三是分析与对比年代间与地区间春季到秋季稳定通过某界限温度日期之间的持续日数可作为鉴定生长季长短的标准之一。

表2-4-6 重要的农业界限温度的含义

界限温度（℃）	含 义
0	初冬土壤冻结农事活动终止，越冬植物停止生长；早春土壤开始解冻，早春植物开始播种。从早春日平均气温通过0℃到初冬通过0℃期间为农耕期；低于0℃的时期为农闲期
5	春季通过5℃的初日，华北的冻土基本化冻，喜凉植物开始生长，多数树木开始生长。深秋通过5℃越冬植物进行抗寒锻炼，土壤开始日消夜冻，多数树木落叶。5℃以上持续的日数称生长期或生长季
10	春季喜温植物开始播种，喜凉植物开始迅速生长。秋季喜温谷物基本停止灌浆，其他喜温植物也停止生长。大于10℃期间为喜温植物生长期，与无霜期大体吻合
15	春季通过15℃初日，喜温作物积极生长，为水稻适宜移栽期和棉花开始生长期。秋季通过15℃为冬小麦适宜播种期的下限。大于15℃期间为喜温植物的活跃生长期
20	春季通过20℃初日，是水稻安全抽穗、开花的指标，也是热带作物橡胶正常生长、产胶的界限温度；秋季低于20℃对水稻抽穗开花不利，易形成冷害导致空壳。初终日之间为热带植物的生长期

3. 积温

（1）积温的种类。植物生长发育不仅要有一定的温度，而且通过生育期或全生长发育期间需要一定的积累温度。一定时期的积累温度，即温度总和，称为积温。积温有活动积温、有效积温、负积温、地积温、净效积温和危害积温。应用较多的是有活动积温和有效积温。

高于生物学下限温度的日平均温度称为活动温度；一段时间内活动温度的总和称为活动积温。活动温度与生物学下限温度之差称为有效温度；一段时间内有效温度的总和称为有效积温。

（2）积温的应用。积温作为一个重要的热量指标，在植物生产中有着广泛的用途，主要体现在：

①用来分析农业气候热量资源。通过分析某地的积温大小、季节分配及保证率，可以判断该地区热量资源状况，作为规划种植制度和发展优质、高产、高效作物的重要依据。

②作为植物引种的科学依据。依据植物品种所需的积温，对照当地可提供的热量条件，进行引种或推广，可避免盲目性。

③为农业气象预报服务。作为物候期、收获期、病虫害发生期等预报的重要依据，也可根据杂交育种、制种工作中父母本花期相遇的要求，或农产品上市、交货期的要求，利用积温来推算适宜的播种期。

④作为农业气候专题分析与区划的重要依据之一。确定某作物在某地种植能否正常成

熟，确定各地种植制度（如复种指数、前后茬作物的搭配等）提供依据。

4. 植物的周期性变温　植物生长环境中的温度是不断变化的，既有规律性的周期性变化，又有无规律性的变化。植物会对其所生长的环境温度变化产生一定的适应性或抗性。

（1）植物的感温性。植物感温性是指植物长期适应环境温度的规律性变化，形成其生长发育对温度的感应特性。不同植物在不同发育阶段，对温度的要求不同，大多数植物生长发育过程中需要一定时期的较高温度，在一定的温度范围内随温度升高生长发育速度加快，有些植物或品种在较高温度的刺激下发育加快，即感温性较强。如水稻的感温性：晚稻强于中稻，中稻强于早稻。

春化作用是植物感温性的另一表现。根据其对低温范围和时间要求不同，可将其分为冬性类型、半冬性类型和春性类型3类。

（2）植物的温周期现象。植物的温周期现象是指在自然条件下气温呈周期性变化，许多植物适应温度的这种节律性变化，并通过遗传成为其生物学特性的现象。植物温周期现象主要是指日温周期现象。如热带植物适应于昼夜温度高，振幅小的日温周期；而温带植物则适应于昼温较高，夜温较低，振幅大的日温周期。

【技能训练】

1. 一般条件下温度调控技术

（1）训练准备。了解当地温和气温的基本变化规律；查阅当地有关极端温度资料等有关知识。

（2）操作规程。选择当地种植农作物、蔬菜、果树、花卉等地块，观察植物生长情况，并进行以下操作（表2-4-7）。

表2-4-7　一般条件下温度调控技术

工作环节	操作规程	质量要求
地温的调控	（1）合理耕作。通过耕翻松土、镇压、垄作等措施，改变土壤水、热状况，进行适当提高或降低地温，满足植物生长 （2）地面覆盖。农业生产中常用覆盖方式有：地膜覆盖、秸秆覆盖、有机肥覆盖、草木灰覆盖、地面铺沙等 （3）灌溉排水。一般在元旦前后要对越冬植物进行灌溉，是防止冻害发生的有效措施。水分过多地区，采用排水，可以提高地温 （4）设施增温。在蔬菜育苗上，可通过埋设地热线提高地温；也可以通过建造设施、大棚等设施提高局部地温 （5）增温剂和降温剂的使用。寒冷季节使用增温剂提高地温，高温季节使用降温剂降低地温	（1）选择技术人员一定要有长期从事这方面科学研究和技术推广经验 （2）选择农户一定要有长期实践经验 （3）通过网站、杂志、图书获得资料要注意资料的真实性、可靠性 （4）获得的试验资料及数据一定要客观、真实、可靠
气温的调控	（1）采用先进灌溉技术。在植物茎叶生长高温期间，可通过喷灌、滴灌、雾灌等灌溉技术，进行叶面喷洒降温，调节茎叶环境湿度 （2）遮阳处理。对于一些需要遮阳的植物，可采取：一是搭建遮阳网；二是在遮阳棚四周搭架种植藤蔓作物如南瓜、蒲瓜等，提高遮阳效果；三是在棚顶安装自动旋转自来水喷头或喷雾管，在每天上午10时至下午4时进行喷水降温	（1）注意灌水量和时间，并且要注意喷洒均匀 （2）遮阳处理主要用于花卉、食用菌等植物生产

2. 设施条件下温度调控技术

（1）训练准备。了解当地设施基本情况，调查或查阅当地有关设施温度调控技术等基本知识。

（2）操作规程。选择当地种植农作物、蔬菜、果树、花卉等地块，观察植物生长情况，并进行以下操作（表2-4-8）。

表2-4-8 设施条件下温度调控技术

工作环节	操作规程	质量要求
设施环境中地温调控	（1）保温。在设施周围设置防寒沟，一般宽30cm、深50cm即可，沟内填充稻壳、蒿草等材料；冬季减少灌水量，进行地面覆盖 （2）增温。加温的方法主要有热风采暖、蒸汽采暖、电热采暖、辐射采暖和火炉采暖等	（1）防寒沟保温的途径主要是增大地表热流量 （2）热风采暖要注意通风，防止缺氧和有害气体积累
设施环境条件下保温技术	（1）减少对流放热和通风换气量。近年来主要采用外盖膜、内铺膜、起垄种植再加盖草席、草毡子、纸被或棉被以及建挡风墙等方法来保温 （2）增大保温比。适当降低设施的高度，缩小夜间保护设施的散热面积，有利于提高设施内昼夜的气温和地温 （3）增大地表热流量。通过增大保护设施的透光率、减少土壤蒸发以及设置防寒沟等，增加地表热流量	在选用覆盖物时，要注意尽量选用导热率低的材料。其保温原理为：减少向设施内表面的对流传热和辐射传热；减少覆盖材料自身的传导散热；减少设施外表面向大气的对流传热和辐射传热；减少覆盖面的露风而引起的对流传热
设施环境条件下加温技术	加温的方法有酿热加温、电热加温、水暖加温、汽暖加温、暖风加温、太阳能储存系统加温等，可根据作物种类、设施规模和设施类型选用	酿热加温利用的是酿热物发酵过程中产生的热量
设施环境条件下降温技术	（1）换气降温。打开通风换气口或开启换气扇进行排气降温 （2）遮光降温。夏天光照太强时，可以用旧薄膜或旧薄膜加草帘、遮阳网等遮盖降温 （3）屋面洒水降温。在设备顶部设有有孔管道，水分通过管道小孔喷于屋面，使得室内降温 （4）屋内喷雾降温。一种是由设施侧底部向上喷雾，另一种是由大棚上部向下喷雾，应根据植物的种类来选用	当外界气温升高时，为缓和设施内气温的继续升高对植物生长产生不利影响，需采取降温措施

【问题处理】

由于各学校所在地区气候条件、温度变化等差异较大，因此，可选择与本地区植物生长温度环境调控有关的措施进行调查，调控方案的制订、调查报告的编写也要结合本地区实际进行。

【信息链接】

太阳能的农业利用新技术

我国幅员辽阔，纬度适中，太阳能资源十分丰富，平均每年日照时间超过2 000 h，太阳能辐射年总量每平方米大于5 018kJ的地区占全国总面积的2/3以上，太阳能利用技术有着广阔的发展前景。太阳能—热能和太阳能—电能转换利用技术是常见的太阳能利用方式。

其中太阳能—热能转换利用技术是太阳能利用技术中效率最高、技术最成熟、经济效益最好的一种，主要包括太阳房、太阳热水器、阳光温室大棚、太阳灶等。而太阳能—电能转换利用技术主要是太阳能光伏发电技术。

1. 太阳房 太阳房是一种利用太阳能采暖或降温的房子，用于冬季采暖目的的称为"太阳暖房"，用于夏季降温或制冷目的的称为"太阳冷房"，通称"太阳房"。人们常见加之利用的是前一种"太阳暖房"。按目前国际上的惯用名称，太阳房分为主动式和被动式两大类。主动式太阳房的一次性投资大，设备利用率低，维修管理工作量大，而且需要耗费一定量的常规能源。因此，对于居住建筑和中小型公共建筑已经为被动式太阳房所代替。被动式太阳房具有构造简单，造价低，不需特殊维护管理，节约常规能源和减少空气污染等许多独特的优点。被动式太阳房作为节能建筑的一种形式，集绝热、集热、蓄热为一体，成为节能建筑中具有广泛推广价值的一种建筑形式。

2. 太阳热水器（或系统） 太阳热水器（或系统）是利用太阳的辐射能将冷水加热的一种装置。人们习惯上将太阳热水系统通俗称为太阳热水器。目前使用的太阳热水器，绝大部分采用平板集热器和真空管集热器两种结构形式。

3. 太阳灶 能够把太阳辐射能直接转换为热能，供人们从事炊事活动的炉灶称为太阳灶。太阳灶对缓解我国农村生活燃料短缺的状况，具有重要意义。目前我国农村普遍使用的太阳灶基本可以分为热箱式太阳灶、聚光式太阳灶。由于聚光式太阳灶具有温度高、热流量大、容易制作、成本低、烹饪时间短、便于使用等特点，能满足人们丰富多样的烹饪习惯，因而得到广泛应用。

4. 阳光温室大棚 通常是指利用玻璃、透明塑料或其他透明材料作为盖板（或围护结构）建成的密闭建筑物。由于温室大棚是一种密闭的建筑物，由此产生"温室效应"，即将温室大棚内气温和地温温度提高，并通过对温室大棚内温度、湿度、光热、水分及气体等条件进行人工或自动调节，以满足植物（或禽、畜、鱼虾等）生长发育所必需的各种生态条件。阳光温室大棚已经成为现代农牧业的重要生产手段，同时也是农村能源综合利用技术中（如北方"四位一体"模式和西北"五配套"模式）重要的技术组成部分。阳光温室大棚一般在东、西、北三面堆砌具有较高热阻的墙体，上面覆盖透明塑料薄膜或平板玻璃，夜间用草帘子覆盖保温，必要时可采取辅助加热措施。在一些地区也有不少仅以塑料薄膜为覆盖材料的轻型太阳能温室，也称塑料大棚。

5. 太阳能干燥 利用太阳能干燥设备对物料进行干燥称为太阳能干燥。其特点是：能充分利用太阳辐射能，提高干燥温度，缩短干燥时间，防止干燥物品被污染，提高产品质量。对于干燥各种农副产品和一些工业产品尤为适宜。目前，国内的太阳能干燥装置大致分为四类：温室型、集热器型、集热器温室型、聚焦型。

6. 户用光伏发电 光伏发电是利用太阳电池有效地吸收太阳光辐射能，并使之转变为电能的直接发电方式，人们通常说的太阳光发电一般就是指太阳能光伏发电。在我国户用光伏发电系统主要是解决无电地区居民照明、听广播和看电视等的用电问题。户用光伏发电系统可选用商品化定型产品。该产品的光电池可照明 8~20h，又可看电视，最大供电时间可达 12h。根据目前无电地区的经济条件和承受能力，考虑到目前太阳光伏发电系统的一次性投资相对较大，用电器的选择应在满足日常所需的情况下，尽可能地减少用电量，以便使整个系统发电和贮存电能的成本降到最低。

【知识拓展】

如果同学们想了解更多的知识，可以通过下面渠道进行学习：
1. 阅读杂志
（1）《气象》。
（2）《中国农业气象》。
（3）《气象知识》。
2. 浏览网站
（1）中央天气网（http：//www.weather.com.cn/）。
（2）新气象（http：//www.zgqxb.com.cn/）。
（3）中央气象台（http：//www.nmc.gov.cn/）。
3. 通过本校图书馆借阅有关植物温度环境方面的书籍

【观察思考】

（1）通过查阅当地气象站有关资料，描述当地土壤温度和空气温度的变化规律。
（2）调查当地农业生产中，有哪些增温、降温、保温等温度调控经验，并写一篇综述性文章。

项目五 植物生长的光照环境

▲项目任务

了解日地关系与季节形成；熟悉太阳辐射以及光照对对植物生长发育的影响；了解植物对光的适应性；熟悉光能利用率；能正确进行光照度的简易测定，并能进行一般条件下和设施条件下的光照的调控。

任务一 植物生长的光照条件

【任务目标】

知识目标：1. 了解日地关系及季节形成。
2. 熟悉太阳辐射、光照对植物生长发育的影响。

能力目标：能正确进行光照度的简易测定。

【知识学习】

1. 日地关系与季节形成 地球是一个椭球体，其赤道半径 6 378.1km，极半径为 6 356.8km。它不停地进行着绕太阳的公转，同时又绕地轴自西向东进行自转。地球公转一周需要 365d 5h 48min 46s，自转一周需要 23h 56min 4s。

（1）日地关系。地球围绕太阳公转过程中，太阳光线垂直投射到地球上的位置不断变化，引起各地的太阳高度角和日照时间长短发生改变，造成一年中各纬度（主要是中高纬度）所接受太阳辐射能也发生了变化。当地球公转到 3 月 21 日左右的位置时，阳光直射在赤道上，这时北半球的阳光是斜射的，正是春季，南半球此时正是秋季。当地球转到 6 月 22 日左右的位置时，阳光直射在北回归线上，北半球便进入了夏季，而南半球正是冬季。9 月 23 日左右时，阳光又直射到赤道上，北半球进入秋季，南半球转为春季。当地球转到 12 月 22 日左右的位置时，阳光直射到南回归线上，北半球进入冬季，而南半球则进入夏季。接下来就进入了新的一年，新一轮的四季交替又要开始了。

（2）昼夜形成。在地球自转过程中，在同一时间里，总是有半个球面朝向太阳，另半个球面背向太阳。朝向太阳的半球称昼半球，背向太阳的半球称夜半球，昼半球和夜半球的分界线称晨昏线。当地球自西向东自转时，昼半球的东侧逐渐进入黑夜，夜半球的东侧逐渐进入白天，由此形成了地球上的昼夜交替现象（图 2-5-1）。

（3）日照长短。日照时间分为可照时数与实照时数。在天文学上，某地从日出到日落太阳可能照射的时间间隔，称为可照时数。也称昼长。它是不受任何遮蔽时每天从日出到日落的总时数，以小时、分为单位。可由气象常用表查得。实际上，由于受云雾等天气现象或地形和地物遮蔽的影响，太阳直接照射的实际时数会短于可照时数，将一日中太阳直接照射地面的实际时数称为实照时数，也称日照时数。实照时数是用日照计测得的，日照计只能感应一定能量的太阳直接辐射，有云、地物遮挡时测不到。

在日出前与日落后的一段时间内,虽然没有太阳直射光投射到地面,但仍有一部分散射光到达地面,习惯上称为曙光和暮光。在曙暮光时间内也有一定的光强,对植物的生长发育产生影响。把包括曙暮光在内的昼长时间称为光照时间。即

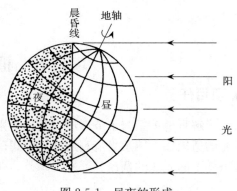

图 2-5-1 昼夜的形成

光照时间＝可照时数 ＋ 曙暮光时间

生产上曙暮光是指太阳在地平线以下 $0°\sim6°$ 的一段时间。当太阳高度降低至地平线以下 $6°$ 时,晴天条件上的光照度约为 3.5 lx。曙暮光持续时间长短,因季节和纬度而异。全年以夏季最长,冬季最短。就纬度来说,高纬度要长于低纬度,夏半年尤为明显。例如在赤道上,各季的曙暮光时间只有 40 多分钟,而在 $60°$ 的高纬度,夏季曙暮光可以长达 3.5h,冬季也有 1.5h。

2. 太阳辐射 太阳以电磁波的形式向外放射巨大能量的过程称为太阳辐射,放射出来的能量称为太阳辐射能。太阳辐射是地面和大气最主要能量源泉,是一切生命活动的基础。

(1) 太阳辐照度。太阳辐照度是反映太阳辐射强弱程度的物理量,是指单位时间内垂直投射到单位面积上的太阳辐射能量的多少。单位是 $J/(m^2 \cdot s)$。太阳辐照度主要由太阳高度角和日照时间决定。太阳高度角大,日照时间长,则太阳辐照度强。

(2) 光照度。光照度是表示物体被光照射明亮程度的物理量,是指可见光在单位面积上的光通量,单位是勒克斯(lx)。光照度与太阳高度角、大气透明度、云量等有关。一般来说,夏季晴天中午地面的光照度约为 1.0×10^5 lx,阴天或背阴处光照度为 $1.0\times10^4\sim2.0\times10^4$ lx。

(3) 太阳辐射光谱。太阳辐射能随波长的分布曲线称为太阳辐射光谱。在大气上界太阳辐射能量多数集中在 $0.15\sim4.0\mu m$,按其波长可分为紫外线(波长小于 $0.4\mu m$)、可见光(波长 $0.4\sim0.76\mu m$)和红外线(波长大于 $0.76\mu m$)3 个光谱区。其中可见光区的能量占太阳辐射总能量的 50% 左右,由红、橙、黄、绿、青、蓝、紫 7 种光组成;红外线区占 43% 左右;紫外线区占 7% 左右(图 2-5-2)。由于大气吸收,地球表面测得的太阳辐射光谱在 $0.29\sim5.3\mu m$,而且随空间和时间变化而变化。

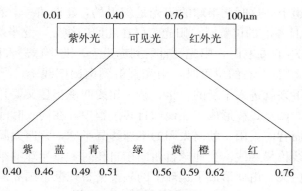

图 2-5-2 太阳辐射光谱(μm)

太阳辐射透过大气层后,由于大气的吸收、散射和反射作用大大减弱。如果把射入大气上界的太阳辐射作为 100%,被大气和云层吸收的约占 14%,被散射回宇宙空间的约占 10%,被反射回宇宙空间的约占 27%,其余的到达地面,地面又反射回宇宙空间一部分太

阳辐射，实际地面接受的太阳辐射能只有大气上界的 43%，包括 27% 的直接辐射和 16% 的散射辐射（图 2-5-3）。

3. 光与植物生长发育 光照是植物进行光合作用的基础，影响着植物在光合作用过程中同化力形成、酶活化、气孔开放等。光照不足会影响光合同化力从而限制碳同化，最终影响到植物光合产物的形成。

（1）光对光合作用的影响。首先光是光合作用的能量来源。在一定光强范围内，光合速率随光照度的增加而增加，当光照超过或低于某一临界值（光饱和点和补偿点）以后光合速率不再增加；在达到光饱和点以前光合速率与光照度成正比。另外光质对光合代谢也有重要的影响。植物在蓝光下生长的叶片或种子总蛋白质含量比红光下生长的高；红光下生长的植物体内有较多的碳水化合物积累。

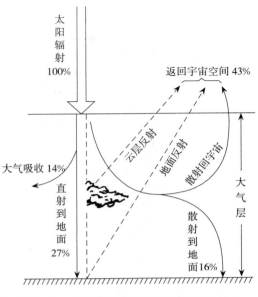

图 2-5-3 太阳辐射通过大气层的减弱情况

（2）光对植物种子萌发的影响。很多种子需要光照才能发芽良好，受影响的常是小种子，也有少数几种大种子的园艺作物。光质对种子萌发也是有影响的。如白光、蓝光、黄光及黑暗下黄瓜种子能够萌发；红光及绿光的连续照射却抑制黄瓜种子的萌发。

（3）光对植物叶片生长的影响。光促进的叶片扩大，主要是由于加强了细胞分裂，细胞最终的大小和保持同在黑暗中的并没有明显不同，光对叶片发育和成熟有一种全面的刺激效果，尤其是双子叶植物。

（4）光对植物茎生长的影响。长波长的光（红光）促进茎的伸长，而短波长的光（蓝光）抑制茎的伸长。红光促进细胞的伸长，而蓝光具有相反的效果。

（5）光对植物叶绿素合成的影响。叶绿素的合成离不开光的参与，而且还与光质有关。蓝光下叶绿素含量最高，其次是白光和红光，绿光和黑暗状态下最低。

（6）光对花青苷形成的影响。一般情况下，蓝光促进花青苷合成。花青苷的合成还需要高强度的光。

（7）光对植物开花的影响。长日植物一般在比临界日长更长的条件下才能开花，日照越长开花越早，在一定的连续日照下开花最早。短日植物必须在短于临界日长时才能开花，日照缩短，开花提早，但不能短于光合作用对光的需要。

【技能训练】

1. 光照度的测定

（1）训练准备。仪器可选用 ST-80C 数字照度计（图 2-5-4）。

（2）操作规程。可选择操场上阳光直射的位置、树林内、田间、日光温室等场所，进行以下操作（表 2-5-1）。

图 2-5-4 ST-80C 数字照度计

表 2-5-1 光照度的测定

工作环节	操作规程	质量要求
熟悉照度计的结构	ST-80C 数字照度计由测光探头和读数单元两部分组成,两部分通过电缆用插头和插座连接。读数单元左侧有"电源"、"保持"、"照度"、"扩展"等操作键	学会各操作键的使用方法
测量光照度	（1）压拉后盖,检查电池是否装好。然后调零,方法是完全遮盖探头光敏面,检查读数单元是否为零。不为零时仪器应检修 （2）按下"电源"、"照度"和任一量程键（其余键抬起）,然后将大探头的插头插入读数单元的插孔内 （3）打开探头护盖,将探头置于待测位置,光敏面向上,此时显示窗口显示数字,该数字与量程因子的乘积即为光照度值（单位：lx） （4）如欲将测量数据保持,可按下"保持"键。（注意：不能在未按下量程键前按"保持"键）读完数后应将"保持"键抬起恢复到采样状态 （5）测量完毕将电源键抬起（关）。再用同样方法测定其他测点照度值。全部测完则抬起所有按键,小心取出探头插头,盖上探头护盖,照度计装盒带回	（1）根据光的强弱选择适宜的量程按键 （2）电缆线两端严禁拉动而松脱,测点转移时应关闭电源键,盖上探头护盖 （3）测量时探头应避免人为遮挡等影响,探头应水平放置使光敏面向上 （4）每个测点连测 3 次,取平均值
整理数据	分不同时间测定场所内的光照度,记录测定数据,最后求出的平均光照度	数据记录一般采用表格形式,可参照表 2-5-2

表 2-5-2　××××年××月××日××时光照度观测记录（lx）

测点	次数	读数	选用量程	光照度值	平均值
阳光直射的位置	1				
	2				
	3				
树林内	1				
	2				
	3				
田间	1				
	2				
	3				
日光温室	1				
	2				
	3				

【问题处理】

（1）如果显示窗口的左端只显示"1"表明照度过载,应按下更大量程的键测量。或表明在按下量程键前已误将"保持"键先按下了,应再按抬起后才施测。若显示窗口读数≤19.9 lx,则改用更小的量程键,以保证数值更精确。

(2) 当液晶显示板左上方出现"LOBAT"字样或"←"时,应更换机内电池。

任务二　植物生长的光照调控

【任务目标】

知识目标：1. 熟悉植物光能利用率有关知识。
　　　　　2. 了解植物对光的适应性。
能力目标：1. 能根据当地植物生长管理情况,正确进行一般条件下光照环境的调控。
　　　　　2. 能根据当地植物生长管理情况,正确进行设施条件下光照环境的调控。

【知识学习】

1. 光能利用率　一定土地面积上的植物体内有机物贮存的化学能占该土地日光投射辐射能的百分数称为光能利用率。目前作物的光能利用率普遍不高。低产田作物对光能利用率只有0.1%~0.2%,而丰产田对光能的利用率也只有3%左右。根据一般的理论推算,光能利用率可以达到4%~5%,如果生产上真的达到这一数字,则粮食产量可以成倍增长。

当前作物对光能利用率不高的主要原因是：

(1) 漏光。植物的幼苗期,叶面积小,大部分阳光直射到地面上而损失掉。有人计算稻、麦等作物,因漏光损失光能过50%以上。尤其是生产水平低的田块,若植株直到生长后期仍未封行,损失的光能就更多。

(2) 受光饱和现象的限制。光照度超过光饱和点以上的部分,植物就不能吸收利用,植物的光能利用率就随着光照度的增加而下降。当光照度达到全日照时,光的利用率就会很低。

(3) 环境条件及作物本身生理状况的影响。自然干旱、缺肥、二氧化碳浓度过低、温度过低或过高,以及作物本身生长发育不良,受病虫危害等,都会影响作物对光能的利用。另外,作物本身的呼吸消耗占光合作用的15%~20%。在不良条件下,呼吸消耗可高达30%以上。

2. 植物对光的适应

(1) 植物对光照度的适应类型。通常按照植物对光照度的适应程度将其划分为3种类型：阳性植物、阴性植物、中性植物。

①阳性植物。是指在全光照或强光下生长发育良好,在荫蔽或弱光下生长发育不良的植物；如桃、杏、枣、扁桃、苹果等绝大多数落叶果树,多数露地一、二年生花卉及宿根花卉(如一串红、鸡冠花、一品红、月季、米兰、菊花等),仙人掌科、景天科等多浆植物、茄果类及瓜类等。

②阴性植物。指在弱光条件下能正常生长发育,或在弱光下比强光下生长良好的植物；如蕨类植物、兰科、凤梨科、姜科、天南星科及秋海棠植物等均为阴性植物。

③中性植物。是介于阳性植物与阴性植物之间的植物；如桂花、夹竹桃、棕榈、苏铁、樱花、桔梗、白菜、萝卜、甘蓝、葱蒜类等。

(2) 植物对光照时间的适应类型。根据植物对光周期的不同反应,可把植物分为以下三类：

①长日照植物。是指当日照长度超过临界日长才能开花的植物。也就是说，光照长度必须大于一定时数（这个时数称为临界日长）才能开花的植物。如凤仙花、令箭荷花、风铃草、小麦、油菜、萝卜、菠菜、蒜、豌豆等。

②短日照植物。短日照植物是指日照长度短于临界日长时才能开花的植物。一般深秋或早春开花的植物多属此类，如牵牛花、一品红、菊花、芙蓉花、苍耳、菊花和水稻、大豆、高粱等。

③日中性植物。日中性植物是指开花与否对光照时间长短不敏感，只要温度、湿度等生长条件适宜，就能开花的植物。如月季、仙客来、蒲公英、番茄、黄瓜、四季豆等。这类植物受日照长短的影响较小。

【技能训练】

1. 一般条件下光环境的调控技术

（1）训练准备。选择当地种植农作物、蔬菜、果树、花卉等地块，调查光照条件，查阅当地有关改善光环境资料。

（2）操作规程。选择当地种植农作物、蔬菜、果树、花卉等地块，观察植物生长情况，并进行以下操作（表2-5-3）。

表2-5-3　一般条件下光环境的调控技术

工作环节	操作规程	质量要求
一般条件下光照环境的调控	（1）选育光能利用率高的品种。选育具有光能利用高的品种特征的优良品种，提高光能利用率 （2）合理密植。只有合理密植，增大绿叶面积，以截获更多的太阳光，提高作物群体对光能的利用率，同时还能充分地利用地力 （3）间套复种。间作套种可以充分利用植物生长季节的太阳光，增加光能利用率；复种则可把空间的生长季充分加以利用 （4）加强田间管理。整枝、修剪可以改善植物群体的通风透光条件，减少养料的消耗，调节光合产物的分配。增加空气中的二氧化碳浓度也能提高植物对光能的利用率	（1）光能利用率高的品种特征是：矮秆抗倒伏，叶片分布较为合理，叶片较短并直立，生育期较短，耐阴性强，适于密植 （2）间套复种还可以使边际效应得到很好的发挥；间套复种还能合理地利用地力
通过调控光照时间控制花期	（1）短日照处理。可用于短日照处理的花卉有菊花、一品红、叶子花等。在长日照季节里可将此类花卉用黑布、黑纸或草帘等遮暗一定时数，使其有一个较长的暗期，可促使其开花。如菊花和一品红，使其17时至次日8时处于黑暗中，一品红40d左右即可开花，菊花50～70d即可开花 （2）长日照处理。生产上最常见的品种唐菖蒲自然开花期是日照最长的夏季，要求12～16h的光照时间。我国北方冬季种植唐菖蒲时，欲使其开花，必须人工增加光照时间，每天下午4时以后用200～300w的白炽灯在1m左右距离补充光照3h以上，同时给予较高的温度，经过100～130d的设施栽培，即可开花 （3）光暗颠倒处理。昙花对光照的反应不同于其他花卉，其一般在夜间开放，不便于观赏，但如果在其花蕾长6～10cm时，白天遮去阳光，夜晚照射灯光，则可改变其夜间开花的习性，使之在白天盛开，并可延长开花时间	（1）在短日照处理前，枝条应有一定的长度，并停施氮肥，增施磷钾肥，见效会更快 （2）短日照处理夜间不能撤掉遮光设备，可将遮光物四周下部掀开通风 （3）处理过程中室温在20℃左右，最低不能低于15℃

2. 设施条件下光环境调控技术

（1）训练准备。选择当地种植设施蔬菜、果树、花卉等地块，调查光照条件，查阅当地有关改善光环境资料。

（2）操作规程。选择当地种植设施植物等地块，观察植物生长情况，并进行以下操作（表2-5-4）。

表2-5-4　设施条件下光环境调控技术

工作环节	操作规程	质量要求
设施环境下增加光照	（1）选择优型设施和塑料薄膜设施。调节好屋面的角度，尽量缩小太阳光线的入射角度。选用强度较大的材料，适当简化建筑结构，以减少骨架遮光。选用透光率高的薄膜，选用无滴薄膜、抗老化膜 （2）适时揭放保温覆盖设备。保温覆盖设备早揭晚放，可以延长光照时数。揭开时间，以揭开后棚室内不降温为原则，通常在日出1h左右有早晨阳光洒满整个棚前面时揭开；覆盖时间，要求设施内有较高的温度，以保证设施内夜间最低温不低于植物同时期所需要的温度为准，一般太阳落山前半小时加盖，不宜过晚，否则会使室温下降 （3）清扫薄膜。每天早晨，用笤帚或用布条、旧衣物等捆绑在木杆上，将塑料薄膜自上而下地把尘土及杂物清扫干净。至少每隔两天清扫一次 （4）减少薄膜水滴。选用无滴、多功能或三层复合膜。使用PVC和PE普通膜的设施应及时清除膜上的露滴，其方法可用70g明矾加40g敌杀松，再加15kg水喷洒薄膜面 （5）涂白和挂反光幕。在建材和墙上涂白，用铝板、铝箔或聚酯镀铝膜作反光幕，可增加光照度，又能改善光照分布，还可提高气温。挂反光幕，后墙贮热能力下降，加大温差，有利于植物生长发育、增产增收。张挂反光幕时先在后墙、山墙的最高点横拉一细铁丝，把幅宽2m的聚酯镀铝膜上端搭在铁丝上，折过来，用透明胶纸粘住，下端卷入竹竿或细绳中 （6）铺反光膜。在地面铺设聚酯镀铝膜，将太阳直射到地面的光，反射到植株下部和中部的叶片和果实上。这样光照强度增加，提高了树冠下层叶片的光合作用，使光合产物增加，果实增大，含糖量增加，着色面扩大。铺设反光膜在果实成熟前30～40d进行 （7）人工补光。光照弱时，需增强或加长光照时间，以及连续阴天等要进行人工补光。人工补光一般用电灯，要能模拟自然光源，具有太阳光的连续光谱。为此应将白炽灯（或弧光灯）与日光灯（或气体发光灯）配合使用。补光时，可按每3.3m^2用120W瓦灯泡的比例	（1）采用强度大、横断面积小的骨架材料，尽量建成无柱或少柱设施，以减少骨架遮阳面积。果树采用阶梯式栽培，保持树体前低后高；采用南北向栽植，加大行距，缩小株距或采用主副行栽培，以减少株间遮阳。采果后去冠更新，及时进行夏剪，保持合理的树冠，使树体受光良好 （2）以草莓为例。阴天的散射光也有增光和增温作用，一般揭开覆盖。下雪天一般宜揭开覆盖，天气转晴立即揭雪揭开，要注意不使草莓受冻害。连续两三天不揭开覆盖，一旦晴天，光照很强时，不宜立即全揭，可先隔一揭一，逐渐全揭。如果连续阴天应进行人工照明补充光照 （3）一般室内辐射总量下降到100W/（h·m^2）时，就应进行补充光照。每天以43.2W/（h·m^2）补光18h，收益极大。但每天以28.8W/（h·m^2）补充光照24h，收益更大
设施环境下减弱光照（遮光技术）	（1）覆盖各种遮阳物。覆盖物有遮阳网、苇帘、竹帘等 （2）玻璃面涂白。将玻璃面涂成白色可遮光50%～55%，降低室温3.5～5.0℃ （3）屋面流水。使屋面安装的管道保持有水流，可遮光25%	（1）初夏中午前后，光照过强，温度过高，超过作物光饱和点，对生长发育有影响时应进行遮光 （2）遮光材料要求有一定的透光率、较高的反射率和较低的吸收率

【任务目标】

1. 光周期诱导 利用光周期诱导可以引种和缩短育种周期。通过人工光周期诱导，使花期提前，在一年中就能培育二代或多代，从而缩短育种时间。根据光周期理论，同一作物的不同品种对光周期反应的敏感性不同，所以在育种时，应注意亲本光周期敏感性的特点，一般选择敏感性弱的亲本，其适应性强些，有利于良种的推广。

从异地引进新的作物或品种时，首先要了解被引种作物的光周期特性。在我国一般来说，短日照植物南种北引，生长期会延长，开花期推后，应引早熟品种；北种南引，生长期会缩短，开花期提前，应引晚熟品种。长日照植物刚好相反，北种南引，生长期会延长，开花期推后，应引早熟品种；南种北引，生长期会缩短，开花期提前，应引晚熟品种。同纬度地区的日照长度相同，如果其他的生长条件合适，相互引种比较容易成功。

2. 温室种植 目前，我国北方的日光温室逐渐增多，温室内一般存在前排光照强，后排光照弱，上部光照强，下部光照弱的差异。通过一定的措施调节好温室内的光照条件是温室内植物生长良好的基础。遮光的时候，若遇到大风天气，根据天气预报的结果，及时加固遮光材料；补光时若遇到停电，及时发电或采取其他措施补光。在日光温室管理过程中，发现光强或光弱的情况时，及时按要求进行遮光或补光。

【信息链接】

LED 在蔬菜设施栽培中的应用

设施内的光环境对蔬菜的生长有重大影响，调节好光环境是实现高产优质的首要条件。长期以来在农业领域使用的人工光源主要有高压钠灯、荧光灯、金属卤素灯、白炽灯等，这些光源的突出缺点是能耗大、运行费用高，能耗费用占全部运行成本的 $50\%\sim 60\%$。因此，提高发光效率、减少能耗一直是农业领域人工光应用的重要课题。

作为第四代新型照明光源，LED 具有节能环保、光电转换效率高、寿命长、发热低、冷却负荷小、光量与光质可调节、易于分散或组合控制等许多不同于其他电光源的重要特点。由于这些显著的特点，LED 适合应用于可控环境中的植物培养或栽培，如植物组织培养、设施园艺与工厂化育苗和航天生态生保系统等。

我国是蔬菜设施栽培面积大国，但有关 LED 光环境调控应用于蔬菜设施栽培领域的技术和理论研究还处于初步发展阶段。不同作物、不同生长时期所需的光质、光量及光周期存在一定差异，虽有一些国外文献报道应用红光、蓝光 LED 等光谱组合对不同作物生长发育和形态建成影响的研究，但缺乏结合不同种类及不同生长时期分析作物对 LED 光环境调控响应机理的研究。此外，在我国蔬菜设施栽培领域具有自主知识产权的 LED 技术产品的研发基本还是空白，急需工程学科和园艺学科的研究者共同合作，研制开发出符合我国生产实际的 LED 植物光源、照明自动控制系统和大型植物工厂化育苗光环境调控设施，对于发展我国蔬菜设施栽培产业具有重要实际意义。

1. LED 将在蔬菜工厂化育苗中发挥重要作用 育苗是蔬菜生产的重要环节。由于幼苗的形态建成是一个不可逆转的过程，培育成的幼苗健壮程度将直接影响植株的生长发育，并与作物的产量和品质密切相关。利用光调控技术来培育壮苗是一项节能环保、经济有效且简便易行的新方法,具有突出优势,对培育壮苗有重要意义。有研究报道光环境调控对黄瓜、番茄、甜椒、油菜等幼苗的生长发育产生显著影响。此外,瓜类的性别表现易受环境因素和化学调控等因子的影响,由于瓜类的性别分化发生在苗期,所以育苗期间可以通过对光周期的控制来人为调控瓜类的性别表现。LED在应用于蔬菜育苗期的光环境调控中具有无可比拟的优越性,必将在蔬菜工厂化育苗中发挥重要作用。

2. LED将广泛应用于植物工厂 植物工厂作为设施园艺的最高级发展阶段,被认为是21世纪农业取得革命性突破的重要技术手段之一。目前,植物工厂有两种主要模式:一种是以温室为主体的太阳光和人工光并用型植物工厂;另一种是以封闭的隔热空间为主体的人工光完全控制型植物工厂。与并用型植物工厂相比,人工光完全控制型植物工厂受外界气候影响小,可实现周年生产,且可多层培植,空间利用率和产量水平高,优势明显,但空调和照明耗电大、运行成本高也成为其发展的重要制约因素。因此,节能特点显著的LED必将会在未来的植物工厂中得到充分应用。

【知识拓展】

如果同学们想了解更多的知识,可以通过下面渠道进行学习:

1. 阅读杂志

(1)《气象》。

(2)《中国农业气象》。

(3)《气象知识》。

2. 浏览网站

(1) 农博网(http://www.aweb.com.cn/)。

(2) 中国天气网(http://www.weather.com.cn/)。

(3) 新气象(http://www.zgqxb.com.cn/)。

(4) 中央气象台(http://www.nmc.gov.cn/)。

3. 通过本校图书馆借阅有关植物光照环境方面的书籍

【观察思考】

(1) 选择种植农作物、蔬菜、果树、园林植物等4种地块,测定其光照度,比较其光照条件,提出改善光照条件的主要措施。

(2) 调查总结当地提高植物光能利用率的典型经验以及如何利用当地的光资源状况调控植物的生长发育。

(3) 比较露地环境、日光温室、简易塑料大棚、小拱棚等环境的光照条件,并调查当地改善光照条件的经验,提出4种条件下光环境调控技术。

项目六　植物生长的气候环境

▲ 项目任务

了解气压和风、天气系统、气候、农业小气候等知识；熟悉我国气候特点和二十四节气；了解极端温度灾害、干旱、雨灾、风灾的特点与危害；熟悉极端温度灾害、干旱、雨灾、风灾的防御措施；能进行气压、风的观测。

任务一　植物生长的气候条件

【任务目标】

知识目标：1. 了解影响植物生长的气象要素：气压和风。
　　　　　2. 了解天气系统和气候基本知识，熟悉我国气候特点。
　　　　　3. 熟悉二十四节气，了解农业小气候特点及效应。
能力目标：1. 能进行气压的观测。
　　　　　2. 能进行风的观测。

【知识学习】

1. 主要农业气象要素　气象要素是指描述大气中所发生的各种物理现象和物理过程常用各种定性和定量的特征量。与农业关系最密切的气象要素主要有气压、风、云、太阳辐射、土壤温度、空气温度、空气湿度、降水等。这里主要说明气压和风。

（1）气压。被测高度在单位面积上所承受的大气柱的重量称为大气压强，简称气压。国际上规定，将纬度45°的海平面上，气温为0℃时，大气压力为760mm Hg 称为一个标准大气压，为101 325Pa。气压单位常用百帕（hPa）表示。气压随高度升高而减小。一日中，夜间气压高于白天，上午气压高于下午；一年中，冬季气压高于夏季。当暖空气来临时，会引起气压降低；当冷空气来临，会使气压增高。

气压在水平方向上的分布通常用等压线来表示，等压线是在海拔高度相同的平面上，气压相等的各点的连线。气压分布形式有：低压、高压、低压槽、高压脊和鞍形场等。

（2）风。空气时刻处于运动状态，空气在水平方向上的运动称为风，常用风向和风速表示。风向是指风的来向；风速是指单位时间内空气水平移动距离，单位为 m/s。气象预报中常用风力等级来表示风的大小。通常用13个等级表示，如表2-6-1所示。

风的类型主要有季风和地方性风。季风是指以一年为周期，随着季节的变化而改变风向的风。地方性风是由于局部自然、地理条件的影响，常形成某些局地性空气环流，常见的地方性风有：海陆风、山谷风和焚风。在沿海地区，白天风从海洋吹向陆地为海风，夜间风从陆地吹向海洋为陆风，合称为海陆风。海风可以调节沿海地区的气候。在山区，白天风从山谷吹向山坡称为谷风，夜间风从山坡吹向山谷称为山风，合称为山谷风。当气流跨过山脊时，在山的背风坡，由于空气的下沉运动产生一种热而干燥的风称为焚风。

表 2-6-1　风力等级表

等级	名称	海面和渔船征象	陆上地面物征象	相当风速（m/s）	
				范围	中数
0	无风	静	静，烟直上	0～0.2	0.1
1	软风	有微波，寻常渔船略觉摇动	烟能表示风向，树叶略有摇动	0.3～1.5	0.9
2	轻风	有小波纹，渔船摇动	人面感觉有风，树叶有微响，旌旗开始飘动	1.6～3.3	2.5
3	微风	有小波，渔船渐觉簸动	树叶及小枝摇动不息，旌旗展开	3.4～5.4	4.4
4	和风	浪顶有些白色泡沫，渔船满帆时，可使船身倾于一侧	能吹起地面灰尘和纸张，树枝摇动	5.5～7.9	6.7
5	清风	浪顶白色泡沫较多，渔船缩帆	有叶的小树摇摆，内陆的水面有小波	8.0～10.7	9.4
6	强风	白色泡沫开始被风吹离浪顶，渔船加倍缩帆	大树枝摇动，电线呼呼有声，撑伞困难	10.8～13.8	12.3
7	劲风	白色泡沫离开浪顶被吹成条纹状，渔船停泊港中，在海面下锚	全树摇动，大树枝弯下来，迎风步行感觉不便	13.9～17.1	15.5
8	大风	白色泡沫被吹成明显的条纹状，进港的渔船停留不出	可折毁小树枝，人迎风前行感觉阻力甚大	17.2～20.7	19.0
9	烈风	被风吹起的浪花使水平能见度减小，机帆船航行困难	烟囱及瓦屋屋顶受到损坏，大树枝折断	20.8～24.4	22.6
10	狂风	被风吹起的浪花使水平能见度明显减小，机帆船航行颇危险	陆地少见，树木可被吹倒，一般建筑物遭破坏	24.5～28.4	26.5
11	暴风	吹起的浪花使水平能见度显著减小，机帆船遇之极危险	陆上很少，大树可被吹倒，一般建筑物遭严重破坏	28.5～32.6	30.6
12	飓风	海浪滔天	陆上绝少，其摧毁力极大	>32.6	>30.6

2. 天气系统　天气是指一定地区气象要素和天气现象表示的一定时段或某时刻的大气状况，如晴、阴、冷、暖、雨、雪、风、霜、雾和雷等。天气系统是表示天气变化及其分布的独立系统。活动在大气里的天气系统种类很多。如气团、锋、气旋、反气旋、高压脊、低压槽等等。这些天气系统都与一定的天气相联系。

（1）气团。气团是占据广大空间的一大块空气，它的物理性质在水平方向上比较均匀，在垂直方向上的变化也比较一致，在它的控制下有大致相同的天气特点。影响我国大范围天气的主要气团有极地大陆气团和热带海洋气团，其次是热带大陆气团和赤道气团。

（2）锋。冷暖气团的交界面称为锋面。锋面与地面的交线称为锋线，习惯上把锋面和锋线统称为锋。锋的下面是冷气团，上面是暖气团。根据锋的移动方向，可以把锋分为暖锋、冷锋、准静止锋和锢囚锋。由于锋面两侧的气压、风、湿度等气象要素差异比较大，具有突变性，锋面附近常形成云、雨、风等天气，称为锋面天气（图 2-6-1、图 2-6-2、图 2-6-3、图 2-6-4）。

（3）气旋和反气旋。气旋是占有三度空间的，在同一高度上中心气压低于四周的大尺度漩涡（图 2-6-5）。反气旋也称高压，是中心气压比四周气压高的水平空气涡旋。影响我国天

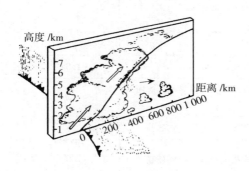

图 2-6-1 暖锋天气

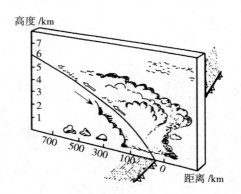

图 2-6-2 缓行冷锋天气

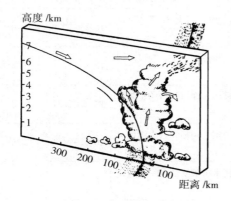

图 2-6-3 急行冷锋天气

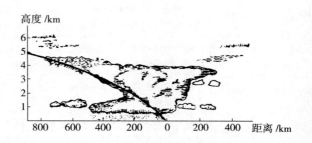

图 2-6-4 静止锋天气

气的反气旋,主要有蒙古高压和西太平洋副热带高压。蒙古高压是一种冷性反气旋即冷高压,是冬半年影响我国的主要天气系统,活动较频繁、势力强大。强冷高压侵入我国时,带来大量冷空气,气温骤降,出现寒潮天气;西太平洋副热带高压是夏半年影响我国的主要天气系统。

（4）低压槽和高压脊。大气中不同区域的气压是不均等的,不同气压区交错存在。低压区向高压区突出的部分称为低压槽,低压槽最突出点的连线称为槽线（图2-6-6）,槽线上任意一点的气压比它两侧的气压都低,

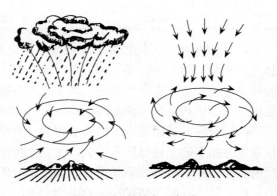

图 2-6-5 气旋与反气旋

槽线附近的空气是辐合上升的,易形成云雨天气。高压区向低压区突出的部分称为高压脊（图2-6-7）,高压脊最突出点的连线称脊线,脊线上任意一点的气压比它两侧的气压都高,脊线附近的空气是下沉运动的,易形成晴朗的好天气。

3. 气候 气候是指一个地区多年平均或特有的天气状况,包括平均状态和极端状态,

模块二　植物生长环境

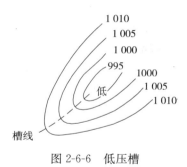

图 2-6-6　低压槽

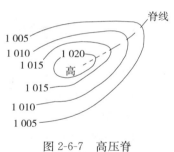

图 2-6-7　高压脊

用温度、湿度、风、降水等气象要素的各种统计量来表达。因此气候是天气的统计状况，在一定时期内具有相对的稳定性。

（1）气候的形成。气候形成的基本因素主要有太阳辐射、大气环流和下垫面性质。不同地区间的气候差异和各地气候的季节交替，主要是太阳辐射在地球表面分布不匀及其随时间变化的结果。季风环流引导气团移动，使各地的热量、水分得以转移和调整，维持着地球的热量和水分平衡；季风环流常使太阳辐射的主导作用减弱，在气候的形成中起着重要作用。下垫面是指地球表面的状况，包括海陆分布、地形地势、植被及土壤等。由于它们的特性不同，因而影响辐射过程和空气的性质。

除上述 3 个自然因素对气候起重要作用外，人类活动对气候的形成也起着至关重要的作用。目前主要表现在：一是在工农业生产中排放至大气中的温室气体和各种污染物，改变了大气的化学组成；二是在农牧业发展和其他活动中改变下垫面的性质，如城市化、破坏森林和草原植被，海洋石油污染等。

（2）气候带和气候型。气候带是指围绕地球表面呈纬向带状分布、气候特征比较一致的地带。划分气候带的方法很多，通常把全球划分成 11 个气候带（图 2-6-8），即赤道气候带，南、北热带，南、北副热带，南、北暖温带，南、北寒温带，南、北极地气候带。

在同一气候带内或在不同的气候带内，由于下垫面的性质和地理环境相似，往往出现一些气候特征相似的气候类型称为气候型。常见的气候型有：海洋性气候和大陆性

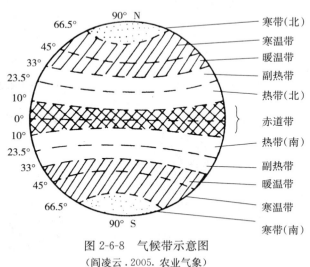

图 2-6-8　气候带示意图
（阎凌云.2005.农业气象）

气候；季风气候和地中海气候；高原气候和高山气候；草原气候和沙漠气候。

4. 中国气候特征　我国地域辽阔，南北跨纬度 49°33′，相距约 5 400 km。地形极为复杂，气候类型复杂多样，气候资源丰富。我国气候的主要特点是：季风性气候明显，大陆性气候强，气候类型多样，气象灾害频繁。

（1）季风气候明显。我国处于欧亚大陆的东南部，东临辽阔的太平洋，南临印度洋，西

部和西北部是欧亚大陆。在海陆之间常形成季风环流，因而出现季风气候。冬季盛行大陆季风，风从大陆吹向海洋，我国大部分地区天气寒冷干燥；夏季盛行海洋季风，我国多数地区为东南风到西南风，天气高温多雨。

（2）大陆性气候强。由于我国背负欧亚大陆，因而气候受大陆的影响大于受海洋的影响，成为大陆性季风气候。气温年较差大，气温年较差分布的总趋势是北方大，南方小；冬季寒冷，南北温差大，夏季普遍高温，南北温差小；最冷月多出现在1月，最热月多出现在7月。降水季节分配不均匀，夏季降水量最多，冬季最少；年降水量分布的总趋势是东南多、西北少，从东南向西北递减。

（3）气候类型多样。从气候带来看，自南到北有热带、亚热带、温带，还有高原寒冷气候。温带、亚热带、热带的面积占87%，其中亚热带和北温带面积占41.5%。从干燥类型来说，从东到西有湿润、半湿润、半干旱、干旱、极干旱等类型，其中半干旱、干旱面积占50%。

（4）气象灾害频繁。特点是气象灾害种类多，范围广，发生频率高，持续时间长，群发性突出，连续效应显著，灾情严重，给农业生产造成巨大损失。

5. 二十四节气

（1）二十四节气的划分。二十四节气的划分是从地球公转所处的相对位置推算出来的。地球围绕太阳转动称为公转，公转轨道为一个椭圆形，太阳位于椭圆的一个焦点上。地球的自转轴称为地轴。由于地轴与地球公转轨道面不垂直，地球公转时，地轴方向保持不变，致使一年中太阳光线直射地球上的地理纬度是不同的，这是产生地球上寒暑季节变化和日照长短随纬度和季节变化而变化的根本原因。地球公转一周需时约365.23d，公转一周是360°，将地球公转一周均分为24份，每一份间隔15°定一位置，并给一"节气"名称，全年共分二十四节气，每个节气为15°，时间大约为15d（图2-6-9）。

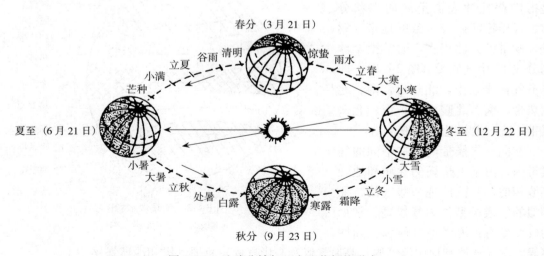

图2-6-9 地球公转与二十四节气的形成

二十四节气是我国劳动人民几千年来从事农业生产，掌握气候变化规律的经验总结，为了便于记忆，总结出二十四节气歌：春雨惊春清谷天，夏满芒夏暑相连；秋处露秋寒霜降，冬雪雪冬小大寒；上半年逢六二一，下半年逢八二三；每月两节日期定，最多相差一两天。

前四句是二十四节气的顺序,后四句是指每个节气出现的大体日期。按阳历计算,每月有两个节气,上半年一般出现在每月的 6 日和 21 日,下半年一般出现在 8 日和 23 日,年年如此,最多相差不过一二天(表2-6-2)。

表 2-6-2　二十四节气的含义和农业意义

节气	月份	日期	含义和农业意义
立春	2	4 或 5	春季开始
雨水	2	19 或 20	天气回暖,降水开始以雨的形态出现,或雨量开始逐渐增加
惊蛰	3	5 或 6	开始打雷,土壤解冻,蛰伏的昆虫被惊醒开始活动
春分	3	20 或 21	平分春季的节气,昼夜长短相等
清明	4	5 或 6	气候温和晴朗,草木开始繁茂生长
谷雨	4	20 或 21	春播开始,降雨增加,雨生百谷
立夏	5	5 或 6	夏季开始
小满	5	21 或 22	麦类等夏熟作物的子粒开始饱满,但尚未成熟
芒种	6	5 或 7	麦类等有芒作物成熟,夏播作物播种
夏至	6	21 或 22	夏季热天来临,白昼最长,夜晚最短
小暑	7	7 或 8	炎热季节开始,尚未达到最热程度
大暑	7	23 或 24	一年中最热时节
立秋	8	7 或 8	秋季开始
处暑	8	23 或 24	炎热的暑天即将过去,渐渐转向凉爽
白露	9	8 或 9	气温降低较快,夜间很凉,露水较重
秋分	9	23 或 24	平分秋季的节气,昼夜长短相等
寒露	10	8 或 9	气温已很低,露水发凉,将要结霜
霜降	10	23 或 24	气候渐冷,开始见霜
立冬	11	7 或 8	冬季开始
小雪	11	22 或 23	开始降雪,但降雪量不大,雪花不大
大雪	12	7 或 8	降雪较多,地面可以积雪
冬至	12	22 或 23	寒冷的冬季来临,白昼最短,夜晚最长
小寒	1	5 或 6	较寒冷的季节,但还未达到最冷程度
大寒	1	20 或 21	一年中最寒冷的节气

(2)二十四节气的含义和农业意义。从表 2-6-2 中每个节气的含义可以看出,二十四节气反映了一年中季节、气候、物候等自然现象的特征和变化。立春、立夏、立秋、立冬,这"四立"表示农历四季的开始;春分、夏至、秋分、冬至,这"两分、两至"表示昼夜长短的更换。雨水、谷雨、小雪、大雪,表示降水。小暑、大暑、处暑、小寒、大寒,反映温度。白露、寒露、霜降,既反映降水又反映温度。而惊蛰、清明、芒种和小满,则反映物候。应该注意的是,二十四节气起源于黄河流域地区,对于其他地区运用二十四节气时,不能生搬硬套,必须因地制宜地灵活运用。不仅要考虑本地区的特点,还要考虑气候的年际变化和生产发展的需求。

6. 农业小气候　小气候就是指在小范围的地表状况和性质不同的条件下,由于下垫面的辐射特征与空气交换过程的差异而形成的局部气候特点。小气候的特点主要是范围小、差异大、很稳定。

农业生产中,由于自然和人类活动的结果,特别是一些农业技术措施的影响,各种下垫面的特征常有很大差异,光、热、水、气等要素有不同的分布和组合,形成小范围的性质不同的气候特征称为农业小气候。如农田小气候、果园小气候、防护林小气候等。这里主要介绍一些农业技术措施的小气候效应。

表 2-6-3　耕作、栽培措施的小气候效应

措施	小气候效应
耕翻	使土壤疏松，增加透水性和透气性，提高土壤蓄水能力，对下层土壤有保墒效应。使土壤热容量和导热率减小，削弱上下层间热交换，增加土壤表层温度的日较差。低温季节，上土层有降温效应，下层有增温效应；高温季节，上层有升温效应，下层有降温效应
垄作	使土壤疏松，小气候效应同耕翻。增加了土表与大气的接触面积，白天增加对太阳辐射的吸收面，热量聚集在土壤表面，温度比平作高；夜间垄上有效辐射大，垄温比平作温度低。蒸发面大，上层土壤有效辐射大，下层土壤湿润；有利于排水防涝；有利于通风透光
间套作	间套作变平面受光为立体受光，增加光能利用率；同时可以延长光合作用时间，增加光合面积，延续、交替合理利用光能，增加复种指数。间套作可增加边行效应，改善通风条件，加强株间乱流交换，调节二氧化碳浓度，提高光合效率。上茬植物对下茬植物能起到一定的保护作用
种植行向	改善植物受光时间和辐射强度。若行向与植物生长发育关键期盛行的风向一致，可调节农田中二氧化碳浓度、温度和湿度
种植密度	适宜的种植密度可增加光合面积和光合能力；调节田间温度和湿度
灌溉	调节田间辐射平衡，由于灌溉的土壤湿润，颜色变暗，一方面使反射率减小，同时也使地面温度下降，空气湿度增加，导致有效辐射减小，使辐射平衡增加。调节农田蒸散，在干旱条件下，灌溉使蒸发耗热急剧增大。影响土壤热交换和土壤的热学特性

【技能训练】

1. 气压的观测

（1）训练准备。根据班级人数，每2人一组，分为若干组，每组准备以下材料和用具：水银气压表、空盒气压表、气压计。

（2）操作规程。根据当地气象条件，选择适当场地或到当地气象站进行观测（表2-6-4）。

表 2-6-4　气压的观测

工作环节	操作规程	质量要求
水银气压表安装与观测	（1）将气压表安装在温度少变的气压室内，室内既要保持通风，又无太大的空气流动 （2）观测附属温度表，调整水银槽内的水银面与象牙针尖恰好相接，直到象牙针尖相接完全无空隙为止；调整游尺，先使游尺稍高于水银柱顶端，然后慢慢下降直到游尺的下缘恰与水银柱凸面顶点刚刚相切为止。读数后转动调整螺旋使水银面下降 （3）读数并记录。先在刻度标尺上读取整数，然后在游尺上找出一条与标尺上某一刻度相吻合的刻度线，则游尺上这条刻度线的数字就是小数读数	（1）气压室要求门窗少开，经常关闭，光线要充足，但又要避免太阳光的直接照射 （2）由于水银气压表的读数常常是在非标准条件下测得的，须经仪器差、温度差、重力差订正后，才是本站气压，未经订正的气压读数仅供参考
空盒气压表的安装与观测	（1）观测和记录时先打开盒盖，先读附温；轻击盒面（克服机械摩擦），待指针静止后再读数 （2）读数后立即复读，并关好盒盖。空盒气压表上的示度经过刻度订正、温度订正和补充订正，即为本站气压	读数时视线应垂直于刻度面，读取指针尖所指刻度示数，精确到0.1
气压计的安装与观测	气压计应水平安放，离地高度以便于观测为宜。气压计读数要精确到0.1hPa	气压计的换纸时间和方法与其他自记仪器相同

2. 风的观测

（1）训练准备。根据班级人数，每2人一组，分为若干组，每组准备以下材料和用具：电接风向风速计和轻便风向风速表。

（2）操作规程。据当地气象条件，选择适当场地或到当地气象站进行观测（表2-6-5）。

表 2-6-5　风的观测

工作环节	操作规程	质量要求
EL 型电接风向风速计的安装与观测	（1）将感应器安装在牢固的高杆或塔架上，并附设避雷装置，风速感应器(风杯)中心距地面高度10～12m；指示器、记录器平稳地安放在室内桌面上，用电缆与感应器相连接，电源使用交流电220V或干电池12V （2）观测和记录。打开指示器的风向、风速开关，观测两分钟风速指针摆动的平均位置，读取整数记录。风速小时开关拨到"20"档上，读0～20m/s标尺刻度；风速大时开关拨到"40"档上，读0～40m/s标尺刻度。观测风向指示灯，读取两分钟的最多风向，用16个方位记录。静风时，风速记"0"，风向记"C"；平均风速超过40m/s，记为＞40	（1）EL 型电接风向风速计记录器部分的使用方法与温度计基本相同 （2）从自记纸上可知各时风速、各时风向及日最大风速
轻便风向风速表的安装与观测	（1）在测风速时，待风杯旋转约0.5min，按下风速按钮，待1min后指针停止转动，即可从刻度盘上读出风速示值（m/s），将此值从风速检定曲线中查出实际风速（取一位小数），即为所测的平均风速 （2）观测者应站在仪器的下风向，将方位盘的制动小套管向下拉，并向右转一角度，启动方位盘，使其能自由转动，按地磁子午线的方向固定下来，注视风向指针约2min，记录其最多的风向，就是所测的风向 （3）观测完毕后随手将方位盘自动小套管向左转一小角度，让小套管弹回上方，固定好方位盘	（1）用轻便风向风速表观测时，人应保持直立（若是手持仪器，要使仪器高出头部），风速表刻度盘与当时风向平行 （2）测风速可与测风向同时进行
目测风向风力	（1）根据风对地面或海面物体的影响而引起的各种现象，按风力等级表估计风力，并记录其相应风速的中数值 （2）根据炊烟、旌旗、布条展开的方向及人的感觉，按8个方位估计风向	目测风向风力时，观测者应站在空旷处，多选几个物体，认真观测，尽量减少主观的估计误差

【问题处理】

1. 测定气压的仪器

（1）水银气压表。水银气压表有动槽式和定槽式两种，下面介绍动槽式水银气压表的构造。动槽式水银气压表是根据水银柱的重量与大气压力相平衡的原理制成的，其构造如图2-6-10所示，主要由内管、外套管、水银槽三部分组成。

（2）空盒气压表。空盒气压表是利用空盒弹力与大气压力相平衡的原理制成的。空盒气压表不如水银气压表准确，但其使用和携带都比较方便，适于野外考察。其构造如图2-6-11所示。空盒气压表是以弹性金属做成的薄膜空盒作为感应元件，它将大气压力转换成空盒的弹性位移，通过杠杆和传动机构带动指针。当顺时针方向偏转时，指针就指示出气压升高的变化量，反之，当指针逆时针方向偏转时，指示出气压降低的变化量。当空盒的弹性应力与大气压力相平衡时，指针就停止转动，这时指针所指示的气压值就是当时的大气压力值。

种植基础

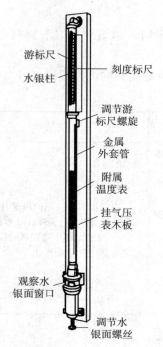

图 2-6-10 动槽式水银气压表

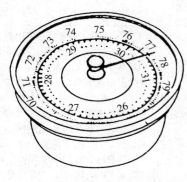

图 2-6-11 空盒气压表

（3）气压计。气压计是连续记录气压变化的自记仪器，其构造和其他自记仪器一样，分为感应、传递放大和自记装置三部分。感应部分是由几个空盒串联而成的，最上的一个空盒与机械部分连接，最下一个空盒的轴固定在一块双金属板上，用以补偿对空盒变形的影响。传递放大部分：由于感应部分的变形很小，常采用两次放大。空盒上的连接片与杠杆相连，此杠杆的支点为第一水平轴，杠杆借另一连接片与第二水平轴的转臂连接。这一部分的作用是将空盒的变化放大后传到自记部分去。这样两次放大能够提高仪器的灵敏度。自记部分与其他自记仪器相同。

2. 测定风的仪器

（1）EL型电接风向风速计。此测风仪是由感应器、指示器和记录器组成的有线遥测仪器。

（2）轻便风向风速表。仪器结构如图2-6-12所示，由风向部分（包括风向标、风

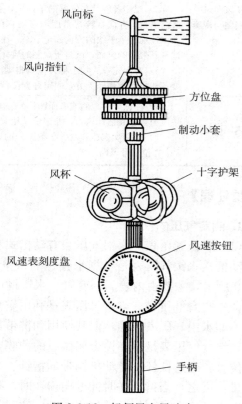

图 2-6-12 轻便风向风速表

向指针、方位盘和制动小套)、风速部分(包括十字护架、风杯和风速表主机体)和手柄3个部分组成。

任务二 农业气象灾害及防御

【任务目标】

知识目标：了解极端温度灾害、干旱、雨灾、风灾的特点与危害。
能力目标：熟悉极端温度灾害、干旱、雨灾、风灾等灾害的防御措施。

【知识学习】

农业气象灾害是农业体系运行（包括农业生产过程）中所发生的各种不利天气或不利气候条件的总称。我国的农业气象灾害有如下特点：普遍性、区域性、季节性、持续性、交替性和阶段性。东北地区以雨涝、干旱、夏季低温、秋季霜冻等为主；西北地区以干旱、冷冻害、干热风等危害严重；华北及黄淮地区以旱、涝为主，干热风、霜冻等也较常见；西南地区常见的有干旱、雨涝、秋季连阴雨、霜冻和冰雹；长江中下游地区主要有洪涝、伏夏和秋季的干旱，春季低温连阴雨、秋季寒露风、台风、冰雹等也常造成危害；华南地区主要是干旱、雨涝、台风、秋季低温连阴雨、寒露风、台风、冰雹等。

1. 极端温度灾害　温度的变化对农业生产影响很大，过高和过低都会给农业生产带来一定的危害。在农业生产中影响较大的极端温度灾害主要有：寒潮、霜冻、冻害、冷害、热害等。

（1）寒潮。寒潮是在冬半年，由于强冷空气活动引起的大范围剧烈降温的天气过程。冬季寒潮引起的剧烈降温，造成北方越冬作物和果树经常发生大范围冻害，也使江南一带作物遭受严重冻害。春季，寒潮天气常使作物和果树遭受霜冻危害。秋季，寒潮天气虽然不如冬春季节那样强烈，但它能引起霜冻，使农作物不能正常成熟而减产。

（2）霜冻。霜冻指在温暖季节（日平均气温在0℃以上）土壤表面或植物表面的温度下降到足以引起植物遭到伤害或死亡的短时间低温冻害。根据霜冻发生的时期，可分为早霜冻和晚霜冻两种。早霜冻在中纬度平原地区常发生在秋季，也称秋霜冻；在四川盆地、江南丘陵和武夷山脉以南地区，常发生在12月以后，也称初霜冻。晚霜冻在中纬度平原地区常发生在春季，也称春霜冻；在四川盆地、江南丘陵和武夷山脉以南，常发生在2月以前，也称终霜冻。

（3）冻害。冻害是指在越冬期间，植物较长时间处于0℃以下的强烈低温或剧烈降温条件下，引起体内结冰，丧失生理活动，甚至造成死亡的现象。根据冻害发生的时间可将冻害分为初冬冻害、严冬冻害和早春冻害三类。初冬冻害一般以入冬降温幅度或抗寒锻炼减少天数为参考指标。严冬冻害主要以冬季负积温、有害积温和极端最低温度为冻害指标。早春冻害常以稳定通过某一界限温度之后的极端最低温度为冻害指标。不论何种植物都可用50%植株死亡的临界致死温度作为其冻害温度。

（4）冷害。冷害是指在作物生育期间遭受到0℃以上（有时在20℃左右）的低温危害，引起作物生育期延迟或使生殖器官的生理活动受阻造成农业减产的低温灾害。根据低温对植物危害的特点及植物受害症状，可将冷害分为障碍性冷害、延迟性冷害和混合型冷害等类型。冷害具有明显的地域性，如春季发生在长江流域的低温烂秧死苗，也称春季冷害；秋季，长江流域及其华南地区双季晚稻抽穗扬花期遇到的低温冷害称为秋季冷害；东北地区在6～8月出现的低温冷害称为夏季冷害；而在华南地区热带作物遇10℃以下、0℃以上低温可使植株枯萎、腐烂或感病，直至死亡称为寒害。

（5）热害。热害是高温对植物生长发育以及产量形成所造成的一种农业气象灾害。包括高温逼熟和日灼。高温逼熟是高温天气对成熟期作物产生的热害，华北地区的小麦、马铃薯，长江以南的水稻，北方和长江中下游地区的棉花常受其害。日灼是因强烈太阳辐射所引起的果树枝干、果实伤害，亦称日烧或灼伤。日灼常常在干旱天气条件下产生，主要危害果实和枝条的皮层。

2. 旱灾

（1）干旱。因长期无雨或少雨，空气和土壤极度干燥，植物体内水分平衡受到破坏，影响正常生长发育，造成损害或枯萎死亡的现象称为干旱。干旱是气象、地形、土壤条件和人类活动等多种因素综合影响的结果。

旱灾的分类主要有：根据干旱的成因分类，可将干旱分为土壤干旱、大气干旱和生理干旱。土壤干旱是指土壤水分亏缺，植物根系不能吸收到足够的水分，致使体内水分平衡失调而受害。大气干旱是由于高温低温，作物蒸腾强烈而引起的植物水平平衡的破坏而受害。生理干旱指土壤有足够的水分，但由于其他原因使作物根系的吸水发生障碍，造成体内缺水而受害。

根据干旱发生季节分类，可分为春旱、夏旱、秋旱和冬旱。春旱是春季移动性冷高压常自西北经华北、东北东移入海；在其经过地区，晴朗少云，升温迅速而又多风，蒸发很盛，而产生干旱。夏旱是夏季副热带太平洋高压向北推进，长江流域常在它的控制下，7、8月份有时甚至一个多月，天晴酷热，蒸发很强，造成干旱。秋旱是秋季副热带太平洋高压南退，西伯利亚高压增强南伸，形成秋高气爽天气，而产生干旱。冬旱是冬季副热带太平洋高压减弱，使得我国华南地区有时被冬季风控制，造成降水稀少，易出现冬旱。

（2）干热风。干热风是指高温、低湿、并伴有一定风力的大气干旱现象。主要影响小麦和水稻。北方麦区一般出现在5～7月份。小麦受到干热风危害后，轻者使茎尖干枯、炸芒、颖壳发白、叶片卷曲；重者严重炸芒，顶部小穗、颖壳和叶片大部分干枯呈现灰白色，叶片卷曲，枯黄而死。雨后突然放晴遇到干热风，则使茎秆青枯，麦粒干秕，提前枯死。水稻受到干热风危害后，穗呈灰白色，秕粒率增加，甚至整穗枯死，不结实。小麦受害主要发生在乳熟中、后期，水稻在抽穗和灌浆成熟期。

我国北方麦区干热风主要3种类型：高温低湿型、雨后枯熟型和旱风型。高温低湿型的特点是：高温、干旱，地面吹偏南或西南风而加剧干、热地影响；这种天气易使小麦干尖、炸芒、植株枯黄、麦粒干秕而影响产量；它是北方麦区干热风的主要类型。雨后枯熟型的特点是：雨后高温或猛晴，日晒强烈，热风劲吹，造成小麦青枯或枯熟；多发生在华北和西北地区。旱风型的特点是：湿度低、风速大（多在3～4级以上），但日最高气温不一定高于30℃；常见于苏北、皖北地区。

北方麦区干热风指标见表2-6-6，水稻干热风指标见表2-6-7。

表 2-6-6　小麦干热风指标

麦类	区域	轻干热风			重干热风		
		T_M（℃）	R_{14}（%）	V_{14}（m/s）	T_M（℃）	R_{14}（%）	V_{14}（m/s）
冬麦区	黄淮海平原	≥32	≤30	≥2	≥35	≤25	≥3
	旱塬	≥29	≤30	≥3	≥32	≤25	≥4
	汾渭盆地	≥31	≤35	≥2	≥34	≤30	≥3
春麦区	河套与河西走廊东部	≥31	≤30	≥2	≥34	≤25	≥3
	新疆与河西走廊西部	≥34	≤25	≥2	≥36	≤20	≥2

注：T_M是指日平均气温；R_{14}是指14时相对湿度；V_{14}是指14时风速。

表 2-6-7　水稻干热风指标

区域	T_M（℃）	R_{14}（%）	V_{14}（m/s）
长江中下游	≥30	≤60	≥5

注：T_M是指日平均气温；R_{14}是指14时相对湿度；V_{14}是指14时风速。

3. 雨灾

（1）湿害。湿害是指土壤水分长期处于饱和状态使作物遭受的损害，又称渍害。雨水过多，地下水位升高，或水涝发生后排水不良，都会使土壤水分处于饱和状态。土壤水分饱和时，土中缺氧使作物生理活动受到抑制，影响水、肥的吸收，导致根系衰亡，缺氧又会使厌氧过程加强，产生硫化氢，恶化环境。

（2）洪涝。洪涝是指由于长期阴雨和暴雨，短期的雨量过于集中，河流泛滥，山洪暴发或地表径流大，低洼地积水，农田被淹没所造成的灾害。洪涝是我国农业生产中仅次于干旱的一种主要自然灾害，每年都有不同程度的危害。1998年6月、7月，我国长江、嫩江、松花江流域出现了有史以来的特大洪涝灾害，直接经济损失达1660亿元。

根据洪涝发生的季节和危害特点，将洪涝分为春涝、春夏涝、夏涝、夏秋涝和秋涝等几种类型。春涝及春夏涝主要发生在华南及长江中下游一带。夏涝主要发生在黄淮海平原、长江中下游、华南、西南和东北。夏秋涝及秋涝主要发生在西南地区，其次是华南沿海、长江中下游地区及江淮地区。

4. 风灾

（1）大风的标准及危害。风力大到足以危害人们的生产活动和经济建设的风称为大风。我国气象部门以平均风力达到6级或瞬间风力达到8级，作为发布大风预报的标准。在我国冬春季节，随着冷空气的暴发，大范围的大风常出现在北方各省，以偏北大风为主。夏秋季节大范围的大风主要由台风造成，常出现在沿海地区。此外，局部强烈对流形成的雷暴大风在夏季也经常出现。

大风是一种常见的灾害性天气，对农业生产的危害很大。主要表现在以下几个方面：
①机械损伤。大风造成作物和林木倒伏、折断、拔根或造成落花、落果、落粒。
②生理危害。干燥的大风能加速植被蒸腾失水，致使林木枯顶，作物萎蔫直至枯萎。
③风蚀沙化。在常年多风的干旱半干旱地区，大风使土壤蒸发加剧，吹走地表土壤，形

成风蚀，破坏生态环境。在强烈的风蚀作用下，可造成土壤沙化，沙丘迁移，埋没附近的农田、水源和草场。

④影响农牧业生产活动，在牧区大风会破坏牧业设施，造成交通中断，农用能源供应不足，影响牧区畜群采食或吹散牧群。冬季大风可造成牧区大量牲畜受冻饿死亡。

(2) 大风的类型。按大风的成因，将影响我国的大风分为下列几种类型：

①冷锋后偏北大风，即寒潮大风。主要由于冷锋（指冷暖气团相遇，冷气团势力较强）后有强冷空气活动而形成。一般风力可达6~8级，最大可达10级以上，可持续2~3d。春季发生最多，冬季次之，夏季最少，影响范围几乎遍及全国。

②低压大风。由东北低压、江淮气旋、东海气旋发展加深时形成。风力一般6~8级。如果低压稳定少动，大风常可持续维持几天，以春季最多。在东北及内蒙古东部，河北北部，长江中下游地区最为常见。

③高压后偏南大风。随大陆高压东移入海在其后出现的偏南大风，多出现在春季。在我国东北、华北、华东地区最为常见。

④雷暴大风。多出现在强烈的冷锋前面，在发展旺盛的积雨云前部因气压低气流猛烈上升，而云中的下沉气流到达地面时受前部低压吸引，而向前猛冲，形成大风。阵风可达8级以上，破坏力极大，多出现在炎热的夏季，在我国长江流域以北地区常见。其中内蒙古、河南、河北、江苏等地每年均有出现。

【技能训练】

1. 极端温度灾害的防御

(1) 训练准备。根据班级人数，每4人一组，分为若干组，每组准备以下材料和用具：温度计，芦苇、草帘、秸秆及塑料薄膜等覆盖物，喷灌设备等。

(2) 操作规程。结合当地极端温度灾害发生情况，进行防御（表2-6-8）。

2. 旱灾的防御

(1) 训练准备。根据班级人数，每4人一组，分为若干组，每组准备以下材料和用具：温度计，防旱资料与设施，预防干热风的资料与设施等。

(2) 操作规程。结合当地旱灾发生情况，进行防御（表2-6-9）。

表2-6-8 极端温度灾害的防御

工作环节	操作规程	质量要求
寒潮的防御	(1) 牧区防御。在牧区采取定居、半定居的放牧方式，在定居点内发展种植业，搭建塑料棚，以便在寒潮天气引起的暴风雪和严寒来临时，保证牲畜有充足的饲草饲料和温暖的保护牲畜场所，达到抗御寒潮的目的 (2) 农业区防御。可采用露天增温、加覆盖物、设风障、搭拱棚等方法保护菜畦、育苗地和葡萄园。对越冬作物除选择优良抗冻品种外，还应加强冬前管理，提高植株抗冻能力。此外还应改善农田生态条件，如小麦越冬期间可采用冬灌、搂麦、松土、镇压、盖粪（或盖土）等措施，改善农田生态环境，达到防御寒潮的目的	防御寒潮灾害，必须在寒潮来临前，根据不同情况采取相应的防御措施

（续）

工作环节	操作规程	质量要求
霜冻的防御	（1）减慢植株体温下降速度。一是覆盖法。利用芦苇、草帘、秸秆、草木灰、树叶及塑料薄膜等覆盖物，达到保温防霜冻的目的。对于果树采用不传热的材料（如稻草）包裹树干，根部堆草或培土10～15cm，也可以起到防霜冻的作用。二是加热法。霜冻来临前在植株间燃烧草、煤等燃料，直接加热近地气层空气。一般用于小面积的果园和菜园。三是烟雾法。利用秸秆、谷壳、杂草、枯枝落叶，按一定距离堆放，上风方向分布要密些，当温度下降到霜冻指标1℃时点火熏烟。一直持续到日出后1～2h气温回升时为止。四是灌溉法。在霜冻来临前1～2d灌水。也可采用喷水法，利用喷灌设备在霜冻前把温度在10℃左右的水喷洒到作物或果树的叶面上。喷水时不能间断，霜冻轻时15～30min喷一次；如霜冻较重7～8min喷一次。五是防护法。在平流辐射型霜冻比较重的地区，采取建立防护林带、设置风障等措施都可以起到防霜冻的作用 （2）提高作物的抗霜冻能力。选择抗霜冻能力较强的品种；科学栽培管理；北方大田作物多施磷肥，生育后期喷施磷酸二氢钾；在霜冻前1～2d在果园喷施磷、钾肥；在秋季喷施多效唑，翌年11月份采收时果实抗冻能力大大提高	首先要采取避霜措施，减少灾害损失。一是选择气候适宜的种植地区和适宜的种植地形。二是根据当地无霜期长短选用与之熟期相当的品种和选择适宜的播（栽）期，做到"霜前播种，霜后出苗"。三是用一些化学药剂处理作物或果树，使其推迟开花或萌芽。如用生长抑制剂处理油菜，能推迟抽薹开花；用2,4-滴或马来酰肼喷洒茶树、桑树，能推迟萌芽，从而避开霜冻，使作物遭受霜冻的危险性降低。四是采取其他避霜技术。如树干涂白，反射阳光，降低体温，推迟萌芽；在地面逆温很强的地区，把葡萄枝条放在高架位上，使花芽远离地面；果树修剪时去掉下部枝条，植株成高大形，从而避开霜冻
冻害的防御	（1）提高植株抗性。选用适宜品种，适时播种。强冬性品种以日平均气温降到17～18℃，或冬前0℃以上的积温500～600℃时播种为宜；弱冬性品种则应在日平均气温15～16℃时播种。此外可采用矮壮素浸种，掌握播种深度使分蘖节达到安全深度，施用有机肥、磷肥和适量氮肥作种肥以利于壮苗，提高抗寒力 （2）改善农田生态条件。提高播前整地质量，冬前及时松土，冬季耱麦、反复进行镇压，尽量使土壤达到上虚下实。在日消夜冻初期适时浇上冻水，以稳定地温。停止生长前后适当覆土，加深分蘖节，稳定地温，返青时注意清土。在冬麦种植北界地区，黄土高原旱地、华北平原低产麦田和盐碱地上可采用沟播，不但有利于苗全、苗壮，越冬期间还可以起到代替覆土、加深分蘖节的作用	确定合理的冬小麦种植北界和上限。目前一般以年绝对最低气温－24～－22℃为北界或上限指标；冬春麦兼种地区可根据当地冻害、干热风等灾害的发生频率和经济损失确定合理的冬春麦种植比例；根据当地越冬条件选用抗寒品种，采用适应当地条件的防冻保苗措施
冷害的防御	（1）通过选择避寒的小气候生态环境，如采用地膜覆盖、以水增温等方法来增强植物抗低温能力 （2）针对本地区冷害特点，运用科学方法找出作物适宜的复种指数和最优种植方案；选择耐寒品种，促进早发，合理施肥，促进早熟 （3）加强田间管理，提高栽培技术水平，增强根系活力和叶片的同化能力，使植株健壮，提高冷害防御能力	冷害在我国相当普遍，各地可以根据当地的低温气候规律，因地制宜安排品种搭配和播栽期，以期避过低温的影响；可以利用低温冷害长期趋势预报调整作物布局，及时作出准确的中、短期预报，为采取应急防御措施提供可靠的依据
热害的防御	（1）高温逼熟的防御。可以通过改善田间小气候，加强田间管理，改革耕作制度，合理布局，选择抗高温品种	林木灼伤可采取合理的造林方式，阴性树种与阳性树种相混交搭配；对苗木可采取喷水、盖草、搭遮阳棚等办法来防御

(续)

工作环节	操作规程	质量要求
热害的防御	（2）日灼的防御。夏季可采取灌溉和果园保墒等措施，增加果树的水分供应。满足果树生育期所需要的水分；在果面上喷洒波尔多液或石灰水，也可减少日灼病的发生；冬季可采用在树干涂白以缓和树皮温度骤变；修剪时在向阳方向应多留些枝条，以减轻冬季日灼的危害	

表 2-6-9　旱灾的防御

工作环节	操作规程	质量要求
干旱的防御	（1）建设高产稳产农田。农田基本建设的中心是平整土地，保土、保水；修建各种形式的沟坝地；进行小流域综合治理 （2）合理耕作蓄水保墒。在我国北方运用耕作措施防御干旱，其中心是伏雨春用，春旱秋防 （3）兴修水利、节水灌溉。首先要根据当地条件实行节水灌溉，即根据作物的需水规律和适宜的土壤水分指标进行科学灌溉。其次采用先进的喷灌、滴灌和渗灌技术 （4）地面覆盖栽培，抑制蒸发。利用沙砾、地膜、秸秆等材料覆盖在农田表面，可有效地抑制土壤蒸发，起到很好的蓄水保墒效果 （5）选育抗旱品种。选用抗旱性强、生育期短和产量相对稳定的作物和品种 （6）抗旱播种。其方法有：抢墒早播、适当深播、垄沟种植、镇压提墒播种、"三湿播种"（即湿种、湿粪、湿地）等 （7）人工降雨。人工降雨是利用火箭、高炮和飞机等工具把冷却剂（干冰、液氮等）或吸湿性凝结核（碘化银、硫化铜、盐粉、尿素等）送入对流层云中，促使云滴增大而形成降水的过程	（1）小流域综合治理要以小流域为单位，工程措施与生物措施相结合。实行缓坡修梯田，种耐旱作物；陡坡种草种树；坡下筑沟坝地。起到增加降水入渗，遏止地表径流，控制土壤冲刷，集水蓄墒的作用 （2）耕作保墒的要点是要适时耕作，必须要讲究耕作方法的质量，注意耕、耙、糖、压、锄等技术环节的巧妙配合 （3）尽量要防止大水漫灌，提高灌溉水的利用率 （4）化学控制措施是防旱抗旱的一种新途径。目前运用的化学控制物质有：化学覆盖剂、保水剂和抗旱剂一号等
干热风的防御	（1）浇麦黄水。在小麦乳熟中、后期至蜡熟初期，适时灌溉，可以改善麦田小气候条件，降低麦田气温和土壤温度，对抵御干热风有良好的作用 （2）药剂浸种。播种前用氯化钙溶液浸种或闷种，能增加小麦植株细胞内钙离子，提高小麦抗高温和抗旱的能力 （3）调整播期。根据当地干热风发生的规律，适当调整播种期，使最易受害的生育时期与当地干热风发生期错开 （4）选用抗干热风品种。根据品种特性，选用抗干热风或耐干热风的品种 （5）根外追肥。在小麦拔节期喷洒草木灰溶液、磷酸二氢钾溶液等 （6）营造防护林带。可以改善农田小气候，削弱风速，降低气温，提高相对湿度，减少土壤水分蒸发，减轻或防止干热风的危害	防御干热风的根本途径是：第一，改变局部地区气候条件，如植树造林、营造护田林网，改土治水等；第二，综合运用农业技术措施，改变种植方式和作物布局。因此需要当地政府主管部门要有长期规划和措施才能从根本上解决干热风的防御问题

3. 雨灾的防御

(1) 训练准备。根据班级人数，每4人一组，分为若干组，每组准备以下材料和用具：预防湿害的资料与设施，预防洪灾的资料与设施等。

(2) 操作规程。结合当地雨灾害发生情况，进行防御（表2-6-10）。

表2-6-10 雨灾的防御

工作环节	操作规程	质量要求
湿害的防御	主要是开沟排水，田内挖深沟与田外排水渠要配套，以降低土壤湿度。在低洼地和土质黏重地块采取深松耕法，使水分向犁底层以下传导，减轻耕层积水	也可采取深耕和大量施用有机肥、调整作物布局等措施进行改善
洪涝的防御	(1) 治理江河，修筑水库。通过疏通河道、加筑河堤、修筑水库等措施。治水与治旱相结合是防御洪涝的根本措施 (2) 加强农田基本建设。在易涝地区，田间合理开沟，修筑排水渠，搞好垄、腰、围三沟配套，使地表水、潜层水和地下水能迅速排出 (3) 改良土壤结构，降低涝灾危害程度。实行深耕打破犁底层，消除或减弱犁底层的滞水作用，降低耕层水分。增加有机肥，使土壤疏松。采用秸秆还田或与绿肥作物轮作等措施，减轻洪涝灾害的影响 (4) 调整种植结构，实行防涝栽培。在洪涝灾害多发地区，适当安排种植旱生与水生作物的比例，选种抗涝作物种类和品种。根据当地条件合理布局，适当调整播栽期，使作物易受害时期躲过灾害多发期。实行垄作，有利于排水，提高地温，散表墒 (5) 封山育林，增加植被覆盖。植树造林能减少地表径流和水土流失，从而起到防御洪涝灾害的作用	洪灾过后，应加强涝后管理，减轻涝灾危害。洪涝灾害发生后，要及时清除植株表面的泥沙，扶正植株。如农田中大部分植株已死亡，则应补种其他作物。此外，要进行中耕松土，施速效肥，注意防止病虫害，促进作物生长

4. 风灾的防御

(1) 训练准备。根据班级人数，每4人一组，分为若干组，每组准备以下材料和用具：预防大风、龙卷风的资料与设施。

(2) 操作规程。结合当地风灾发生情况，进行防御（表2-6-11）。

表2-6-11 风灾的防御

工作环节	操作规程	质量要求
大风的防御	(1) 植树造林。营造防风林、防沙林、固沙林、海防林等。扩大绿色覆盖面积，防止风蚀 (2) 建造小型防风工程。设防风障、筑防风墙、挖防风坑等。减弱风力，阻挡风沙 (3) 保护植被。调整农林牧结构，进行合理开发。在山区实行轮牧养草，禁止陡坡开荒和滥砍滥伐森林，破坏草原植被 (4) 营造完整的农田防护林网。农田防护林网可防风固沙，改善农田的生态环境，从而防止大风对作物的危害 (5) 农业技术措施。选育抗风品种，播种后及时培土镇压。高秆作物及时培土，将抗风力强的作物或果树种在迎风坡上，并用卵石压土等。此外，加强田间管理，合理施肥等多项措施	防御大风的最根本措施就是植树造林。因此，大风经常发生的地区，要把植树造林作为一项长期措施来进行规划实施，从根本上解决问题
台风、龙卷风、沙尘暴知识了解	通过查阅资料、浏览网站、阅读相关杂志等，收集台风、龙卷风、沙尘暴等资料，增强防御能力	整理一篇预防台风、龙卷风、沙尘暴的小卡片

【问题处理】

由于各学校所在地区的气候条件、地理条件差异较大,干旱、干热风、风灾、雨涝、低温等灾害发生情况也不完全相同。因此在防御时,一定要因地制宜,及时通过访谈专家和有经验的农户,总结当地典型经验,合理制定防御措施。

【信息链接】

厄尔尼诺现象与拉尼娜现象

1. 厄尔尼诺现象　厄尔尼诺是一种发生在海洋中的现象,其显著特征是赤道太平洋东部和中部海域海水出现异常的增温现象。在南美厄瓜多尔和秘鲁沿岸,由于暖水从北边涌入,每年圣诞节前后海水都出现季节性的增暖现象。海水增暖期间,渔民捕不到鱼,常利用这段时间在家休息。因为这种现象发生在圣诞节前后,渔民就把它称为"厄尔尼诺"(音译),是西班牙语"圣婴(上帝之子)"的意思。

由于热带海洋地区接收太阳辐射多,因此,海水温度相应较高。在热带太平洋海域,由于受赤道偏东信风牵引,赤道洋流从东太平洋流向西太平洋,使高温暖水不断在西太平洋堆积,成为全球海水温度最高的海域,其海水表面温度达29℃以上;相反,在赤道东太平洋海水温度却较低,一般为23～24℃。由于海温场这种西高东低的分布特征,使热带西太平洋呈现气流上升,气压偏低;热带东太平洋呈现气流下沉,气压较高。

正常情况下,西太平洋上升运动强,降水丰沛;在赤道中、东太平洋,大气为下沉运动,降水量极少。当厄尔尼诺现象发生时,由于赤道西太平洋海域的大量暖海水流向赤道东太平洋,致使赤道西太平洋海水温度下降,大气上升运动减弱,降水也随之减少,造成那里严重干旱。而在赤道中、东太平洋,由于海温升高,上升运动加强,造成降水明显增多,暴雨成灾。

厄尔尼诺出现伴随着的海—气异常,只是在近30年来才逐渐清楚的,最早的厄尔尼诺仅仅是与东太平洋冷水区的消失相联系。在一般年份东太平洋赤道以南海域有一大片冷水区,这些冷水是从海洋深处翻出来的,这些上翻的冷水带有大量的营养物,引来大量的鱼虾来这里觅食和产卵,无疑,这对当地渔民而言是丰年。冷水区一旦消失,鱼虾不来了,即使来了也会因水温偏高,造成鱼虾大量死亡,这对当地的渔民来讲,无疑是灾年。冷水区的消失开始于圣诞节前后,当地人认为,这是上帝让他的儿子给人间制造的不幸,所以把这一现象称"上帝之子"或简称"圣婴"。

厄尔尼诺现象是海洋和大气相互作用不稳定状态下的结果。据统计,每次较强的厄尔尼诺现象都会导致全球性的气候异常,由此带来巨大的经济损失。1997年是强厄尔尼诺年,其强大的影响力一直续待至1998年上半年,我国在1998年遭遇的历史罕见的特大洪水,厄尔尼诺便是最重要的影响因子之一。

2. 拉尼娜现象　拉尼娜是指海洋中的赤道的中部和东部太平洋,东西上万千米,南北跨度上千公里的范围内,海洋温度比正常温度东部和中部海面温度偏低0.2℃,并持续半年,是与厄尔尼诺相对应的一种现象。拉尼娜意为"小女孩"(圣女婴)。

厄尔尼诺与赤道中、东太平洋海温提高、信风的减弱相联系;而拉尼娜却与赤道中、东太平洋海温降低、信风的增强相关联。因此，实际上拉尼娜是热带海洋和大气共同作用的产物。信风是指低气中从热带地区刮向赤道地区的行风，在北半球被称为"东北信风"，南半球被称为"东南信风"。

海洋表层的运动主要受海表面风的牵制。信风的存在使得大量暖水被吹送到赤道西太平洋地区，在赤道东太平洋地区暖水被刮走，主要靠海面以下的冷水进行补充，赤道东太平洋海温比西太平洋明显偏低。当信风加强时，赤道东太平洋深层海水上翻现象更加剧烈，导致海表温度异常偏低，使得气流在赤道太平洋东部下沉，而气流在西部的上升运动更为加剧，有利于信风加强，这进一步加剧赤道东太平洋冷水发展，引发所谓的拉尼娜现象。

拉尼娜同样对气候有影响。拉尼娜与厄尔尼诺性格相反，随着厄尔尼诺的消失，拉尼娜的到来，全球许多地区的天气与气候灾害也将发生转变。总体说来，拉尼娜并非性情十分温和，它也将可能给全球许多地区带来灾害，其气候影响与厄尔尼诺大致相反，但其强度和影响程度不如厄尔尼诺。

【知识拓展】

如果同学们想了解更多的知识，可以通过下面渠道进行学习：

1. 阅读杂志

（1）《气象》。

（2）《中国农业气象》。

（3）《气象知识》。

2. 浏览网站

（1）农博网（http：//aweb.com.cn/）。

（2）中国天气网（http：//www.weather.com.cn/）。

（3）新气象（http：//www.zgqxb.com.cn/）。

（4）中央气象台（http：//www.nmc.gov.cn/）。

3. 通过本校图书馆借阅有关植物气候及气象灾害方面的书籍

【观察思考】

（1）调查当地常发生哪些气象灾害，有哪些规律，是如何预防的。

（2）到当地气象站或访问有关技术人员，总结当地的气候有什么规律？举例说明当地农田小气候、设施小气候的特征是什么。

（3）了解近年有关农业气象方面的最新研究进展或新近出现的气象灾害等资料，写一篇综述文章。

模块三　植物发生的病虫害

◆ **模块提示**

基本知识： 1. 植物病害的症状、病原及种类。
2. 植物病害的主要病原物的特性。
3. 植物病原物的寄生性与致病性。
4. 植物病害的侵染过程、侵染循环及病害的流行。
5. 昆虫的形态特征与生物学特性。
6. 昆虫的分类及主要目昆虫的特征。
7. 昆虫与环境的关系。
8. 农药使用的基本知识。
9. 植物病虫害的综合防治。

基本技能： 1. 植物病害主要症状类型的观察。
2. 植物病原真菌特性观察与主要类群的识别。
3. 植物病原细菌、线虫、寄生性种子植物的性状及所致病害的识别。
4. 植物病害标本的采集与制作。
5. 植物病害的诊断识别与调查。
6. 昆虫的外部形态与虫态特征的观察。
7. 主要目、科昆虫的识别。
8. 农药的认识及质量简易识别、配制与使用。
9. 常用农药的合理使用技术。
10. 植物病虫害的综合防治。

项目一 植物生长的病害

▲项目任务

熟悉植物病害的症状、病原；认识主要植物病原物及引起植物病害的类型；掌握植物病害发生发展与流行规律；熟悉植物病害诊断与调查的基本方法；能识别常见植物病原物的特征及引起的症状类型；熟悉常见植物病原物的田间诊断与室内诊断技术及常见植物病害的田间调查技术要点。

任务一 植物病害及病原物

【任务目标】

知识目标：1. 认识植物病害的症状和植物发病的原因。
2. 熟悉主要植物病原物的种类及引起植物病害的类型。
3. 掌握植物病害发生发展与流行规律。

能力目标：1. 能识别植物病害主要症状类型。
2. 能识别常见植物病原物的特征及引起的症状类型。

【知识学习】

植物在生长、发育、贮藏和运输过程中，由于受到其他生物的侵染或非生物因素的影响，正常的生长发育受到干扰和破坏，在生理、组织和形态上发生一系列异常变化，给人类造成一定的损失，这种现象称为植物病害。植物病害是严重危害农业生产的自然灾害之一。造成的直接损失是降低产量和品质，甚至失去商品价值。有些植物病害在发生过程中还产生毒素，人、畜食用以后可以造成中毒。

1. 植物病害的症状　植物感病后，所表现出来的不正常状态称为症状。植物病害的症状是由病状和病症组成的。病状是指植物本身表现出的各种不正常状态；病症是指病原物在植物发病部位表现的特征。植物病害都有病状，而只有真菌、细菌所引起的病害才表现明显病症；病毒、病原线虫所致病害以及非侵染性病害均无病症。

（1）植物病状类型。植物发病后的病状主要有：

①变色。植物的局部或全株失去正常的颜色。变色是由于色素比例失调造成的，其细胞并没有死亡。常见的有花叶、斑驳、褪绿、黄化、红化、紫化等。如黄瓜花叶病毒表现的花叶症状。

②坏死。植物细胞和组织的死亡，多为局部小面积发生这类病状。常见的有叶斑、叶枯、叶烧或枯焦、疮痂、溃疡、猝倒和立枯。如玉米大斑病表现的叶斑病状。

③腐烂。植物组织大面积的分解和破坏。表现为干腐、湿腐和软腐。如大白菜软腐病表现软腐病状。

④萎蔫。植物的整株或局部因脱水而枝叶下垂的现象。主要由于植物维管束受到毒

害或破坏，水分吸收和运输困难造成的。表现为青枯和枯萎。如西瓜枯萎病表现枯萎病状。

⑤畸形。植物受害部位的细胞生长发生促进性或抑制性的病变，使被害植物全株或局部形态异常。常见的有矮化、矮缩、丛枝、皱缩、卷叶、缩叶、蕨叶和线叶、瘤肿等。如小麦丛矮病表现矮化丛枝、水稻恶苗病表现徒长、玉米瘤黑粉病形成肿瘤等。

(2) 植物病症的类型。植物的病症真菌类多属于菌丝体和繁殖体；而细菌病害的病症多为胶黏状的菌脓。

①霉状物。病部产生各种颜色的霉层，有霜霉、绵霉、灰霉、青霉、黑霉等。如白菜霜霉病、番茄灰霉病等。

②粉状物。病部产生白粉、黑粉或红粉。如瓜类白粉病、小麦散黑穗病等。

③锈状物。病部产生疱状物，破裂后散出锈粉。如麦类锈病、油菜白锈病等。

④粒状物。病部产生的形状、大小、色泽和排列方式各不相同的小颗粒状物。如菜豆炭疽病病斑上的小黑点、向日葵菌核病的菌核等。

⑤脓状物。细菌性病害在病部溢出的脓状黏液，气候干燥时形成菌痂或菌胶粒。如黄瓜细菌性角斑病等。

(3) 植物病害的病原。引起植物生病的原因称为病原。它是病害发生过程中起直接作用的主导因素。能够引起植物病害的病原种类很多，依据性质不同可以分为两大类。即生物因素和非生物因素。由生物因素导致的病害称为侵（传）染性病害；非生物因素导致的病害称为非侵（传）染性病害，又称生理病害。

①生物病原。引起植物发病的病原生物，简称病原物。主要有真菌、细菌、病毒、类病毒、线虫和寄生性种子植物等。因具传染性，因此也称为侵（传）染性病原。

②非生物病原。非生物性病原是指引起植物病害的各种不良环境条件。包括各种物理因素与化学因素，如温度、湿度、光照的变化，营养不均衡（大量和微量元素）、空气污染、化学毒害等。因不具传染性，因此也称为非侵染性病原或非传染性病原。

(4) 植物病害的种类。植物病害的种类很多，按照病原可分为侵染性病害和非侵染性病害两大类；按照寄主作物可以分为大田作物病害、果树病害、蔬菜病害、花卉病害以及林木病害等；按照病害传播方式可分为气传病害、土传病害、水传病害、虫传病害、种苗传播病害；按照发病器官可分为叶部病害、果实病害、根部病害等。另外，还可以按照植物的生长发育期、病害的传播流行速度和病害的重要性等进行划分。如苗期病害、主要病害、次要病害等。同类病害的防治方法有很大的相似性。

2. 植物病害的主要病原物

(1) 植物病原真菌。真菌是一类营养体通常为丝状分枝的菌丝体，具有细胞壁和真正的细胞核，以吸收为营养方式，通过产生孢子进行繁殖的微生物。真菌种类多，植物病害中，约有80%以上的病害是由真菌引起的。

①真菌形态特征。真菌的营养阶段称营养体，是真菌生长和营养积累时期；繁殖阶段称繁殖体，是真菌产生各种类型孢子进行繁殖的时期。大多数真菌的营养体和繁殖体形态差别明显。

真菌的营养体一般由丝状的菌丝构成，称为菌丝体。单根的丝状体称为菌丝。部分真菌的营养体是单细胞。真菌的菌丝有无隔菌丝和有隔菌丝两种类型（图 3-1-1）。具有吸收、输送和贮存养分的功能,并为营养生长后期进行繁殖做准备。

真菌的种类很多,所生活的环境差异很大。为了适应各种环境的变化,真菌在生长期的进化过程中形成各种类型的营养体的变态。如吸器(图3-1-2)、菌核、菌索、子座。

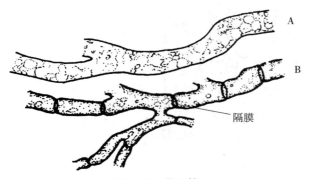

图 3-1-1　菌丝体
A. 无隔菌丝　B. 有隔菌丝
(黄宏英.2006.园艺植物保护概论)

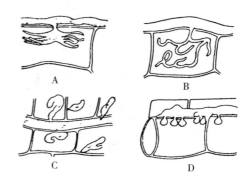

图 3-1-2　真菌的吸器
A. 白粉菌　B. 霜霉菌　C. 锈菌　D. 白锈菌
(肖启明.2005.植物保护技术.第2版)

真菌经过营养生长阶段后,即进入繁殖阶段,形成各种繁殖体即子实体。大多数真菌只以一部分营养体分化为繁殖体,其余营养体仍然进行营养生长;少数低等真菌则以整个营养体转变为繁殖体。真菌的繁殖方式分为无性繁殖和有性繁殖两种。无性繁殖产生无性孢子,无性孢子类型见图3-1-3;有性繁殖产生有性孢子,常是越冬的孢子类型和次年病害的侵染来源,常见有性孢子见图3-1-4。

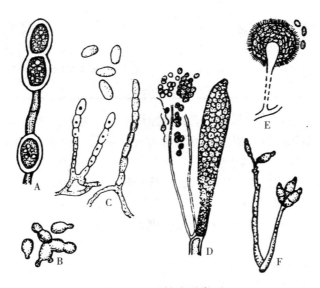

图 3-1-3　无性孢子类型
A. 厚垣孢子　B. 芽孢子　C. 粉孢子　D. 游动孢子　E. 孢囊孢子　F. 分生孢子

②主要类群。真菌的主要类群有5个亚门:鞭毛菌亚门、接合菌亚门、子囊菌亚门、担子菌亚门和半知菌亚门(表3-1-1)。

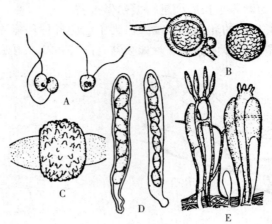

图 3-1-4 有性孢子类型
A. 合子　B. 卵孢子　C. 接合孢子　D. 子囊孢子　E. 担孢子
(黄宏英. 2006. 园艺植物保护概论)

表 3-1-1　真菌 5 个亚门的主要区别

真菌类别	营养体	无性繁殖	有性繁殖	致病类型
鞭毛菌亚门	一般为无隔菌丝	游动孢子	休眠孢子囊或卵孢子	根肿病、疫病、霜霉病
接合菌亚门	发达的无隔菌丝	孢囊孢子	接合孢子	匍枝根霉、笄霉
子囊菌亚门	单细胞或发达的有隔菌丝	分生孢子或芽孢子	子囊孢子	白粉病、赤霉病、菌核病、散黑穗病和叶锈病
担子菌亚门	发达的有隔菌丝	芽孢子,分生孢子,粉孢子,厚垣孢子	担孢子	秆锈病、丝黑穗病
半知菌亚门	单细胞或发达的有隔菌丝	分生孢子	无、未发现或很少见	纹枯病、稻瘟病、甜菜蛇眼病、褐斑病、炭疽病、向日葵菌核病

(2) 植物病原原核生物。引起植物病害的原核生物主要有细菌、植原体和螺原体等,它们的重要性仅次于真菌和病毒,引起的重要病害有十字花科植物软腐病、茄科植物青枯病、果树根癌病、黄瓜角斑病、枣疯病等。

①植物病原细菌。细菌的形态有球状、杆状和螺旋状。植物病原细菌大多为杆状,因而称为杆菌,两端略圆或尖细。菌体大小为 (0.5~0.8) μm× (1~3) μm。细菌的菌体由细胞壁、细胞膜、细胞质、鞭毛和细胞壁外面包围着厚薄不同的黏质层组成,没有细胞核,部分细菌无细胞壁。

植物病原细菌一般无荚膜,也不形成芽孢。绝大多数植物病原细菌有鞭毛,能在水中游动。鞭毛数目各种细菌都不相同,通常有 3~7 根,着生在一端或两端的鞭毛称为极鞭,着生在菌体四周的鞭毛称为周鞭(图3-1-5)。植物病原细菌革兰氏染色反应大多是阴性,少数是阳性。

细菌都是以裂殖的方式进行繁殖。细菌的繁殖速度很快,在适宜的条件下,每 20 min 就可以分裂一次。植物病原细菌生长的适宜温度一般为 26~30℃,少数在高温或低温下生长较好。

植物病原细菌可以通过伤口和自然孔口侵入寄主,但不能从植物表皮直接侵入寄主。细菌病害主要通过雨水、昆虫和病残体传播;远距离传播可以通过种子、苗木等繁殖材料。植物细菌病害的症状类型主要有坏死、腐烂、萎蔫、畸形、变色等,在潮湿条件下有的细菌病害有菌脓溢出,干燥后形成菌膜或胶状颗粒。

②植物菌原体。植物菌原体无细胞壁,无鞭毛等其他附属结构,无革兰氏染色反应。菌体外缘为3层结构的单位膜,细胞内有颗粒状的核糖体和丝状的核酸物质(图3-1-6)。

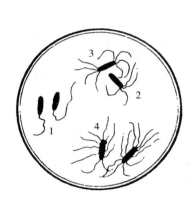 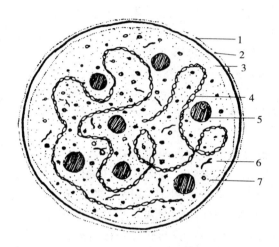

图 3-1-5　细菌着生鞭毛的方式　　　　　图 3-1-6　植原体模式图
1. 单极生鞭毛　2、3. 极生鞭毛　4. 周生鞭毛　　1～3. 三层单位膜　4. 核酸链　5. 核糖体　6. 蛋白质　7. 细胞质

植物菌原体包括植原体和螺原体两种类型。植原体的形态通常呈圆形或椭圆形,圆形的直径在100～1 000nm,椭圆形的大小为200nm×300nm,但其形态可发生变化,有时呈哑铃形、纺锤形、马鞍形、梨形、蘑菇形等形状。螺原体菌体呈螺旋丝状,一般长度为3～25nm,直径为100～200nm。

植原体繁殖方式有:裂殖、出芽繁殖或缢缩断裂法繁殖。植原体主要引起丛枝、黄化、花变叶、小叶等症状。常通过嫁接传染,传播媒介为叶蝉,其次为飞虱、木虱等。螺原体繁殖时是球状细胞上芽生出短的螺旋丝状体,后胞质缢缩、断裂而成子细胞。

(3)植物病原病毒。植物病原病毒是仅次于真菌的重要病原物。很多植物病毒病对生产造成极大地危胁。如小麦、水稻、马铃薯、番茄、辣椒的病毒病、十字花科蔬菜的病毒病、苹果病毒病等,严重影响了农作物和蔬果产品的产量和品质。

①病毒的形态。病毒比细菌更加微小,在普通光学显微镜下看不见,必须用电子显微镜观察。形态完整的病毒称作病毒粒体。高等植物病毒粒体主要为杆状、线条状和球状等(图3-1-7)。

植物病毒不同于一般细胞生物的繁殖。其特殊的繁殖方式称为复制增殖。由于植物病毒的核酸主要是核糖核酸(RNA),而且是单链的,所以病毒的核糖核酸(RNA)分子并不是直接作为模板复制新病毒的核糖核酸,而是先形成相对应的"负模板",再以"负模板"不断复制新的病毒核糖核酸。

②植物病毒的侵染和传播。植物病毒的侵染有全株性侵染和局部性侵染。全株性侵染的病毒并不是植株的每个部分都有病毒,植物的茎和根尖的分生组织中可能没有病毒。利用病毒在植物体内分布的这个特点将茎端进行组织培养,可以得到无病毒的植株。如马铃薯、甘薯、草莓等植物的无毒组培苗繁育工厂化生产已经获得成功。

植物病毒的传播主要靠昆虫、汁液摩擦、带毒的种子及繁殖材料、嫁接、菟丝子、花粉、线虫、其他动物等;远距离主要靠带毒种子及繁殖材料和昆虫介体的携带。

植物病毒病常见的病状有变色、坏死和畸形三类。主要表现为花叶、黄化、枯斑、矮缩、丛生、叶片皱缩、果实畸形等。无外部病症。温度和光照对病毒病症状表现影响很大,有的病毒病在高温条件下不表现症状,称为隐症现象。

(4)植物病原线虫。线虫又称为蠕虫,是一类低等的无脊椎动物,种类多,分布广。一部分可寄生在植物上引起植物线虫病害。如大豆孢囊线虫病、花生根结线虫病和小麦粒瘿线虫病等。线虫使寄主生长衰弱、根部畸形;同时,线虫还能传播其他病原物,如真菌、病毒、细菌等,加剧病害的严重程度。

①形态特征。大多数植物寄生线虫体形细长,两端稍尖,形如线状,故名线虫。植物寄生性线虫大多虫体细小,需要用显微镜观察。线虫体长0.3~1mm,个别种类可达4 mm,宽30~50μm。线虫的体形也并非都是线形的,这与种类有关。雌雄同型的线虫雌成虫和雄成虫皆为线形;雌雄异型的线虫雌成虫为柠檬形或梨形,但它们在幼虫阶段都是线状的(图3-1-8)。线虫虫体多为乳白色或无色透

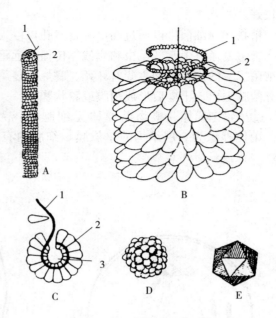

图3-1-7 病毒粒体的结构
A. 长形杆状粒体:1. 核酸 2. 蛋白质亚基
B. 长形杆状粒体(放大)
C. 长形杆状粒体(横切面) 3. 空心
D. 球状病毒 E. 球状病毒(多面体)

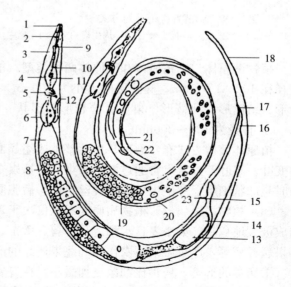

图3-1-8 线虫成虫的形态与结构
1. 口唇 2. 吻针 3. 食道体部 4. 瓣门 5. 神经环
6. 后食道球 7. 肠 8. 卵巢 9. 基部球 10. 食道管
11. 中食道球 12. 排泄孔 13. 卵 14. 子宫 15. 阴道
16. 直肠 17. 肛门 18. 尾部 19. 睾丸 20. 精母细胞
21. 交合伞 22. 交合刺 23. 生殖孔

明，有些种类的成虫体壁可呈褐色或棕色。

线虫虫体分唇区、胴部和尾部。虫体最前端为唇区；胴部是从吻针基部到肛门的一段体躯，线虫的消化、神经、生殖、排泄系统都在这个体段；尾部是从肛门以下到尾尖的一部分。

植物病原线虫多以幼虫或卵的形态在土壤、田间病株、带病种子（虫瘿）和无性繁殖材料、病残体等场所越冬，在寒冷和干燥条件下还可以休眠或滞育的方式长期存活。低温干燥条件下，多数线虫的存活期可达一年以上，而卵囊或胞囊内未孵化的卵存活期则更长。植物寄生线虫都是活体寄生物，寄生方式有外寄生和内寄生。

②植物线虫病害的症状特征。地下部症状包括坏死、根腐、秃根、根结、粗短根等；地上部表现叶片褪绿和黄化、植株矮化、营养不良、花果少、组织坏死，严重的可造成植株枯死等。

（5）寄生性种子植物。少数植物由于叶绿素缺乏或根系、叶片退化，必须寄生在其他植物上以获取营养物质称为寄生性植物。大多数寄生性植物为高等的双子叶植物，可以开花结子又称为寄生性种子植物。

根据寄生性种子植物对寄主植物的依赖程度，可将寄生性植物分为全寄生和半寄生两类。全寄生性植物如菟丝子、列当等，无叶片或叶片已经退化，无足够的叶绿素，根系蜕变为吸根，必须从寄主植物上获取包括水分、无机盐和有机物在内的所有营养物质，寄主植物体内的各种营养物质可不断供给寄生性植物；半寄生性植物如槲寄生、桑寄生等本身具有叶绿素，能够进行光合作用，但需要从寄主植物中吸取水分和无机盐。

寄生性植物在寄主植物上的寄生部位也是不相同的，有些为根寄生，如列当；有些则为茎寄生，如菟丝子（图3-1-9）和桑寄生（图3-1-10）。

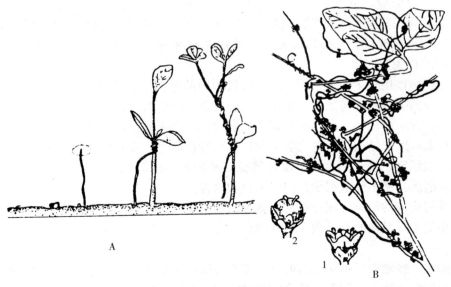

图3-1-9　菟丝子
A. 菟丝子的种子萌发和侵害方式　B. 菟丝子寄生状：1. 花　2. 蒴果

3. 植物病害的发生发展 侵染性病害的发生和流行，是寄主植物和病原物在一定的环境条件影响下，相互作用的结果。如果要更好地认识病害的发生、发展规律，就必须了解病害发生发展的各个环节，深入分析病原物、寄主植物、环境条件在各个环节中的作用。

（1）病原物的寄生性与致病性。寄生性是指病原物从寄主植物活体内取得营养物质而生存的能力。根据寄生性的强弱，可将病原物分为专性寄生物和非专性寄生物两大类。专性寄生物必须从生活着的寄主细胞中获得所需的营养物质，如病毒、线虫和寄生性种子植物、某些真菌（霜霉菌、白粉菌、锈菌等）。非专性寄生物寄生习性与腐生习性兼而有之，主要是大多数病原真菌和病原细菌。

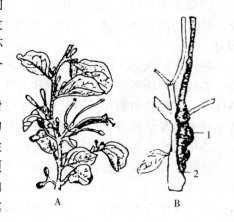

图 3-1-10 桑寄生
A. 桑寄生 B. 桑寄生引起的龙眼茎部：
1. 膨肿 2. 寄生物

致病性是指病原物在寄生过程中侵染危害植物，使其发病的能力的总称。病原物对寄主植物的致病和破坏作用，一方面表现在对寄主体内养分和水分的大量消耗，同时还由于它们可分泌各种酶、毒素、生长调节物质等，直接或间接地破坏植物细胞和组织，使寄主植物发生病变。

寄主植物抑制或延缓病原活动的能力称为抗病性。根据寄主植物对病原物侵染的反应，植物抗病性表现为感病、耐病、抗病、免疫等。寄主植物遭受病原物侵染而发生病害，使生长发育产量或品质受到很大的影响，甚至引起局部或全株死亡的称感病。寄主植物受病原物侵染后，虽然表现出典型症状，但对其生长发育、产量和质量没有明显影响的称耐病。寄主植物对某种病原物具有抵抗能力，虽不能完全避免被侵染，但局限在很小范围内，只表现轻微发病称抗病。一种植物对某种病原物完全不感染或极不容易遭受侵染发病的称免疫。

植物的抗病作用是十分复杂的，目前比较明确的是：一是避病作用（抗接触），利用栽培措施或品种的关系及环境条件，使植物的感病期与病原物的盛发期不一致，从而避免了病原物的侵染，并不是植物本身具有真正的抗病力。二是抗侵入，有些植物具有抗病作用，由于它们的形态，组织结构，生化机能上的特征、特性能阻止或减少病原物的侵入。三是抗扩展，由于寄主细胞、组织和生理活动等特征，使侵入的病原物在生长发育上受到限制、削弱，甚至被消灭，而不能或很少扩展引起植物病害。

（2）植物病害的侵染过程。植物病害病原物的侵染过程是指从病原物与寄主接触、侵入到寄主植物到表现发病的全过程，简称病程。可分为接触期、侵入期、潜育期和发病期4个时期。

①接触期。接触期是指病原物通过一定的传播途径到达寄主，并与寄主的感病部位接触的时期。如果没有病原物和寄主植物的接触，就不会造成病害发生；同时病原和寄主的接触方式，接触时间长短，常决定病害的防治措施。

②侵入期。侵入期是从病原物侵入寄主，到与寄主建立寄生关系为止的一段时间。病原

物侵入寄主的途径有 3 个：一是直接侵入，病原物直接穿过植物表皮的角质层。二是通过植物的气孔、水孔、皮孔、蜜腺等自然孔口侵入。三是从伤口侵入。如病毒只能从活细胞的轻微新鲜伤口侵入；细菌可从伤口和自然孔口侵入；真菌从上面所讲 3 种途径均可侵入；线虫则用口器刺破表皮直接侵入。

③潜育期。潜育期是从病原物与寄主建立了寄生关系到表现明显症状为止的一段时间。潜育期是病原物在寄主体内吸取营养而生长蔓延为害的时期，也是寄主对病原物的侵染进行剧烈斗争的时期。影响潜育期的环境条件主要是温度，一般在适宜温度范围内，温度愈高潜育期愈短。

④发病期。症状出现后的时期称为发病期。病害发展到这个时期真菌性病害往往在病部产生菌丝、孢子、子实体等；细菌病害产生菌脓，人们才能肉眼看到。发病期也仍然以温湿度的影响为主，特别是高湿适温时，有利于新繁殖体的产生，也有利于病害的流行。

（3）植物病害的侵染循环。侵染循环是指病害从前一个生长季节开始发病到下一个生长季节再一次发病的过程。植物病害的侵染循环主要包括 3 个环节：病原物的越冬和越夏；病原物的传播；初次侵染与再次侵染。

①病原物的越冬、越夏。指病原物在一定的场所度过寄主的休眠阶段而保存自己的过程。病原物的越冬、越夏场所包括田间病株、种子和其他繁殖材料、病株残体、土壤、粪肥和昆虫等。不同的病害越冬场所不同。了解病原物的越冬场所，进行种子和其他繁殖材料消毒，土壤和粪肥的消毒，清除田间病残体，防治害虫，铲除杂草，可有效地减少越冬的病原物。

②病原物的传播。病原物的传播方式主要有主动传播、自然动力传播和人为传播三大类。主动传播是指病原物依靠自身的动力进行传播，如真菌有强烈的放射孢子的能力；具有鞭毛的游动孢子、细菌可在水中游动；线虫和菟丝子可主动寻找寄主等。自然动力传播是指自然界中的气流、雨、流水、昆虫和其他动物活动可以把病原物从越冬、越夏场所传到田间健株上，也可将田间病株上的病原物传播到其他健株上，使病害扩展、蔓延和流行。人为传播指人类的经济活动和各种农事操作等导致病原物的传播，如种子苗木的调动、农产品的运输都可以造成病原物的远距离传播。大多数病原物都有较为固定的传播方式，如真菌和细菌病害多以风、雨传播；病毒病常由昆虫和嫁接传播。从病害预防的角度来说，了解病害的传播规律有着重要的意义。

③初侵染和再侵染。初侵染是病原物越冬或越夏后，在新的生长季引起植物的初次侵染。在同一生长季内，由初侵染所产生的病原体通过传播引起的重复侵染皆称为再侵染。有些病害只有初侵染，没有再侵染，如玉米丝黑穗病；有些病害不仅有初侵染，还有多次再侵染，如向日葵霜霉病、小麦白粉病等。有无再侵染是制定防治策略和方法的重要依据。对于只有初侵染的病害，设法减少或消灭初侵染来源，即可获得较好的防治效果。对再侵染频繁的病害不仅要控制初侵染，还必须采取措施防止再侵染，才能遏制病害的发展和流行。

（4）植物病害的流行。在一定的时期，一个地区范围内，在适合某种病害发生的环境条件下，这种病害大量地、严重地发生，称为病害的流行。经常流行的病害称为流行性病害。

病害发生并不等于病害的流行，病害能否流行取决于 3 个方面的因素：一是大量的感病寄主植物。种植抗病的品种或合理配置品种，可以有效地控制病害的流行。二是强致病力的病原物。病原物的致病性强、数量多并能有效传播是病害流行的原因之一。三是环境条件。环境条件包括气象条件和耕作栽培条件。只有在适宜的环境条件下病害才能流行。气象因素中温度、相对湿度、雨量、雨日、结露和光照时间的影响最为重要。同时要注意大气候与田间小气候的差别。耕作栽培条件中土壤性质、酸碱性、营养元素等也会影响到病害的流行。

单年流行病害，又称多循环病害。有再侵染的病害，在一个生长季中可以多次再侵染，病原物数量积累快，引起病害的流行。其特点是：病原物在较短的时间内大量增加；多为气流、雨水传播；潜育期短；再侵染次数多；病害发生和发展受环境影响很大。往往需要在一个生长季节多次防治。如小麦白粉病、水稻稻瘟病等。

积年流行病害，又称单循环病害。没有再侵染的病害，在一个生长季节只有一次侵染，需要连续几年的时间才能完成病原物的积累，导致病害的流行。这类病害控制越冬、越夏的病原数量，就可以有效地控制病害的发生。如棉花枯萎病。

【技能训练】

1. 植物病害主要症状类型的观察

（1）训练准备。准备显微镜、解剖镜等，当地主要农作物、蔬菜、果树、花卉等植物不同症状的病害标本、植物病害新鲜标本。

（2）操作规程。选择的标本应为当地代表性植物的常见病害或当地代表性植物病症标本，进行以下操作（表3-1-2）。

表 3-1-2　植物病害主要症状类型的观察

工作环节	操作规程	质量要求
植物病状类型观察	（1）变色。观察豇豆病毒病等标本，识别叶片绿色是否浓淡不均，有无斑驳，斑驳的形状颜色 （2）病斑。观察高粱紫斑病、稻瘟病、玉米大斑病、小麦锈病、水稻白叶枯病等标本，病斑的大小、颜色和形状有何特点 （3）腐烂。观察大白菜软腐病、苹果树腐烂病等标本，注意识别腐烂病特征。是干腐还是湿腐 （4）萎蔫。观察茄子黄萎病、辣椒根腐病、辣椒青枯病的特点，是否保持绿色，萎蔫发生在局部还是全株，观察茎秆维管束颜色和健康植株有何区别 （5）畸形。观察大豆病毒病、玉米瘤黑粉病、玉米丝黑穗病、水稻恶苗病等标本，分辨与健株有何不同，哪些是瘤肿、丛枝、叶片畸形	（1）病状观察：观察各类病害标本的为害部位以及变色、坏死、斑点、腐烂、畸形等，归纳各标本病状特点 （2）掌握所观察植物病害的病状类型及当地主要植物病害的症状特点
植物病症类型观察	（1）粉状物。观察小麦白粉病、小麦锈病、高粱散黑穗病、玉米瘤黑粉病、玉米丝黑穗病等标本，识别病部有无粉状物？粉状物为何颜色 （2）霉状物。观察大豆霜霉病、白菜霜霉病、大葱紫斑病等标本，病部霉状物为何种颜色 （3）颗粒状物。观察小麦白粉病、辣椒炭疽病、水稻纹枯病、苹果腐烂病、辣椒菌核病等标本，病部小黑点疏密程度如何，排列有无规律，菌核的大小、形状、质地、颜色如何 （4）脓状物。观察马铃薯环腐病、大白菜软腐病、黄瓜细菌性角斑病等标本，有无脓状黏液或黄褐色胶粒	（1）病症观察：借助手持扩大镜或实体解剖镜观察各种标本的病症特点，是否有霉层、粉、黑点及溢脓等病原菌的繁殖体或营养体 （2）掌握所观察植物病害的病症类型及当地主要植物病害的症状特点
植物病害主要症状类型总结	将识别的植物病害主要症状类型特点进行归纳	将植物病害观察结果填入表3-1-3

表 3-1-3　植物病害主要症状的观察记载

寄主名称	病害名称	发病部位	病状类型	病症类型

2. 植物病原真菌特性观察及主要类群识别

（1）训练准备。准备显微镜、解剖镜、载玻片、盖玻片、挑针、镊子、刀片等，当地主要农作物、蔬菜、果树、花卉等植物不同症状的病害标本、植物病害新鲜标本、病原菌玻片。

（2）操作规程。观察不同病原物所引起植物病害的症状特点，识别病原物的种类（表3-1-4）。

表 3-1-4　植物病原真菌特性观察及主要类群识别

工作环节	操作规程	质量要求
玻片标本制作及病原菌观察	（1）玻片标本制作。取清洁载玻片一片，在其中央滴蒸馏水一滴，选择病原物生长茂密的新鲜病害标本，在教师指导下，从病害标本上"挑"、"刮"、"拨"、或"切"下病原菌，轻轻放到载玻片的水滴中 （2）病原菌观察。再取擦净的盖玻片，从水滴一侧慢慢盖在载玻片上，放到显微镜下先用低倍镜找到观察对象，然后调至高倍镜下观察 （3）生物绘图。边观察边绘制所观察到的病原菌的形态图	（1）玻片标本制作注意防止产生气泡或将病原菌冲溅到盖玻片外，盖玻片边缘多余的水分用吸水纸吸去 （2）观察典型的新鲜病害标本或浸渍、干制标本，注意区别它们的症状特点
鞭毛菌亚门主要病原菌形态及所致病害症状观察	（1）在显微镜下观察鞭毛菌亚门主要属病原菌装片，注意观察菌丝的分支情况，有无分隔、菌丝体与孢囊梗、孢囊梗与孢子囊在形态上有何不同 （2）再挑取谷子白发病组织内少许黄褐色粉末制片或卵孢子装片，显微镜下观察卵孢子形态，注意卵孢子的形状、颜色和其他特征	鞭毛菌亚门主要病原菌观察时，可选择瓜果腐霉病、各种植物幼苗猝倒病、疫霉病、霜霉病、白锈病等
接合菌亚门主要病原菌形态及所致病害症状观察	（1）在显微镜下观察接合菌的装片，注意观察菌丝体的形态，有无分隔；匍匐丝与假根的形态；孢囊梗和孢子囊的形态 （2）轻压盖玻片使孢子囊破裂，观察散出的孢囊孢子形态、大小及色泽；镜下观察接合孢子的形态特征	接合菌亚门主要病原菌观察时，可选择桃软腐病、花卉球茎软腐病
子囊菌亚门主要病原菌形态及所致病害症状观察	（1）在显微镜下观察子囊菌的营养体、无性孢子、有性孢子及各种子囊果（闭囊壳、子囊壳、子囊座、子囊盘等） （2）注意菌丝的分支、分隔情况；无性孢子的形态；子囊和子囊孢子的形态；各种子囊果形态及其区别	子囊菌亚门主要病原菌观察时，可选择各类农业植物的白粉病、煤污病、菌核病、缩叶病、烂皮病、梨黑星病等标本

（续）

工作环节	操作规程	质量要求
担子菌亚门主要病原菌形态及所致病害症状观察	（1）在显微镜下观察不同锈菌夏孢子和冬孢子的形态，注意夏孢子的不同类型和冬孢子不同类型的形状、大小和颜色 （2）示范镜下观察黑粉菌的形态，注意冬孢子的形状、大小和颜色。注意其表面是否光滑或有瘤刺、网纹？是单个还是多个	担子菌亚门主要病原菌观察时，可选择玉米丝黑穗病、小麦散黑穗病、小麦锈病、草坪草黑粉病、各种花木锈病和果树锈病、果树紫纹羽病、根朽病等
半知菌亚门主要病原菌形态观察及所致病害症状观察	（1）在显微镜下观察半知菌的菌丝、分生孢子梗及分生孢子、分生孢子器与分生孢子盘的形态，注意观察菌丝体在分隔、分支以及色泽等方面的特征；分生孢子的形态、大小、颜色及有无纵横分隔；分生孢子器与分生孢子盘的区别 （2）放大镜下观察各种菌核的色泽、形状、大小	半知菌亚门主要病原菌观察时，可选择如玉米大斑病、大豆紫斑病、大葱紫斑病、仙客来灰霉病、牡丹叶霉病、兰花炭疽病、栀子或白兰斑点病、菊花斑枯病、水仙叶大褐斑病、月季枝枯病、幼苗立枯病、银杏茎腐病、花木白绢病、紫纹羽病等

3. 植物病原细菌、线虫、寄生性种子植物形态及所致病害症状观察

（1）训练准备。准备显微镜、解剖镜、载玻片、盖玻片、挑针、镊子、刀片、搪瓷盘、乳粉油滴瓶、蒸馏水滴瓶、洗瓶、酒精灯、滤纸、试镜纸、碱性品红、结晶紫、酒精、碘液、苯酚、二甲苯等，当地主要农作物、蔬菜、果树、花卉等植物不同症状的病害标本、植物病害新鲜标本、病原菌玻片。

（2）操作规程。观察不同病原物所引起植物病害的症状特点，进行病原物临时玻片和细菌的革兰氏染色操作练习，识别病原物的种类（表 3-1-5）。

表 3-1-5　植物病原细菌、线虫、寄生性种子植物形态及所致病害症状观察

工作环节	操作规程	质量要求
植物病原细菌的特性及其所致病害的观察	（1）植物病原细菌的形态观察。采用革兰氏染色法，在观察病原细菌形态的同时，鉴定其革兰氏染色反应。具体方法步骤为： ①涂片。在载玻片的中央滴一滴无菌蒸馏水，从大白菜软腐病或马铃薯环腐病的菌落上挑取适量细菌，放入载玻片的水滴中，用挑针搅匀涂薄 ②固定。将涂片在酒精灯上方通过2～3次，使菌膜干燥固定 ③染色。在固定的菌膜上加一滴结晶紫液染色1～2min ④水洗。用水轻轻冲去多余的结晶紫液，加碘液冲去残水 ⑤吸干。用滤纸吸去多余的水分；滴加95%酒精脱色25～30s，用水冲洗酒精，且滤纸吸干残水；用碱性品红复染30s，用水冲洗复染剂，并且滤纸吸干 ⑥镜检。将制备好的玻片放于显微镜下，观察病原细菌的形态及染色结果，判断革兰氏染色反应类型 （2）病原细菌症状观察。对水稻白叶枯病、番茄青枯病、大白菜软腐病和马铃薯环腐病的外部症状进行观察，并进行以下操作：剪取水稻白叶枯病病斑的病健交接处新鲜小块组织，制成临时玻片，在低倍镜下观察是否有雾状菌脓溢出。纵剖烟草或番茄青枯病的病茎，观察维管束是否变为褐色。横切病茎，用手挤压病茎切口，看是否有浑浊的黏液流出。观察大白菜软腐病、马铃薯环腐病的病部组织，看是否黏滑，有无恶臭气味	（1）观察典型的新鲜病害标本或浸渍、干制标本，注意区别它们的症状特点 （2）植物病原细菌的形态观察镜检完毕后，用擦镜纸蘸少许二甲苯轻拭镜头，除净镜头上的香柏油 （3）对病原细菌进行革兰氏染色时，可将大白菜软腐病与马铃薯环腐病的病菌制作在同一张载玻片的两侧，以便对照两种类型细菌的染色效果

(续)

工作环节	操作规程	质量要求
植物病毒病的症状观察	观察黄瓜花叶病、番茄蕨叶病、小麦黄矮病、小麦丛矮病等病毒病的症状特点,看是否具有病症?总结主要的病状类型	能够正确区别植物病毒病与生理性病害的为害状
植物病原线虫的观察	观察小麦粒线虫病、大豆孢囊线虫病、花生根结线虫病的症状特点,并进行以下操作:挑取大豆孢囊线虫病根上黄白色小粒状物,或剥开花生根结线虫根上的根结,挑取其中的线虫,制作成临时玻片,显微镜下观察并绘制其形态图	临时玻片的制作要求同真菌玻片制作
寄生性种子植物的观察	仔细比较菟丝子、列当、桑寄生、槲寄生等植物标本,哪些仍具有绿色叶片,哪些叶片完全退化,它们如何从寄主吸取营养	要求能够说明所观察的寄生性种子植物形态和寄主性之间的关系

【问题处理】

1. 操作前应认真复习植物病原真菌的营养体、繁殖体的形态,真菌各亚门的分类特征、主要病原及所致病害等相关内容;观察中应仔细比较分析各病菌的特点,并初步掌握各主要致病菌的形态及引起植物病害的症状特征。

2. 植物病原真菌菌丝多数无色透明,因而将制作的临时玻片置于低倍镜、暗视野下观察其形态较为清晰。

3. 革兰氏染色成败的关键是酒精脱色。如脱色过度,革兰氏阳性菌也可被脱色而染成阴性菌;如脱色时间过短,革兰氏阴性菌也会被染成革兰氏阳性菌。脱色时间的长短还受涂片厚薄及乙醇用量多少等因素的影响,这些在操作时都要注意。染色过程中勿使染色液干涸。用水冲洗后,应吸去玻片上的残水,以免染色液被稀释而影响染色效果。

4. 由于细菌的形态微小,必须使用油镜观察,其方法是:依次用低倍、高倍镜找到观察部位,然后在细菌涂面上(盖玻片上)滴一滴香柏油,再慢慢将油镜头转下,使其侵入油滴中,并由一侧注视,使油镜轻触玻片,用微调螺旋慢慢将油镜上提到观察物像清晰为止。

任务二 植物病害的诊断与预测

【任务目标】

知识目标:1. 熟悉植物病害的田间与室内诊断技术。
　　　　　2. 了解植物病害的调查与预测方法。
能力目标:1. 能进行植物病害标本的采集与制作。
　　　　　2. 能正确进行常见植物病害的田间诊断与室内诊断。
　　　　　3. 熟悉常见植物病害的田间调查技术。

【知识学习】

1. 植物病害诊断

(1) 植物病害田间诊断技术。田间诊断的重点是识别植物受害是病害还是伤害,是侵染性病害还是非侵染性病害。非侵染病害可以通过进一步的调查和走访,初步确定病因;侵染性病害初步诊断出引起发病的病原物种类。田间诊断方法主要步骤是:

①看症状。有很多真菌、细菌、病毒、线虫等病害,根据特有的病状和病症就可以做出诊断。真菌病害有霉状物、粉状物、锈状物、颗粒状物、菌核等病症;细菌病害有菌脓、菌膜或细菌胶粒;线虫病害有虫瘿;病毒病害有花叶病状特征。

②看分布。田间分布是区分非侵染性病害和侵染性病害,特别是病毒病害的重要手段。非侵染性病害往往大面积连片发生,病株附近没有健株。如果空气污染,往往与风向和毒气来向有关,不受地界限制。如果是缺肥水或肥水过多、农药污染,往往与地界有关,临近地块一般不会相同。如果是病毒病,往往零星发生,病株附近有健株,健株附近有病株。如化工厂附近大面积作物叶片突然干枯,其他植物也有受害情况,可以确实是空气污染所致。小麦个别植物顶叶叶尖变黄,附近植株正常,结合其他的症状可以初步确实是病毒病。

③调查了解。了解前茬作物种植情况、近期施肥用药情况与其他管理措施,结合症状的差别和有无病变过程,可以确定大多数的植物受害是伤害还是病害,是侵染性病害还是非侵染性病害。如某地某种作物不发芽,临近地块发芽正常,种子也没有问题,就可能与当季前茬施药或施肥有关。

(2) 植物病害室内诊断技术。对于室外诊断不能确定的病害需要进行室内诊断,特别是新发生的病害和一些不太熟悉的病害,以免造成误诊,影响防治效果。

①显微镜检查法。当病部出现明显病症后,可做病原物镜检。镜检时根据不同的病症采取不同的制片观察方法。

当病症明显为真菌病害的病症,如粉状物、霉状物、点状物时,可采用徒手切片法制作临时切片进行观察;若病原物十分稀疏,可采用透明胶带粘贴制片;然后根据菌丝、子实体、孢子的形态特征,鉴定为何种真菌病害。在鉴定时要注意腐生菌的干扰。

若未发现有真菌的特征物,可观察有无溢菌现象。溢菌现象为细菌病害所特有,是区分细菌与真菌、病毒病害最简便的手段之一。方法是:选择典型、新鲜的病组织,先将病组织冲洗干净,然后用剪刀从病健交界处剪下 4mm 见方大小的病组织,置于载玻片中央,加入一滴无菌水,盖上盖玻片,随后镜检。如发现病组织周围有大量云雾状物溢出,即可确定为细菌病害。注意镜检时光线不宜太强。若要进一步鉴定细菌的种类,则需作革兰氏染色反应、鞭毛染色等进行性状观察。

病毒病害无任何病症,田间诊断主要依据病状表现。室内可用电子显微镜观察病毒粒体的形态进行病原物鉴定。

线虫病害的病原鉴定,一般是将病部产生的虫瘿或瘤肿切开,挑取线虫制片镜检,根据线虫的形态确定其种类。对寄生在植物地下部位的线虫病害,注意排除土壤中腐生线虫的干扰。

②保湿培养法。没有出现病症的真菌病害,可以从田间采取新鲜的发病组织,在保证不杀死病原的前提下对组织表面进行消毒或用清水清洗,然后进行保湿培养1至数天,在适当的时间镜检,确实病原的种类。

③柯赫氏法则鉴定法。对于一些不太常见或一些新病害的病原鉴定应遵循柯赫氏法则,也称证病试验。它是从发病部位分离得到微生物并进行纯培养,然后在健康植物上人工接种,得到相同的症状后再次从发病部位分离进行同种微生物的纯培养,就可以证明该微生物为真正的病原物。

④仪器测定法。利用植物病害快速诊断仪,是根据生物物理学方法,一般健康植物的膜电位在-50mv左右,外液跨膜电阻均在105Ω/cm左右,膜电容基本保持在$1\mu F/cm^2$。作物一旦染病,必然导致分子振动光谱的变化和膜电位的升高,不同病菌的接种必然发生变化,根据这一原理,通过电导和光衍射的方法就能够分辨出病害的种类及类型,可在植物染病初期准确诊断出植物病原,指导农户快速准确地选用农药的品种,减少田间的损失,增加了效益。

2. 植物病害的调查与预测

(1) 植物病害的调查。为了掌握某种病害发生期、发生量、发生与环境之间关系、造成损失的大小以及防治效果等,必须进行田间调查,为病害预测与防治提供科学依据。采用正确的取样方法,选点要有代表性,随机取样,使调查结果能反映病害发生的实际情况。在调查中获得的数据和资料需要认真记载,力求简明详实。对调查数据,要进行科学整理,准确统计,实事求是地分析,得出正确的结论。

①调查种类。植物病害的调查是植物病理学研究及病害防治的重要基础工作。其调查研究的方法,因病害的种类和调查目的的不同而异,可分为一般调查(普查)和重点调查。一般调查是对局部地区植物病害种类、分布、发病程度的基本情况调查;如病害种类、发生时间、为害程度、防治情况等。重点调查是对一般调查发现的重要病害,作为重点调查对象,深入了解它的分布、发病率、损失率、环境条件影响和防治效果等。重点调查次数要多一些,发病率的计算也要求比较准确。

②调查的方法。调查的时间和次数应根据调查目的和具体病害发生特点来确定。一般来说,了解病害基本情况多在盛发期进行。对于重点病害的专题研究和预报,应根据需要分期进行,必要时还应进行定点观察,以便掌握全面的系统资料。

常用的取样方法是随机取样法,即根据调查目的,采取一定的方式,抽取一定的面积或样本作为代表,由局部推测全部的一种调查方法。常用的随机取样法有五点式、单对角线式、双对角线式、棋盘式、抽行取样法、Z形取样法等(图 3-1-11)。

对于田间分布均匀的病害,一般常用五点式取样法和单对角线取样法。田间分布不均匀的病害,调查时选用棋盘式、双对角线或抽行式取样法。不论采用何种方式,注意所选取的样点在田间要均匀分布,随机选取,不能带

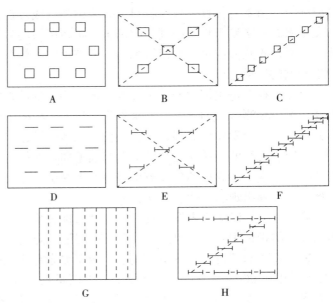

图 3-1-11 田间调查各种取样方式示意图
A. 棋盘式(面积) B. 双对角线式(面积) C. 单对角线式(面积)
D. 棋盘式(长度) E. 双对角线式(长度) F. 单对角线式(长度)
G. 抽行式 H. Z形式
(黄宏英.2006.园艺植物保护概论)

有任何主观成分。同时为了避免边际效应,所选取的样点不能在田边,要注意离田边1m以上选取样点。

取样的单位可随作物病害的种类而定,一般常用的单位有长度、面积、植株或植株的一部分等。取样的数量因病害的分布均匀程度和作物受害程度而不同。一般病害分布均匀,样点数可少些,样点的面积可大些;反之则应适当增加样点数,每个样点就可小些。一般每个样点数量是:全株性病害100~200株,叶部病害10~20片,果部病害100~200个果。

(2)植物病害的预测。植物病害的预测是在有目的、有计划地对病害进行调查的基础上,结合当时的环境条件,参考有关历史资料,进行综合分析判断,推测出病害在未来一段时间内的发生期、发生量以及危害程度等,并及时发出情报,用以指导有关部门或农户做好防治前的准备工作,抓住有利时机,开展病害的防治工作。

①病害预测的类型。病害预测按时间长短,可分为长期预测、中期预测和短期预测。在上年冬季或当年的春季,预测下一年或当年某一病害的发生趋势,在病害发生半年以前就发出预报,称长期预报。预测的时间在一个月以上或一个季度为中期预测。预测近期内病害发生的动态,一般只有几天或十几天,称为短期预测。按预测的内容可分为发生期预测、发生量预测、危害程度预测和产量损失预测等。

②植物病害预测的依据。病害的预测是根据已掌握的发病和流行规律,主要依据病原物数量和发病数量以及病原物的生物学特性、寄主植物抗病性的变化与生长发育期、环境条件对病害发生流行影响等3个方面的调查和系统观察积累资料的分析而进行的。

③植物病害的预测方法。第一,根据病原物进行预测。主要是根据病原物的越冬或越夏的数量和存活情况进行预测,即从病原物初次侵染来源的数量可以预测病害流行情况。可以根据种子、苗木、秸秆和繁殖材料上病菌越冬(或越夏)的数量做出预测。如水稻纹枯病的初侵染来源,主要来自田中越冬的菌核。越冬菌核的数量与来年病害发生有密切的关系。因此,在晚稻收获后或早春稻田翻犁前,调查田中菌核数量,便可作为预测水稻生长期纹枯病发生轻重的依据。

第二,根据寄主植物的生长发育情况预测。从被害作物的生育情况与病害发生发展的相关性,可以预测病害的发生。如水稻稻瘟病即是根据水稻生长发育情况而进行预测的。水稻在分蘖期间,如发现分蘖多、徒长、披叶、新叶迅速增长、植株柔嫩者,稻瘟病即将迅速发展,并成为流行的预兆。在孕穗末期至抽穗期,如植株叶色仍十分浓绿,剑叶叶片宽长,并有新病斑出现,亦为穗颈瘟和节瘟即将发生的预兆。又如水稻白叶枯病的流行,与田间中心病株的有无和出现的早晚有密切关系。

第三,根据影响病害发生发展的环境条件进行预测。环境条件可以预测病害的发生,但作为预测的指标主要是气象条件中温度、湿度、降雨时数与降雨量。气象条件的变化,对某些病害的发生和流行有着密切的关系。如麦类赤霉病在4~5月份气温偏高的情况下,如果4月上、中旬20d内,雨天达9d以上,降雨量在90mm以上,赤霉病的发生为"早病年",大麦和早熟小麦发病较重;如果4月下旬至5月上旬20d内,雨天达12d以上,降雨量在150mm以上为"迟病年",中迟熟小麦发病偏重;如果4~5月都具备充沛的雨量,则在当年是"流行年",病害将流行成灾。如果雨天、雨量少且分散,则为"常发年",一般发病损失轻。

【技能训练】

1. 植物病害标本的采集与制作

（1）训练准备。准备标本夹、标本纸、采集箱、枝剪、小刀、放大镜、纸袋、塑料袋、记载本、标签等。

（2）操作规程。根据当地常见的植物病害发生规律，准备或采集植物病害样本，完成以下操作（表3-1-6）。

表3-1-6　植物病害标本的采集与制作

工作环节	操作规程	质量要求
标本的采集	（1）利用枝剪等各种采集用具，采集各种病害标本，包括有病的根、茎、叶、果实或全株，并做好记录 （2）记录的内容有寄主名称、病害名称或症状类型，采集日期与地点、采集者姓名、生态条件和土壤条件等	（1）尽可能采集具有典型症状的病害标本 （2）采集标本时要避免病原物混杂 （3）一般叶斑病类标本应在10张以上
蜡叶标本的制作	（1）对植物茎、叶等含水较少的病害标本，采集后及时压在吸水的标本纸中，用标本夹夹紧,在阳光下晒干；或夹在吸水纸中用熨斗烫，使其快速干燥而保持原来的色泽 （2）压制标本干燥前易发霉变色，标本纸要勤更换，通常前3~4d每天换纸1~2次，以后每2~3d换一次，直至完全干燥为止。第一次换纸时，标本柔软，可对标本进行整形，此时的标本容易铺展。对幼嫩多汁的标本，如花及幼苗等，可夹于两层脱脂棉中压制；含水量高的可通过30~45℃加温烘干 （3）需要保绿的干制标本，可先将标本在2%~4%硫酸铜溶液中浸24h，再压制	（1）制作好的标本可保存在棉花铺垫的玻面标本盒内，也可保存于其它纸袋中，并贴上相应的鉴定记录；干燥后的标本也可直接用胶水或针固着在厚的蜡叶标本纸上；也可过塑保存 （2）病害标本采集前要先认真观察病害的发生部位、植物受害的轻重；采集中注意病害标本的代表性和完整性，做好记录，随采随压制
浸渍标本制作	对采集到的果实、块根等多汁的病害标本，必须用浸制法制作保存。根据标本的颜色选择保存液的种类，如绿色标本用醋酸铜浸渍液；红色标本用瓦查浸渍液；黄色标本用亚硫酸浸制液保存	

2. 植物病害的诊断识别

（1）训练准备。各种植物病害的标本、显微镜、解剖镜等。

（2）操作规程。根据当地常见的植物病害发生规律，准备或采集植物病害样本，完成以下操作（表3-1-7）。

表3-1-7　植物病害的诊断识别

工作环节	操作规程	质量要求
植物病害的田间诊断	（1）观察病害在田间的分布规律，注意调查询问病史，了解病害的发生特点、种植品种和环境条件 （2）观察病株的症状表现部位及类型，检查或剖析寄主组织，看是否有病原物存在。经这两步可对侵染性病害与非侵染性病害做出初步诊断，有丰富实践经验者还能正确诊断病害的种类 （3）在田间无法做出诊断结论时，采集具有典型症状的新鲜标本，带回实验室进一步检查或送专家鉴定确认	（1）掌握非传染性病害，传染性病害；真菌、细菌、病毒、线虫病害的诊断特点 （2）初步确定非侵染性病害与侵染性病害的诊断要点（表3-1-8）

(续)

工作环节	操作规程	质量要求
植物病害的室内鉴定	（1）配制培养基。最常用的固体培养基有：马铃薯、蔗糖、琼脂培养基适用于培养真菌等微生物；牛肉汁蛋白胨培养基适用于培养细菌 （2）高压灭菌。是利用高压灭菌器产生的高压蒸汽，使温度达到100℃以上来达到灭菌的目的 （3）植物病原菌分离。植物病原菌最常用的分离方法是组织分离法。取溶化而冷却至45℃左右的马铃薯、蔗糖培养基，在无菌操作条件下倒入灭菌培养皿中，轻轻摇动后放置使成平面。选取2～3mm见方的组织多块，在70%酒精中浸数秒钟后，再放到小杯中用0.1%升汞液消毒2～3min，最后放入无菌水中洗3次（大约第一次3.5min，第二次3min，第三次2.5min）。用灭菌的镊子将材料移入培养皿，均匀放4～5块，将培养皿翻转，在25～28℃恒温下培养。数日后在病组织周围长出菌体，并形成菌落后，可在无菌操作下挑取少量菌体用显微镜观察其形态。当鉴定无误后，即可用灭菌接种针在菌落上挑取少许菌体移入试管中的斜面培养基上，放在相同恒温下培养一段时间，即可接种 （4）植物病害的人工接种。人工接种的方法是根据病害的传染方式和侵入途径设计的。常用的有喷雾法和针刺法接种 ①喷雾法：对于气流及雨水传播、从气孔或其他自然孔口侵入的病菌一般常用喷雾法接种。即先将接种用的真菌孢子配成适当浓度的孢子悬浮液（一般100倍视野下有孢子10～20个的菌液浓度为宜），然后用小喷雾器喷于被接种植物的枝叶上，如叶面有蜡质层，水滴不易附着，可在喷洒孢子时在孢子悬浮液中加入适当的展着剂（如0.1%肥皂）。也可将接种的植物先喷水，后撒布孢子粉。接种后的植物可用塑料薄膜、玻璃钟罩等覆盖，保持饱和湿度24～48h，以后逐日观察其发病情况。一般接种以傍晚为宜 ②针刺法：对于伤口侵入的病菌，一般宜用针刺法接种。用灭菌的针沾菌液后，将寄主刺伤，病菌即可同时进入寄主中。如接种十字花科软腐病可采用这种方法	（1）分离培养工作要求在尽可能无菌的环境下进行，工作场所和使用的器皿、工具等都需进行清洁和灭菌处理。最好是应用超净工作台，操作起来方便。除了工作环境外，也不能忽视工作人员自身的清洁。如保持衣服的清洁、剪短指甲、戴口罩，工作前后用肥皂洗手等 （2）病原菌分离培养一般常用无菌箱或无菌室，在分离工作前喷洒40倍的福尔马林溶液或2%甲酚皂液等消毒，或用福尔马林与高锰酸钾混合后任其挥发，利用气体杀死箱内或室内的微生物。也可用紫外线灯照射20～30min即可杀死其内多种微生物，但应注意不宜在紫外线灯下工作，以免伤害身体。一般玻璃器皿等用肥皂水洗，再用清水洗，并在铬酸洗涤液中浸10min（新玻璃器皿需要浸24h），取出后再用清水洗净 （3）选择新感病的植株或最近受病的器官或组织作为分离材料，可以减少腐生物混入的机会。在分离病原菌时，用适当的消毒剂以清除或减少受病组织表面的腐生微生物，则较易得到纯种

表3-1-8 侵染性病害与非侵染性病害的田间诊断要点

特点	非侵染性病害	侵染性病害
田间分布	比较均匀，但受地形地势影响有阻隔	不均匀，常有发病中心
传染性	没有，没有从点到面的扩展过程	有，有由少到多，由轻到重的发展过程
病症	无病症	大部分有病症
使植物恢复正常的方法	改善环境条件、采取调温、调湿、补充营养等栽培管理措施，多数可恢复正常	施用杀菌剂、杀虫剂（针对传毒介体）或杀线虫剂后，可抑制发展

3. 植物病害的调查

（1）训练准备。放大镜，尺子，病害调查记载表，调查病害的分级标准。

（2）操作规程。根据当地病害发生情况，收集往年病害发生规律，进行实地调查（表3-1-9）。

表 3-1-9　植物病害的调查

工作环节	操作规程	质量要求
调查准备	调查之前，除准备好调查用具外，要拟定好调查方案，确定调查内容，制好调查表格	了解病虫害的田间分布类型，为正确选择调查方法做好前期准备
调查取样	（1）病害种类识别。选取具有代表性的农田、绿地或花卉基地，在教师的指导下，借助手持扩大镜，对照图片和图谱，对主要病害进行田间识别和鉴定 （2）调查取样。根据被调查田块的大小以及病虫在田间的分布情况，确定取样的大小和方法	（1）按照植物病害的诊断技术确定病害 （2）一般 1 m² 作为一个样点，样点面积一般应占调查总面积的 0.1%～0.5%
实地调查	（1）一般全株性的病害（如病毒病、枯萎病、根腐病或细菌性青枯病等）或被害后损失很大的病害，主要调查其发病（株）率 （2）其他病害除调查发病率以外，还要进行病害分级，调查病情指数	（1）发病率是指感病株数占调查总数的百分数，主要用来表明病害发生的普遍程度 发病率 = $\dfrac{\text{感病株数}}{\text{调查总株数}} \times 100\%$ （2）病情指数确定可参考表 3-1-10、表 3-1-11
调查记载	田间调查数据的记载是结果分析的依据。通常要求有调查日期、地点、调查对象名称、调查项目等	记载内容要依据调查的目的和对象来确定。调查记载表可参考表 3-1-12
调查结果整理与计算	（1）田间调查所获取的数据资料，根据前述公式进行整理与计算，病害要算出发病率和病情指数，并填写结果整理的相关表格 （2）通过对病害发生的普遍程度和严重程度的比较，并结合相关的气候资料，分析病害的发展趋势	（1）病害结果整理可填入表 3-1-13 （2）注意预测的准确度与科学性

表 3-1-10　植物枝、叶部病害分级标准

级别	代表值	分级标准
1	0	健康
2	1	1/4 以下枝、叶感病
3	2	1/4～1/2 枝、叶感病
4	3	1/2～3/4 枝、叶感病
5	4	3/4 以上枝、叶感病

表 3-1-11　植物枝干病害分级标准

级别	代表值	分级标准
1	0	健康
2	1	病斑的横向长度占树干周长的 1/5 以下
3	2	病斑的横向长度占树干周长的 1/5～3/5
4	3	病斑的横向长度占树干周长的 3/5 以上
5	4	全部感病或死亡

表 3-1-12　病害田间调查记载表

调查时间　　　　　　　调查地点　　　　　　　植物名称　　　　　　　病害名称

样点	株号及病害分级													
	1	2	3	4	5	…	…	…	…	…	…	…	19	20
Ⅰ														
Ⅱ														
Ⅲ														
Ⅳ														
Ⅴ														

表 3-1-13　病害调查结果整理表

调查日期	调查地点	植物名称	病害名称	调查总株数（株）	调查总面积（m²）	感病总株数（株）	发病率（%）	严重度分级及各级株数					病情指数
								0	1	2	3	4	

【问题处理】

1. 浸渍液配制　制作浸渍标本的浸渍液的配方很多，常根据浸渍标本的色泽和浸渍的目的进行选择。

（1）防腐浸渍液。常用的防腐浸渍液有 3 种：5% 福尔马林、70% 酒精、5% 福尔马林 50mL＋95% 酒精 300mL＋水 2 000mL。此液用于防腐，而不要求保持原色。用于保存肉质果实、鳞茎、块根，也可用于保存肉质的高等菌类子实体。浸渍时应将标本洗净，后用浸渍液淹没标本。

（2）保持绿色浸渍液。一是醋酸铜液。将结晶的醋酸铜逐量加到 50% 的醋酸中，直到不溶解为止，配成饱和溶液，然后将饱和液稀释 3～4 倍后使用。先将稀释液加热至沸，投入标本。当标本原来的绿色被漂去，经 3～4min，待绿色恢复后，即将标本取出，用清水洗净，然后保存于 5% 福尔马林液中，或压成干标本。此种方法保色能力较好。二是硫酸铜-亚硫酸浸渍液。将标本浸在 5% 的硫酸铜溶液中 6～24h，取出用清水漂洗数小时，然后保存在亚硫酸溶液中。亚硫酸溶液的配制，可用含 5%～6% 二氧化硫的亚硫酸溶液 15mL，加水 1 000mL，或以浓硫酸 20mL，加在 1 000mL 水中，然后加入亚硫酸钠 16g 即配成。

（3）保存黄色和橘红色标本浸渍液。含叶黄素和胡萝卜素的果实如杏、梨、柿、黄苹果、柑橘或红辣椒等，用亚硫酸溶液保存为适宜。注意浓度不宜过高，因亚硫酸有漂白作用。浓度过低防腐力不够，影响保存，可加少量酒精。

（4）保存红色浸渍液。红色标本中主要含有花青素，用瓦查的红色浸渍液较好。其配方为硝酸亚钴15g、氯化锡10g、福尔马林25mL、水2 000mL。将洗净的标本完全浸没在上述溶液中，浸渍两周后，取出保存在福尔马林10mL＋亚硫酸饱和溶液30～50mL＋95％酒精10mL＋水1 000mL的混合浸渍液中。标本瓶应加盖密封，并贴上标签。

2. 病害诊断要点　植物侵染性病害主要靠症状鉴别和病原物的鉴定作出初步诊断。其诊断要点为：

（1）真菌性病害。病状多为有坏死、腐烂、萎蔫；病症主要有霉状物、粉状物、颗粒状物、线状物等。诊断时，可用放大镜观察，或挑取病原物制片镜检，确定病原物种类，但要区分真正的致病菌还是腐生菌，比较可靠的方法是从新鲜病斑的边缘做镜检或分离。另外，按柯赫氏法则进行鉴定，是最可靠的方法。

（2）细菌性病害。初期有水渍状或油渍状边缘，半透明，病斑上有菌脓外溢，斑点、腐烂、萎蔫、肿瘤是大多数细菌病害的特征。有些真菌也会引起萎蔫、肿瘤。切片镜检，观察有无喷菌现象可加以区别，这也是区别细菌与其他类病害最简便易行而又可靠的方法。细菌性病害引起的腐烂多有恶臭气味，真菌性病害引起的腐烂一般无臭味，并且常伴有霉状物出现。革兰氏染色反应也是常用的诊断和鉴定细菌性病害的方法。

（3）病毒病害。病毒病的病状以变色、坏死、畸形居多，无病症。取病部细胞，在电镜下可见到病毒粒体和内含体。另外，很多病毒病与昆虫的活动有关。

（4）线虫病害。常见的病状有虫瘿、根结、肿瘤、茎叶畸形、扭曲及植株衰弱黄化，类似营养不良。在植物根表、根内、根际土壤，茎或子粒（虫瘿）中可见到有线虫寄生，或发现有口针的线虫。挑取线虫制片，可在显微镜下进一步鉴定种类。

3. 病情指数　病情指数是用来表明病害发生的普遍程度和严重程度的综合指标，常用于植株局部受害且各株受害程度不同的病害。其测定方法是：先将样地内的植株按病情分为健康、轻、中、重、枯死等若干等级，并以数值0、1、2、3、4代表，统计出各级株数后，按下列公式计算：

$$病情指数 = \frac{\sum(病害级别代表值 \times 该级样本数)}{最高级代表数 \times 调查总样本数} \times 100\%$$

【信息链接】

植物病毒病防治新技术

植物病毒病是一类危害非常严重的植物病害，号称植物的"癌症"。近年来，植物病毒发生面积有不断扩大的趋势，严重影响了农民收入的增加和效益的提高，损失巨大。在一定程度上影响了农村种植业结构的调整和农村社会经济的稳定发展。因此，病毒病危害是农业生产上急需解决的问题。由于病毒在植物细胞内绝对寄生，其复制所需要的能量、物质场所完全由寄主细胞提供，因而植物病毒病防治起来很困难。针对这种情况，经过各方专家的努力，一种防治植物病毒病的新方法受到农民朋友们的欢迎。

1. 植物源抗毒活性物质　防治植物病毒病的新方法是植物源抗毒活性物质和生物源抗

逆调控物质的优化组合。植物源抗毒活性物质是由西北农林科技大学吴云锋博士在国家"九五"、"十五"攻关计划、陕西省科技攻关计划、陕西省自然科学基金项目的支持下,历时18年,筛选分析了530余种生物材料,在国内外,首次分离、发现了多种具有抗植物病毒活性功能的化合物,在生物学、病生理学、超微结构等水平首次探明了多羟基双萘醛的防治植物病毒病的机理。防治原理是喷施在植物叶片后即能够直接抑制病毒复制,阻止病毒侵染,该化合物具有治疗作用与预防作用。

2. 诱抗素 诱抗素是中国科学院的"国家863计划"和"国家九五重点科技攻关项目"高科技成果。它是一种具有重要生理活性的植物内源生长调节物质,被称为植物抗逆诱导最重要的物质。抗逆理论的最新发展和现代抗性分子生物学的研究表明,诱抗素依赖的抗性基因激活途径是植物抗性的主要表达形式,是植物抗逆调节的最核心物质。例如,绝大多数的逆境都可以诱导植物体内的诱抗素水平的升高从而诱导绝大多数的逆境适应蛋白的表达,特别是在调节植物对水分逆境的抗性上具有无可替代的功能。诱抗素诱导产生的渗透素可以破坏病菌菌丝体的细胞膜透性,抑制病原菌的生长和侵入,在植物的抗病过程中也起到重要的作用。对植物施用诱抗素可以打开植物本身的抗性,强化植物自身的活力,全面改善植物对不良土壤和气候环境的适应性,维持健全的生长发育状态,避免病原物的侵染,对提高植物产量和品质具有重要意义。

实践证明,抗植物病毒活性物质与诱抗素配合使用增效显著,突出了两者的优点:一方面抗植物病毒活性物质能有效控制病毒的侵染,迅速消除因病毒引起的病害;另一方面诱抗素能迅速激活植物本身的抗逆基因,大幅度提高自身免疫力,在此基础上发挥全面调控作用,快速恢复受害作物的各项生理机能,从而达到彻底治疗、快速恢复生长、增产增收的目的。两种主要成分来自植物源和微生物源,符合农业绿色环保的要求,对人畜无毒、无害、无残留,可广泛应用于水稻、蔬菜、花卉、草坪、棉花、中草药、果树等作物。

【知识拓展】

如果同学们想了解更多的知识,可以通过下面渠道进行学习:

1. 阅读杂志
(1)《植物保护》。
(2)《植物保护学报》。
(3)《植物病理学报》。

2. 浏览网站
(1)中国植物保护网(http://www.ipmchina.net/)。
(2)绿农网(http://www.lv-nong.cn/)。
(3)中国植保植检网(http://www.ppq.gov.cn/)。
(4)××省(市)植物保护信息网。

3. 通过本校图书馆借阅有关植物保护方面的书籍

【观察思考】

(1)利用业余时间,在老师指导下,完成表3-1-14内容。

表 3-1-14　植物病害症状调查

病害症状的类型	已知症状类型	当地生产中主要症状类型	教师点评
植物真菌性病害			
植物细菌性病害			
植物病毒病害			
植物线虫病害			

（2）在老师指导下，调查当地农作物、蔬菜、果树等各 3 种植物最常见的病害有哪些，有什么发生流行规律，并利用所学知识，进行田间诊断与室内鉴定。

（3）选择当地正在发生的一种植物病害，在老师和技术人员指导下，进行田间调查，了解病害发生情况。

项目二 植物生长的虫害

▲ 项目任务

了解昆虫分类、昆虫与环境关系等基本知识；熟悉昆虫的形态特征和生物学特性；认识9个农业重要目昆虫的基本特点；能识别昆虫的外部形态特征和昆虫的各种虫态特征；能识别9个重要目及科的主要昆虫。

任务一 昆虫形态特征及虫态

【任务目标】

知识目标：1. 熟悉昆虫的头部、腹部、胸部及体壁形态特征。
2. 熟悉昆虫的生殖方式与发育、变态。
3. 认识昆虫的季节发育及主要习性。

能力目标：1. 能识别昆虫的外部形态特征。
2. 能识别昆虫的各种虫态特征。

【知识学习】

通常把以植物为食，给种植业生产带来重大损失的昆虫称为农业害虫。为害植物的有害动物主要有各类昆虫、蜘蛛和螨类，其中，以昆虫对植物的为害最为普遍和严重。昆虫属于动物界节肢动物门昆虫纲。

1. 昆虫的形态特征 昆虫身体分头、胸、腹3个体段；头部有1对触角，1对复眼，有的还有1～3个单眼；胸部生有6足4翅；腹部由10节左右组成，末端有外生殖器。如蝗虫、蝴蝶、蜜蜂等都符合上述特征，因此都属于昆虫（图3-2-1）。

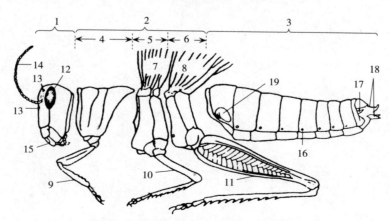

图 3-2-1 昆虫的成虫（蝗虫）体躯构造
1. 头部 2. 胸部 3. 腹部 4. 前胸 5. 中胸 6. 后胸 7. 前翅 8. 后翅 9. 前足 10. 中足 11. 后足
12. 复眼 13. 单眼 14. 触角 15. 口器 16. 气门 17. 尾须 18. 产卵瓣 19. 听器

(1) 昆虫的头部。昆虫的头部是昆虫身体的最前体段，头壳坚硬，上面生有口器、触角和眼。头部是昆虫感觉和取食的中心。

①头部的构造。坚硬的头壳多呈半球形、圆形或椭圆形。昆虫头部通常可分头顶、额、唇基、颊和后头。头的前上方是头顶，头顶前下方是额，额的下方是唇基，额和唇基中间以额唇基沟为界。唇基下连上唇，其间以唇基上唇沟为界。颊在头部两侧，其前方以额颊沟与额为界。头的后方连接一条狭窄拱形的骨片是后头，其前方以后头沟与颊为界（图3-2-2）。

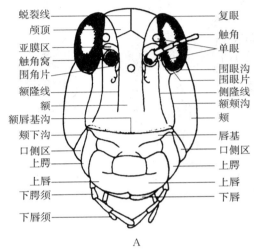
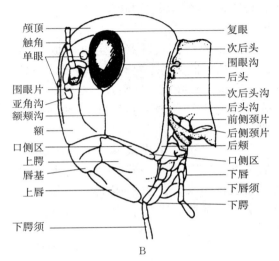

图3-2-2 东亚飞蝗的头部
A. 正面观 B. 侧面观
（仿陆近仁、虞佩玉）

②昆虫的头式（或口式）。依照口器在头部的着生位置和所指方向，可以将昆虫头部分3种形式（图3-2-3）。一是下口式口器，着生在头部下方，与身体的纵轴垂直，如蝗虫、黏虫等。二是前口式口器，着生于头部的前方，与身体的纵轴成一钝角或近乎平行，如步行虫、天牛幼虫等。三是后口式口器，向后倾斜，与身体纵轴成一锐角，不用时贴在身体的腹面，如椿象、蝉等。

③昆虫的眼。昆虫的眼有两类：复眼和单眼。完全变态昆虫的成虫期、不完全变态的若虫和成虫期都具有复眼。复眼由许多小眼组成。小眼的数目有1～28 000个不等。

昆虫的单眼分背单眼和侧单眼两类。背单眼为成虫和不全变态类的幼虫所具有，一般与复眼并存，着生在额区的上方即两复眼之间，一般3个。侧单眼为全变态类幼虫所具有，着生于头部两侧，但无复眼。

④昆虫的触角。昆虫绝大多数种类都有一对触角，

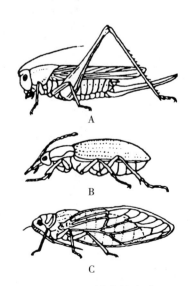

图3-2-3 昆虫的头式
A. 下口式（螽斯） B. 前口式（步甲虫）
C. 后口式（蝉）

种植基础

着生在额区两侧,基部在一个膜质的触角窝内。它由柄节、梗节及鞭节三部分组成。触角是昆虫的重要感觉器官,上面生有许多感觉器和嗅觉器,有的还具有触觉和听觉的功能。昆虫触角的类型很多,主要有丝状或线状、刚毛状或刺状、念珠状、球杆状或钩状、羽毛状、栉齿状、锯齿状、锤状、环毛状、具芒状、鳃片状或鳃叶状、膝状等(图3-2-4)。

⑤昆虫的口器。口器是昆虫的取食器官。常见的口器类型主要有:咀嚼式、刺吸式、嚼吸式、虹吸式、锉吸式、刮吸式、舐吸式等。这里主要介绍咀嚼式口器和刺吸式口器。

咀嚼式口器是昆虫最基本、最原始的口器类型。所有其他口器类型都是由咀嚼式口器演化而来。昆虫的咀嚼式口器由上唇、上腭、下腭、下唇、舌5个部分组成

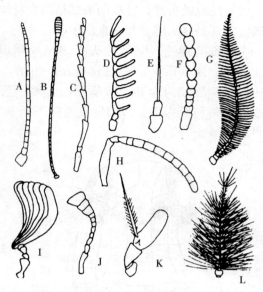

图 3-2-4 昆虫触角的类型
A. 丝状　B. 球杆状　C. 锯齿状　D. 栉齿状
E. 刚毛状　F. 念珠状　G. 羽毛状　H. 膝状
I. 鳃叶状　J. 锤状　K. 具芒状　L. 环毛状

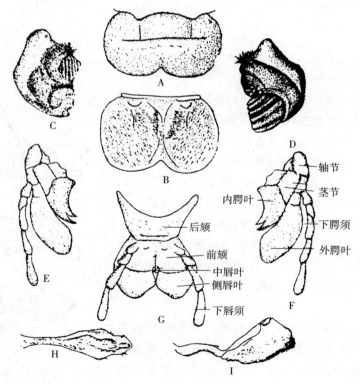

图 3-2-5 咀嚼式口器(蝗虫)
A. 上唇　B. 上唇反面(示内唇)　C、D. 左、右上腭　E、F. 左、右下腭　G. 下唇　H、I. 舌的腹面和侧面

（图 3-2-5）。上唇是悬接于唇基下缘的一个双层薄片，能前后活动，有固定、推进食物的作用；外壁骨化，内壁膜质，多毛，有感觉功能。上腭位于上唇之后，是一对坚硬的锥状构造，基部有臼齿，端部有切齿，可以切断、撕裂和磨碎食物。下腭位于上腭之后，左右成对，由轴节、茎节、内腭叶、外腭叶和 5 节的下腭须组成，内外腭叶用于割切和抱握食物，下腭须用来感触食物。下唇位于下腭之后，与下腭构造相似，但左右合并为一，由后颏、前颏、侧唇叶和中唇叶及 3 节的下唇须组成，用以盛托食物和感觉食物。舌位于口腔中央，是一块柔软的袋状构造，用来搅拌和运送食物；舌基部有唾腺开口，唾腺由此流出与食物混合。舌上具有许多毛和感觉器，具有味觉作用。许多毛虫、叶蜂等的幼虫的口器也是咀嚼式的，但发生了特化，下腭、下唇、舌共同组成为复合器，端部具有吐丝器，用于吐丝做茧，上唇和上腭形态和功能不变。咀嚼式口器为害植物的共同特点是造成各种形式的机械损伤。直翅目昆虫的成虫、若虫，如蝗虫、蝼蛄等，鞘翅目昆虫的成虫、幼虫，如天牛、叶甲、金龟子等，鳞翅目的幼虫，如刺蛾、蓑蛾、潜叶蛾等，膜翅目的幼虫，如叶蜂等，都具有咀嚼式口器。防治咀嚼式口器的害虫，通常使用胃毒剂和触杀剂。

刺吸式口器是由咀嚼口器演化而成，其上下腭特化成两对口针，相互嵌合两个管道，即食物道和唾液道；下唇延长成包藏和保护口针的喙；上唇则退化为三角形小片，盖在口针基部（图 3-2-6）。同翅目昆虫的成虫、若虫，如蚜虫、叶蝉、介壳虫等；半翅目昆虫的成虫、若虫，如椿象等，都具有刺吸式口器。它们为害植物时，借助肌肉的作用将口针刺入植物组织，并从唾液道分泌唾液对食物进行初步消化后，再将初步消化后的植物汁液吸入体内。对于刺吸式口器的害虫防治，通常使用内吸性杀虫剂、触杀剂或熏蒸剂，而使用胃毒剂是没有效果的。

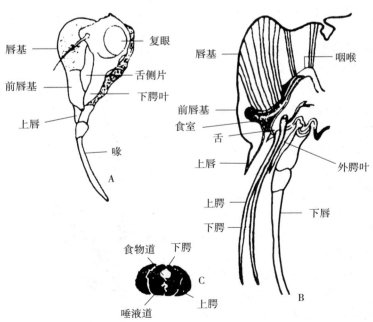

图 3-2-6　刺吸式口器（蝉）
A. 头部侧面观　B. 口器各部分分解　C. 口针横切面

除以上昆虫的口器外还有其他口器：虹吸式口器为鳞翅目成虫、蝶类和蛾类所特有；舐吸式口器是蝇类的口器；锉吸式口器是蓟马的口器等。

（2）昆虫的胸部。胸部是昆虫的第二体段，其前以膜质颈与头部相连。胸部着生有3对足，一般还有2对翅。胸部由3个体节组成，依次称为前胸、中胸和后胸。每一胸节下方各着生一对胸足，依次为前足、中足和后足。多数昆虫在中、后胸上方各着生一对翅，依次称为前翅和后翅，因而中、后胸又叫具翅胸节。足和翅都是昆虫的行动器官，所以胸部是昆虫的运动中心。

①胸部的基本构造。昆虫胸部要支撑足和翅的运动，承受足、翅的强大动力，故胸节体壁通常高度骨化，形成四面骨板：在上面的称为背板，在腹面的称为腹板，在两侧的称为侧板。这些骨板上还有内陷的沟，里面形成内脊，供肌肉着生。胸部的肌肉也特别发达。3个胸节连接很紧密，特别是两个具翅胸节。胸部通常有两对气门（体内气管系统在体壁上的开口构造），位于节间或前节的后部。

②昆虫的胸足。胸足是昆虫胸部的附肢，着生于侧板和腹板之间，基部有膜与体壁相连，形成一个膜质的窝，称基节窝，借此足的基部可以自由活动。成虫的胸足一般分为6节，由基部向端部依次称为基节、转节、腿节、胫节、跗节和前跗节（图3-2-7），节间由膜相连，是各节活动的部位。

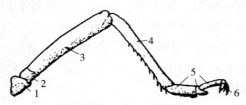

图3-2-7 胸足的构造
1.基节 2.转节 3.腿节
4.胫节 5.跗节 6.前跗节

基节是足和胸部连接的第一节，形状粗短，着生于胸部侧下方足窝内。转节很小呈多角形，可使足在行动时转变方向；有些种类转节可分为两个亚节，如一些蜂类。腿节一般最粗大，能跳的昆虫腿节更发达。胫节细长，与腿节成膝状相连，常具成行的刺和端部能活动的距。跗节是足末端的几个小节，通常分成2~5个亚节。在跗节末端通常还有一对爪，称为前跗节；爪间的突起物称中垫；爪下的叫爪垫，爪和垫都是用来抓住物体的。

昆虫胸足的原始功能为适应于陆地生活的行动器官。由于生活环境和活动方式的不同，昆虫足的形态和功能发生了相应的变化，演变成不同的类型（图3-2-8）。如步行足、跳跃足、开掘足、捕捉足、游

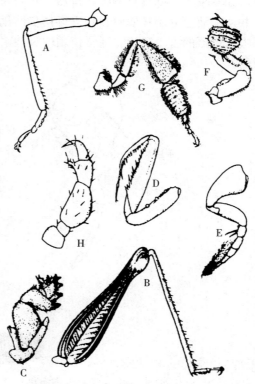

图3-2-8 昆虫足的类型（仿各作者）
A.步行足 B.跳跃足 C.开掘足 D.捕捉足
E.游泳足 F.抱握足 G.携粉足 H.攀援足

泳足、抱握足、携粉足、攀援足等。

③昆虫的翅。昆虫一般具有两对翅，分别着生在中胸和后胸上，着生在中胸的叫前翅，着生在后胸的叫后翅。昆虫的翅常呈三角形，具有三边和三角。翅展开时，靠近前面的一边称前缘，靠近后面的一边称内缘或后缘，两者之间的一边称外缘。前缘基部的角称肩角，前缘与外缘间的角称顶角，外缘与内缘间的角称臀角。翅面还有一些褶线将翅面划分成腋区、臀前区、臀区和轭区（图3-2-9）。大多昆虫平时都是沿着这些褶线将各区收叠起来，飞翔时再展开。

根据翅的形状、质地和功能，可将翅分为不同的类型。常见的类型有 9 种：膜翅、覆翅、鞘翅、半鞘翅、鳞翅、毛翅、缨翅、平衡棒、扇形翅（图3-2-10）。昆虫翅的主要作用是飞行，一般为膜翅，翅膜质，薄而透明，翅脉明显可见，如蜂类、蜻蜓的前后翅，甲虫、椿象等的后翅。

（3）昆虫的腹部。昆虫的腹部是昆虫身体的第三个体段，前端与胸部紧密相接，后端有肛门和外生殖器等。腹部内包有大部分内脏和生殖器官，所以腹部是昆虫新陈代谢和生殖的中心。

①腹部的构造。成虫的腹部一般呈长筒形或椭圆形，但在各类昆虫中常有较大的变化。一般由 9～11 节组成，第1～8 节两侧常具有 1 对气门。腹部的构造比胸部简单，各节之间以节间膜相连，并相互套叠。腹部只有背板和腹板，而没有侧板，侧板被侧膜所取代。腹部的主要特点是节间膜和侧膜发达，发达的膜系统有利于腹部的伸缩和扭曲，膨大和缩小，这在昆虫呼吸、蜕皮、羽化、交尾产卵等活动中起到了重要的作用（图3-2-11）。

②外生殖器。外生殖器是交配和产

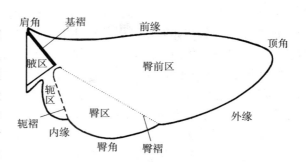

图 3-2-9　昆虫翅的基本构造（仿 Snodgrass）

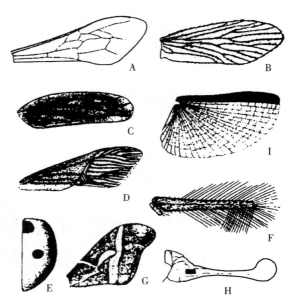

图 3-2-10　昆虫翅的类型（仿彩万志）
A. 膜翅　B. 毛翅　C. 覆翅　D. 半鞘翅　E. 鞘翅
F. 缨翅　G. 鳞翅　H. 平衡棒　I. 扇形翅

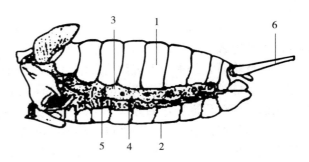

图 3-2-11　昆虫腹部的构造（仿 Snodgrass）
1. 背板　2. 腹板　3. 侧膜　4. 背侧线　5. 气门　6. 尾须

卵的器官。昆虫的雌性外生殖器称为产卵器，着生于第8、9腹节上，是昆虫产卵的工具，生殖孔开口于第8、9节的腹面；典型的产卵器由3对产卵瓣组成，由背向下依次为背产卵瓣、内产卵瓣和腹产卵瓣。昆虫的雄外生殖器称为交尾器，构造较产卵器复杂，着生在第9腹节上，常隐藏于体内，交尾时伸出体外；主要由内部的阳具和一对抱握器两部分组成。

③尾须。尾须是腹部末节的须状外展物，长短和形状变化较大，有的不分节，呈短锥状，如蝗虫；有的细长多节呈丝状，如缨尾目、蜉蝣目；有的硬化成铗状，如革翅目。尾须上生有许多感觉毛，具有感觉作用。尾须的长短、形状和分节数目都可作为昆虫的分类依据。

（4）昆虫的体壁。体壁是包在整个昆虫体躯最外层的组织，由单一的细胞层及其分泌物所组成，来源于外胚层，这层外骨骼称为体壁。功能是支撑身体、着生肌肉、防止体内水分蒸发、调节体温、防止外物入侵等。

昆虫体壁是由胚胎发育时期的外胚层发育而形成的，它由3层组成。由里向外看，包括底膜、皮细胞层和表皮层。皮细胞层和表皮层是体壁的主要组成部分，皮细胞层是一层活细胞，而表皮层又是皮细胞层所分泌的，是非细胞性物质。体壁的保护作用和特性大都是由表皮层而完成的（图3-2-12）。表皮层由许多层组成，从里向外可以分成内表皮、外表皮和上表皮3层。昆虫的体壁，特别是表皮层的结构和性能与害虫防治有着密切的关系。

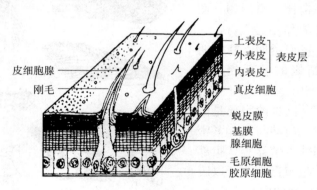

图3-2-12 昆虫体壁的构造（仿Richards）

2. 昆虫的生物学特性 昆虫的生物学特性是指昆虫的一生和一年的发生经过及其所表现出来的行为习性。主要包括昆虫的生殖方式、个体发育规律、年生活规律以及行为习性等。

（1）昆虫的生殖方式。昆虫在进化过程中，由于长期适应其生活环境，逐渐形成了多种多样的生殖方式。常见的有两性生殖、孤雌生殖、多胚生殖、卵胎生和幼体生殖。

①两性生殖。昆虫绝大多数是雌雄异体，通过两性交配后，精子与卵子结合，由雌性将受精卵产出体外，才能发育成新的个体，这种生殖方式称两性卵生生殖或简称为两性生殖。这是昆虫繁殖后代最普遍的方式。

②孤雌生殖。有些种类的昆虫，卵不经过受精就能发育成新的个体，这种生殖方式称为孤雌生殖或单性生殖。如许多蚜虫，从春季到秋季，连续10多代都是孤雌生殖，一般不产生雄蚜，只是当冬季来临前才产生雄蚜，雌雄交配，产下受精卵越冬。

③多胚生殖。昆虫的多胚生殖是由一个卵发育成两个到几百个甚至上千个个体的生殖方

式。这种生殖方式是一些内寄生蜂类所具有的。

④卵胎生和幼体生殖。昆虫是卵生动物，但有些种类的卵是在母体内发育成幼虫后才产出，即卵在母体内成熟后，并不排出体外，而是停留在母体内进行胚胎发育，直到孵化成幼虫后，直接由母体产出，这种生殖方式称为卵胎生。另外有少数昆虫，母体尚未达到成虫阶段还处于幼虫时期，就进行生殖，称为幼体生殖。

（2）昆虫的发育。昆虫的发育是指从受精卵开始，经过成虫性成熟能交配产生下一代，直到最后死亡的整个发育过程。一般经过卵期、幼虫期、蛹期和成虫期4个阶段。

①卵期。卵从母体产下到孵化为止的一段时间称为卵期。昆虫的卵是一个不活动的虫态，其内部的胚胎却进行着剧烈的活动。昆虫的卵是一个大型细胞，最外面是一层坚硬的卵壳，向内紧贴着一层卵黄膜，内部包围着原生质、卵黄和卵核。卵的大小、形状、颜色及卵壳上的斑纹因昆虫种类而异，常见昆虫卵的形态如图3-2-13所示。

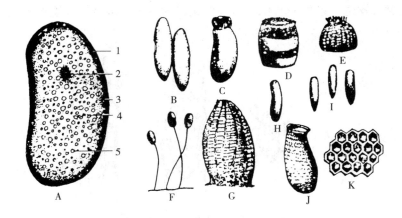

图3-2-13　昆虫卵的结构及类型
A. 卵的结构　B. 长椭圆形（小麦吸浆虫）　C. 袋形（盲椿象）　D. 鼓桶形（稻缘蝽）
E. 鱼篓形（棉金刚钻）　F. 有柄形（草蛉）　G. 瓶形（菜粉蝶）　H. 黄瓜形（大青叶蝉）
I. 弹形（二十八星瓢虫）　J. 茄形（臭虫）　K. 卵壳的一部分（表示刻纹）
1. 卵壳　2. 卵核　3. 卵黄膜　4. 原生质　5. 卵黄
（肖启明.2005.植物保护技术.第2版）

昆虫的产卵方式及场所有：单粒散产、聚集成块状，产在植物表面、产在植物组织内、产在表层土壤内或其他昆虫体内。了解昆虫卵的形态、大小、产卵形式和场所，对于识别害虫种类和防治都有重要的意义。

②幼虫期。从孵化到幼虫化蛹或若虫羽化为止的一段时间称为幼虫期。该期的特点是昆虫大量取食并快速生长，大多数昆虫以幼虫为害植物。刚孵出的幼虫体形小、体壁软，当生长到一定程度之后，就会受到体壁的限制，这时昆虫必须脱去旧皮才能继续生长，这种现象称为蜕皮。刚孵出而未蜕皮的幼虫为1龄幼虫，以后每蜕一次皮增加1龄。相邻两次蜕皮之间的时间称龄期。随着虫龄的增大，昆虫的取食量、抗药性和体壁厚度逐渐增加，所以防治害虫在幼虫的低龄阶段效果较好。

③蛹期。蛹期是全变态类的幼虫转变为成虫的过渡时期，即由化蛹到羽化之间的一段时间。昆虫的蛹从外表看是不食不动，内部却进行着激烈的生理变化与虫态的转变。由于昆虫

的蛹不能自由的活动，易受不良环境和敌害的影响，因而老熟幼虫化蛹时多隐藏于隐蔽场所或在蛹外覆盖特殊的保护物，如丝茧、土茧等。掌握昆虫化蛹的场所和生物学特性，及时采用翻耕晒田、灌水淹杀、人工捕杀等措施都可以收到一定的防治效果。

④成虫期。是昆虫交配产卵、繁衍后代的阶段。有些昆虫在羽化为成虫后性器官已经成熟即可交配产卵，不久之后死亡。多数昆虫羽化为成虫后，其性器官尚未成熟，需要继续取食，以获得性成熟所必需的营养物质，这种对性成熟发育不可缺少的成虫期营养称为补充营养。具有补充营养习性的植物害虫，在成虫期对植物的为害也较大；如蝗虫、蚜虫、金龟子等。

由羽化到第一次产卵的间隔期称为产卵前期；从第一次产卵到产卵结束之间的时间称为产卵期。各类昆虫的产卵前期和产卵期或长或短，都有相对固定的天数。诱杀成虫时，应掌握在产卵前期，以减少其补充营养取食为害，断绝其繁衍后代。

(3) 昆虫的变态。昆虫在生长发育过程中，经过新陈代谢，不仅使体积增大，其外部形态和内部构造也要发生一系列的变化，这种变化称为变态。最常见变态类型是不全变态和全变态。

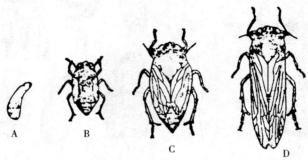

图 3-2-14　不全变态（稻灰飞虱）
A. 卵　B. 若虫　C. 短翅成虫　D. 长翅成虫
(肖启明. 2005. 植物保护技术. 第 2 版)

①不全变态。在昆虫一生中，只有卵、若虫和成虫 3 个虫态，若虫与成虫的外部形态和生活习性很相似，仅个体小、翅与其他附肢短，性器官不成熟（图 3-2-14）。如蝗虫、蚜虫、蝉和椿象等。

②全变态。在昆虫一生中，具有卵、幼虫、蛹和成虫 4 个虫态，幼虫与成虫在外部形态和生活习性上完全不同，幼虫必须经过表面不食不动的蛹期，才能变为成虫，如蝶蛾类、金龟子、蝇类等（图 3-2-15）。

(4) 昆虫的季节发育。包括昆虫的世代、生活年史、昆虫的休眠和滞育。

①昆虫的世代。昆虫从卵到成虫性成熟产生后代为止的个体发育周期称为世代。昆虫完成一个世代所需时间的长短和一年内发生的世代数主要由遗传因素决定，如大豆食心虫一年发生一代；棉蚜在一年可发生 10~30 代；而蝉、华北蝼蛄、沟金针虫等约需 3 年才能完成一代。环境条件对其世代的长短和一年内发生的世代数影响也很大。如亚洲玉米螟在我国东北的东部地区一年仅发生一代；在华北每年发生 2~3 代；在江西等地一年发生 4 代，在华南地区一年可发生 6 代。计算昆虫的世代是以当年的卵期为起点，按出现的先后次序分别称为第 1 代、第 2 代……第 n 代。一年发生两代或多代的昆虫，前后世代常有首尾重叠，混合

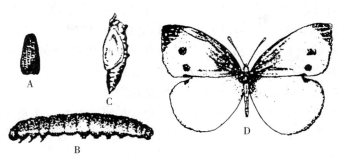

图 3-2-15　全变态（菜粉蝶）
A. 卵　B. 幼虫　C. 蛹　D. 成虫
(肖启明. 2005. 植物保护技术. 第 2 版)

发生的现象，称为世代重叠。

②昆虫的生活年史。昆虫从当年越冬虫态开始活动到第二年越冬结束为止，一年内的生育史称为生活年史。一年一代昆虫的生活年史与世代的含义基本相同；一年发生数代的昆虫，其生活年史中就包括有数个世代；多年发生一代的昆虫，生活年史只包括部分虫态的生长发育过程。

③昆虫的休眠和滞育。昆虫在一年的生长发育过程中，常常出现一段停止发育的现象，可分为休眠和滞育两种情况。休眠是由于不良环境条件的影响引起昆虫暂时停止发育的现象，当条件适宜时昆虫就可恢复生长发育；休眠可分夏眠和冬眠。引起休眠的因素主要是温度和湿度。

滞育是昆虫在温度和光周期变化等外界因子诱导下，出现的停止发育现象，即使给予最适宜的条件，也不能马上恢复生长发育。光周期的变化是引起滞育的主要外部因素。只有在特定的虫态，经过一定时间的适当温度和光周期处理，才能打破滞育。

（5）昆虫的主要习性。昆虫的习性包括昆虫的活动及行为，是种和种群的生物学特性。主要生活习性分为食性、趋性、假死性、群集性和迁飞性。

①食性。食性是昆虫对食料的选择性。按照食物的性质可分为：一是植食性，以生活的植物为食料，绝大多数花卉害虫都是植食性的；如蚜虫、钻心虫、地老虎等。二是腐食性，以腐败的动植物为食料，如一些蝇及部分金龟子幼虫等。三是肉食性，以活的动物为食料，所有天敌昆虫都是肉食性的，如瓢虫、草蛉、寄生蜂等。四是杂食性，既能取食植物性食料又取食动物性食料，如蟋蟀、蚂蚁等。

②趋性。昆虫对外界的光、热、化学物质的刺激有趋向或背离的习性称为趋性。按照刺激物的种类及性质，趋性可分为：趋光性、趋化性、趋温性、趋水性、趋触性和趋声性。其中以趋光性和趋化性最为重要。

很多昆虫都有一定的趋光性，这是昆虫通过视觉器官，对于光源刺激所引起的反应。例如许多蛾子、甲虫、蝼蛄等都有趋向灯光的习性。昆虫通过嗅觉器官（触角）对化学物质的刺激所引起的反应称为趋化性。利用昆虫这一特性可防治某些害虫。如用醋酸诱杀地老虎成虫；用炒香的糠麸诱杀蝼蛄；用糖醋液或杨树枝诱杀夜蛾类害虫等。

③假死性。一些害虫遇到外界惊扰就暂时停止活动或自动掉落下来，好像死去一样称之

假死性。例如苹毛丽金龟子、铜绿丽金龟子、象鼻虫、小地老虎和黏虫的幼虫等，在受到突然振动时立即作强直性麻痹状昏迷，坠地装死。可以利用它们的假死性进行捕杀。

④群集性。有些害虫有群集性，特别是刚孵化后的低龄幼虫常常集居在一起，如舟形毛虫幼龄的幼虫常群集一起为害；幼龄的天幕毛虫在树杈间结网，群集网内；玉米螟在玉米抽雄以前集中在心叶内为害；二十八星瓢虫集居在一起越冬等等。

⑤迁飞性。是指某种昆虫成群的从一个发生地长距离迁飞到另一个发生地的特性。许多重要的农业害虫都具有迁飞性，如东亚飞蝗、黏虫、稻纵卷叶螟、小地老虎等。掌握昆虫的迁飞规律，查明它的来龙去脉及扩散、转移的时期，对害虫的测报与防治具有指导意义。

【技能训练】

1. 昆虫的外部形态特征的观察

（1）训练准备。准备蝗虫、蝼蛄、胡蜂、椿象、叩头虫、步甲、金龟子、水龟虫、螳螂、家蝇、龙虱、蛾类、蝶类、雄芫菁、瓢虫、蝉、雄蚊等成虫、幼虫和蛹的标本（干制或液浸）；虹吸式口器和各类足、触角和翅等玻片标本及有关挂图；双目立体显微镜、手持扩大镜、小镊子、解剖针、培养皿。

（2）操作规程。选用当地主要作物害虫，认识昆虫的外部形态；了解各部位的基本功能和特点，然后进行以下操作（表3-2-1）。

表3-2-1 昆虫的外部形态特征的观察

工作环节	操作规程	质量要求
昆虫体躯的构造、头部及其附器的观察	（1）昆虫体躯的基本结构观察。取一头蝗虫，详细观察其体躯，分为头、胸、腹3个明显的体段。头部分节现象已消失，其上具1对触角，1对复眼、3个单眼和取食用的口器。胸部分3节，即前胸、中胸和后胸，各节具有1对足，中、后胸各具1对翅。腹部10节，胸末有外生殖器和尾须；腹部1~8节各具有1对气门；听器位于第一腹节两侧 （2）口器的构造及类型的观察 ①咀嚼式口器。将上面观察的蝗虫头部取下，观察咀嚼式口器，认清上唇、下唇、上腭、下腭、舌。然后用小镊子轻轻掀起上唇，并沿着唇基取下。取下上唇之后，即露出上腭，先后取下，仔细观察其切区和磨区。小心取下下唇，仔细观察下唇由后颏、前颏、侧唇舌、中唇舌和下唇须五部分，观察下唇须分布情况。取下下唇之后，就露出下腭，小心取下并观察轴节、茎节、内腭叶、外腭叶和下腭须由几节组成。取下上、下唇和上、下腭之后，中央留下的一个囊状物，即舌 ②刺吸式口器：取椿象一头，观察口器的形状和着生方式。先找出分节的喙（下唇），再观察位于喙基部的上唇退化为三角形的小片。上、下腭退化成2对口针，置于喙的凹槽内（可以用挑针将口针挑出4根） （3）昆虫触角的观察。触角由许多环节组成，基部一节为柄节，通常短粗，第二节为梗节，其余统称为鞭节。鞭节的形态变化形成各种类型的触角：仔细观察丝状（蝗虫）、羽毛状（蛾类）、栉齿状（雄芫菁）、锯齿状（叩头虫）、球杆状（蝶类）、锤状（瓢虫）、鳃片状（金龟子）、膝状（蜜蜂）、刚毛状（蝉）、具芒状（蝇类）、念珠状（白蚁）、环毛状（雄蚊）等触角的形状 （4）昆虫眼的观察。观察蝗虫的眼。昆虫的眼有两种：一种称复眼，1对，位于头的两侧，由1至多个小眼集合形成，是昆虫的主要视觉器官。另一种称单眼，一般有3个，但也有1~2个或者无单眼的。单眼只能分辨光线强弱和方向，不能分辨物体和颜色	（1）昆虫体躯的基本结构观察也可参考图3-2-1。注意区别昆虫与其他近源节肢动物的区别 （2）咀嚼式口器由上唇、上腭、下腭、下唇、舌等5部分组成。观察时可参考图3-2-5。刺吸式口器观察时参考图3-2-6 （3）触角是昆虫重要的感觉器官，表面上有许多感觉器，具嗅觉和触觉的功能，昆虫借以觅食和寻找配偶。观察时可参考图3-2-4 （4）眼是昆虫的视觉器官，在昆虫的取食、栖息、繁殖、避敌、决定行动方向等各种活动中起着重要作用

(续)

工作环节	操 作 规 程	质量要求
昆虫胸部及其附器的观察	（1）胸足的观察。取蝗虫的足观察：基部的一节称为基节，短粗；基节之后为转节，最小的一节；第三节为腿节，长而大；第四节为胫节，细而长，末端有距；跗节为足的最后一节（由2～5小节组成），其末端具有一对爪，爪间有中垫，跗节下方具跗垫 由于昆虫的生活方式不同，足也发生相应的变化，常见的有：步行足（步行甲）、开掘足（蝼蛄）、跳跃足（蝗虫）、捕捉足（螳螂）、携粉足（蜜蜂）、抱握足（龙虱）、游泳足（水龟虫） （2）翅的观察。取蝗虫一头，观察后翅的形状，区分翅面的分区。将蝗虫的翅展开，用大头针固定在蜡盘内（或软木片上），观察翅基的腋片，腋片位于翅基与胸部背板间的腋区内，仔细观察腋片与中片之间以及与背板、侧板之间的相互关系（取后翅观察） 取相应的昆虫样本，观察翅的类型。膜质透明、翅脉明显的膜翅（如蝉的前后翅）；革质半透明，保留翅脉的复翅（如蝗虫的前翅）；翅的基半部为革质，端部为膜质的半鞘翅（如椿象的前翅）；翅面角质化坚硬，翅脉消失的鞘翅（如金龟子的前翅）；翅膜质，翅面上覆盖有很多鳞片的鳞翅（如蛾蝶类的翅）；翅膜质狭长，边缘着生很多细长缨毛的缨翅；翅退化成很小的棍棒状，飞行时用于平衡身体的平衡棒（如蚊、蝇的后翅）	（1）根据昆虫足的类型可以推断昆虫的栖息场所和生活习性，识别昆虫的种类（图3-2-8） （2）昆虫的翅一般都呈三角形，因此有三边和三角，分别称前缘、外缘和后缘；肩角、顶角和臀角。观察时可参考图3-2-9、图3-2-10
昆虫腹部及其附器的观察	（1）腹部构造观察。腹部的节数和形状的变化很大，观察蝗虫的腹部构造：蝗虫腹部共11节，第1～8节比较简单，第9～10两节较小；腹部第一节两侧各有一个听器，腹部1～8节各有一个气门；肛门位于腹节的末端，开口于肛上板之下，两肛侧板之间（肛上板是第十一节背板，肛侧板是第十一节腹板）。在两肛侧板上还着生一对尾须，是第11节的附肢，外生殖器也是附肢。背板与腹板之间以膜相连 （2）雌性外生殖器（产卵器）的观察。以蝗虫为例进行观察：自腹部第八节腹板生出一对钻头状的产卵瓣，称为第一产卵瓣；自腹部第九节上着生第三产卵瓣，二者组成产卵器，产卵孔即开口于其内基部。第二产卵瓣着生于第九腹节的腹板上，很小，无作用。在第一对产卵瓣之间，产卵孔下方还有一个小三角形薄片，称导卵器。没有特化的产卵器的昆虫如鞘翅目、双翅目、鳞翅目等，它们的腹部末端若干节细长而套叠，产卵时可以伸长，观察菜粉蝶或夜蛾科雌虫腹部末端的伪产卵器 （3）雄性外生殖器（交配器）的观察。观察蝗虫雄虫，用镊子轻轻拉下下生殖板，可见其阳具呈钩状，无抱握器。观察黏虫雄蛾，腹末有一对大形抱握器，可见到内部的阳具。取飞虱一头，将腹末端朝上，观察其构造。（常用抱握器的构造来区分飞虱的种类）	（1）观察腹部构造可参考图3-2-11 （2）产卵器的有无、形状和构造的不同，反映了昆虫的产卵方式和生活习性。具有产卵器的昆虫，卵产在植物组织内或土里，如蝗虫、叶蜂等。无特化的产卵器的昆虫，只能将卵产在寄主表面

2. 昆虫的虫态特征观察

（1）训练准备。准备蝗虫、椿象、蜻蜓、黏虫、金龟子、蝼蛄、菜粉蝶、瓢虫、草蛉、豆芫菁、枣尺蠖、玉米螟、金针虫、家蝇、蓑蛾、马尾松毛虫、蚱蝉、雄蚊等昆虫成虫、幼虫和蛹的标本（干制或液浸）；双目立体显微镜、手持扩大镜、小镊子、解剖针、培养皿。

（2）操作规程。选用当地主要作物害虫，认识昆虫不同发育阶段的形态特征；了解各部位的基本功能和特点，然后进行以下操作（表3-2-2）。

表 3-2-2　昆虫的虫态特征观察

工作环节	操作规程	质量要求
昆虫变态类型的观察	（1）不全变态的观察。渐变态的观察：观察蝗虫和椿象的生活史标本，这类变态的幼期称为若虫。成虫与若虫不仅形态上相似，而且生活习性上也基本相同。半变态的观察：观察蜻蜓的生活史标本，这类变态的幼期称为稚虫。稚虫和成虫不仅在形态上有比较明显的分化，而且在生活习性上也有较大的差异 （2）全变态的观察。观察黏虫、金龟甲等的生活史标本。幼虫的形态、生活习性以及内部器官等都和成虫截然不同。如鳞翅目幼虫没有复眼，腹部有腹足，口器为咀嚼式口器，翅体在内部发育；幼虫经过若干次脱皮后，变为外形完全不同的蛹，蛹经过相当长时期后羽化为成虫	区别不全变态与全变态的幼虫时，可简单从足与翅芽状态来判断。不全变态昆虫的幼虫多为 3 对胸足，无腹足，一般表现出明显的翅芽（有翅亚纲）；全变态昆虫的幼虫胸足、腹足数目变化较大，无明显的翅芽
不同发育阶段虫态的观察	（1）卵的观察。昆虫的卵通常很小，卵的形状因种类而异，常见的有：椭圆形（观察蝼蛄的卵）、半球形（观察地老虎的卵）、桶形（观察椿象的卵，其形状像一腰鼓）、瓶形（观察菜粉蝶和瓢虫的卵，其端部紧缩而近中段处最膨大，底部多少平扁）、柄形（观察草蛉的卵，卵的本身是长圆形的，但卵的下端有丝状长柄，用以固定在植物上）、圆筒形（观察蝗虫的卵）、纺锤形（观察豆芫菁的卵，其两端均匀的缩小，呈纺锤形） （2）幼虫的观察。根据体型和足式可将全变态类昆虫的幼虫分为以下几个类型： ①多足型：除具有 3 对胸足外还有腹足，腹足多少因种而异。多数鳞翅目幼虫有 5 对，分别着生在腹部的三、四、五、六与第十节上，第十节上的腹足特称为臀足或尾足，观察玉米螟、菜粉蝶幼虫；少数鳞翅目幼虫如尺蠖类有 2 对腹足，分别着生于第六、十腹节上，观察枣尺蠖幼虫；此外，膜翅目叶蜂类有 6~8 对腹足，观察叶蜂幼虫，数清腹足对数 ②寡足型：只有 3 对胸足而无腹足。又分为蛃型（观察瓢虫幼虫）、蛴螬型（观察金龟子幼虫）和蠕虫型（观察金针虫幼虫） ③无足型：观察蝇类（家蝇）的幼虫，即无胸足又无腹足。全部双翅目及大多数膜翅目、部分鞘翅目幼虫属于无足型 （3）蛹的观察。按照蛹的形态特征可分为 3 种类型 ①离蛹（又称裸蛹）：这类蛹的特征是附肢和翅不贴附在身体上，可以活动，同时腹节也能自由活动。观察金龟子的蛹 ②被蛹：这类蛹的触角和附肢等贴附在蛹体上，不能活动，腹节多数或全部不能扭动。观察黏虫的蛹 ③围蛹：蛹的外面包有一层幼虫最后两次脱下的皮所形成的硬壳。这种类型的蛹，就其蛹体来说还是离蛹，观察家蝇的蛹，把硬壳划破，扒开硬壳后，进一步观察里面的蛹体，是离蛹还是被蛹 （4）成虫的观察。 ①观察雌雄二型：蓑蛾的雌虫无翅，雄虫具翅；马尾松毛虫雄蛾触角羽毛状，雌蛾为栉齿状；雄蚱蝉具发声器而雌虫没有等都是显而易见的雌雄差别 ②观察多型现象：蜜蜂有蜂王、雄蜂和不能生殖的工蜂；白蚁群中除有蚁后、蚁王专司生殖外，还有兵蚁和工蚁等类型	（1）观察家蚕、刺蛾等的茧和金龟子的蛹室。可看到有构造特殊的保护物，如吐丝作茧或以土及其他杂物、碎屑、本身的毛或丝等粘在一起作茧等 （2）同一种昆虫，雌雄个体除生殖器官等第一性征不同外，其个体的大小、体型、颜色等也有差别，这种现象称雌雄二型。同种昆虫在同一性别上具有两种或两种以上的个体的现象，称多型现象

【问题处理】

1. 立体显微镜每次观察完毕后，应及时降低镜体，取下载物台面上的观察物，将台面擦拭干净；将物镜、目镜装入镜盒内，目镜筒用防尘罩盖好装入木箱，加锁。

2. 立体显微镜和一般的精密光学仪器一样，应放置在阴凉、干燥、洁净无尘和无酸碱蒸汽之处保管，防潮、防震、防霉、防腐蚀。

3. 显微镜镜头内的透镜都经过严格的校验，不得自行拆开。镜面上如有污秽，可用脱脂棉或擦镜纸蘸少量二甲苯或酒精、乙醚混合溶液轻轻擦拭，注意绝不可使酒精渗入透镜内部，以免溶解透镜镜胶，损坏镜头。镜面的灰尘可用软毛笔或擦镜纸轻拭，镜身可用清洁软绸缎或细绒布擦净，切忌使用硬物，以免擦伤。

4. 齿轮滑动槽面等转动部分的油脂如因日久形成污垢或硬化，影响螺旋转动时，可用二甲苯将陈酯除去，再擦少量无酸动物油脂或无酸凡士林润滑油，注意油脂不可接触光学零件，以免损坏。

任务二 植物昆虫主要目科的识别

【任务目标】

知识目标：1. 了解昆虫分类、昆虫与环境关系等基本知识。
2. 熟悉直翅目、半翅目、同翅目、缨翅目、鞘翅目、膜翅目、鳞翅目、双翅目和脉翅目等9个重要目昆虫的基本特点。

能力目标：能识别直翅目、半翅目、同翅目、缨翅目、鞘翅目、膜翅目、鳞翅目、双翅目和脉翅目等9个重要目的主要昆虫，为防治虫害提供科学依据。

【知识学习】

1. 昆虫的分类 昆虫的分类同其他生物的分类一样，整个生物的分类阶元是：界、门、纲、目、科、属、种7个基本阶元。昆虫的分类地位是：界（动物界）、门（节肢动物门）、纲（昆虫纲）。昆虫纲以下的分类阶元是目、科、属、种4个基本阶元。

昆虫每个种都有一个科学的名称，称为学名。昆虫种的学名在国际上有统一的规定，这就是双名法，即规定种的学名由属名和种名共同组成，第一个词为属名，第二个词为种名，最后附上定名人。属名和定名人的第一个字母必须大写，种名全部小写，有时在种名后面还有一个名，这是亚种名，也为小写，并且都由拉丁文字来书写。学名中的属名、种名、有的还有亚种名一般用斜体字书写，定名人的姓用直体字书写，以示区别。生物的这一双命名法，是由林奈（1758）创造的。

学名举例： 菜粉蝶　　　*Pieris*　　　*rapae*　　　Linnaeus
　　　　　　　　　　　　属名　　　　种名　　　　定名人
　　　　　　东亚飞蝗　　*Locusta*　　*migratoria*　*manilensis*　Meyen
　　　　　　　　　　　　属名　　　　种名　　　　亚种名　　　定名人

昆虫纲的分类系统很多，分多少个目和各目的排列顺序全世界无一致的意见。最早林奈将昆虫分为6个目，现代一般将昆虫分为28~33目，马尔蒂诺夫将昆虫分了40目。纲下亚纲等大类群的设立意见也不一致。

2. 主要目昆虫特征 一般将昆虫分为34个目，与农业生产关系密切的有直翅目、半翅目、同翅目、缨翅目、鞘翅目、膜翅目、鳞翅目、双翅目和脉翅目等9个。各目特点如表3-2-3。

表 3-2-3 主要目昆虫的特点

目名称	特点	代表昆虫
直翅目	体中至大型。口器咀嚼式，下口式；触角丝状或剑状；前胸发达；前翅革质，后翅膜质透明；后足为跳跃足或前足为开掘足；雌虫产卵器发达，形式多样，雄虫常有发音器。不全变态，多为植食性	蝗虫、蝼蛄、蟋蟀和螽斯
半翅目	通称蝽。体中小型，扁平；刺吸式口器，自头的前端伸出；触角丝状或棒状；前胸背板发达，中胸小盾片三角形；前翅为半鞘翅，分基半部革区、爪区和端半部膜区；腹面常有臭腺。植食性或捕食性	梨蝽、网蝽、猎蝽、花蝽
同翅目	体多中小型；刺吸式口器，从头部后方伸出；触角短，刚毛状或丝状；前翅革质或膜质，静止时呈屋脊状，有些种类短翅或无翅；不全变态，全部植食性	蚱蝉、叶蝉、蚜虫、粉虱、木虱、蚧（介壳虫）
缨翅目	通称蓟马。体小型至微小型，细长，多黑色或黄褐色；锉吸式口器；翅狭长，翅缘密生缨状缘毛，称缨翅；触角短，6~10节；复眼发达，为一些小眼聚合而成，称聚眼；足粗壮，末端生有一翻缩性泡囊，称泡足。多数为植食性，卵产于植物组织内或植物表面、裂缝中；少数为肉食性	蓟马
鞘翅目	通称甲虫，是昆虫纲中最大的一个目。体小到大型，体壁坚硬；咀嚼式口器；前翅为鞘翅；后翅膜质；前胸背板发达，中胸仅露出三角形小盾片；成虫触角多样，11节。全变态，幼虫一般寡足型。食性复杂，有植食、肉食、腐食和杂食等类群	步甲、虎甲、吉丁虫、叩头虫、拟步甲、金龟子、瓢虫、叶甲、天牛、豆象、象甲、芫菁
膜翅目	包括蜂类和蚂蚁。体微小至大型；咀嚼式或嚼吸式口器；触角丝状或膝状；翅膜质，翅脉特化，形成许多"闭室"。幼虫多足或无足。完全变态，裸蛹，常有茧和巢保护	菜叶蜂、梨茎蜂、姬蜂、茧蜂、赤眼蜂、胡蜂、蜜蜂
鳞翅目	本目包括蝶、蛾类。体小至大型；虹吸式口器；触角丝状、羽毛状或棒状等；成虫体翅密被鳞片，多色斑。属全变态。成虫一般不为害植物，幼虫多数为农业植物害虫	粉蝶、凤蝶、弄蝶、螟蛾、夜蛾、菜蛾、舟蛾、毒蛾、灯蛾、天蛾、天蚕蛾、麦蛾、潜蛾、细蛾
双翅目	包括蚊、蝇、虻、蠓等。体中小型；刺吸式或舐吸式口器；前翅膜质透明，后翅退化呈平衡棒；全变态；幼虫蛆式	枣瘿蚊、葱蝇、美洲斑潜蝇、果蝇、实蝇、食蚜蝇、寄蝇
脉翅目	体小至大型，柔软；咀嚼式口器；触角细长，丝状、念珠状或棒状；前胸短小，前后翅膜质，翅脉多而密成网状，翅边缘多叉脉；全变态，幼虫和成虫捕食性，多为天敌昆虫	草蛉

3. 昆虫与环境的关系　害虫的发生与环境条件的关系，主要有以下几个方面：

（1）气候因子。气候因子包括温度（热）、湿度（水）、光、风等因素，其中以温度、湿度的影响最大。

昆虫是变温动物，昆虫的新陈代谢与活动都受外界温度的影响。一般害虫有效温区为10~40℃，适宜温度为22~30℃。当温度高于或低于有效温区，害虫就进入休眠状态；温度过高或过低时，害虫就要死亡。害虫种类不同，对温度的反应和适应性不同，同种害虫的不同发育阶段对温度的反应也不相同，如黏虫卵、幼虫、蛹及成虫发育起点温度分别为13.1℃、7.3℃、12.6℃、9.0℃。同种害虫也因地区、季节、虫期和生理状态等不同，对低温的忍受能力也有差异。停止发育或已达成熟的虫期，抗低温能力稍差，正在发育的虫期则最差。

湿度对害虫的影响明显地表现在发育期的长短、生殖力和分布等方面。害虫在适宜的湿度下，才能正常生长发育和繁殖。害虫种类不同对湿度的要求范围不一，有的喜干燥，如蚜虫、叶蝉类；有的喜潮湿，如黏虫在16~30℃范围内。湿度越大，产卵越多，在25℃温度下，相对湿度90％时，其产卵量比在相对湿度40％以下时多一倍。

此外，光、风等气候因子对害虫的发生也有一定的影响。光与温度常同时起作用，不易区分。风能影响地面蒸发量，大气中的温、湿度和害虫栖息的小气候条件，从而影响害虫的生长发育。风还可以影响某些害虫的迁移、扩散及其为害活动。

（2）土壤因子。土壤是害虫的一个特殊的生态环境，大部分害虫都和土壤有着密切关系。有些种类终生生活在土壤中，如蝼蛄；有的一个或几个虫期生活在土中，如地老虎、金龟子等。土壤的物理结构、酸碱度、通气性、温度、湿度等，对害虫生长发育、繁殖和分布都有影响，特别是对地下害虫影响最大。如蝼蛄用齿耙状的前足在土内活动，故在沙质壤土中蝼蛄多，危害重；而黏重土壤则不利其活动，危害轻。又如蛴螬喜在腐殖质多的土壤中活动；金针虫多生活在酸性土壤中；小地老虎则多分布在湿度较大的壤土中。

（3）生物因子。生物因子包括食物和天敌两个方面。它主要表现在害虫和其他动、植物之间的营养关系上。害虫一方面需要取食其他动、植物作为自身的营养物质；另一方面它本身又是其他动物的营养对象，它们互相依赖，互相制约，表现出生物因子的复杂性。食料的种类和数量对于害虫的生长、繁殖和分布有密切的关系。单食性害虫的分布，以食料的有无所限；如白术子虫只以白术为食料，没有白术的地方就没有白术子虫。多食性害虫，食料对其分布的影响较轻微，但是每一种害虫，都有它最适宜的食料，食料越合适，就越有利其发生发展。如黏虫喜食薏苡，黄凤蝶幼虫喜食小茴香、珊瑚菜、防风、白芷等。

在自然界中，凡是能抑制病、虫的生物，通称为该种病、虫害的天敌。天敌的种类和数量是影响害虫消长的重要因素之一。害虫的天敌主要有捕食性和寄生性两种。捕食性天敌如食蚜瓢虫、食蚜虻、食蚜蝇、草蛉及步行虫等。寄生性天敌如寄生蜂、寄生蝇，细菌、真菌及病毒等，其中常见的有赤眼蜂、杀螟杆菌、青虫菌及白僵菌等。

（4）人为因子。人类的生产活动对于害虫的繁殖和活动有很大的影响。人类有目的地进行生产活动，采用各种栽培技术措施，及时组织防治工作，可以有效地抑制害虫的发生和危害程度。在国际和国内的种苗调运中，实施植物检疫制度，可以防止危险性害虫的传播、蔓延。当人类进行垦荒改土，兴修水利、建造梯田、采伐森林以及牲畜放牧等生产活动时，也就同时改变了这些地区的自然面貌，改变了害虫的生活环境，有些害虫因寻不到食物和不能适应新的环境条件而逐渐衰亡，但也有些害虫因适应新的环境条件而繁殖猖獗，这就必须不断调查研究，掌握害虫发生和消长规律，有效地进行防治。

【技能训练】

1. 主要目、科昆虫的识别

（1）训练准备。准备蝗虫、蝼蛄、蟋蟀、螽斯、梨蟥、梨网蝽、猎蝽、花蝽、稻缘蝽、蚱蝉、叶蝉、蚜虫、粉虱、草履蚧、褐软蚧、红蜡蚧、蓟马、步甲、虎甲、吉丁虫、叩头虫、拟步甲、金龟子、瓢虫、叶甲、天牛、豆象、象甲、芫菁、粉蝶、凤蝶、弄蝶、蛱蝶、灰蝶、螟蛾、夜蛾、菜蛾、卷蛾、果蛀蛾、尺蛾、斑蛾、刺蛾、舟蛾、毒蛾、灯蛾、枯叶蛾、天蛾、透翅蛾、蓑蛾、天蚕蛾、麦蛾、潜蛾、细蛾、菜叶蜂、梨茎蜂、姬蜂、茧蜂、赤眼蜂、胡蜂、蜜蜂、枣瘿蚊、葱蝇、美洲斑潜蝇、果蝇、实蝇、食蚜蝇、寄蝇、草蛉、蜘蛛、苹果叶螨、蜗牛、蛞蝓等针插标本、浸渍标本、玻片标本、生活史标本和有关挂图。立体显微镜、扩大镜、镊子、挑针、载玻片等。

（2）操作规程。根据搜集或采集的标本，进行以下操作（表3-2-4）。

表3-2-4 主要目、科昆虫的识别

工作环节	操作规程	质量要求
直翅目及其代表科的观察	（1）观察蝗虫、蝼蛄、蟋蟀和螽斯等标本，认识直翅目昆虫特征 （2）观察蝗虫标本，认识蝗科昆虫特征为：触角比体短，丝状、剑状；前胸背板马鞍形；听器位于腹部第一节两侧；跗节4节；产卵器短凿状；后足为跳跃足 （3）观察螽斯标本，认识螽斯科昆虫特征为：触角比体长，丝状；产卵器刀片状或剑状，侧扁；听器位于前足胫基部；跗节4节 （4）观察蝼蛄标本，认识蝼蛄科昆虫特征为：触角短于体，丝状；前足开掘足；前翅短，后翅长，伸出腹末如尾状；尾须长；听器位于前足胫节内侧，产卵器不外露，土栖；跗节3节 （5）观察蟋蟀标本，认识蟋蟀科昆虫特征为：触角比体长，丝状；后足为跳跃足，听器位于前足胫节上；产卵器针状、长矛状或长杆状；跗节3节；尾须长，不分节	（1）观察蝗虫、蝼蛄、蟋蟀和螽斯，注意听器的位置、形状，触角的类型、口器的类型、前后翅、足的类型、产卵器的形状等，将这些特征进行比较，找出本目的共同特征及代表科之间的异同点 （2）观察时可参考图3-2-16
半翅目及其代表科的观察	（1）观察梨蝽、梨网蝽、猎蝽等标本，认识半翅目昆虫特征 （2）观察梨蝽标本，认识蝽科昆虫特征：体小到大型；触角5节；小盾片发达，超过翅爪区末端；前翅膜区多纵脉，且从一根基横脉上发出；多为植食性 （3）观察梨网蝽标本，认识网蝽科昆虫特征：体小型扁平，触角4节，末节膨大；前胸背板向后延伸盖住小盾片；前胸背板及前翅遍布网状纹；前翅质地均匀，无革区和膜区之分 （4）观察稻棘缘蝽标本，认识缘蝽科昆虫特征：体中至大型，狭长；触角4节；前翅膜区有多条平行脉纹而少翅室；后足腿节扁粗，具瘤或刺状突起；跗节3节 （5）观察绿盲蝽标本，认识盲蝽科昆虫特点：体小至中型；触角4节；无单眼；前翅有楔区，膜区基部有2个翅室	（1）以椿象为代表观察半翅目昆虫的基本特征，注意头式、喙的着生位置和形状，触角的类型，前翅的分区及翅脉的变化等，并对比观察蝽科、网蝽科、猎蝽科等代表科的形态特征 （2）观察时可参考图3-2-17
同翅目及其代表科的观察	（1）观察蚱蝉、叶蝉、蚜虫、粉虱、木虱、介壳虫等标本，认识同翅目昆虫特征 （2）观察黑蚱蝉标本，认识蝉科昆虫特点：体中至大型；触角短刚毛状；单眼3个；翅膜质透明；前足开掘式，腿节有齿或刺，雄蝉有鸣器。成虫生活在林木上，吸取枝干汁液，若虫生活在土中 （3）观察大青叶蝉标本，认识叶蝉科昆虫特征：体小型；头部宽圆；触角刚毛状，位于两复眼之间；前翅革翅，后翅膜翅；后足胫节有棱脊，其上生有3～4列刺毛 （4）观察稻灰飞虱标本，认识飞虱科昆虫特征：体小型；头顶突出明显；触角刚毛状，着生于两复眼侧下方；前翅透明；后足胫节末端有1个活动的大距 （5）观察碧蛾蜡蝉标本，认识蛾蜡蝉科昆虫特征：体中型，状似蛾；前翅宽大成长方形，脉相复杂，前翅前缘有很多横纹 （6）观察橘绿粉虱、温室白粉虱标本，认识粉虱科昆虫特征：体小型，体、翅被蜡粉；触角线状，7节；翅短圆，前翅1～2条纵脉；跗节2节 （7）观察桃蚜、麦蚜或棉蚜标本，认识蚜科昆虫特征：体小柔弱；触角丝状；翅膜质透明，前翅大，后翅小；前翅前缘外方具黑色翅痣；腹末有尾片，第六节背面两侧有1对腹管。同种个体分有翅型和无翅型 （8）观察草履蚧、褐软蚧、红蜡蚧等标本，认识蚧科昆虫的特征：体小型，体表常盖有介壳；触角、足和翅退化，雄虫有前翅1对，后翅特化为平衡棒；寿命短	（1）以蚱蝉为代表观察同翅目昆虫的基本特征，注意头式、喙的着生位置，触角的形状，前翅的质地，产卵器的形状与雌雄辨别，足的特点等，并对比观察蝉科、蛾蜡蝉科、叶蝉科、蚜科、粉虱科、蚧科的识别要点 （2）观察大青叶蝉、稻灰飞虱、碧蛾蜡蝉、桃蚜、橘绿粉虱时可参考图3-2-18
缨翅目及其代表科的观察	观察蓟马标本，认识缨翅目昆虫特征。注意体型、大小、翅的形状、类型、翅脉，产卵器等，并对比观察纹蓟马科和蓟马科的区别特征	以葱蓟马为代表，观察玻片标本或新鲜实物标本，参考图3-2-19

（续）

工作环节	操作规程	质量要求
鞘翅目、两亚目及其主要科的观察	（1）观察步甲、虎甲、吉丁虫、叩头虫、拟步甲、金龟子、瓢甲、叶甲、天牛、豆象、象甲、芫菁等标本，认识鞘翅目昆虫特征 （2）观察中国曲胫步甲、中华虎甲等标本，认识肉食亚目昆虫特征：腹部第一腹板被后足基节窝分割成左右2个三角形板块；前胸背板与侧板间有明显的背侧缝；多为肉食性。常见的有步甲科和虎甲科 ①步甲科体小至中型，黑色或褐色而有光泽；头前口式，窄于前胸；足为步行足；幼虫细长，上腭发达，腹末有1对尾突 ②虎甲科体中型，具鲜艳光泽；头下口式，宽于前胸；触角丝状，11节；上腭发达，呈弯曲的锐齿；足细长 （3）观察金龟子、金针虫、瓢虫、天牛、玉米象、豆象等标本，认识多食亚目昆虫特征：基节窝不将腹板完全划分开；前胸背板和侧板间无明显的背侧缝；食性复杂；有水生和陆生两大类群 ①金龟子科体中至大型；触角鳃片状，能活动；前足开掘足。幼虫蛴螬型，土栖，以植物根、土中的有机质及未腐熟的肥料为食，有些种类为重要地下害虫；成虫食害叶、花、果及树皮等 ②叩甲科体狭长形，色多暗，末端尖削；触角多锯齿状或丝状；前胸背板后侧角突出成锐刺状；腹板中间有一锐突，镶嵌在中胸腹板的凹槽内，形成叩头的关节。成虫被捉时能不断叩头。幼虫通称金针虫，体坚硬，黄褐色，生活于地下，取食植物根部 ③瓢甲科体中、小型，体半球形，体色多样，色斑各异；头部多盖在前胸背板下；触角锤状或短棒状；跗节隐4节；鞘翅缘褶发达；腹部第一节有后基线。幼虫胸足发达，行动活泼，体被枝刺或瘤突 ④天牛科体中型至大型；触角特长，鞭状；复眼肾形，围绕在触角基部；跗节隐5节。幼虫圆筒形，无足，前胸扁圆，腹部1至6或7节具"步泡突"，适于幼虫在蛀道内移动 ⑤叶甲科体中小型，多具金属光泽；触角丝状；复眼圆形；跗节隐5节。幼虫具有胸足3对，前胸背板及头部强骨化，身体各节有瘤突和骨片 ⑥象甲科体小至大型；头部延伸成象鼻状或鸟喙状；触角膝状，末端3节膨大呈锤状；鞘翅长，多盖及腹端。幼虫黄白色，无足，体肥粗而弯曲成"C"形 ⑦豆象科体小型，卵圆形，体色灰暗；头稍延长；触角锯齿状或棒状；鞘翅末端平截，腹末背板外露；跗节隐5节。幼虫粗短，弯曲，无足。植食性，多为单食性	（1）以步甲与金龟子为代表，观察鞘翅目及两亚目的基本特征，对比观察步甲与虎甲，叩头虫与吉丁虫，瓢甲、叶甲与天牛，金龟子、豆象、象甲与芫菁等科的成虫、幼虫的基本特征及其相互区分 （2）肉食亚目观察时，可参考图3-2-20 （3）多食亚目观察时，可参考图3-2-21
鳞翅目、两亚目及其主要科的观察	（1）观察粉蝶、凤蝶、弄蝶、蛱蝶、灰蝶、螟蛾、夜蛾、菜蛾、卷蛾、果蛀蛾、尺蛾、斑蛾、刺蛾、舟蛾、毒蛾、灯蛾、枯叶蛾、天蛾、透翅蛾、蓑蛾、天蚕蛾、麦蛾、潜蛾、细蛾等标本，认识鳞翅目昆虫的特征 （2）观察菜粉蝶、直纹稻弄蝶、玉带凤蝶等标本，认识蝶类（锤角亚目）昆虫的特征：触角球杆或锤状；大多白天活动；静息时双翅竖立在身体的背面；前后翅以翅抱型连接 ①粉蝶科体中型。常为白色、黄色、橙色，常有黑色斑纹；前翅三角形，后翅卵圆形。幼虫圆筒形，头小，黄色或绿色，体表光滑或有细毛 ②弄蝶科体中小型，粗壮；头大；触角端部具小钩；翅为黑褐色、茶褐色。幼虫体呈纺锤形，前胸缩成颈状，体被白色蜡粉 ③凤蝶科体中至大型，颜色鲜艳，底色黄或绿色，带有黑色斑纹，或底色为黑色而带有蓝、绿、红等色斑；后翅外缘呈波状或有尾突。幼虫光滑，无毛，前胸前缘有臭丫腺，受惊时翻出体外 （3）观察芳香木蠹蛾、小菜蛾、麦蛾、苹小卷叶蛾、三化螟、黏虫、大豆毒蛾、苹果舟蛾、豆天蛾、黄刺蛾等标本，认识蛾类（异角亚目）昆虫特征：触角丝状、羽状等多样，端部不膨大；大多夜出，少数日出；静息时翅多平展或呈屋脊状覆于体背，前后翅以翅轭或翅缰相连接	（1）以天蛾和凤蝶为代表，观察鳞翅目及两亚目的基本特征，对比观察粉蝶与弄蝶，蛱蝶、凤蝶与灰蝶，螟蛾、菜蛾与麦蛾，夜蛾与舟蛾，卷蛾与果蛀蛾，潜蛾与细蛾，毒蛾与刺蛾，尺蛾、蓑蛾与透翅蛾，天蛾、天蚕蛾与枯叶蛾科等成虫、幼虫的基本特征及相互区别

（续）

工作环节	操作规程	质量要求
鳞翅目、两亚目及其主要科的观察	①木蠹蛾科体中型，腹部肥大；触角栉状或线状，口器短或退化。幼虫粗壮，虫体白色、黄褐或红色，口器发达，老熟幼虫蛀食枝杆木质部 ②菜蛾科体小型；触角线状，静息时前伸；前翅披针形，后翅菜刀形。幼虫细长，绿色，取食植物的叶肉呈"天窗"状 ③麦蛾科体小型，色暗；下唇须上弯，超过头顶；触角丝状，静止时向后伸；前翅狭长柳叶形，后翅菜刀状，前后翅缘毛均很长。幼虫白色或红色，常卷叶、缀叶或钻蛀为害 ④小卷蛾科体小型；前翅肩区不发达，前缘有一列短的斜纹，后翅中室下缘有栉状毛 ⑤螟蛾科体中小型，体细长；触角丝状；足细长；前翅狭长三角形，后翅有发达的臀区。幼虫体细长、光滑，多钻蛀或卷叶为害 ⑥夜蛾科体中大型，色深暗，体粗壮多毛，触角丝状，少数种类雄蛾触角为栉齿状；前翅色灰暗，三角形，斑纹明显，后翅宽色淡。幼虫体粗壮，色深，胸足3对，腹足5对 ⑦毒蛾科体中型，粗壮多毛；触角羽状，静息时多毛的前足前伸，有些种类雌蛾翅退化或无翅。幼虫体生有长短不一的毒毛簇 ⑧舟蛾科体大中型，体翅大多暗褐；喙退化；雄蛾触角羽状，翅面鳞片较厚，雌蛾腹部末端有成簇的毛；静息时多毛的前足前伸。幼虫体形特异，全身多毛，静息时举头翘尾 ⑨天蛾科体大型，粗壮，纺锤形。触角丝状、棒状或栉齿状，端部弯曲成钩；前翅发达，后翅小。幼虫体粗壮，每一腹节上有环纹，第八腹节背面具1枚尾角 ⑩刺蛾科体中型，粗壮多毛，鳞片厚，触角线状，雄蛾栉齿状；前后翅中室有"M"脉主干存在。幼虫短粗，体常被有毒枝刺或毛簇，颜色鲜艳	（2）观察蝶类可参考图3-2-22 （3）观察蛾类时可参考图3-2-23
膜翅目及两亚目和主要科的观察	（1）观察菜叶蜂、梨茎蜂、姬蜂、茧蜂、赤眼蜂、胡蜂、蜜蜂等标本，认识膜翅目昆虫特征 （2）观察小麦叶蜂、黄翅菜叶蜂、麦茎蜂、梨茎蜂等标本，认识广腰亚目昆虫特征：胸腹广接，没有细腰；咀嚼式口器；后翅至少有3个基室；产卵器锯状或管状；植食性 ①叶蜂科体中、小型，粗壮；触角丝状；前胸背板后缘深深凹入；前翅有粗短的翅痣；前足胫节有2端距；产卵器锯状或管状；幼虫具6~8对腹足 ②茎蜂科体中、小型、细长、黑色或间有黄色；触角丝状；前翅翅痣狭长；前足胫节有一端距；幼虫无足，钻蛀植物为害 （3）观察螟黑点瘤姬蜂、麦蚜茧蜂、稻螟赤眼蜂、广大腿小蜂、棉红铃虫金小蜂、长脚胡蜂等标本，认识细腰亚目昆虫特征：胸腹连接处呈细腰状或柄状；后翅最多2个基室；多肉食性。绝大多数可被利用的捕食性和寄生性天敌，蜜蜂则为传粉昆虫 ①姬蜂科体细长，小至大型；触角线状，16节以上；前翅常有小室和第二回脉；卵多产于鳞翅目幼虫体内 ②茧蜂科体小型或微小型；触角丝状；前翅只有一条回脉无小室和第二回脉；卵产于寄主体内。幼虫内寄生，老熟时在寄主体内或体外结黄褐或白色丝茧化蛹 ③赤眼蜂科体极微小；黑褐色或黄色；触角膝状；前翅宽阔，翅面有纵裂成行的微毛，后翅狭长 ④小蜂科体小型，黑褐色带黄白色斑纹；触角膝状；翅脉极度退化，仅见一条翅脉；后足腿节膨大，胫节弯曲 ⑤金小蜂科体小型，有金绿、金蓝或金黄等金属光泽；触角13节；翅脉脉纹退化仅1条；后足腿节不膨大，胫节只有1端距。寄生性 ⑥胡蜂科体中到大型；色泽鲜艳，常具有彩色斑；翅狭长，静息时纵折于胸背。成虫常捕食多种鳞翅目幼虫或取食果汁和嫩叶	（1）以菜叶蜂和姬蜂为代表，观察膜翅目及两亚目的基本特征，对比观察叶蜂与茎蜂，姬蜂与茧蜂、小蜂与金小蜂科的形态特征及其相互区分 （2）观察广腰亚目昆虫时，可参考图3-2-24 （3）观察细腰亚目昆虫时，可参考图3-2-25

（续）

工作环节	操作规程	质量要求
双翅目及其主要科的观察	（1）观察枣瘿蚊、葱蝇、美洲斑潜蝇、果蝇、实蝇、食蚜蝇、寄蝇等标本，认识双翅目昆虫特征 （2）观察麦红吸浆虫标本，认识长角亚目昆虫特征：触角细长，6节以上；刺吸式口器。幼虫为全头型，具有骨化的头壳。常见为瘿蚊科 　　瘿蚊科体小纤弱；触角细长，念珠状，各节生有细长毛和环状毛；足细长；翅脉简单。幼虫纺锤形，前胸腹板上有剑骨片 （3）观察牛虻标本，认识短角亚目昆虫特征：通称虻类。触角3节，第三节较长具端刺；舐吸式口器。幼虫为半头式，蛹为被蛹，水生或陆生 （4）观察瓜实蝇、葱蝇、小麦潜叶蝇、黑带食蚜蝇、地老虎寄蝇等标本，认识芒角亚目昆虫特征：通称蝇类。成虫体小到中型；触角3节，末端膨大，有触角芒；舐吸式口器。幼虫无头型，蛹为围蛹 ①实蝇科体小至中型，常有黄、棕、橙、黑色；头大颈细，复眼突出，触角芒光滑，无毛；前翅上有雾状褐色斑纹；雌虫腹末产卵器细长扁平而坚硬。幼虫植食性 ②花蝇科体小而细长，且多毛，灰黑色或黄色；翅脉较直，直达翅缘，翅后缘基部连接身体处，有一质地较厚的腋瓣。幼虫称为根蛆 ③潜蝇科体微小至小型，黑色或黑褐色；前缘近基部1/3处有一折断；有臀室；腹部扁平。幼虫潜叶为害 ④食蚜蝇科体小至中型，形似蜜蜂，色泽鲜艳；飞行能力强，常停悬于空中；翅中央有一条两端游离的伪脉，外缘有与边缘平行的横脉，使径脉和中脉的缘室成为闭室。幼虫捕食小型同翅目害虫 ⑤寄蝇科体小至中型，粗壮多毛，灰褐色；触角芒光滑或有短毛；中胸盾片大型；腹部尤其腹末多刚毛。成虫白天出没于花间	（1）以食蚜蝇为代表，观察双翅目昆虫的基本特征，对比观察瘿蚊与食蚜蝇，种蝇与潜蝇，果蝇与实蝇科的形态特征和相互区别 （2）观察时可参考图3-2-26
脉翅目及主要科观察	观察草蛉标本，认识脉翅目昆虫特征。草蛉科体中型，细长柔弱，草绿色、黄白色；复眼有金色闪光；卵具长柄；幼虫称蚜狮，纺锤形，胸部和腹部长有毛瘤，双刺吸式口器	观察草蛉标本，注意观察成虫前后翅大小、翅型与脉纹。见图3-2-27

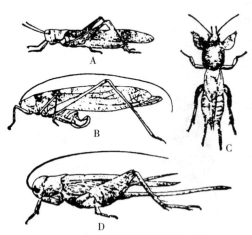

图 3-2-16　直翅目主要科代表种
A. 蝗科（东亚飞蝗）　　B. 螽斯科（日本露螽）
C. 蝼蛄科（华北蝼蛄）　D. 蟋蟀科（油葫芦）
（肖启明.2005.植物保护技术.第2版）

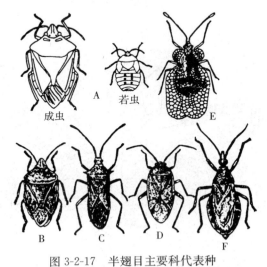

图 3-2-17　半翅目主要科代表种
A. 半翅目成虫和若虫躯体结构　B. 蝽科（稻绿蝽）
C. 缘蝽科（稻棘缘蝽）　D. 盲蝽科（绿盲蝽）
E. 网蝽科（梨网蝽）　F. 猎蝽科（黄足猎蝽）
（肖启明.2005.植物保护技术.第2版）

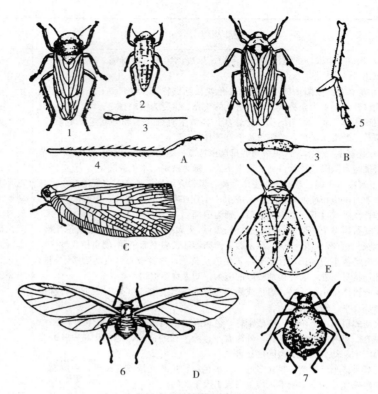

图 3-2-18 同翅目主要科代表种
A. 叶蝉科（大青叶蝉） B. 飞虱科（稻灰飞虱） C. 蛾蜡蝉科（碧蛾蜡蝉）
D. 蚜科（桃蚜） E. 粉虱科（橘绿粉虱）
1. 成虫 2. 若虫 3. 触角 4. 胫节刺列 5. 胫节下方内侧的距
6. 有翅蚜 7. 无翅蚜
（肖启明．2005．植物保护技术．第 2 版）

图 3-2-19 稻蓟马
（肖启明．2005．植物保护技术．第 2 版）

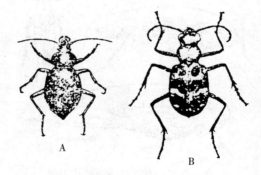

图 3-2-20 肉食亚目主要科代表种
A. 步甲科（皱鞘步甲） B. 虎甲科（中华虎甲）
（肖启明．2005．植物保护技术．第 2 版）

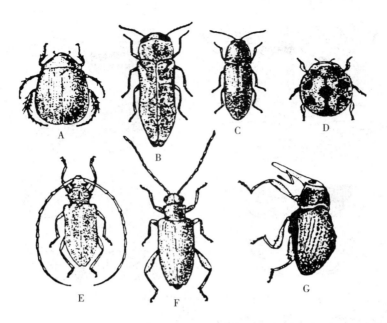

图 3-2-21 多食亚目主要科代表种
A. 金龟甲科（暗黑鳃金龟子） B. 吉丁虫科（柑橘小吉丁虫） C. 叩头甲科（沟金针虫） D. 瓢虫科（龟纹瓢虫） E. 天牛科（柑橘褐天牛） F. 叶甲科（水稻食根叶甲） G. 象甲科（油菜茎象甲）
（肖启明．2005．植物保护技术．第 2 版）

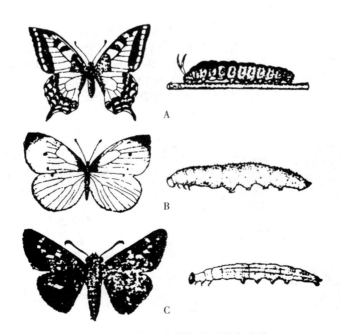

图 3-2-22 鳞翅目蝶类主要科代表种
A. 凤蝶科（结凤蝶） B. 粉蝶科（菜粉蝶） C. 弄粉蝶（直纹稻苞虫）
（肖启明．2005．植物保护技术．第 2 版）

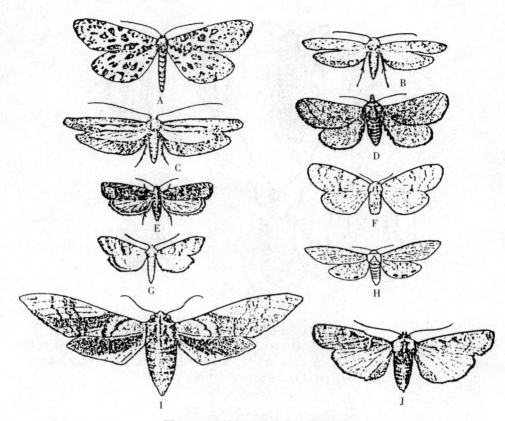

图 3-2-23 鳞翅目蛾类主要科代表种
A. 尺蛾科（豹尺蛾）　B. 麦蛾科（棉红铃虫）　C. 菜蛾科（菜蛾）　D. 刺蛾科（黄刺蛾）
E. 小卷蛾科（梨小食心虫）　F. 毒蛾科（舞毒蛾）　G. 螟蛾科（玉米螟）　H. 灯蛾科（红缘灯蛾）
I. 天蛾科（豆天蛾）　J. 夜蛾科（八字地老虎）
（肖启明.2005.植物保护技术.第2版）

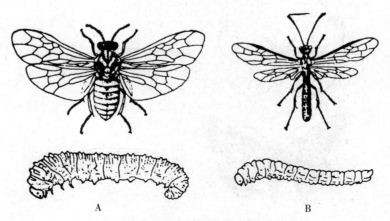

图 3-2-24 广腰亚目主要科代表种
A. 叶蜂科（日本菜叶蜂）　B. 茎蜂科（麦茎蜂）
（肖启明.2005.植物保护技术.第2版）

模块三　植物发生的病虫害

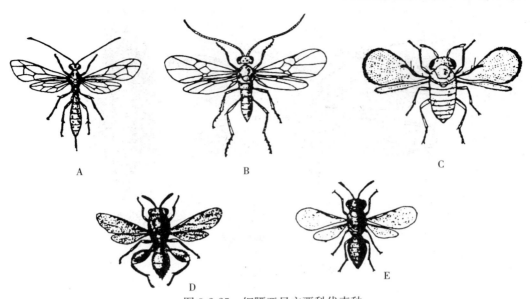

图 3-2-25　细腰亚目主要科代表种
A. 姬蜂科（螟黑点瘤姬蜂）　B. 茧蜂科（螟蛉绒茧蜂）　C. 赤眼蜂科（松毛虫赤眼蜂）
D. 小蜂科（广大腿小蜂）　E. 金小蜂科（棉红铃虫金小峰）
（肖启明．2005．植物保护技术．第2版）

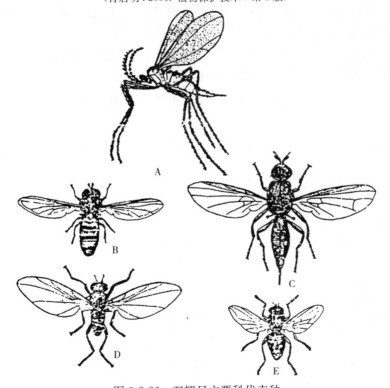

图 3-2-26　双翅目主要科代表种
A. 瘿蚊科（柑橘花蕾蛆）　B. 食蚜蝇科（食蚜蝇）　C. 实蝇科（柑橘大食蝇）
D. 潜蝇科（豌豆潜叶蝇）　E. 寄蝇科（黏虫寄蝇）
（肖启明．2005．植物保护技术．第2版）

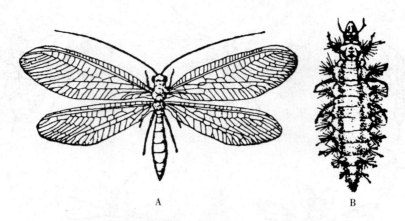

图 3-2-27　中华草蛉
A. 成虫　B. 幼虫
(肖启明. 2005. 植物保护技术. 第 2 版)

【问题处理】

1. 昆虫识别的现状与发展　种类众多的昆虫，与人类的生产和生活关系密切。为了控制有害类群，保护和利用有益的种类，准确的识别是必须的。昆虫的识别，是遵循由简单到复杂，由低级到高级，由水生到陆生的进化规律，按照亲缘关系和形态特征，通过比较和归纳，把众多的昆虫分成若干类群，便于识别与研究。目前昆虫类群的划分，多沿用昆虫成虫的形态特征作为主要依据。识别昆虫也可参考表 3-2-5。

表 3-2-5　主要目昆虫识别检索表

1. 翅 1 对 …………………………………………………………………………………………………	双翅目
1. 翅 2 对 …………………………………………………………………………………………………	2
2. 翅鳞翅，口器虹吸式 …………………………………………………………………………………	鳞翅目
2. 翅非鳞翅，口器非虹吸式 ……………………………………………………………………………	3
3. 翅缨翅，口器锉吸式 ………………………………………………………………………………	缨翅目
3. 翅非缨翅，口器非锉吸式 …………………………………………………………………………	4
4. 口器刺吸式 …………………………………………………………………………………………	5
4. 口器咀嚼式 …………………………………………………………………………………………	6
5. 前翅半翅，口器从头部前方伸出 ……………………………………………………………	半翅目
5. 前翅同翅，口器从头部后方伸出 ……………………………………………………………	同翅目
6. 前翅覆翅 …………………………………………………………………………………	直翅目
6. 前翅非覆翅 ………………………………………………………………………………	7
7. 前翅鞘翅 ………………………………………………………………………………	鞘翅目
7. 前翅膜翅 ………………………………………………………………………………	8
8. 前后翅大小、形状、脉序相同 ……………………………………………………	等翅目
8. 前后翅大小、形状、脉序不相同 …………………………………………………	9
9. 翅多横脉，成网状 ……………………………………………………………	脉翅目
9. 翅少横脉，不成网状 …………………………………………………………	膜翅目

2. 昆虫、蜘蛛、螨类区别　昆虫、蜘蛛、螨类，它们都属节肢动物，因此在形态上有许多的相似之处，如附肢分节，具有外骨骼，故幼期必须蜕皮等。但作为不同纲目的动物，它们之间又有着明显的区别（表 3-2-6）。

表 3-2-6　昆虫、蜘蛛、螨类的主要区别

构造	昆虫	蜘蛛	螨类
体躯	分头、胸、腹 3 个体段	分头胸部和腹部两个体段	体躯愈合，体段不易区分
触角	有	无	无
眼	有复眼，少数有单眼	只有单眼	只有单眼
足	3 对	4 对	4 对（少数 2 对）
翅	多数有翅 1～2 对	无	无
纺丝器	无，少数幼虫有，位于头部	有，位于腹部末端	无

【信息链接】

昆虫信息素的应用

用信息素防治害虫是近些年发展起来的一种治虫新技术。由于它具有高效、无毒、不伤害益虫、不污染环境等优点，国内外对这一新技术的研究和应用都很重视。

许多昆虫发育成熟以后能向体外释放具有特殊气味的微量化学物质，以引诱同种异性昆虫前去交配。这种在昆虫交配过程中起通信联络作用的化学物质称为昆虫性信息素或性外激素。用人工合成的性信息素或类似物防治害虫时，通常称为昆虫性引诱剂，简称性诱剂。

1. 监测虫情　性信息素或性诱剂在害虫防治上的第一个用途是监测虫情，作虫情测报。由于它具有灵敏度高、准确性好、使用简便、费用低廉等优点正在获得越来越广泛的应用。性诱剂测报法以诱捕器作虫情监测工具。诱捕器由诱芯和捕虫器两部分组成。诱芯即性诱剂的载体，含有人工合成昆虫性诱剂的小橡胶塞、硅橡胶片或聚乙烯塑料管等。诱芯活性好，效力高，使用方便。近年来我国一些地区用梨小食心虫、桃小食心虫、苹果蠹蛾、枣黏虫、苹小卷蛾、金纹细蛾、小菜蛾、槐小卷蛾、棉铃虫等多种性诱剂监测虫情，指导防治，收到了良好效果，发挥了重要作用。

2. 大量诱捕　大量诱捕法是用性信息素直接防治害虫的一种方法，简称诱捕法或诱杀法。在防治区设置适当数量的诱捕器，把田间出现的求偶交配的雄虫尽可能及时诱杀，使雌虫失去交配的机会，不能有效地繁殖后代进行危害。试验结果表明，在虫口密度较低的条件下，诱捕法是比较有效的。近年来，我们在北京市区用性信息素诱捕法防治国槐树的重要害虫槐小卷蛾效果显著，诱捕区比对照区国槐新梢叶柄被蛀率下降 63.5%～86.5%，槐荚被蛀率下降 73.5%～95.8%。目前这项新技术已经在京津等地推广应用，对保护国槐等绿化树健康生长，提高绿化美化效果和减少农药污染发挥了重要作用。

3. 干扰交配　如前所述，许多害虫是通过性信息素相互联络求偶交配的。如果能干扰破坏雌雄间这种通信联络，害虫就不能聚到一起进行交配和繁殖后代，即为干扰交配法，俗称"迷向法"。在田里普遍设置性信息素散发器，空气中到处都有性信息素的气味，使雄虫分不清真假，无法定向找到雌虫进行交配。或者由于雄虫的触角长时间接触高浓度的性信息素而处于麻痹状态，失去对雌虫召唤的反应能力，雌虫得不到交配，便不能繁殖后代进行危害。

不论是用性信息素作虫情测报，还是用诱捕法和干扰交配法直接防治害虫，均有利于保护天敌，兴益除害，充分发挥综合治理的威力，提高防治效果。另一方面，用性信息素防治

害虫大大减少了常规化学农药的用量，对保护环境，减少污染和农产品残毒均具有重要意义。

【知识拓展】

如果同学们想了解更多的知识，可以通过下面渠道进行学习：

1. 阅读杂志

（1）《植物保护》。

（2）《昆虫知识》。

（3）《昆虫天敌》。

2. 浏览网站

（1）中国植物保护网（http://www.ipmchina.net/）。

（2）绿农网（http://www.lv-nong.cn/）。

（3）中国植保植检网（http://www.ppq.gov.cn/）。

（4）××省（市）植物保护信息网。

3. 通过本校图书馆借阅有关植物保护方面的书籍

【观察思考】

（1）根据对昆虫的观测，在老师指导下，完成下表内容。

昆虫名称	口器类型	触角类型	翅特征	胸足类型		
				前足	中足	后足
蝗虫						
梨蟓						
叶蝉						
蓟马						
天牛						
凤蝶						
赤眼蜂						
果蝇						
草蛉						

（2）在老师指导下，分组讨论，列表比较昆虫变态的方式及异同点。

（3）列表比较直翅目、半翅目、同翅目、缨翅目、鞘翅目、膜翅目、鳞翅目、双翅目和脉翅目等9个重要目、科昆虫的基本特点，并举例说明9个重要目3～5个重要科的昆虫。

项目三 植物病虫害的综合防治

▲ 项目任务

了解农药的基本知识，熟悉作物病虫害的综合防治措施。能正确识别农药剂型、标签和质量，并能正确配制农药；能结合当地生产实际，合理使用常见农药；能根据当地植物类型，制订植物病虫害综合防治方案。

任务一 农药合理施用技术

【任务目标】

知识目标：1. 了解农药的概念、分类、剂型、名称等基本知识。
2. 了解农药用量的表示方法；熟悉农药的合理使用、安全使用基本知识。

能力目标：1. 能正确识别农药的各种剂型，判读农药标签；能正确进行农药质量的简易鉴别。
2. 学会计算农药制剂和稀释剂的用量，能正确进行常用农药的配制；能正确使用喷雾器，并会清洗药械。
3. 能结合当地生产实际，合理使用常见农药。

【知识学习】

1. 农药基本知识 农药是指用于预防、消灭或者控制危害农业、林业的病、虫、草和其他有害生物以及有目的地调解植物、昆虫生长的化学合成或者来源于生物、其他天然物质的一种物质或者几种物质的混合物及其制剂。

（1）农药的分类。农药的分类方法很多，根据防治对象，可分为杀虫剂、杀菌剂、杀螨剂、杀线虫剂、杀鼠剂、除草剂、脱叶剂、植物生长调节剂等。根据原料来源可分为有机农药、无机农药、植物性农药、微生物农药和昆虫激素。

为了使用上的方便，常按作用方式进行分类，可以分为杀虫剂、杀菌剂、除草剂和植物生长调节剂四大类。

①杀虫剂。是一类用来防治农林、卫生、贮粮及牧草等方面害虫的药剂。按杀虫剂的作用方式可分为：胃毒剂、触杀剂、内吸剂、熏蒸剂、特异性昆虫生长调节剂等。胃毒剂是通过害虫的消化系统进入虫体，使害虫中毒死亡的药剂，如敌百虫、灭幼脲等。触杀剂是通过接触害虫体壁渗入体内，使之中毒死亡的药剂，如辛硫磷、敌杀死等。内吸剂是药剂由植物的根、茎、叶或种子等部位吸进体内，并能在植物体内输导、存留一定时间，或经过植物代谢作用产生更毒的代谢物，当害虫刺吸植物带毒汁液时，引起中毒死亡，如吡虫啉等。熏蒸剂是药剂在常温、常压下能汽化为毒气，通过呼吸系统进入害虫体内使之中毒死亡，如溴甲烷、磷化铝等。特异性昆虫生长调节剂包括昆虫生长调节剂、引诱剂、驱避剂、拒食剂等。

②杀菌剂。凡是用来防治植物病害，而又不杀伤植物的药剂均称杀菌剂。按作用方式可

以分为保护剂和治疗剂。保护剂是指在病原物侵入寄主植物之前使用，抑制病原孢子萌发，或杀死萌发的病原孢子，防止病原菌侵入植物体内，以保护植物免受危害的药剂，如波尔多液、代森锌等。治疗剂是指在病原物侵入植物后，在其潜伏期用药，直接杀死已侵入植物的病原菌的药剂，如三唑酮、多菌灵等。

③除草剂。除草剂是指用来防除有害植物，而又不影响作物正常生长的药剂。按对植物作用的性质可分为灭生性除草剂和选择性除草剂。灭生性除草剂对植物没有选择性，或选择性小，凡是接触到药剂的植物都受到伤害或死亡，如百草枯、草甘膦等。选择性除草剂是在一定剂量范围内，只杀死杂草而不伤害植物，甚至只杀死一种或某类杂草，不损害任何植物和其他杂草，大多数有机除草剂均属于此类，如敌稗、2,4-滴等。

(2) 农药的剂型。未经加工的农药称之为原药。固体形态的原药称为原粉，液体形态的原药称为原油。农药的原药一般不能直接使用，绝大多数必须加工配制成各种类型的制剂，才能使用。

①农药助剂。凡与农药原药混用或通过加工过程与原药混合，并能改善剂型的理化性质、提高药效的物质统称为农药助剂。农药助剂很多，按作用可分为填充剂、湿润剂、乳化剂、溶剂、分散剂、黏着剂、稳定剂、防解剂、增效剂、发泡剂等。

②常用农药剂型。商品农药都是以某种剂型的形式，销售到用户。常见农药的剂型主要有：粉剂、可湿性粉剂、乳油、悬浮剂、干悬浮剂、浓乳剂、微胶囊缓释剂等，此外还有颗粒剂、烟剂、气雾剂、超低容量制剂、熏蒸剂、种衣剂、片剂等多种剂型。

粉剂是用原药和惰性填料（如滑石粉、黏土、高岭土等）按一定比例混合、粉碎，使粉粒细度达到一定标准。我国的标准是：95%的粉粒能通过200目标准筛，即粉粒直径在74μm以下，平均粒径为30μm左右。

可湿性粉剂是用农药原药和惰性填料及一定量的助剂（湿润剂、悬浮稳定剂、分散剂等）按比例充分混匀和粉碎后达到98%通过325目筛，即药粒直径小于44μm，平均粒径25μm，湿润时间小于2min，悬浮率60%以上质量标准的细粉。

乳油是农药原药按比例溶解在有机溶剂（甲苯、二甲苯等）中，加入一定量的农药专用乳化剂（如烷基苯磺酸钙和非离子等乳化剂）配制成透明均相液体。

悬浮剂又称胶悬剂，是将固体农药原药分散于水中的制剂，它兼有乳油和可湿性粉剂的一些特点。

干悬浮剂是一种0.1～1mm粒状制剂，它具备可湿性粉剂与悬浮剂的优点。

浓乳剂是液体或与溶剂混合制成的液体农药，以微小液滴分散在水中，而以水为介质的制剂，又称乳剂型悬浮剂或水乳剂。

微胶囊缓释剂是将农药有效成分包在高聚合物囊中，粒径为几微米到几百微米的微小颗粒。

③农药的名称。农药名称是它的生物活性即有效成分的称谓。一般来说，一种农药的名称有化学名称、通用名称、商品名称。化学名称是按有效成分的化学结构，根据化学命名原则，定出化合物的名称。通用名称即农药品种简短的"学名"，是农药产品中起药效作用的有效成分的名称。商品名称是指在市场上用以识别或称呼某一农药产品的名称，是农药生产厂为其产品在有关管理机关登记注册所用名称，用以满足商品流通时需要，为树立自己的形象和品牌，因此，也称品牌名。

(3) 农药用量的表示方法。在农药标签上，常见的主要有以下3种方法：一是百分浓度，用百分符号（%）表示，即100份药液、药粉或油剂中含有效成分的份数。二是倍数法，用倍表示，即药液或药粉中加入的稀释剂（水或填充剂）的量为原药量的倍数。三是百万分浓度，一百万份药液（或药粉）中含农药的份数，以往常用 ppm 表示，现根据国际规定百万分浓度已不再使用 ppm 来表示，而统一用符号微克/升（μg/L）表示。

（4）农药稀释浓度的计算方法。以农药标签上标注的用量为例，计算普通手动喷雾器 1 桶水（15kg）需加多少克（mL）农药：

如果标明农药的稀释倍数，则：

$$1 喷雾器用药量（g 或 mL）＝1 喷雾器用水量÷稀释倍数$$

如果标明农药的净重及稀释倍数，则可以计算 1 瓶农药或 1 袋农药可以兑多少水？

$$1 瓶或 1 袋农药兑水量＝1 瓶或 1 袋药的净重×稀释倍数$$

如果标明农药的制剂浓度（即原药含量）及有药使用浓度（即百万分浓度 μg/L），则先转换成稀释倍数再进行计算：

$$稀释倍数＝制剂浓度×1000000÷百万分浓度（μg/L）$$
$$1 喷雾器用药量（g 或 mL）＝1 喷雾器用水量（g 或 mL）÷稀释倍数$$

2. 农药的合理使用 农药的合理使用要注意以下几点。

（1）对症用药。一般杀虫剂不能治病害，杀菌剂不能治虫。在施药前应根据实际情况选择最合适的药剂品种，切实做到对症下药，避免盲目用药。

（2）适期施药。适期施药是做好病、虫、草防治的关键。病、虫、草有其发生规律，农药施用应选择在病、虫、草最敏感的阶段或最薄弱的环节进行，才能取得最好的防治效果。一般药剂防治害虫时，应在害虫的幼龄期；对于病害一般要掌握在发病初期施药；一般在杂草苗期或播种前或发芽前进行杂草防除。

（3）适量用药。各类农药使用时，均需按照农药说明书的用量使用，不可任意增减用量及浓度。否则，不仅浪费农药，增加成本，而且还易使植物体产生药害，甚至造成人、畜中毒。

（4）适法用药。根据病、虫、草的发生特点及环境，在药剂选择的基础上，应选择适当的剂型和相应的科学施药技术。例如，在阴雨连绵的季节，防治大棚内的病害应选择粉剂或烟剂；防治地下害虫则宜采用毒谷、毒饵、拌种等方法。

（5）轮换用药。长期使用同一种或同一类农药防治某种害虫或病菌，易使害虫或病菌产生抗药性，降低防治效果，病虫越治难度越大。因此，应尽可能地轮换用药，也尽量选用不同作用机制类型的农药品种。

（6）混合用药。将 2 种或 2 种以上对病虫具有不同作用机制的农药混合使用，以达到同时兼治病虫、提高防治效果、扩大防治范围、节省劳力的目的。

3. 农药的安全使用 农药的安全使用应注意农药毒性、安全间隔期、农药残留等指标。

（1）农药毒性。农药毒性是指农药具有使人和动物中毒的性能。通常是以致死量来衡量农药毒性的大小。致死量是指人、畜吸入农药后中毒死亡时的数量，常以致死中量作为指标。致死中量（LD_{50}）是指药剂杀死供试生物种群 50% 时所用的剂量，单位为每千克体重毫克（mg/kg）。农药的毒性分为以下五级：一是剧毒农药，其致死中量为 1~50mg/kg。二是高毒农药，其致死中量为 51~100mg/kg。三是中毒农药，其致死中量为 101~500mg/kg。四是低毒农药，其致死中量为 501~5 000mg/kg。五是微毒农药，其致死中量为 >5 000mg/kg。

（2）农药安全间隔期。安全间隔期是指最后一次施药至收获（采收）时所规定的间隔时间。各种药剂因其分散、消失的速度不同，以及植物的生长趋势和季节等不同，具有不同的安全间隔期。在农业生产中,最后一次喷药与收获之间的时间必须大于安全间隔期,不允许在安全间隔期内收获植物。

(3) 农药残留。农药残留是农药使用后一个时期内没有被分解而残留于生物体、收获物、土壤、水体、大气中的微量农药原体、有毒代谢物、降解物和杂质的总称。农药残存的数量称为残留量,以 mg/kg 或 μg/kg 表示。农药残留会导致以下几方面危害:

①农药残留会导致人、畜急性或慢性中毒事故,导致疾病的发生。

②导致药害事故频繁,经常引起大面积减产甚至绝产,严重影响了农业生产。

③农药残留影响进出口贸易,许多国家以农药残留限量为技术壁垒,限制农副产品进口,保护本国农业生产。

(4) 农药中毒。农药中毒是指在使用或接触农药过程中,农药进入人体的量超过了正常最大忍受量,使人的正常生理功能受到影响,出现生理失调、病理改变等中毒症状。引起农药中毒事故的原因有:

①误食,直接误食农药,或长期食用农药污染的瓜、果、蔬菜等农产品,或使用盛放农药的容器存放食物。

②滥用,室内喷洒剧毒农药或用其浸泡衣物;使用剧毒农药消灭卫生害虫;用农药防治皮肤病、体外寄生虫而引起中毒。

③操作不当,配制和施用农药时,没有按操作规程操作,工作人员防护不到位,人体沾染农药后没有及时清洗。

④对剧毒、高毒农药保管不严,喷药时乱吃东西等。

4. 常用农药施药方法 常用的施药方法有以下几种:

(1) 喷雾法。是利用喷雾药械将液状的农药制剂,加水稀释后,喷洒到植物表面,形成药膜,达到防治病虫的目的。喷雾需要喷雾器、水源和良好的水质。

(2) 喷粉法。是用喷粉器产生风力将农药粉剂喷撒到植物表面。适于缺水地区。使用时应选择质量好的喷粉药械;注意环境条件的影响,大风天不适合喷药,粉剂不能受潮等。

(3) 泼浇法。是把定量的乳油、可湿性粉剂或水剂等,加水稀释,搅拌均匀,向植物泼浇或进行喷雨。主要用于稻田害虫的防治,用水量比喷雾多出2~3倍。此法应注意的是药剂的安全性和扩散性,药剂安全性不好时,不宜用泼浇法施药。水层深浅也是影响杀虫效果的重要因素。

(4) 撒施法。适用于施用颗粒剂和毒土。制作毒土时,如药剂为粉剂,可直接与细土按一定份数混合均匀;如为液剂,先将药剂加少量水稀释后,用喷雾器喷到细土上拌匀。撒毒土防治植株上的害虫应在雾水未干时进行;防治地下害虫应在雾水干后进行。此法应注意混拌质量,农药和化肥混拌不可堆放过久。撒施时间要掌握好,水田施药要求稻田露水散净,以免毒土粘于稻叶造成药害。撒杀虫剂要求有露水。

(5) 土壤处理法。结合耕翻,将农药利用喷雾、喷粉或撒施的方法施于地面,再翻入土层。主要用于防治地下害虫、线虫、土传性病害和土壤中的虫、蛹。也用于内吸剂施药,由根部吸收,传导到植物的地上部,防治地面上的害虫和病菌。

(6) 拌种法。将一定量的农药按比例与种子混合拌匀后播种,可预治附带在种子上的病菌和地下害虫及苗期病害。使用时应注意药剂与种子必须混拌均匀;药剂必须能较牢固地粘着在种子表面并能快速干燥,或很少脱落。

(7) 种苗浸渍法。利用一定浓度的药液浸渍种苗木的方法。一般应用的农药为水剂和乳油，用于防治附带在种子苗木上的病菌。浸渍种苗要严格掌握药液浓度、温度、浸渍时间，以免产生药害。

(8) 毒饵法。将具有胃毒作用的农药与害虫害鼠喜食的饵料、谷物拌匀，施于地面，用于防治地面危害的害虫害鼠。配制毒谷应先将谷物炒香或煮半熟，晾成半干后再拌药。

(9) 熏蒸法。是利用具有挥发性的农药产生的毒气防治病虫害，主要用于土壤、温室、大棚、仓库等场所的病虫害防治。

(10) 熏烟法。主要应用烟剂农药，将农药点燃后产生浓烟弥散于空气中，起到防治病虫害的作用。主要用于防治温室、大棚、仓库等密闭场所的病虫害。

(11) 涂抹法。将具有内吸性的农药配制成高浓度的药液，涂抹在植物的茎、叶、生长点等部位。主要用于防治具有刺吸式口器的害虫和钻蛀性害虫，也可施用具有一定渗透力的杀菌剂来防治果树病害。

【技能训练】

1. 农药剂型及质量简易识别

(1) 训练准备。准备常用各种剂型的农药品种若干，农药标签。

(2) 操作规程。选择当地市场上销售或当地农户经常使用的农药样本，进行以下操作（表3-3-1）。

表3-3-1 农药剂型及质量简易识别

工作环节	操作规程	质量要求
农药剂型的识别	(1) 农药剂型代码认识。粉剂——DP；乳油——EC；可湿性粉剂——WP；颗粒剂——GR；悬浮剂——SC；水剂——AS；烟剂——FU；种衣剂——SD；可溶性粉剂——SP (2) 常用农药剂型的识别。观察所提供的不同剂型农药的物态、颜色等及其在水中的反应。可取3~4滴乳油和水剂农药分别放入盛有清水的试管中，呈半透明或乳白色的乳浊液为乳油；无色、透明状的为水剂。取少量粉剂轻轻撒在水面上，若长时间浮在水面为粉剂；在1min内粉粒吸湿下沉，且搅动时可产生大量泡沫的为可湿性粉剂	(1) 乳油外观为黄褐色或褐色油状液体，注入水后可成乳浊液 (2) 可湿性粉剂外观为非常细小的灰褐色或黄褐色的粉末状固体，加入水后短时间内可被水湿润。粉剂外观与可湿性粉剂相似 (3) 颗粒剂外观为颗粒状固体，有圆球形、圆柱形、不规则形等，有各种颜色
农药标签的认识	(1) 农药登记证号：包括临时登记证号、正式登记证号、分装登记证号 ①农药临时登记证号以"LS"开头，它是"临时"两字的汉语拼音缩写 ②农药正式登记证号以"PD或PDN"开头，它是"品登"两字的汉语拼音缩写 ③农药分装登记证号是在原厂家提供的农药登记证号的基础上加上"—□××××"，□代表省（自治区、直辖市）的简称×××表示序号 ④卫生杀虫剂的农药登记证号：卫生杀虫剂临时登记证号以"WL"开头，它是"卫临"两字的汉语拼音缩写。卫生杀虫剂临时登记证号以"WP"开头，它是"卫品"两字的汉语拼音缩写 (2) 生产许可证号或生产批准文号：HNP+省市代码+××××—	(1) 农药标签标示的内容应符合国家有关法律、法规的规定，并符合相应标准的规定和要求 (2) 内容应真实，并与产品登记批准内容相一致；内容应通俗、准确、科学，并易于用户理解和掌握该产品的正确使用 (3) 农药登记证号的含义举例：如LS20011563表示2001年取得临时登记证第1563号；PD354—2000表示

(续)

工作环节	操作规程	质量要求
农药标签的认识	产品类别—产品名称 （3）产品标准号：格式为 GB＋企业字母缩写＋顺序号＋年号。GB 国标、NY 部标、HB 行标、ZB 专标、DB 地标、QB 企标 （4）标志带：杀虫剂（红色）、杀菌剂（黑色）、除草剂（绿色）、杀鼠剂（蓝色）、植物生长调节剂（深黄色） （5）农药名称、含量、有效成分、剂型代码、净重（g 或 kg）或净容量（mL 或 L） （6）使用说明：包括产品特点、批准登记植物及防治对象、施药时期、用药量和施药方法等 （7）注意事项：包括安全、贮存特殊要求、施药间隔期等 （8）毒性标志：分剧毒、高毒、中等毒、低毒，均用红字注明 （9）生产企业名称、地址、邮编、电话 （10）生产日期、批号和质量保证期	2000 年取得正式登记第 354 号；WL2000115 表示 2000 年取得卫生用药临时登记第 115 号；WP85120 表示 1985 年取得卫生用药正式登记第 120 号
农药质量的简易鉴别	（1）登记证号的查询。登陆"中国农药信息网"点击网上查询系统，输入登记证号，即可知道登记证号的真伪及农业部备案电子版标签；检索《农药管理信息汇编》 （2）外观质量鉴别。一是检查农药包装。好的农药外包装坚固，商标色彩鲜明，字迹清晰，封口严密，边缘整齐。二是查看标签。按标签识别内容要求进行检查。三是外观上判断 （3）物质形态观察。粉剂、可湿性粉剂应为疏松粉末，无团块。乳油应为均相液体，无沉淀或悬浮物。悬浮剂为可流动的悬浮液，无结块，长期存放可能存在分层现象，但经摇晃后应能恢复原状。熏蒸用的片剂如呈粉末粉状，表明已失效。水剂应为均相液体，无沉淀或悬浮物，加水稀释后一般也不出现混浊沉淀。颗粒剂产品应粗细均匀，不应含有许多粉末 （4）理化性质检查。一是采取水溶法进行检查。可湿性粉剂农药可拿一透明的玻璃瓶盛满水，等水平静止，取半瓶药剂，在距水面 1～2cm 高度一次倾入水中，合格的可湿性粉剂应能较快在水中逐步湿润分散，全部湿润时间一般不会超过 2min，优良的可湿性粉剂在投入水中后，不加搅拌，就能形成较好悬浮液，如将瓶摇匀，静止 1h，底部固体沉降物应较少。乳油农药可用一透明玻璃杯盛满水，用滴管或玻璃棒移取试样，滴入静止的水面上，合格的乳油（或乳化性能良好的乳油）应能迅速向下向四周扩散，稍加搅拌后形成白色牛奶状乳液，静止半小时，无可见油珠和沉淀物。水溶性乳油农药能与水互溶，不形成乳白色。干悬浮剂农药用水稀释后可自发分散，原药以粒径 1～5μm 的微粒弥散于水中，形成相对稳定的悬浮液。二是采用加热法检查。将悬浮剂结块的农药药瓶放在热水中 1h，如沉淀物慢慢溶化说明可以使用；如果不溶化则说明失效或过期。三是采用灼烧法检查。取少许粉剂放置在金属药匙上，在火焰上加热，若有白烟冒出，该药剂可用；若迟迟无烟，则说明失效或过期	（1）质量好的农药外观上表现为以下特征：粉剂和可湿性可剂为疏松粉末，无结块，颜色均匀。乳油为均相、无沉淀、无分层、无浑浊。悬乳剂为流动的、无结块，长期存放出现少量分层经摇晃后应能恢复原状。颗粒剂为粗细均匀、粉末少。水剂为均相、无沉淀或悬浮物 （2）不合格的农药物质形态常表现为：粉剂或可湿性粉剂农药如有结块或较多颗粒感，说明已受潮，不仅产品的细度达不到要求，其有效成分含量也可能会发生变化。如果产品颜色不匀，也说明可能存在质量问题。乳油农药如出现分层和混浊现象，或者加水稀释后的乳状液不均匀或有浮油、沉淀物，都说明产品质量可能有问题。悬浮剂农药如果经摇晃后，产品不能恢复原状或仍有结块，说明产品存在质量问题

2. 农药的配制与使用

（1）训练准备。准备当地常用的农药品种若干；喷雾器、天平、量筒等。

（2）操作规程。根据当地农业生产实际情况，在使用农药防治病虫害时，完成以下操作（表 3-3-2）。

表 3-3-2 农药的配制与使用

工作环节	操 作 规 程	质量要求
常用农药配制	（1）农药制剂用量的计算。有 3 种情况 ①如果农药标签上已注有单位面积的农药制剂用量，用下列公式计算农药制剂用量：农药制剂用量（mL 或 g）＝每公顷农药制剂用量（mL 或 g）×施药面积（hm²） ②如果农药标签上只有单位面积上的有效成分含量，其药剂含量可用下面公式计算：农药制剂用量（mL 或 g）＝每公顷有效成分含量（mL 或 g）÷制剂中有效成分百分含量（％）×施药面积（hm²） ③如果已知农药制剂要稀释的倍数，可通过下式计算农药制剂用量：农药制剂用量（mL 或 g）＝要配制的药液量或喷雾器容量（mL 或 g）÷稀释倍数 （2）准确量取农药制剂。计算出农药制剂用量和稀释用量后，要严格按照计算的量量取或称取。液体农药可用有刻度的量具如量杯、量筒，最好用注射器量取；固体和大包装粉剂农药要用秤称取；称取少量药剂宜用有克标识的秤或天平秤取；小包装粉剂农药，在没有称量工具时，可用等分法分取，也较为准确。药剂和稀释剂量取好后，要在专用容器内混匀 （3）固体农药制剂的正确配制。可湿性粉剂正确的配制方法是两步配制法：即原药加少量水充分搅匀配成母液，再将母液倒入装有一定量水的木桶中搅拌即成所需浓度的药液。粉剂一般用作直接喷粉。但当田间植物生长茂密、植株高大时，为使粉剂均匀喷撒在植物表面，必须加入一定量的干填充料（如糠）。方法是先取一部分填充料加入粉剂中搅拌均匀。再加一部分填充料再搅拌，如此多次反复，直至把应加的填充料全部加完为止，配制过程中要做好安全保护。颗粒剂一般用过筛细土作填充料，药土拌匀即可使用 （4）液体农药制剂的正确配制。乳油、水剂、悬浮剂等液体农药制剂配制时，若药液量少时可直接进行稀释。正确的方法是在准备好的配药容器里先倒入所需要的清水，然后将定量药剂慢慢倒入水中，用木棍等轻轻搅拌均匀后即可使用。若需要配制较多的药液量时，最好采取两步配制法，即先用少量的水将农药原液稀释成母液，再将配制好的母液按稀释比例倒入准备好的清水中，充分搅拌均匀。需要用乳油等液体农药制剂配制毒土时，首先根据细土的量计算需要用的制剂用量，将其配成 50～100 倍的高浓度药液，用喷雾器像细土上喷雾，边喷边用铁锹向一边翻动，喷药液至细土潮湿即可，喷完后再向一边翻动一次，等药液充分渗透到土粒后即可使用	（1）生产实际中，农民常用面积单位为亩。可通过以下公式换算：公顷用制剂量＝亩用制剂量×15 （2）不提倡用瓶盖倒取农药，极易洒泼和引起经皮吸收中毒；不要用水桶配药，残留药液易引起人、畜误食；不能用盛药容器直接到河、沟、塘、池中取水；不能手伸入药液或粉剂中搅拌 （3）配药器械要求专用，每次用后要洗净，不准在河流、小溪、塘、坝和水井边清洗 （4）开启农药包装，称量及配制过程中，操作人员应该佩戴必要的防护器具 （5）喷施农药，喷雾器不要装得太满，以免药液泄漏；以当天配制当天用完为好 （6）颗粒剂如用化肥作填充料，应随配随用，并注意农药与化肥的酸碱性，以免发生化学反应而影响效果
喷雾器的使用	以背负式喷雾器为例 （1）使用前要正确安装喷雾器零部件。检查各连接是否漏气，使用时，先安装清水试喷，然后再装药剂 （2）正式使用时，要先加药剂后加水，药液的液面不能超过安全水位线。喷药前，先扳动摇杆 10 余次，使桶内气压上升到工作压力。扳动摇杆时不能过分用力，以免气室爆炸 （3）初次装药液时，由于气室及喷杆内含有清水，在喷雾起初的 2～3min 内所喷出的药液浓度较低，所以应注意补喷，以免影响病虫害的防治效果 （4）工作完毕，应及时倒出桶内残留的药液，并用清水洗净倒干，同时，检查气室内有无积水，如有积水，要拆下水接头放出积水 （5）若短期内不使用喷雾器，应将主要零部件清洗干净，擦干装好，置于阴凉干燥处存放。若长期不用，则将各个金属零部件涂上黄油，防止生锈	（1）喷雾时喷头距植物顶端 0.5～1m，在 1～3 级风的情况下，喷孔与风向一致，每走一步摆动一次喷杆，以保证有效喷幅内喷滴密度均匀 （2）应掌握好喷雾量与喷雾速度的关系，一般为每公顷喷液量在 30～45kg，行走速度为 1m/s；喷液量在 45～60kg，行走速度为 0.6～0.7m/s；喷液量 60～75kg，行走速度为 0.4m/s

(续)

工作环节	操作规程	质量要求
农药的施用	农药的使用方法很多,应根据农药的性能、剂型、防治对象、防治成本以及环境条件等综合因素来选择施药方法 (1) 农药剂型。根据农药剂型来确定施药方法,多年来已被农民所采用。如乳油、水剂、胶悬剂等农药剂型,多采用常量喷雾的办法;油剂多采用超低容量喷雾法喷洒 (2) 防治对象。防治对象不同,所使用的施药方法也不同。如防治仓库粮食害虫,一般用药剂熏蒸法;防治土传病害,可采用药液灌根法;防治种传病害,应采用药剂种子拌种法 (3) 施药部位。防治对象所处的部位不同,施药方法各异。如要防治水稻植株根部的稻飞虱,可采用泼浇法;要防治棉花叶背的棉蚜、红蜘蛛等,应使用喷雾法;要防治地下害虫,可采用土壤处理法等 (4) 施药环境。环境因素对农药的防治效果影响很大,施药方法要根据具体环境条件确定。如雨季期间,可在下雨间隙时抢治,宜使用喷粉法;在温暖潮湿的温室里防治病虫害,不宜过多使用喷雾法,这是为了降低温室内的空气相对湿度,可采用粉尘法	(1) 不同剂型不可乱用,如可湿性粉剂不能用喷粉法,粉剂不能用喷雾法,触杀剂、胃毒剂不能用涂抹法,内吸剂不适合制毒饵法 (2) 在施药现场禁止吸烟、进食。配药、施药现场,严禁抽烟、用餐和饮水。必须远离施药现场,将手脸洗净后可抽烟、用餐、饮水和从事其他活动 (3) 田间施药时要注意防护。田间使用农药时,必须穿戴整齐,即要穿长袖衬衣和长裤、戴手套、帽子和防护手套。年老、体弱、有病的人员,儿童、孕期、经期、哺乳期妇女,不能施农药

3. 常用农药的合理使用技术

(1) 训练准备。准备当地常用的农药品种若干;喷雾器、天平、量筒等。

(2) 操作规程。根据当地农业生产实际情况,在使用农药防治病虫害时,完成以下操作(表 3-3-3)。

表 3-3-3　常用农药的合理使用技术

工作环节	操作规程	质量要求
常见杀虫剂的安全使用	(1) 化学杀虫剂。该类农药的特点与使用技术见表 3-3-4 (2) 生物杀虫剂。该类农药的特点与使用技术见表 3-3-5	主要类型有:有机磷杀虫剂、氨基甲酸酯类杀虫剂、拟除虫菊酯类杀虫剂、沙蚕毒素类杀虫剂、苯甲酰脲类杀虫剂、微生物杀虫剂、植物源杀虫剂等。各类杀虫剂特点不同,应选择性使用
常见杀螨剂的安全使用	该类农药的特点与使用技术见表 3-3-6	杀螨剂一般对人、畜低毒,对植物安全,没有内吸传导作用。各种杀螨剂对各螨态的毒杀效果有较大差异
常见杀菌剂的安全使用	(1) 化学性杀菌剂。该类农药的特点与使用技术见表 3-3-7 (2) 农用抗生素类杀菌剂。该类农药的特点与使用技术见表 3-3-8	(1) 化学性杀菌剂谱广,可防治多种病害,多用作预防病害。非内吸性杀菌剂与内吸性杀菌剂相比,较不易使病菌产生抗药性 (2) 农用抗生素防效高,使用浓度低;多具有内吸或渗透作用,易被植物吸收,具有治疗作用;大多对畜毒性低,残留少,不污染环境
常见杀线虫剂的安全使用	该类农药的特点与使用技术见表 3-3-9	目前应用的杀线虫剂有两大类:一是熏蒸剂,不仅对线虫,对土壤中的病菌、害虫、杂草都有毒杀作用;另一类是兼有杀虫、杀线虫作用的非熏蒸剂,它们一般具触杀和胃毒作用,且毒性高,用药量较大

表 3-3-4　常用有机磷杀虫剂

名　　称	特　　点	常见剂型	防治对象及使用方法
敌敌畏	高效、中等毒性、速效、击倒性强、杀虫谱广；具有触杀、熏蒸和胃毒作用	50%、80%乳油	可防治农、林、园艺等多种作物的鳞翅目、同翅目、膜翅目、双翅目等多种害虫，还可用于温室、仓库的熏蒸，一般每667m²用80%乳油70～100mL兑水喷雾（使用浓度1 000～1 500倍液）
敌百虫	高效、低毒、低残留，杀虫谱广；具胃毒、触杀作用	90%晶体	适于防治蔬菜、果树、农作物上的咀嚼式口器害虫及卫生害虫，对鳞翅目害虫高效。一般每667m²用100g兑水喷雾（使用浓度1 000倍液）
辛硫磷（肟硫磷、倍腈松）	高效、低毒、低残留，杀虫谱广；具触杀和胃毒作用，击倒性强，晚光解	50%乳油，3%、5%颗粒剂	可防治果树、蔬菜等经济作物上的鳞翅目害虫及地下害虫，是生产上应用最多、最广的杀虫剂之一。一般每667m²用50%乳油50mL兑水喷雾（使用浓度1 000～1 500倍液）；5%颗粒剂2～3kg，防治地下害虫
乙酰甲胺磷（杀虫灵、高灭磷）	高效、低毒、广谱性杀虫杀螨剂；具触杀、内吸、胃毒和一定的杀卵作用	40%乳油，50%可湿性粉剂	适于防治园艺、农、林等多种作物上的刺吸式口器和咀嚼式口器害虫及螨类，该剂药效发挥较慢，但后效作用强。一般每667m²用40%乳油100～150mL兑水喷雾（使用浓度500～800倍液）
灭多威（万灵、灭多虫）	高效、高毒、低残留、杀虫谱广；具胃毒、触杀、内吸和杀卵作用	24%水剂，20%乳油	适用于棉花、水稻、蔬菜、烟草等作物，防治鳞翅目、同翅目、鞘翅目等多种害虫。一般每667m²用24%水剂80～100mL兑水喷雾（使用浓度1 000～1 500倍液）
抗蚜威（辟蚜雾）	高效、中等毒性的选择性杀虫剂；具触杀、熏蒸和渗透作用	50%可湿性粉剂，20%水剂	对蚜虫（棉蚜除外）高效，对蚜虫天敌毒性低，最综合防治蚜虫较理想的药剂。一般每667m²用50%可湿性粉剂10～20g兑水喷雾（使用浓度2 000～3 000倍液）
氰戊菊酯（中西杀灭菊酯、速灭杀丁）	高效、中等毒性、低残留、广谱性杀虫剂。具强烈的触杀作用，有一定的胃毒和拒食作用	20%乳油	用于粮食、棉花、果树、蔬菜、园林、花卉等植物，防治鳞翅目、半翅目、双翅目等100多种害虫。一般每667m²用20～40mL兑水喷雾（使用浓度2 000～3 000倍液）
甲氰菊酯（灭扫利）	高效、中等毒性、低残留、广谱性杀虫剂。具强烈的触杀作用，有一定的胃毒及忌避作用	20%乳油	用于防治鳞翅目、鞘翅目、同翅目、双翅目、半翅目等害虫及多种害螨。一般每667m²用20～40mL兑水喷雾（使用浓度2 000～3 000倍液）
沙蚕毒素	具较强的内吸、触杀及胃毒作用，兼有一定的熏蒸和杀卵作用	25%水剂，3%、5%颗粒剂	可用于防治水稻、蔬菜、果树等作物上的多种鳞翅目幼虫、蓟马等。一般每667m²用25%水剂200g兑水喷雾（使用浓度500～700倍液）
灭幼脲（灭幼脲3号、苏脲1号）	高效、低毒的苯甲酰类杀虫剂，属昆虫几丁质合成抑制剂。以胃毒作用为主，触杀作用次之	25%胶悬剂	对多种鳞翅目幼虫有特效。一般每667m²用30～50mL兑水喷雾（使用浓度1 000～1 500倍液）。在幼虫三龄前用药效果最好
噻嗪酮（扑虱灵、优乐得）	具较强的触杀作用，也有胃毒作用	25%可湿性粉剂	对同翅目的飞虱、叶蝉、粉虱及介壳虫类害虫高效。一般每667m²用20～30g兑水喷雾（使用浓度1 500～2 000倍液）
氟虫腈（锐劲特、氟苯唑）	属高效、广谱、中等毒性的苯基吡唑类杀虫剂；具胃毒、触杀和一定的内吸作用	5%悬浮剂，0.3%颗粒剂	适用在果树、蔬菜及多种农作物上防治半翅目、鳞翅目、同翅目、缨翅目、鞘翅目等多种害虫，对抗性害虫具有显著的效果。一般每667m²用5%悬浮剂40～50mL兑水喷雾（使用浓度800～1 200倍液）

(续)

名称	特点	常见剂型	防治对象及使用方法
吡虫啉(康福多、蚜虱净、一遍净)	属高效、低毒、杀虫广泛谱的硝基亚甲基类内吸杀虫剂;具胃毒和触杀作用	10%、25%可湿性粉剂,70%拌种剂	对刺吸式口器害虫防治作用突出。可用于防治水稻、小麦、棉花、蔬菜、果树、园林、花卉、烟草等植物上的蚜虫、飞虱、叶蝉、粉虱、蓟马等。一般每667m²用10%可湿性粉剂25~35g兑水喷雾(使用浓度2 000~3 000倍液)
啶虫脒(莫比朗、吡虫清)	属高效、中等毒性、杀虫广谱的氯代烟碱吡啶类化合物;具触杀、胃毒和渗透作用	3%乳油	适用于防治果树、蔬菜、烟草、茶等经济作物上的同翅目害虫。杀虫速效,且持效达20d左右。用颗粒剂处理土壤,可防治地下害虫。一般每667m²用3%乳油40~50mL兑水喷雾(使用浓度2 000~2 500倍液)
虫酰肼(米满)	为促进鳞翅目幼虫蜕皮的新型仿生杀虫剂,杀虫机理是模拟天然昆虫蜕皮激素,导致其产生过早的蜕皮	20%悬浮剂	适用于抗性害虫的综合治理。对作物安全,无残留,可有效防治蔬菜、果树、林木上的鳞翅目害虫。一般每667m²用40~50mL兑水喷雾(使用浓度1 500~2 000倍液)

表3-3-5 常用生物杀虫剂

名称	特点	常见剂型	防治对象及使用方法
白僵菌	白僵菌的分生孢子接触虫体后,在适宜条件下萌发,侵入虫体内大量繁殖,分泌毒素,2~3d后昆虫死亡	50亿~70亿活孢子/g白僵菌粉剂	白僵菌可寄生鳞翅目、同翅目、膜翅目、直翅目等200多种昆虫和螨类。一般使用浓度为1亿孢子/g
苏云金杆菌(Bt乳剂)	苏云金杆菌制剂的速效性较差,具胃毒作用	Bt乳剂100亿活芽孢/mL、100亿~150亿活芽孢/g可湿性粉剂	可用于防治鳞翅目、直翅目、鞘翅目、双翅目、膜翅目等多种害虫。每667m²使用剂量Bt乳剂100~300mL兑水喷雾(300~1 000倍液)
阿维菌素(爱福丁、害极灭、阿巴丁)	具有很高的杀虫、杀螨、杀线虫活性,对昆虫和螨类具有胃毒和触杀作用,对植物叶片具有较强渗透性	1.8%、0.9%乳油	适用于蔬菜、果树、棉花、烟草、花卉等多种作物,防治鳞翅目、比翅目、同翅目、鞘翅目害虫以及叶螨、锈螨等。一般每667m²用1.8%乳油20~50mL兑水喷雾(使用浓度2 000~3 000倍液)
多杀菌素(菜喜、催杀)	生物源杀虫剂。杀虫速度与化学农药相当,杀虫机理独特,与目前使用的种类杀虫剂没有交互抗性。毒性极低	48%、2.5%悬浮剂	适用于防治菜蛾、甜菜夜蛾及蓟马等害虫。一般667m²用2.5%悬浮剂35~55mL兑水喷雾(使用浓度1 000~1 500倍液)
烟碱	杀虫活性较高,主要起触杀作用,并有胃毒和熏蒸作用以及一定的杀卵作用、渗透作用	10%烟碱乳油	主要用于果树、蔬菜、水稻、烟草等作物上防治鳞翅目、同翅目、半翅目、缨翅目、双翅目等多种害虫。一般每667m²用50~70mL兑水喷雾(使用浓度800~1 200倍液)
鱼藤酮(毒鱼藤)	强触杀性植物杀虫剂。杀虫活性高,具有触杀和胃毒作用	2.5%乳油	主要用于蔬菜、果树、茶树、烟草、花卉等作物,防治鳞翅目、同翅目、半翅目、鞘翅目、缨翅目、螨类等多种害虫、害螨。每667m²用100mL兑水喷雾(使用浓度1 000~2 000倍液)

(续)

名称	特点	常见剂型	防治对象及使用方法
川楝素（蔬果净）	具有胃毒、触杀和一定的拒食作用	0.5%乳油	用于防治果树、蔬菜、茶树、烟草等作物上的鳞翅目、鞘翅目、同翅目等多种害虫。每667m²用50～100mL兑水均匀喷雾（使用浓度1500倍液）
苦参碱（苦参、蚜螨敌、苦参素）	具触杀和胃毒作用	0.2%水剂、1.1%粉剂	对多各作物上的菜青虫、蚜虫、红蜘蛛等有明显防治效果，也可防治地下害虫。一般每667m²用0.2%水剂50～80mL兑水喷雾（使用浓度100～200倍液）。

表 3-3-6　常用杀螨剂

名称	特点	常见剂型	防治对象及使用方法
四螨嗪（螨死净、阿波罗）	属有机氮杂环类杀螨剂，为活性很高的杀螨卵药剂，对幼、若螨也有效，对成螨效果差。具触杀作用，无内吸性。持效期长，作用较慢，一般施药后1～2周才达到最高杀螨活性	20%、50%悬浮剂，10%可湿性粉剂	适用于果树、棉花、蔬菜、花卉等作物，防治多种害螨。使用20%悬浮剂2 000～2 500倍液喷雾
哒螨酮（扫螨净、速螨酮、牵牛星）	属杂环类广谱性杀螨剂。对不同生长期的成螨、若螨、幼螨和卵均有效。以触杀作用为主，速效性好，持效期长，一般可达1个月	15%乳油，20%可湿性粉剂	对叶螨有特效，对锈螨、瘿螨、跗线螨也有良好防效。适用于果树、蔬菜、烟草、花卉、棉花等多种作物。对粉虱、叶蝉、飞虱、蚜虫、蓟马等也有效。一般用15%乳油3 000～4 000倍液喷雾
三唑锡（倍乐霸、三唑环锡）	属有机锡类广谱性杀螨剂。以触杀作用为主，可杀若螨、成螨和夏卵，对冬卵无效。对作物安全，持效期长	25%可湿性粉剂，20%悬浮剂	可用于果树、蔬菜、棉花等作物，防治多种叶螨、锈螨，对二斑叶螨有效。一般使用25%可湿性粉剂1 000～2 000倍液喷雾
克螨特（丙炔螨特）	属有机硫杀螨剂，对幼、若、成螨效果好，杀卵效果差。具触杀和胃毒作用，杀螨谱广，持效期长	73%乳油	可用于棉花、蔬菜、果树、花卉等作物，防治多种害螨。一般使用2 000～3 000倍液喷雾
氟虫脲（卡死克）	属苯甲酰脲类杀螨杀虫剂。杀幼、若螨效果好，不能直接成螨。具触杀和胃毒作用。作用缓慢，须经10d左右药效才明显。对叶螨天敌安全，是较理想的选择性杀螨剂	5%乳油	适用于果树、蔬菜、棉花、烟草、大豆、玉米、观赏植物等，防治各类害螨和鳞翅目、鞘翅目、双翅目、半翅目等害虫。一般使用1 000～1 500倍液喷雾

表 3-3-7　常用化学杀菌剂

名称	特点	常见剂型	防治对象及使用方法
代森锰锌（喷克、大生）	为高效、低毒、广谱的保护性杀菌剂，属二硫代氨基甲酸盐类	80%可湿性粉剂，25%悬浮剂	对多种叶斑病防效突出，对疫病、霜霉病、灰霉病、炭疽病等也有良好的防效。常与内吸性杀菌剂混配使用。一般每667m²用80%可湿性粉剂160～200g兑水喷雾（使用浓度600～800倍液）
百菌清（达科宁）	为取代苯类广谱保护性杀菌剂，对多种作物真菌病害具有预防作用，有一定的治疗和熏蒸作用	50%、75%可湿性粉剂，30%烟剂	在果树、蔬菜上应用较多，对霜霉病、疫病、炭疽病、灰霉病、锈病、白粉病及多种叶斑病有较好的防治效果。一般每667m²用75%可湿性粉剂150～200g兑水喷雾（使用浓度500～800倍液）

(续)

名称	特点	常见剂型	防治对象及使用方法
腐霉利（速克灵）	属二甲酰亚胺类保护性杀菌剂，具保护、治疗作用，有一定的内吸性	50%可湿性粉剂、30%熏蒸剂	对果树、蔬菜、观赏植物及大田作物的多种病害有效，特别是对灰霉病、菌核病等效果好。一般每667m^{2}用50%可湿性粉剂30～50g兑水于发病初期喷雾（使用浓度1 000～2 000倍液）
异菌脲（扑海因）	属广谱性接触型保护杀菌剂，具保护和一定的治疗作用	50%可湿性粉剂、25%悬浮剂	可防治灰霉病、菌核病及多种叶斑病，对苹果斑点落叶病效果好。一般每667m^{2}用50%可湿性粉剂60～100g兑水喷雾（使用浓度1 000～1 500倍液）
多菌灵（苯并咪唑44号）	为应用广泛的低毒广谱性苯并咪唑类杀菌剂。具有保护、治疗和内吸作用	50%可湿性粉剂	对多种真菌病害有效。一般每667m^{2}用50%可湿性粉剂70～100g兑水喷雾（使用浓度750～1 000倍液）。现多种病原菌对多菌灵已产生抗性，常将多菌灵与其他杀菌剂混用
甲基硫菌灵（甲基托布津）	属高效、低毒、广谱性苯并咪唑类内吸杀菌剂。具预防和治疗作用。要植物体内转化为多菌灵	70%可湿性粉剂、40%悬浮剂	可防治果树、蔬菜、水稻、麦类、玉米、花生等多种作物上的病害。一般每667m^{2}用70%可湿性粉剂50～100g兑水喷雾（使用浓度1 000～1 500倍液。）该药剂与多菌灵存在交互抗性
烯唑醇	属广谱性三唑类杀菌剂。具保护、治疗、铲除和内吸向顶部传导作用	12.5%可湿性粉剂、12.5%乳油	对白粉病、锈病、黑粉病、黑星病等有特效。一般每667m^{2}用2.5%可湿性粉剂30～60g兑水喷雾（使用浓度300～4 000倍液）
三唑酮（粉锈宁、百里通）	属高效、低毒的三唑类杀菌剂。具分配制度、内吸治疗和一定的熏蒸作用	20%乳油、25%可湿性粉剂	是防治白粉病和锈病的特效药剂，主要用于果树、蔬菜及农作物上，可喷雾、拌种。一般每667m^{2}用20%乳油25～50mL兑水喷雾（使用浓度2 000～3 000倍液）
甲霜灵（瑞毒霉、甲霜安）	属高效、低毒的取代苯酰胺类杀菌剂。具有保护和内吸治疗作用，在植物体内能双向传导	25%可湿性粉剂、40%乳油、5%颗粒剂	对霜霉病、疫霉病、腐霉病有特效，对其他真菌和细菌病害无效。可以作茎叶处理、种子处理和土壤处理。用25%可湿性粉剂450～900g/hm^2，对水喷雾（使用浓度500～800倍液），用5%颗粒剂20～40kg/hm^{2}处理土壤
氟硅唑（新星、农星、福星）	属高效、低毒、广谱性新型内吸杀菌剂。具保护治疗作用	40%乳油	对子囊菌、担子菌、半知菌有效。主要用于防治黑星病、白粉病、锈病、叶斑病等，防治梨黑星病效果突出。一般使用6 000～8 000倍液喷雾
噁醚唑（世高、敌萎丹）	属高效、低毒、广谱性新型唑类内吸杀菌剂。具保护和治疗作用	10%水分散粒剂、3%悬浮种衣剂	用于防治果树、蔬菜的叶斑病、炭疽病、早疫病、白粉病、锈病、叶斑病等。该剂对不同病原菌有效浓度差异较大。一般每667m^{2}用20～100g兑水喷雾（稀释1 500～6 000倍液）。3%敌萎丹悬浮种衣剂，用于防治麦类黑穗病、根腐病、纹枯病、全蚀病等。拌种每100kg种子用400～1 000mL
噁霉灵（土菌消、立枯灵）	属低毒内吸性土壤消毒剂和种子拌种剂。具保护作用	70%可湿性粉剂、4%粉剂、30%水剂	对腐霉菌、镰刀菌、丝核菌等引起的病害有较好的预防效果。可防治树木、观赏植物、蔬菜及水稻的立枯病。粉剂用于混入土壤处理，水剂用于灌土。一般用30%水剂500～1 000倍，按3mg/m^2，苗前、苗后施药

表 3-3-8　农用抗生素杀菌剂

名　　称	特　　点	常见剂型	防治对象及使用方法
井冈霉素	由吸水链霉井冈变种产生的葡萄糖苷类化合物	5%水剂，5%可溶性粉剂	防治纹枯病、立枯病、根腐病等。一般每667m²用5%水剂100～150mL兑水喷雾或泼浇（使用浓度500倍液喷雾或1 000～2 000倍液泼浇）
多抗霉素（宝丽安、多效霉素、多氧霉素）	是金色链霉菌所产生的代谢产物	10%可湿性粉剂	防治苹果斑点落叶病、草莓灰霉病、水稻纹枯病、小麦白粉病、烟草赤星病、黄瓜霜霉病和白粉病、林木枯梢及梨黑斑病等多种真菌病害。一般每667m²用100～150g兑水喷雾（或使用500～700倍液喷雾）
抗霉菌素120（农抗120）	是刺孢吸水链霉菌产生的嘧啶核苷类抗生素。具预防及治疗作用。抗菌谱广，对多种植物病原菌有强烈的抑制作用	2%水剂	防治瓜、果、蔬菜、花卉、烟草、小麦等作物的白粉病、炭疽病、枯萎病等。每667m²用500mL兑水喷雾（或使用200倍液喷雾或灌根）

表 3-3-9　常用杀线虫剂

名　　称	特　　点	常见剂型	防治对象及使用方法
棉隆（必速灭）	属硫代异氰酸甲酯类杀线虫剂。毒性低，具较强的熏蒸作用，易在土壤中扩散，作用全面、持久	50%可湿性粉剂，98%微粒剂	对多种线虫有效。一般每667m²用50%可湿性粉剂1～1.5kg拌细土10～15kg，沟施或撒施，施后耙入深土层中
淡紫拟青霉（线虫清）	本剂为活体真菌杀线虫剂，有效菌为淡紫拟青霉菌，菌丝能侵入线虫体内及卵内繁殖，破坏线虫生理活动而导致其死亡	高浓缩粉剂	主要用于防治粮食、豆类和蔬菜作物胞囊线虫、根结线虫等多种寄生线虫。拌种或定植时拌入有机肥中，穴施。连年施用本剂对根治土壤线虫有良好效果

【问题处理】

1. 农药市场问题　从近几年农业部抽查标签情况看，标签抽查合格率逐年上升，但问题仍然存在，主要表现在以下几个方面：

（1）擅自使用未经批准的商品名称或假冒其他商品名称；擅自修改商品名称，尤其是混配制剂农药产品；商品名称怪、乱、杂。

（2）擅自使用未经批准的农药通用名称；农药通用名称（包括含量、有效成分名称和剂型）三部分不齐全；未标明有效成分名称或有效成分未标注中文通用名。无农药登记证号或一证多用，假冒、伪造、转让农药登记证号。

（3）擅自扩大农药的使用范围，如有的剧毒、高毒农药扩大在蔬菜、瓜类、果树、茶叶和中草药材上使用；有的广谱性杀虫、杀菌剂扩大适用植物或防治对象超过3种以上；有的菊酯类杀虫剂扩大在水稻上使用；有的扩大在极易产生药害的植物上使用。剧毒、高毒或中等毒的农药产品未注明"剧毒"、"高毒"或"中等毒"字样或擅自降低标注毒性标志，有的只注明"有毒"二字；无农药类别特征颜色标志带；没有中毒急救措施，以致中毒后无法进行急救处理。

（4）使用方法不具体，施用条件不明确，未注明敏感植物和限用条件，导致药害事件发生。

（5）未标明企业名称、地址、生产日期或生产批号。

（6）把产品效能宣传得很神奇，过分夸大使用效果，使用"保证高效"、"无残留"、"无公害"等字样。

2. 农药使用注意事项　农药配制时应注意安全：孕妇和哺乳期妇女不准参加农药配制工作。配制农药应远离住宅区，牲畜栏厩和水源等场所；药液随配随用，配好或用剩药液应采取密封措施；已开装的农药制剂应封存在原包装内，不得转移到其他包装中（如食品包装或饮料瓶）。少量用剩和不要的农药应该深埋地坑中；处理粉剂农药时要小心，以防粉尘飞扬，污染环境。

3. 喷雾器使用常见问题　背负式喷雾器在使用中常出现的故障及排除方法：

（1）喷雾压力不足，雾化不良。若因进水球阀被污物搁起，可拆下进水阀，用布清除污物；若因皮碗破损，可更换新皮碗；若因连接部位未装密封圈，或因密封圈损坏而漏气，可加装或更换密封圈。

（2）喷不成雾。若因喷头体的斜孔被污物堵塞，可疏通斜孔；若因喷孔堵塞可拆开清洗喷孔，但不可使用铁丝或铜针等硬物捅喷孔，防止孔眼扩大，使喷雾质量变差；若因套管内滤网堵塞或过水阀小球搁起，应清洗滤网及清洗搁起小球的污物。

（3）开关漏水或拧不动。若因开关帽未拧紧，应旋紧开关帽；若因开关芯上的垫圈磨损，应更换垫圈；开关拧不动，原因是放置较久，或使用过久，开关芯因药剂的浸蚀而粘结住，应拆下零件在煤油或柴油中清洗；拆下有困难时，可在煤油中浸泡一段时间，再拆卸即可拆下，不可用硬物敲打。

（4）各连接部位漏水。若因接头松动，应旋紧螺母；若因垫圈未放平或破损，应将垫圈放平，或更换垫圈；若因垫圈干缩硬化，可在动物油中浸软后再使用。

4. 我国禁用农药与限用农药　见表3-3-10、表3-3-11。

表3-3-10　禁止生产、销售和使用的33种农药

（农业部农药检定所.2011.农药识假辨劣维权手册）

中文通用名	英文通用名	中文通用名	英文通用名
甲胺磷	methamidophos	敌枯双	
甲基对硫磷	parathion-methyl	氟乙酰胺	fluoroacetamide
对硫磷	parathion	甘氟	gliftor
久效磷	monocrotophos	毒鼠强	tetramine
磷胺	phosphamidon	氟乙酸钠	sodium fluoroacetate
六六六	BHC	毒鼠硅	silatrane
滴滴涕	DDT	苯线磷*	fenamiphos
毒杀芬	strcbane	地虫硫磷*	fonofos
二溴氯丙烷	dibromochloropropane	甲基硫环磷*	phosfolan-methyl
杀虫脒	chlordimeform	磷化钙*	calcium phosphide
二溴乙烷	EDB	磷化镁*	magnesium phosphide
除草醚	nitrofen	磷化锌*	zinc phosphide

(续)

中文通用名	英文通用名	中文通用名	英文通用名
艾氏剂	aldrin	硫线磷*	cadusafos
狄氏剂	dieldrin	蝇毒磷*	coumaphos
汞制剂	mercury compounds	治螟磷*	sulfotep
砷类	arsenide compounds	特丁硫磷*	terbufos
铅类	plumbum compounds		

注：1. 带有"＊"的品种，自 2011 年 10 月 31 日停止生产，2013 年 10 月起停止销售和使用。
2. 2013 年 10 月 31 日之前禁止苯线磷、地虫硫磷、甲基硫环磷、硫线磷、蝇毒磷、治螟磷、特丁硫磷在蔬菜、果树、中草药上使用。禁止特丁硫磷在甘蔗上使用。

表 3-3-11　限制使用的 17 种农药
（农业部农药检定所．2011．农药识假辨劣维权手册）

中文通用名	英文通用名	禁止使用作物
甲拌磷	phorate	蔬菜、果树、茶树、中草药材
甲基异柳磷	isofenphos-methyl	蔬菜、果树、茶树、中草药材
内吸磷	demeton	蔬菜、果树，茶树、中草药材
克百威	carbofuran	蔬菜、果树、茶树、中草药材
涕灭威	aldicarb	蔬菜、果树、茶树、中草药材
灭线磷	ethoprophos	蔬菜、果树、茶树、中草药材
硫环磷	phosfolan	蔬菜、果树、茶树、中草药材
氯唑磷	isazofos	蔬菜、果树、茶树、中草药材
水胺硫磷	isocarbophos	柑橘树
灭多威	methomyl	柑橘树、苹果树、茶树、十字花科蔬菜
硫丹	endosulfan	苹果树、茶树
溴甲烷	methyl bromide	草莓、黄瓜
氧乐果	omethoate	甘蓝、柑橘树
三氯杀螨醇	dicofol	茶树
氰戊菊酯	fenvalerate	茶树
丁酰肼（比久）	daminozide	花生
氟虫腈	fitronil	除卫生用、玉米等部分旱田种子包衣剂外的其他用途

按照《农药管理条例》规定，任何农药产品都不得超出农药登记批准的使用范围使用。

任务二　植物病虫害的综合防治

【任务目标】

知识目标：了解植物病虫害的综合防治的概念、特点及措施。
能力目标：能根据当地植物类型，制订植物病虫害综合防治方案。

【知识学习】

综合防治是从20世纪50年代提出的协调防治基础上发展而来的，1967年世界粮农组织（FAO）定义：综合治理是对有害生物的一种管理系统，按照害虫种群的动态及与之相关的环境条件，利用天敌和适当的技术及方法，尽可能不矛盾，使有害生物控制在经济受害水平之下。

1. 综合防治的特点

（1）强调有害生物的治理而不是彻底消灭。综合防治是有效地控制病虫草害危害，允许保留一部分害虫以害养益，维持生态生物多样性，达到变治为控、化害为利的目的。

（2）强调从农田生态系统的总体观点出发。生态系统中以作物为中心，根据作物—有害生物—天敌间及生物和非生物因素间的相互依赖、相互制约的关系，来合理调节和控制有害生物的危害。

（3）充分利用自然控制因素。病虫害的防治应高度重视生态系统中与害虫种群数量变化有关的自然因素的作用，如有限资源、环境条件、种内种间竞争等。

（4）强调防治措施间的相互协调和配合。要取得好的防治效果，并减少化学农药的用量，达到无公害农产品生产要求，就必须强调防治措施间的相互协调和配合，发挥各种措施的积极作用。

（5）提倡多学科协作。如对害虫种群特性的了解，需要昆虫学方面的知识；对作物特性的了解，需要作物栽培学方面的知；对环境特性的了解，需要气象方面的知识；要了解生态系统中复杂因子的相互关系，需要应用工程学方面的知识；进行综合治理效果的评价，需要生态学、经济学和环境保护学方面的知识等。

2. 综合防治的技术措施 有害生物的综合防治方法大致为6个方面：植物检疫、农业防治、选育及利用抗病虫品种、生物防治、物理防治、化学防治。

（1）植物检疫。植物检疫是运用技术的手段，通过法律、行政的措施，防止危险性有害生物的人为传播，是综合治理中的重要组成部分。它是以法规形式杜绝危险性病、虫、草害传播蔓延的防治措施，对保护农林业生产的安全和对外经济贸易的发展具有重要意义。

（2）农业防治。农业防治是在有利于农业生产的前提下，通过农田植被的多样性、耕作栽培制度、农业栽培技术以及农田管理的一系列技术措施，调节害虫、病原物、杂草、寄主及环境条件间的关系，创造有利于作物生长的条件，减少害虫的基数和病原物初侵染来源，降低病虫草害的发展速率。农业防治的理论基础就在于从外界环境方面创造不利于病虫草生长发育的条件，又从影响其内在因素的作用方面使作物免于受害。例如耕翻、轮作、合理调整播期、开沟降渍、培育壮苗等措施已被广泛利用。

（3）抗病虫品种。选育和利用抗病虫品种是防治植物病虫害的经济、有效、安全的措施，在许多重要病虫害综合防治中处于中心地位。我国在小麦锈病、稻瘟病、水稻白叶枯病、棉花枯萎病、棉铃虫、水稻条纹叶枯病等病虫害的抗性品种的培育和应用方面，取得了重大成就，产生了良好的社会效益和经济效益。

（4）生物防治。生物防治是利用生物或生物代谢产物来控制害虫种群数量的方法。生物防治的特点是对人、畜安全，不污染环境，有时对某些害虫可以起到长期抑制的作用，而且天敌资源丰富，使用成本较低，便于利用。生物防治是一项很有发展前途的防治措施，是害虫综合防治的重要组成部分。生物防治主要包括：以虫治虫，以菌治虫，以及其他有益生物利用等。

（5）物理机械防治。应用机械设备及各种物理因子如光、电、色、温度、湿度等来防治害虫的方法，称为物理机械防治法。其内容包括简单的淘汰和热力处理，人工捕捉和最尖端的科学技术（如应用红外线、超声波、高频电流、高压放电）以及原子能辐射等方法。目前杀虫灯、防虫网、性诱捕器等已被广泛应用。

（6）化学防治。化学防治是用化学物质——农药来控制有害生物数量的方法，是有害生物综合治理中的一个重要组成部分。化学防治中最突出的是农药的合理使用，关键是确立靶标，对症下药。明确要防治的是哪一种或哪几种病害或虫害，然后根据防治对象的具体要求，选用合适的药剂品种、施药方法、施药部位、施药时间。

【技能训练】

1. 植物病虫害的综合防治

（1）训练准备。根据当地生产实际，调查当地主要农作物、果树、蔬菜的病虫害综合防治经验资料。

（2）操作规程。选取当地农田、菜园、果园等，调查病虫害发生规律，制订综合防治方案（表 3-3-12）。

表 3-3-12　植物病虫害的综合防治

工作环节	操作规程	质量要求
植物检疫	（1）产地检疫。主要是对种子、种苗生产地及对可能带有检疫对象需要调出其产品的作物生长期进行的检疫，其目的是为了农业生产的用种安全及阻止检疫对象的传出 （2）调运检疫。是对种子、苗木及农副产品调出时进行的检疫，其目的是防止危险性有害生物的传出 （3）复检。复检是调入种子、苗木或有可能带有危险性有害生物农产品调入地的植物检疫机构对调入的种子、苗木及农产品进行复查，其目的是防止危险性有害生物的传入，确保本地农业生产安全	（1）各种子、苗木生产单位及个人，在计划生产种子、苗木播种前，向当地植物检疫机构申请备案。在整个生长期配合检疫机构的田间检疫 （2）各种子、苗木及农产品的调出单位或个人，调出县及行政区域前应向当地检疫机构申请办理《植物检疫证》 （3）各种子、苗木及农产品的调入单位或个人要配合当地检疫机构的复检
农业防治	主要措施有：选用抗性品种；秋翻、冬灌、铲埂除蛹；高垄栽培、细流沟灌；春季勤中耕；轮作、倒茬；间作、套种等	农业防治采用的各种措施，主要是恶化有害生物的营养条件和发生生态环境，以到达抑制其繁殖或使其生存下降的目的
生物防治	（1）保护和利用自然界害虫天敌。如引进澳洲瓢虫防治柑橘吹绵蚧，引进捕食螨防治香梨红蜘蛛和棉花红蜘蛛，利用瓢虫、蜘蛛、食蚜蝇、草蛉等大面积防治小麦蚜虫和棉花蚜虫 （2）以菌治虫技术。微生物农药的杀虫效果在所有防治技术中名列前茅。如苏云金杆菌防治玉米螟、稻苞虫、棉铃虫、菜青虫均有显著效果，成为当今世界微生物农药杀虫剂的主要品种 （3）性诱剂的利用。是使用昆虫性信息素对昆虫进行诱捕和干扰寻偶交配，以达到消灭和减少昆虫的繁殖	生物防治包括以虫治虫、以菌治虫、以菌治菌、以虫治草等，其主要措施是保护和利用自然界害虫的天敌、繁殖优势天敌、发展性激素防治病虫草害

(续)

工作环节	操作规程	质量要求
物理防治	主要措施有：人工捕捉法、诱集法（如灯光诱杀、黄板诱杀、糖醋液诱杀等）、阻隔法（如防虫网、树干束膜、果实套袋等）及高温低温法等	（1）阻隔法是依据害虫的生活习性，人为设置各种障碍物，防止其为害或阻止其蔓延 （2）持续一段时间的高温、低温能使昆虫的生理代谢活动下降甚至死亡
生态调控	（1）调控病虫害的自身种群密度。使用性信息素等行为调节剂；应用昆虫忌避剂、拒食剂和生长发育调节剂等调控型农药；调控病虫害种群的密度，适时合理地使用高效低毒的特异性农药 （2）调控病虫害—天敌关系。种植诱集作物或间、套作等过渡性作物，创造天敌生存与繁衍的生态条件；减少作物前期用药；使用选择性农药和各种生物制剂；结合农事操作直接消灭病虫害或促使病虫害自投罗网 （3）控作物—病虫害关系。调节作物播种时间与栽培密度；放宽病虫害防治指标；通过追施化肥，喷施生长调节剂，整枝等提高作物的生长能力；调控土壤微生物的活力，直接或间接地抑制病虫害的发生 （4）调控农田生态系统或区域性生态系统。作物合理布局；进行作物的轮作、间套作；选用适应于当地生物资源、土壤、能源、水资源和气候的高产抗性配套品种	开展病虫害的生态调控应遵循以下四项基本原则： （1）功能高效原则。综合使用包括病虫害防治在内的各种措施，使系统的整体功能最大 （2）结构和谐原则。使生物与环境相和谐，生物亚系统内各组分的共生、竞争、捕食等作用相辅相成 （3）持续调控原则。设计和实施与当地生物资源、土壤、能源、水资源相适应的生态工程技术 （4）经济合理原则。根据经济学中的边际分析理论，要求病虫害生态调控所挽回的经济收益大于其所花去的费用
化学防治	（1）正确诊断，对症治疗。在施药前应根据实际情况选择最合适的药剂品种，切实做到对症下药，避免盲目用药 （2）适期施药。防治害虫时应在害虫的幼龄期；病害一般要掌握在发病初期施药 （3）要科学地确定用药量、施药浓度、施药次数和间隔天数 （4）根据病虫害的发生特点及环境，在药剂选择的基础上，应选择适当的剂型和相应的科学施药技术 （5）轮换用药。应尽可能地轮换用药，也应尽量选用不同作用机制类型的农药品种 （6）混合用药。将2种或2种以上对病虫具有不同作用机制的农药混合使用，以达到同时兼治几种病虫，提高防治效果，扩大防治范围，节省劳力的目的	（1）严格遵守农药使用准则 （2）要切实禁止和限制使用高毒和高残留农药，选用安全、高效、低毒的化学农药和生物农药 （3）安全使用农药，防治药害，避免中毒 （4）施药效果与天气也有密切关系，宜选择无风或微风天气喷药，一般应在午后和傍晚喷药。若气温低，影响效果，也可在中午前后施药

【问题处理】

根据综合防治的原则和当地生态的特点，将作物及新的防治技术进行组装和协调运用。其内容包括：

1. 保护利用有益生物。结合农事操作为天敌提供栖息场所，注意合理用药，减少天敌杀伤，发挥自然天敌的控害作用。

2. 以农业防治为主的预防系统。如有利控制的高产耕种、轮作制度，种植抗（耐）性强的优良品种及其合理的品种布局；培育无病虫的种苗，针对性的种子消毒、土壤处理。

3. 科学使用农药。有节制地合理用药，多讲究防治策略；修改偏严的防治指标，贯彻达标用药;合理安排农药,采用对天敌影响少的选择性农药;提倡有效低剂量,抓好挑治、兼治,减少用药面积和用药次数。通过综合防治技术的组装,协调地发挥农业防治,压低害虫基数,保护天敌促平衡的作用。最小限度地使用化学农药,最大限度地利用自然天敌作用,把病虫危害损失降低到经济允许水平以下,并使病虫发生量维持在低水平的生态平衡中。

【信息链接】

新型生物农药——蛋白农药

蛋白农药,又称激活蛋白、免疫蛋白,是一种新型生物农药,无毒无残留,对环境友好。是一种从真菌或者细菌中提出的热稳定蛋白,它的分子量为35~68KD大小不同的蛋白质组成,能诱导和激活植物对病虫害的抗性,调节植物生长代谢系统,促进植物生长,提高作物产量,改善作物品质。

通过与植物表面受体蛋白的相互作用,可诱导植物的信号传导,激活植物的一系列代谢调控反应,从而使植物对病虫害产生抗性,促进植物生长,提高作物品质,增加作物产量。对于这类蛋白农药的作用机理,目前国际上认为,此类蛋白施用在植物上后,首先与植物表面的受体蛋白结合,植物的受体蛋白在接受激活达蛋白的信号传导后激活了植物体内的一系列的代谢反应,促进植物体内的水杨酸和茉莉酸的合成,再经水杨酸或茉莉酸途径合成植保素以及其他与抗病相关的蛋白而达到抗病防虫作用。蛋白农药处理植物后,植物体内脯氨酸、过氧化物酶、根系脱氢酶等含量均有所提高。这些酶与植物抗逆直接相关,激活蛋白能激活诱导这些酶使之活性增强,就意味着增强了植物的抗病虫和抗逆能力。

蛋白农药具有以下特点:一是安全。激活蛋白的有效成分是从真菌里提取的一种活性蛋白,无毒、无害、无污染。二是高效。激活蛋白是活性极高的一种蛋白,每公顷次生物蛋白有效成分用量360~540mg。三是经济。大田作物增产5%以上,瓜果蔬菜及经济作物增产10%~20%。四是简便。使用方法简单,种子处理、喷雾、灌根、浸泡均可。五是广谱。对多种蔬菜和瓜果均有良好的增产增收和防病抗虫效果。六是抗逆。能激活植物自身的防御系统,增强植物抗病防虫的能力。

蛋白农药的功能表现在:一是苗期促根。用做种子处理或苗床期喷洒,对水稻、小麦、玉米、棉花、烟草、蔬菜、油菜等作物的幼苗根系有明显的促进生长作用,根系鲜重比对照增5%~11%、干重增8%~13%。表现为根深叶茂,苗棵茁壮。二是营养期促长。具有促进细胞分裂与伸长的双重作用,能提高叶片内叶绿素的含量,增强光合作用和增加产物。作物表现为叶色加深、叶面积增大、叶片肥厚、生长整齐。三是生殖期促实。能提高花粉的发芽率和受精率,从而提高结实率和坐果率;尤其是对弱势部位的提高尤为明显;作物成熟期表现为粒数和粒重增加,瓜果类表现为果实均匀,提高产品品质。四是防病抗虫。调节植物体内的新陈代谢,激活植物自身的防御系统,从而达到防病抗虫的目的。

【知识拓展】

如果同学们想了解更多的知识,可以通过下面渠道进行学习:

1. 阅读杂志

(1)《农药》。

(2)《新农药》。
(3)《农药市场信息》。

2. 浏览网站

(1) 中国农药信息网（http：//www.chinapesticide.gov.cn/）。
(2) 绿农网（http：//www.lv-nong.cn/）。
(3) 中国农药网（http：//www.agrichem.cn/）。
(4) 中国农资网（http：//www.ampcn.com/nongyao/）。

3. 通过本校图书馆借阅有关农药方面的书籍

【观察思考】

(1) 利用业余时间，在老师指导下，有选择的完成表 3-3-13 内容。

表 3-3-13 有关农药的观察与讨论

观察讨论项目	知道哪些类型	当地生产中主要有哪些类型	教师点评
农药类型			
有效成分、含量			
农药剂型			
农药的使用方法			
农药的稀释计算			
除草剂的施用方法			

(2) 在老师指导下，进行农户访问或技术人员调查，列表比较当地种植的主要农作物、果树、蔬菜等各 5 种常用的农药名称、剂型、使用范围、使用浓度、使用方法、防治效果。

(3) 调查当地农田、菜园、果园的杂草类型，如何选用除草剂的类型、使用范围、使用浓度、使用方法、防除效果。

(4) 调查当地害鼠的类型，如何进行鼠害防治。

主要参考文献

鲍士旦，等．2000．土壤农化分析［M］．第3版．北京：中国农业出版社．
彩万志，等．2001．普通昆虫学［M］．北京：中国农业大学出版社．
陈申宽，等．2009．农作物种植技术［M］．呼和浩特：内蒙古大学出版社．
陈啸寅，马成云，等．2008．植物保护［M］．第2版．北京：中国农业出版社．
陈阅增，等．2003．普通生物学：生命科学通论［M］．北京：高等教育出版社．
程亚樵，等．2007．作物病虫害防治［M］．北京：北京大学出版社．
崔学明，等．2006．农业气象学［M］．北京：高等教育出版社．
刁瑛元，马秀玲，等．1993．农业气象［M］．北京：北京农业大学出版社．
范兴亮，冯天福，等．2000．新编肥料实用手册［M］．郑州：中原农民出版社．
范业宽，叶坤合．2002．土壤肥料学［M］．武汉：武汉大学出版社．
方中达，等．1984．普通植物病理学［M］．北京：农业出版社．
葛诚，等．2007．微生物肥料生产及其产业化［M］．北京：化学工业出版社．
管致和，等．2000．植物保护概论术［M］．北京：中国农业大学出版社．
郭建伟，李保明．2008．土壤肥料［M］．北京：中国农业出版社．
侯光炯，等．1980．土壤学（南方本）［M］．北京：农业出版社．
花蕾，等．2009．植物保护学［M］．北京：科学出版社．
黄宏英，程亚樵，等．2006．园艺植物保护概论［M］．北京：中国农业出版社．
金为民．宋志伟，等．2008．土壤肥料［M］．第2版．北京：中国农业出版社．
李建明，等2010．设施农业概论［M］．北京：化学工业出版社．
李清西，等．2005．植物保护［M］．北京：中国农业出版社．
李小为，高素玲．2011．土壤肥料［M］．北京：中国农业大学出版社．
李扬汉，等．1984．植物学［M］．第2版．上海：上海科学技术出版社．
刘夜莺，等．1989．土壤肥料［M］．重庆：重庆出版社．
刘宗亮，等．2011．农业害虫防治技术［M］．北京：中国农业出版社．
卢希平，等．2004．园林植物病虫害防治［M］．上海：上海交通大学出版社．
陆欣，等．2002．土壤肥料学［M］．北京：中国农业大学出版社．
潘瑞炽，等．2001．植物生理学［M］．北京：高等教育出版社．
庞鸿宾，高峰，樊志开，等．2001．农业高效节水技术［M］．北京：中国农业科技出版社．
全国农业技术推广服务中心．2006．土壤分析技术规范［M］．第2版．北京：中国农业出版社．
沈阿林，等．2004．新编肥料实用手册［M］．郑州：中原农民出版社．
沈其荣，等．2003．土壤肥料通论［M］．北京：高等教育出版社．
宋志伟，等．2005．土壤肥料［M］．北京：高等教育出版社．
宋志伟，等．2006．普通生物学［M］．北京：中国农业出版社．
宋志伟，等．2007．植物生长环境［M］．北京：中国农业大学出版社．
宋志伟，等．2007．农业生态与环境保护［M］．北京：北京大学出版社．
宋志伟，等．2008．园林生态与环境保护［M］．北京：中国农业大学出版社．

宋志伟，等.2009.土壤肥料［M］.北京：高等教育出版社.
宋志伟，等.2011.果树测土配方施肥技术［M］.北京：中国农业科学技术出版社.
宋志伟，等.2011.农艺工培训教程［M］.北京：中国农业科学技术出版社.
宋志伟，等.2011.农作物测土配方施肥技术［M］.北京：中国农业科学技术出版社.
宋志伟，等.2011.农作物秸秆综合利用技术［M］.北京：中国农业科学技术出版社.
宋志伟，等.2011.农作物植保员培训教程［M］.北京：中国农业科学技术出版社.
宋志伟，等.2011.蔬菜测土配方施肥技术［M］.北京：中国农业科学技术出版社.
宋志伟，等.2011.现代农艺基础［M］.北京：高等教育出版社.
宋志伟，等.2011.植物生长环境［M］.第2版.北京：中国农业大学出版社.
宋志伟，等.2012.肥料配方师培训教程［M］.北京：中国农业科学技术出版社.
宋志伟，张宝生，等.2006.植物生产与环境［M］.第2版.北京：高等教育出版社.
宋志伟，张宝生，等.2005.植物生产与环境［M］.北京：高等教育出版社.
王存兴，等.2009.植物保护技术［M］.第2版.北京：中国农业出版社.
王明总，等.2009.种植基础［M］.北京：中国农业出版社.
王衍安，龚维红，等.2004.植物与植物生理［M］.北京：高等教育出版社.
王忠，等.2000.植物生理学［M］.北京：中国农业出版社.
武维华，等.2004.植物生理学［M］.北京：科学出版社.
武志杰，陈利军.2003.缓释/控释肥料原理与应用［M］.北京：科学出版社.
奚广生，姚运生，等.2005.农业气象［M］.北京：高等教育出版社.
肖启明，欧阳河，等.2005.植物保护技术［M］.第2版.北京：高等教育出版社.
萧浪涛，王三根，等.2004.植物生理学［M］.北京：中国农业出版社.
许志刚，等.2008.普通植物病理学［M］.第4版.北京：高等教育出版社.
阎凌云，等.2005.农业气象［M］.第2版.北京：中国农业出版社.
阎凌云，等.2010.农业气象［M］.第2版.北京：中国农业出版社.
于立芝，由宝昌，孙治军.2011.测土配方施肥技术［M］.北京：化学工业出版社.
张炳坤，等.2008.植物保护技术［M］.北京：中国农业大学出版社.
张凤荣，等.2002.土壤地理学［M］.北京：中国农业出版社.
张乃明，等.2006.设施农业理论与实践［M］.北京：化学工业出版社.
张慎举，卓开荣.2009.土壤肥料［M］.北京：化学工业出版社.
张学哲，等.2009.作物病虫害防治［M］.北京：高等教育出版社.
郑湘如，等.2001.植物学［M］.北京：中国农业大学出版社.
邹良栋，等.2004.植物生长与环境［M］.北京：高等教育出版社.

图书在版编目（CIP）数据

种植基础/宋志伟主编.—北京：中国农业出版社，2012.8（2023.8重印）
中等职业教育农业部规划教材
ISBN 978-7-109-17005-6

Ⅰ.①种… Ⅱ.①宋… Ⅲ.①种植－中等专业学校－教材 Ⅳ.①S359.3

中国版本图书馆CIP数据核字（2012）第166945号

中国农业出版社出版
（北京市朝阳区农展馆北路2号）
（邮政编码100125）
责任编辑 吴 凯 杨金妹
文字编辑 浮双双

中农印务有限公司印刷 新华书店北京发行所发行
2012年9月第1版 2023年8月北京第2次印刷

开本：787mm×1092mm 1/16 印张：17.5
字数：418千字
定价：42.00元
（凡本版图书出现印刷、装订错误，请向出版社发行部调换）